·同济建筑规划大家·

国家自然科学基金资助项目，项目批准号：51478316；51108321

罗小未文集

COLLECTED WORKS OF LUO XIAOWEI

同济大学建筑与城市规划学院　编

同济大学出版社

图书在版编目（CIP）数据

罗小未文集 / 同济大学建筑与城市规划学院编.
--上海：同济大学出版社，2015.9
ISBN 978-7-5608-5988-0

Ⅰ.①罗… Ⅱ.①同… Ⅲ.①建筑史—世界—文集
Ⅳ.① TU-091

中国版本图书馆 CIP 数据核字（2015）第 211430 号

同济建筑规划大家

罗小未文集

同济大学建筑与城市规划学院　编

出 品 人　支文军

责任编辑　江　岱　　**责任校对**　徐春莲　　**封面设计**　高　博　邓　晴

出版发行　同济大学出版社　www.tongjipress.com.cn
（地址：上海市四平路 1239 号　邮编：200092　电话：021-65985622）
经　　销　全国各地新华书店
印　　刷　上海中华商务联合印务印刷有限公司
开　　本　787mm × 1092mm　1/16
印　　张　25.25
字　　数　630 000
版　　次　2015 年 9 月第 1 版　2015 年 9 月第 1 次印刷
书　　号　ISBN 978-7-5608-5988-0
定　　价　150.00 元

罗小未教授（2005）

同济大学建筑与城市规划学院编

序言

李振宇

同舟共济，源远流长

1952年，同济大学建筑系成立，历经半个多世纪，逐渐发展为建筑学科最重要的学术中心之一。建系之初的诸多前辈先生几十年辛勤耕耘，居功至伟，成为我们景仰的大师名家。在同济这样一个集体中，他们以特有的智慧和热情、眼光和胸怀，为教书育人倾情奉献，为城市建筑殚精竭虑。顺利时，他们意气风发，努力实践；逆境时，他们忍辱负重，坚守理想。就这样，几十年几十人的一个学术群体，君子和而不同，薪火几代相传，铸成了今天同济大学建筑与城市规划学院难得的学术环境，奠定了同济建筑学、城乡规划学、风景园林学特有的风格基调。这种基调是包容、开放、多元的，是可以远远眺和展望未来的，是充满了憧憬和希望的；也是高贵、含蓄、克制的，既饱含了入世的专业热情，又坚持着优雅的治学底线。

作为晚辈，我们要想掌握建筑系和建筑与城市规划学院历史发展的全貌，实非易事。但是我们可以从前辈大师的著作文章中，从他们的设计作品中，从他们学生弟子的讲述中，还有从我们学院的建筑空间中，感受到这种前辈留给我们的珍贵传统。这种传统对我们今天教学科研工作的深远的影响，是“同济风格”的根本。归纳起来，同济建筑学科的传统有四个突出的特点，并且一如既往地具有强大的生命力。

第一个特点，坚持学术民主。

早年的同济建筑系，是由之江大学建筑系、圣约翰大学建筑系、同济大学土木系的一部分以及复旦大学、上海交通大学等学校的相关专业组成。创系之初的教师有不同的教育背景，分别有留学美国、德国、法国、奥地利、英国、日本、比利时等国的经历，并且与国内大学培养的中青年学术精英一起，汇成了多元丰富的教师结构，兼收并蓄，开风气之先，学术群体的横向维度宽广。他们的学术思想不尽相同，例如有的是现代主义建筑思想的推进者，有的是学院派建筑风格的守护者。但是在一个群体里可以并存发展，可以进行互补和交流，谁也没有压倒谁，彼此尊重对方的发言权；这为其后几十年的发展提供了很好的多元学术思想基础。

建系之初，黄作燊教授（留学英国 AA、美国哈佛设计研究生院）、吴景祥教授（留学法国，巴黎建筑专门学院）先后执掌建筑系。从 1956 年起，冯纪忠教授（留学奥地利，今维也纳工大）担任系主任直到 1981 年。随后的系主任依次为李德华教授（圣约翰大学毕业）和戴复东教授（中央大学毕业）担任。1986 年学院成立，李德华教授出任院长，直至 1989 年。在多年形成的教师构成中，除了同济大学的毕业生，还有很多其他国内知名大学如清华大学、南京工学院（今东南大学）、天津大学、华南工学院（今华南理工大学）、重庆建筑工程学院（今属重庆大学）、哈尔滨建筑工程学院（今属哈尔滨工业大学）、西安冶金建筑学院（今西安建筑科技大学）等大学的毕业生。其中有相当一部分先后担任了院系领导职务或负责重要的教学科研岗位。几代人同舟共济，流派纷呈，气氛活跃，没有门户之见，没有独尊某宗某派。宽容的气度造就了非常难得的学术民主精神。

系领导和老教授们不仅珍惜多元的学术环境，而且重视培养年轻人，形成了纵向的学术民主，老、中、青三代的合作非常和谐。例如 1953 年建造的文远楼（又称学院 A 楼），就是由当时最年轻的教师之一黄毓麟老师担任主要设计。无独有偶，五十年后的 2003 年学院建造的 C 楼，青年教师张斌在内部竞赛中获得优胜，李德华先生亲自改图，甘当无名英雄，扶持年轻人。到今天，呈现出更加多元、开放的态势，青年学者总是有许多脱颖而出的机会，因此大家也深爱着这样一个学术集体。

特点之二，关注学术前沿。

同济在学术发展上坚持学科交叉，重视技术，重视建筑学科的理性思维。这里成立了中国第一个城市规划专业（1955—1956）、第一个风景园林专业（1979）、第一个建筑声学实验室（1957），等等许多国内的第一。早年冯纪忠先生提出“花瓶式教学模式”（1956）、“空间原理”讲授提纲（1956—1966），在全国的建筑学教学体系中特色鲜明。在二十世纪五十年代和六十年代，建筑系的教师学生非常关注现代主义建筑的发展，把技术和艺术结合、形式与功能相结合的“包豪斯”思想作为专业发展的参照系之一，对一度出现的复古主义思潮保持着冷静的思考。虽然外部环境时好时坏，但始终坚持对世界近现代建筑发展趋势的研究。

改革开放后，同济大学建筑系的学术空气尤其活跃，学术繁荣盛况空前。在城市规划的理论和方法、当代建筑理论和设计方法、中国传统建筑与园林以及建筑技术等研究方面，产生了非常重要的影响，对中国的城市发展作出了直接贡献。在基础教学上逐步形成以平面构成、空间限定等为特色的训练模式，在专业教学的全过程中重视以环境观来指导设计。进入 21 世纪，学院提出以“生态城市环境、绿色节能建筑、数字设计建造、遗产保护更新”

为新的学术发展方向，得到了冯纪忠、李德华、罗小未、董鉴泓、戴复东等老先生们的热情支持。只有保持对学术前沿动态的关注，才能向着世界学术先进行列看齐。

学院的两本重要学术期刊，都是在前辈大师们的直接主导下创刊和发展的。1957年编印的不定期刊物《城市建设资料集编》（后改名《城乡建设资料汇编》），1984年复刊公开发行，更名《城市规划汇刊》，现名《城市规划学刊》。金经昌先生发挥了重要影响，而董鉴泓先生至今还在担任期刊主编。1981年创刊的《建筑文化》由冯纪忠、李德华先生等倡导，1984年更名为《时代建筑》，由罗小未先生担任主编，后改任编委会主任至今。现在，这两本期刊分别成为国内城乡规划学和建筑学科最重要的前沿学术期刊之一，在国际上也有相应的影响。

特点之三，理论结合实践。

现代高水平大学，提倡在研究中培养人才；具体到建筑学科，研究必须结合专业实践。同济的前辈们正是这样做的。城市规划和建筑设计教学多采用真题，实地参观调研是普遍方式。二十世纪五十年代起，金经昌先生就坚持城市规划设计要“真题真做，真刀真枪”。师生的足迹近及华东各省，远到东北西南。师生积极参加国际（苏联、波兰、古巴等）和国内设计竞赛，吴景祥、谭垣、冯纪忠、李德华等先生多次率师生参赛获奖。改革开放以后，教师和学生获得了更多的面向实践的机会，也获得很多荣誉。1989年同济大学规划专业“坚持社会实践，毕业设计出成果、出人才”获得国家优秀教学成果特等奖；设计获奖不胜枚举。

六十年的岁月中，还留下了曹杨新村、同济大学南北楼、东湖客舍和松江方塔园、同济工会俱乐部、同济大礼堂、豫园修复、学院明成楼（B楼）等设计作品范例；金经昌、吴景祥、冯纪忠、李德华、黄家骅、陈从周、戴复东等各位前辈先生们，用自己的设计实践给同学们上了最好的一课。正是因为有这样的样板示范，同济教师在后来许多大大小小的设计实践中非常活跃，屡创佳绩。比如南京东路和外滩历史风貌区保护改造、2010世博会规划和各项有关设计、汶川地震灾后重建等一系列的重大设计实践，都取得了很好的社会效益和专业声誉。

为了支持教师学生的专业实践，1958年成立了同济建筑设计院，吴景祥先生任院长，建筑系教师可在设计院轮流兼职。今天，设计院已经发展为有数千专职设计人员的集团；下设的都市设计分院由学院和集团双重领导。1995年，在原城市规划研究所的基础上，建立了上海同济城市规划设计研究院，今天已经发展到数百人的规模，由学院领导。这两个设计院是专业教师实践创作、学生实习锻炼的重要平台。同济的毕业生很受用人单位的欢迎，也许跟实践的条件优越很有关系吧。

特点四：国际交流合作。

同济大学建筑学科的国际交流合作基础在国内堪称领先。在1956年前后，同济迎来了国际合作的第一个序曲。在冯纪忠、金经昌等先生主持下，苏联建筑专家科涅亚席夫、德国教授雷台尔来校讲学；黄作燊、吴景祥等先生举办讲座介绍格罗皮乌斯、密斯、柯布西耶的思想和作品；罗小未先生在教师中组织英语学习，在帮助教师提高英语能力的同时，介绍现代建筑思想。在1959年建设部组织的建筑艺术创作座谈会期间，吴景祥、罗小未先生介绍西方现代建筑思想。这些为许多年以后国际合作的开展做好了铺垫。

改革开放之后，同济建筑系迎来了国际合作交流的一波热潮：贝聿铭、稹文彦、黑川纪章等大师先后来学校讲学并受聘为名誉教授（1980年起）；金经昌、冯纪忠等先生访问德国（1980）；国际竞赛屡屡获奖（1980年起）；德国教授贝歇尔等前来讲学（1981）；李德华、陈从周等先生出国讲学（1982年起）；罗小未、戴复东先生等出国进修（1982年起）；冯纪忠先生成为美国建筑师协会荣誉会士（HAIA，1983）；向阿尔及利亚派出以李德华、董鉴泓先生为首的专家组（1984）；开始主办国际会议（1987年起）；戴复东、罗小未、郑时龄等先生担任多项国际学术组织的职务（1987年起）；开展国际合作研究项目（1991年起）；与普林斯顿、香港大学、耶鲁大学开展每年一次的联合城市设计教学（1995）。这一时期，尝试了改革开放之后几乎所有的国际交流合作可能形式，把停滞了十几年的国际合作恢复了，并且推向一个新的高度，建立了非常好的国际合作网络，让世界了解了中国和同济。

进入21世纪，国际合作借助良好的基础和难得的契机进一步发展，实现了多种形式并举的态势。召开世界规划院校大会（2001）等大型重要国际会议；联合课程设计每年达到40个项目左右；邀请国际学术讲座每年超过120场；提供近60门全英语课程；与16所国际伙伴大学建立了硕士双学位合作项目，每年送出双学位学生90多人，接受国外双学位学生50多人。多次获得以国际合作为核心的教学成果奖励；学生出国境比例大幅度提高。一批教授在国际学术组织任职。学院得到了国际上普遍的重视和认可，在2015年QS的“建筑与建成环境”学科排名中，同济位列全球第16名。

抚今追昔，饮水思源。我们学院今天的发展，首先归功于前辈大师们打下了坚实的基础。在学术民主、关注前沿、联系实践、国际视野等四个方面身体力行和长期垂范，为我们定下了基调，创造了声誉。这也更加激励我们，保持优良的传统，作出与时代发展相应的贡献。这就是我们怀着敬畏之心，编辑出版这套《同济建筑规划大家》系列丛书的目的。在过去的15年中，学院先后组织或支持编辑出版了《冯纪忠建筑人生》《金经昌纪念文集》《陈从周纪念文集》《黄作燊纪念文集》《吴景祥纪念文集》《谭垣纪念文集》《董鉴泓文集》《历史与精神》等多部（套）文集，这是非常有意义的工作。

同舟共济，源远流长。希望这套文集，成为集体记忆的载体，成为我们大家的珍藏。

二〇一五年十月一日凌晨

前言

郑时龄

读《罗小未文集》

我们都曾经受过无数老师的教益，有些老师被我们一生尊奉为师长。一个人在中学阶段会受到班主任和某些自己喜爱课目的老师在人格和知识方面的熏陶，到了大学阶段则受某几位教授的影响最为刻骨铭心，罗小未教授就是这样一位硕师。她德隆望尊，学生遍天下，对学生人生的影响十分深远，同学们尊称她“罗先生”，而且是对建筑系的众多女教师中唯一这样称呼的，对其他女教师则一概称“老师”。这并非性别错位，而是表达一种发自内心的对博学笃志的学者、大师的尊重和对学识的敬畏。今年 5 月，我们班同学毕业 50 周年返校聚会，大学时期的老师都已退休，而同学们最想去看望的就是罗先生。她教给学生的不仅是渊博的学识，还有她的睿智、教养、研究方法和大家风范。

我是罗先生的双重学生。1959—1965 年，我在同济大学建筑系建筑学专业学习。罗先生在三年级时教我们“外国近现代建筑史”，当时我的课堂作业写的一篇短文谈现代建筑运动与艺术思潮的关系，得到罗先生的鼓励，说这篇文章可以发展。这个鼓励让我从此热爱建筑历史和理论这个学科。1984 年我在《建筑师》杂志上发表的文章《工业建筑的发展及其美学问题》就是在当年这篇作业基础上拓展而成的。1978 年我回同济大学建筑系攻读硕士学位时，又在建筑历史课上得以聆听罗先生的教诲。1990 年起我得以师从罗先生攻读建筑历史与理论博士学位，论文题目曾经有过三次调整，我自己把握不住是否能写得下去，是罗先生最终定夺，要我具有问题意识和系统意识，确定写中国当代建筑迫切需要认识的价值体系和符号体系问题。

罗先生 1948 年毕业于圣约翰大学建筑系，1951 年起成为圣约翰大学的助教，讲授外国建筑史。圣约翰大学建筑系是中国现代建筑教育的先驱，除了教建筑，还开设现代绘画和现代音乐的讲座。罗先生还在约大读书时，就接受了现代建筑理论，领悟了建筑史与历史建筑的根本性差异。约大的学术和艺术氛围感染了她，经常有各种展览、演出和体育活动，人人都是建筑师，也都是艺术家。当我们 1965 年春天在杭州参加毕业设计，罗先生以雍容华贵的风度出现在一次晚会上，用美声唱法展示她的艺术功底时，在场的学生们和建筑师们满座惊呆，那时候哪有多少人见过这样的场面！尽管她唱的什么歌已经不记得了，但是，当时的形象和气氛至今仍历历在目。

1952 年院系调整后，罗先生成为同济大学建筑系建筑历史与理论教研室的创始人，从此锲而不舍地展开了长期的建筑历史与理论研究和教学建设。当年国内还没有其他的建筑院校开设外国近现代建筑史课，同济大学建筑系第一个开设这门课，完全缺乏文献资料。于是就自编教材和图册，收集图片，制作幻灯片，建立教学档案，以研究引领教学。当年没有实地考察历史建筑的可能性，历史又是最需究研史料的学科，作为先行者，很多方面只能靠艰辛的自学，啃书本，向其他教授请教。到了 80 年代初，罗先生才有机会出访，亲自考察历史建筑，访谈世界建筑大师和建筑理论家，佐证自己的观点，直至耄耋之年仍然没有丝毫懈怠。她在主持世界建筑历史与理论的研究和教学的 60 年历程中，致力于建筑理论、建筑历史、建筑评论与建筑设计方法的教学与研究，在现代与当代西方建筑史、建筑理论与建筑思潮方面有极为深厚的造诣。她的研究范围也覆盖了中国当代建筑史，对建筑学学科尤其是建筑史学的发展作出了重大贡献，其影响遍及全世界。

由于历史的原因，中国的现代建筑发展缓慢，一波三折。还在 80 年代初，罗先生就发表了许多关于现代建筑和建筑师的论文，不遗余力地推动中国现代建筑和建筑文化的发展。罗先生是中国的世界建筑历史理论和教学体系的奠基者，同济学派建筑理论的奠基人。她最早将西方近现代建筑历史和理论介绍到中国，最早从学术上全面论述并阐明后现代主义。1982 年主编出版《外国近现代建筑史》教材，在 2004 年又修订出版第二版，增添了许多最新的内容和前沿理论。明末清初文人傅山说过，著述须一副坚贞雄迈心力，始克纵横。建筑历史是一门跨许多学科的复杂学科，编写历史教材实际上是一项巨大的工程，需要多学科的理论基础和知识背景，历史的、社会的、政治的、经济的、文化的、艺术的、科学的、技术的、地理的，等等。从《外国近现代建筑史》中我们可以看到罗先生关注的不仅是理论和历史，也关注建筑设计、建筑艺术和建筑技术问题。她一直坚持反对西方中心论，最先提出外国建筑史的研究必须打破“欧洲中心论”的史学观，很早就把研究的目光拓展到伊斯兰建筑、非洲建筑和亚洲建筑。

在大学讲堂讲授建筑史首先会涉及意识形态和建筑史观，而建筑史相关的意识形态和史学观又与历史学和哲学密切不可分割。改革开放以前的同济大学建筑系十分政治化，对意识形态尤为重视，教师们在历次政治运动中也饱受各种冲击，教授建筑史就更为敏感。罗先生学习了马克思的历史唯物主义，坚定了自己的学术信念。同时又努力学习黑格尔和普列汉诺夫的美学，逐渐形成了历史是变迁的，任何事件都必须以历时和共时的意识去研究考察的建筑史观，主张建筑历史是建筑文化史和建筑思想史。她主张以论带史，是最早创导建筑理论、建筑史和建筑批评三位一体的学者。罗先生注重学术的发展，在 1984 年创办了重要的建筑学术刊物《时代建筑》。在 80 年代，她和清华大学的汪坦教授等共同主编了一套西方建筑理论译丛，将最重要的当代建筑理论著作译介给中国的建筑界，让建筑师、学者、研究生直接读名著，实属功德无量的划时代工作。早在 1989 年，她就在《建筑学报》上发表论文《建筑评论》，奠定了建筑批评学的理论基础。长期以来，她致力于引进国际建筑学术思想和建筑理论，提携青年，培养了许多学生，建立了共有四代人的建筑历史与理论教学及研究的团队。虽然早在 90 年代末教研室的体制就不存在了，但是犹如四世同堂的建筑历史教研室的老师每年都会和罗先生一起聚餐，带上家属。虽然教研室的许多老师也都年事已高，但是大家仍然视罗先生如家长。

罗先生在国际建筑界享有广泛的声誉，参与各种国际学术活动，曾应邀在美国、英国、澳大利亚、意大利、法国、印度等许多国际论坛、大学讲堂和会议上作报告，兼任世界多所大学的客座教授和访问学者。1986 年起担任意大利国际建筑杂志《空间与社会》(*Space and Society*) 的顾问，1987 年被选为国际建筑协会建筑评论委员会委员。在为 1999 年第 20 届国际建筑协会(UIA)大会编辑十卷本的《20 世纪世界建筑精品集锦》时，罗先生担任编委会常务委员会委员，与国内外著名的建筑理论家共同工作，充分展现了她的国际建筑高瞻而又广阔的视野。

在广泛的国际交流中，罗先生与西方建筑界的诸多大理论家和建筑师建立了诚挚的学术友谊，扩展了罗先生历史理论研究的学术视野，与印度建筑师查尔斯·柯里亚、美国建筑理论家约瑟夫·里克沃特和肯尼思·弗兰普顿、美国建筑师贝聿铭等站在同一个高度，领悟了建筑与文化在深层次的联系。虽然罗先生认识到我们在世界建筑的研究上不可能做得像西方学者一样深透，但她也认识到完全可以用这样的态度和方法来研究自己的建筑，这对罗先生长期以来所关注的上海建筑史与历史建筑保护的研究中颇有启迪。20 世纪 80 年代末至今，罗先生作为上海近代建筑与城市研究以及历史文化遗产保护工作的先驱，作出了突出的贡献。文集收录的刊登在《建筑学报》上的《上海建筑风格与建筑文化》是一篇最早将上海近代建筑置于城市文化脉络中加以解读，并将文化人类学思想引入上海建筑史研究的文章。她主编和参编的一系列关于上海近代建筑的专著成为上海历史建筑保护的指南，她的历史研究成果在推动社会对遗产价值认识上的意义至关重要。《上海建筑指南》《上海弄堂》《上海新天地》以及《上海老虹口区北部的昨天·今天·明天》等一系列专著，已经成为研究上海近代城市与建筑的经典文献，文集收录了她所写的前言和序言。罗先生还为上海市建立一系列建筑文化遗产保护制度发挥了重要的作用，她直接参与了几乎所有关于上海优秀历史建筑的立法保护与建筑再生的实践指导工作。罗先生不仅有丰厚的理论著作，而且也在建筑设计上多有建树，她是同济大学建筑设计研究院的顾问，多次获得全国和上海市的优秀工程勘察设计奖，广受关注的淮海路历史风貌的保护、外滩信号塔的保护，外滩 3 号、6 号、9 号、12 号和 18 号的修复改造，“马勒公馆”“新天地”和“外滩源”的保护改造项目，先生都贡献了她的学识和智慧。

罗先生是第二届国务院学科评议组的成员，长期担任上海市建筑学会的理事长，当代中国的建筑学和建筑理论的发展是和她的辛勤努力分不开的，为此，她在 1998 年获得美国建筑师学会荣誉资深会员（Honorary Fellow，the American Institute of Architects）的称号。中国建筑学会于 2006 年授予她建筑教育特别奖。罗先生曾经多次获得全国和上海市“三八”红旗手称号，获得过教育部的科技进步奖，全国优秀建筑科技图书奖等。

今年是罗先生的 90 寿辰，文集的编辑出版也是学术上的敬贺。这部文集收录了罗先生关于西方建筑史研究、建筑理论、建筑史研究、城市文化和建筑遗产保护、教育思想和研究方面的论文共 35 篇，从中我们可以看到一位学术开拓者的足迹。同时，我们也要感谢卢永毅教授和钱锋副教授，正是由于她们二位的辛勤编辑才使得这本文集得以面世。文集最后的罗小未教授教学、学术与社会活动大事记和其他附录为我们了解罗先生的生平和思想提供了重要的脉络，从这本文集中我们看到的不仅仅是理论，我们也看到了时代和时代精神的演变。

二〇一五年七月二十九日

目　录

城市文化与遗产保护

圣约翰大学的回忆

附录

西方现代与后现代建筑史研究

现代建筑奠基人*

格罗披乌斯与包豪斯*

格罗披乌斯（Walter Gropius，1883 1969 年），现代派建筑先驱之一，曾是德意志制作联盟[1]的主要建筑师贝伦斯（Peter Behrens，1868—1940）的助手（图 1）。他的早期名作有设计于 1911 年的法古斯鞋楦厂（Faguswerk，Alfeld-an-der，Leine，1911—1916 年）（图 2—图 4）和 1914 年德意志制作联盟在科隆展览会展出的模范工厂与办公楼（图 5—图 6），尤其是后者，那以表现新材料、新技术和建筑内部空间为主的新形体，引起了人们的注意。

图 1　格罗披乌斯（1883—1969 年）

图 2　法古斯鞋楦厂办公楼

图 3　法古斯鞋楦厂办公楼结构采用钢筋混凝土悬桃楼板，转角处没有柱，金属窗框与玻璃随房角转向

* 原载《建筑师》第 2 期，中国建筑工业出版社出版。为了尊重历史，对文中译名未做改变。——编者注

1. Deutscher Werkbund 成立于 1907 年，是一由工业家、美术家、建筑师和社会学家组成的专门从事研究工业产品的设计与制造的组织，其宗旨是要通过提高产品质量扩大销售市场。

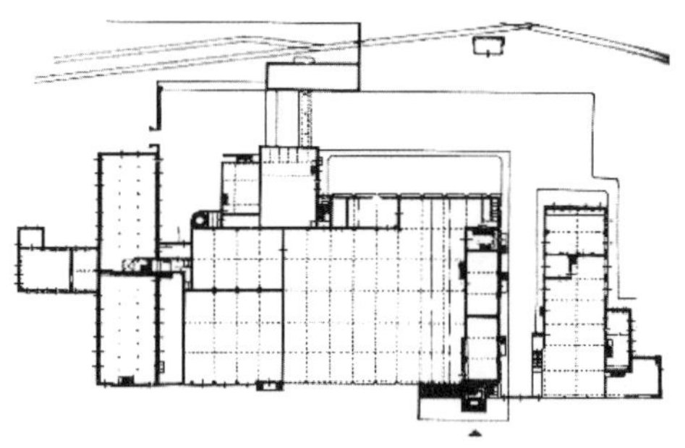

图 4　法古斯鞋楦厂平面图，办公楼在图的右部

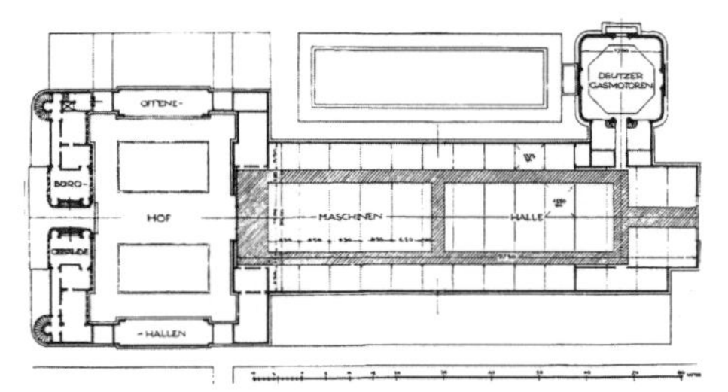

图 5　德意志制作联盟在科隆展览会的模范工厂与办公楼。模范工厂平面图，前（图左）为办公楼，后（图右）为工厂厂房

图 6　德意志制作联盟在科隆展览会的模范工厂与办公楼。办公楼主要立面。形体对称，两旁完全透明的玻璃圆柱形塔引起了当时建筑界的注意

1919 年，格罗披乌斯应魏玛大公之聘，继凡·得·维尔得[2]之后任魏玛艺术与工艺学院校长。在他建议下，艺术与工艺学院同魏玛美术学院合并成为一专门研究工业日用品和建筑设计的高等学校，取名魏玛公立建筑学校。1925 年，学院由于同当地社会名流在艺术见解上有分歧，迁至德绍，改名为德绍设计学院，简称“包豪斯”。1919—1923 年是“包豪斯”学术观点的形成时期；1923—1928 年是它的成熟时期；1928 年格罗披乌斯将学院移交 H. 梅亚（Hannes Meyer）领导，到柏林从事城市居住建筑研究；1930 年密斯·凡·德·罗（Ludwig Mies van der Rohe）继 H. 梅亚之后任校长；1933 年，学院被纳粹政府勒令停办。

包豪斯的主要教师：造型艺术方面有画家伊泰恩（Johannes Itten）[3]、费宁格（Lyonel Feiniger）[4]（图 7）、康定斯基（Wassily Kandinsky）[5]、克莱（Paul Klee）[6]、莫霍利 - 纳吉（Moholy-Nagy）[7]（图 8）和一度加入荷兰史提尔派的陶爱斯保[8]。建筑方面有 A. 梅亚（Adolf

2. Henry van de Velde，1863—1957 年，比利时“新艺术”派的奠基人。
3. 现代抽象主义派画家。其中伊泰恩专于色彩视觉心理；费宁格偏向构成主义；康定斯基主张以色彩、点、线、面来表现画家的感情；克莱能以多种风格作画，但其构图与含义具有他所独有的诗意特色；莫霍利 - 纳吉也偏向构成主义，在画中善于用光与运动甚至掺进其他材料如照片，透明纸片等加强效果。
4. 同上
5. 同上。
6. 同上。
7. 同上。
8. Theo van Doseburg，荷兰史提尔派的主要成员。史提尔派（de stijl，意译“格式”）提倡把艺术从个人情感中解放出来，主张寻求一种客观的、普遍的、建立在所谓“对时代的一般感受”上的、着重于建筑构成元素——墙板、柱、门、窗——组合上的形式。

图 7 “包豪斯”第一次宣言的封面设计，1919 年。木刻——L. 费宁格

图 8 绘画——L. 莫霍利 – 纳吉，1924 年

Meyer）、H. 梅亚，后来加入的密斯·凡·德·罗和包豪斯的毕业生布劳亚（Marcel Breuer），再有画家兼舞台艺术专家希利玛（Oskar Schlemmer）等。格罗披乌斯在他们的协助下，并受到德国建筑师贝伦斯、托特兄弟（Bruno and Max Taut）、荷兰建筑师柏尔拉格（H. P. Berlage）和奥德（J. J. P. Oud）的启发与支持，建立了那曾在两次世界大战之间影响极大的包豪斯学派。

因此，“包豪斯”有两个含义。其一是对德国魏玛公立建筑学院（Das Staatliche Bauhaus，Weimer）和它的后身德绍设计学院（Bauhaus，Hochschule fur Gestaltutg，Dessau）的简称；另一是指以此两学院为基地，形成与发展起来的建筑学派。它在 20 年代曾创造了一套新的，以建筑功能、建造技术和经济为主的建筑观、创作方法和教学方法。

当时，第一次世界大战后，德国作为一个战败国在政治与经济上均处于十分窘迫的时期。国家面临沉重的赔款负担，重工业生产过剩，市场一片萧条，生活资料奇缺，人民生活困苦。一度建立的革命苏维埃由于右翼分子的背叛而失败，广大人民与从战场归来的士兵所遭遇的是失业、贫穷和无家可归。于是，在一般知识分子思想中存在着矛盾与困惑——一度骄横并挑起这次战争的德国，竟会沦落到此等地步！他们有的悲观、失望，有的懊悔，总的趋向是否定过去，但对前途又不敢有所理想。20 年代初在德国年轻知识分子中流行一种称为新客观主义（Neue Sachlichkeit）的思潮。这是一提倡现实主义的社会态度。他们面对社会上各种不如意的现象或采取消极的、无可奈何和与己无关的态度；或主张凡事切忌主观想象与长远设想，应该客观地、现实地、物质地解决眼前问题。在艺术上他们反对战前流行的富于想象力的表现主义，提倡实事求是地按着客观现实的处境来作画；在生产上他们把希望寄托在时代的技术文明上，提倡穷究技术本身的逻辑性与合理性，按此规律来解决社会大众的需要。格罗披乌斯本人与“包豪斯”的教师先后卷入了这个思潮并成为其中的中坚分子。显然，这种思想也在影响“包豪斯”的办学思想。

“包豪斯”认为当时的建筑与艺术，即如人们的生活一样，正处在种种矛盾之中：艺术家脱离社会生活，为艺术而艺术；设计脱离现代化生产，艺术与工艺脱节，此外，前一段时期建筑师之间相互矛盾的理论与见解又混淆了建筑的主要问题，而矛盾的根源就是主观。[9] 于是深入研究事物形成的客观原因——例如要研究产品的形式就要把它同生产这个产品的材料与工艺特点联系起来——是非常必要的。

因此，“包豪斯”的教学方针是“建筑师、艺术家、画家，我们一定要面向工艺”[10]；认为新的建筑教育应该把“全面的车间操作训练和正确的理论性指导结合起来”[11] 通过脑和手的并用，使学生认识到现代的建筑“犹如人类自然那样地包罗万象”[12]。学院的教学原则是要“联合各种艺术与设计的训练，使之成为艺术的综合品”[13]。

为此，包豪斯的教学内容包含三个方面：

1. 实习教学：学习石、木、金属、黏土、玻璃、颜料、纺织品等不同材料的具体操作，并辅以如何使用材料、工具和有关会计、估价和拟定投标估价单的课程。

2. 形的教学：

（1）容貌方面——观察自然事物，观察材料特性。

（2）表现方面——学习平面几何、构造，绘图与制作模型。

（3）设计方面——研究内部空间、色彩和形体组合。

3. 辅以各种艺术（古代和现代）和科学（包括基础化学和社会学）的讲座。

全部学习分三个阶段进行：

（1）预备教学，为期 6 个月。学生在专为初学者设立的实习工厂通过具体的操作与观察，学习掌握不同材料的物理性能；同时，上一些设计的基础课程——抽象设计（指空间、形体、色彩等）的原则与表现。

（2）技术教学，为期三年。学生以正式学徒身份在学院的工厂中学习与工作。学院的工厂是一个专为试制新型工业日用品和改进旧产品，使之宜于大量生产而设立的实验室。每一个学生得到两位教师——精通工艺与机械的技工和精通设计理论与造型原理的设计师——的共同指导，以使他们“建立机器是现代设计的手段的观点”[14]、认识标准化的必要性和进一步学习设计。学习期满考核及格者可获得由当地职能部门或包豪斯发给的技师文凭。

---

9. 参考《包豪斯，1919—1928》（*Bauhaus 1919—1928*），H. Bayer，Walter and Ise Gropius，pp22-4；参考《新建筑与包豪斯》，中国建筑工业出版社，1979，第 26 页，第 58-65 页。
10.《包豪斯，1919—1928》（*Bauhaus 1919—1928*），H. Bayer，Walter and Ise Gropius，1938，p18.
11. 同上，第 24-25 页。
12.《新建筑与包豪斯》（*The New Architecture and the Bauhaus*），W. Gropius，1936，p43, 44, 49.
13. 同上。
14. 同上。

（3）结构教学，特别有培养前途的学生可留校接受结构方面的训练，年限视实际情况和学生的才能而定。内容为在工厂某一部门或建筑工地中继续深造，同时在包豪斯研究室中深入理论上的进修，或到其他技术学院选修包豪斯没有开设的课程，例如钢结构、钢筋混凝土结构、供热和给排水等。学习期终考核及格者可获得由当地部门或包豪斯发给的建筑师文凭。

在教学方法上，他们强调，“指导学生如何着手比传授技巧更为重要”[15]提倡所谓客观的方法，即“教师必须避免把自己的词汇授于学生，而是让他们寻找自己的方法，即使走一些弯路也行”[16]。认为手的操作和材料性能的知识“可以把学生的天才从传统的压力下解放出来”[17]，提倡教师与学生的共同合作。

在工业日用品的设计方面，“包豪斯”曾为设计新品种，改进旧模型使之宜于机械化大生产起过作用，它包括家具、灯具、陶器、纺织品、金属餐具、厨房器皿、烟灰缸等（图 9—图 13）。其要求是“式样美观、高效能和经济性的统一”[18]。其设计特点是重功能、形体简单，形式力图同材料与工艺一致，或是有意显露材料性能和工艺特点。

图 9 “包豪斯”首创的镀克罗米钢管椅，布劳亚设计，1924 年

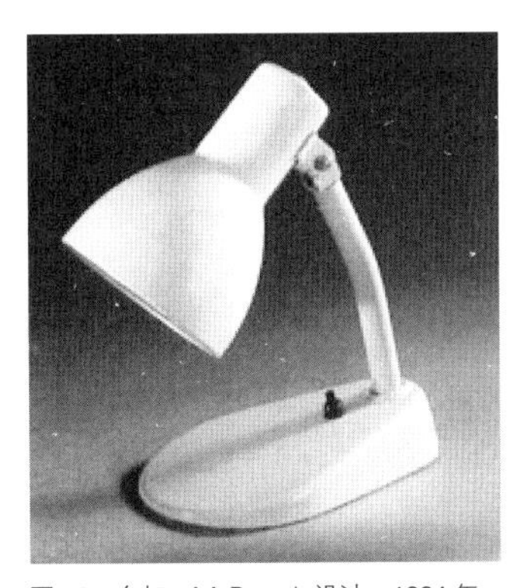

图 10 台灯，M. Brandt 设计，1924 年

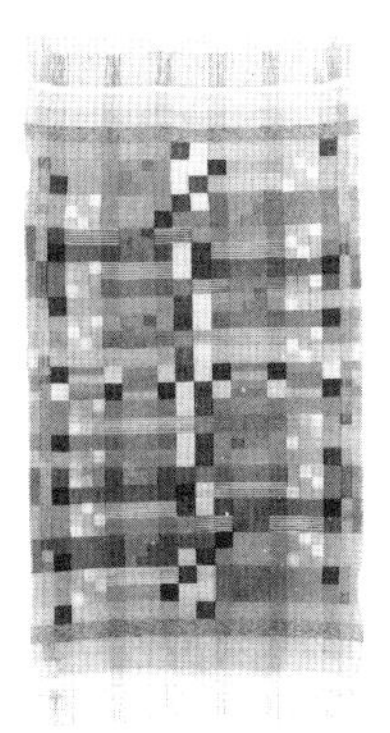

图 11 手工纺织品（用来与机器纺织品比较），Benita Otte 设计与织制，1922 年

图 12 格罗披乌斯 1930 年设计的艾德勒牌汽车（左）

图 13 格罗披乌斯为 1934 年法国有色金属展览会设计的展品。其目的是要显示有色金属的各种性能和功能。这是一件工业制品，还是一件工艺品？（右）

15.《新建筑十年》，S.Giedion，第 47 页。
16.《格罗皮乌斯与凡·得·维尔德》，载于 *Architectural Review*，1963 年 6 月。
17.《新建筑与包豪斯》（*The New Architecture and the Bauhaus*），W. Gropius，1936，p43，60.
18. 同上。

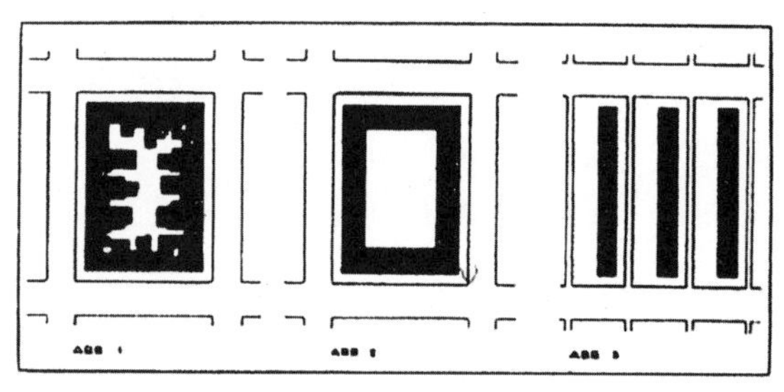

图 14　周边式与行列式布局比较

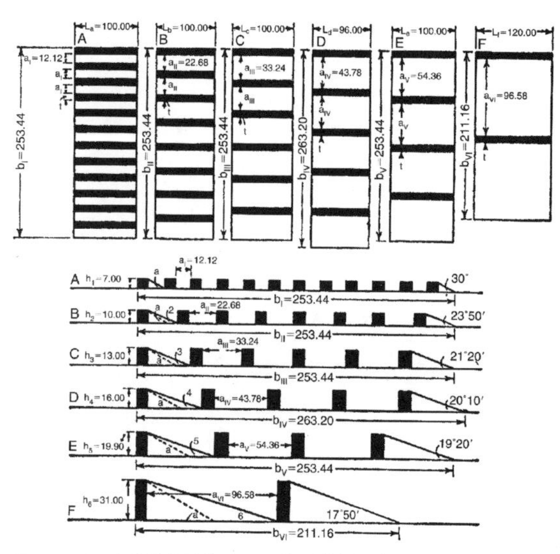

图 15　不同高度的房屋按日照要求行列式排列，在房屋间距与用地上的比较

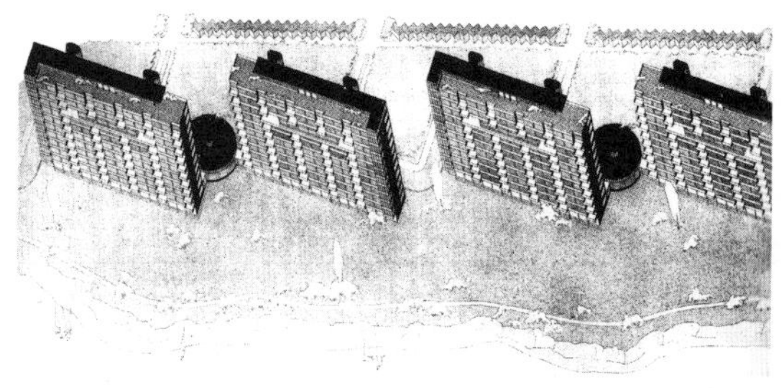

图 16　考虑朝向与景向的河滨公寓方案，破除了过去“一”字式建筑总是平行于街道或河滨的布局方式（1931 年）

在建筑方面，格罗披乌斯同“包豪斯”师生共同合作设计了好几幢建筑。其中比较有代表性的是德绍的包豪斯校舍、格罗披乌斯本人的住宅和学校的教师住宅。这些作品与格罗披乌斯后来在柏林设计的“西门子城”住宅区，充分显示了“包豪斯”的设计特点：从实用出发，重视空间设计，强调功能与结构效能，把建筑美学同建筑的目的性、材料性能和建造的精美直接联系起来。他们除了建筑实践，还积极进行设计原理的研究。其中，重视低收入家庭的住宅设计，把低收入家庭住宅作为重要的学术问题来进行探讨，可谓建筑学术史上的创举。例如：反对居住区传统布局中的周边式，提倡行列式（图 14）；研究日照同房屋朝向、高度和间距的关系，以及它们同人口密度与用地的关系（图 15，图 16）；探讨居住建筑空间的最小极限；研究建筑工业化、构件标准化和家具通用化的设计和制造等等。此外，在理论上还提出了要全面对待建筑的观点。这些理论与实践以它们鲜明的唯理性、逻辑性与彻底性，终于摧毁了已开始被“新建筑运动”所动摇[19]，然而在学术界仍占主导地位的学院派统治。

德绍的包豪斯校舍（1925—1926 年）（图 17—图 22）是一包括有两所学校——德

19.“新建筑运动”始于 19 世纪末，是一不满于学院派复古主义、折衷主义的束缚，试图探求一种新的能与当代生活与生产相适应的设计方法的运动。 它先后出现在西欧和美国，各树一帜，例如欧洲的“新艺术”派、维也纳的分离派、美国的芝加哥学派、德国的德意志制作联盟等等。

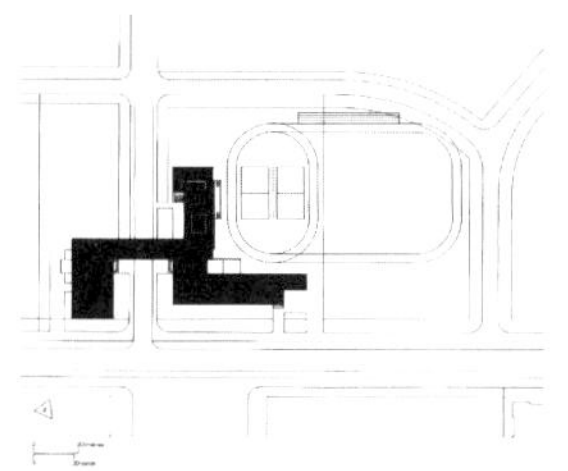

图 17　包豪斯校舍总平面

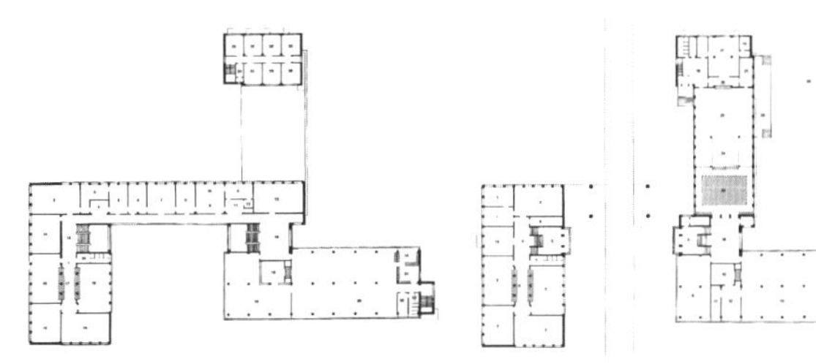

图 18　包豪斯校舍（左：底层平面图　右：二层平面）

图 19　包豪斯校舍鸟瞰。左上为实习工厂，左下为宿舍。右为教室。处于工厂和教室之间的是行政办公处，处于宿舍与行政办公处之间的是食堂、会堂。

图 20　包豪斯校舍东南面外观

绍设计学院和德绍市立职业学校——合用的校舍；里面除了教学大楼外有实习工厂与供部分学生住宿的宿舍。校舍在空间布局中的最大特点是按照各种不同的使用要求把整幢建筑分为几个独立的部分，同时又按他们的使用关系把这些部分连接起来。整个平面似一具有三片翼的风车：教学大楼与实习工厂曲尺形地相连，占地最多，高四层，住宿另处一端，占地少，高六层，是全屋最高的部分；连接宿舍与教学部分的是一两层的饭厅兼礼堂；连接饭厅、教学部分与实习工厂，并居于全屋中枢的是行政、教师办公室与图书馆。建筑占地面积 2 630 平方米。为了不使基地被建筑隔断，饭厅下面与办公室下面的底层透空，可通车辆与行人。

建筑按各部分的不同功能选择不同的结构方式，创造了不同的外形：实验工厂

图 21　包豪斯校舍宿舍外观

图 22　包豪斯校舍外观，左为教室，右为实习工厂。

里面是一个大通间，包括有家具制作、舞台装置、染坊、纺织、印刷、墙纸和金属制作等，结构采用钢筋混凝土挑梁楼板，为了方便采光，外墙是整片贯通三层的玻璃幕墙；教室采用相仿的结构，但较小的间距使承重部分轻巧了，连续的水平向带形窗与墙面是它的外形特征；宿舍需要安静和不受干扰，墙面较多，窗较小，采用了钢筋混凝土与砖的混合结构，每室外面都有自己的小阳台；会堂兼饭厅是集体使用的一个大间，它的外貌有着一定的开朗与通用的感觉。

建筑物全部平顶，在空心砖楼板上置有保温层，上铺有油毛毡和预制沥青片，人可在上面活动。所有铸铁落水管都在墙内，因而外形整洁。

在造型上，没有任何的外加装饰。几个既分又合的盒子形立方体，采用了对比统一的手法，努力谋求体量的大小高低、实体墙面与透明玻璃窗的虚与实、白色粉墙与黑色钢窗、垂直向的墙或窗与水平向的带形窗、阳台、楼板等等在构图中的对比与平衡。

格罗披乌斯住宅（德绍，1926 年，图 23，图 24）是独立式的，底层平面呈矩形，住宅进门在北面，进门两旁是厨房和浴厕，起居室与餐室面南。楼层平面为曲尺形，主要的卧室在楼上也面南，其他的卧室朝东，东南角有一宽敞的阳台，通两卧室。在这里，房间尺寸是按人体尺度，必要家具尺寸与人在内部活动时所需的空间来决定的，比一般习惯的略为小些。为了要紧凑的空间布局中可以随意产生较为宽敞的活动空间，起居室与餐厅之间上架钢筋混凝土大梁，下面以门帘相隔。

图 23　格罗披乌斯住宅东南面外观，楼上的卧室横跨在面南向面对花园的平台上。

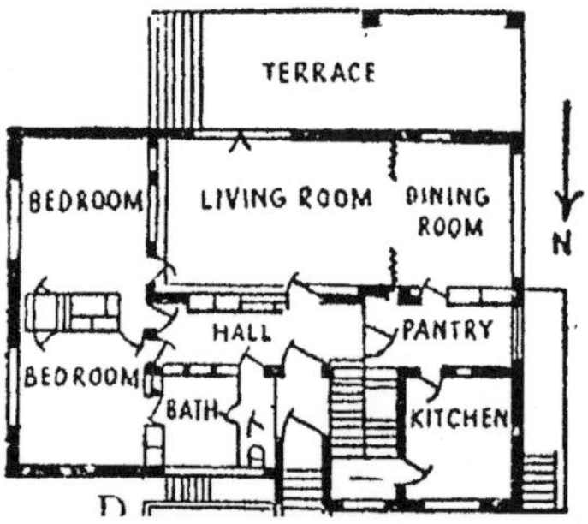

图 24　格罗披乌斯住宅底层平面

包豪斯教师住宅（图 25，图 26）是一组并立式的住宅。这里因考虑到东西两面在朝向条件上的不同，打破当时并立式住宅习惯采用的对称格局，把两个曲尺形平面正反相接在小小的基地上使 6 间卧室中有 5 间争取到了南向。但可能由于追求居住空间的最小极限，有人认为除了当中两间外，其他的在使用上都使人感到狭窄了些。

上面两幢住宅的外形都很简洁，造型的处理类似校舍，能与周围绿化配合默契，显得开旷宁静。结构采用大型矿渣混凝土砌块、空心砖楼板与钢筋混凝土过梁，这是小型住宅采用此等新材料的较早例子。

图 25 包豪斯教师住宅东面外观

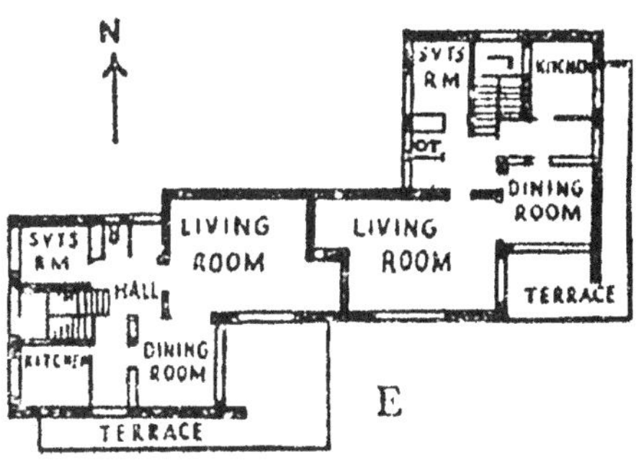

图 26 包豪斯教师住宅平面

图 27 西门子城中格罗披乌斯设计的“一”字形多层公寓外观

图 28 上公寓之平面

图 29 C 种公寓（图 20 左）外观近景

“西门子城”住宅区（Siemensstadt，柏林，1929—1930 年）是 20—30 年代建造的许多工人住宅区之一。格罗披乌斯负责住宅区的总体规划以及其中几幢住宅的设计。

由格罗披乌斯设计的是“一”字形的多层公寓（图 27—图 29），高 4 ～ 5 层，每梯台通二户，大部分南北向，个别东西向。它有多种单元类型，适合大小户，并按朝向不同有不同的布局。每户有起居室、卧室、厨房、浴厕和阳台，平面紧凑，空间使用效能高，按人体尺度设计。砖墙承重结构，钢筋混凝土过梁和楼板，阳台的开口很大，起居室有大片的玻璃窗，建筑外形简洁，不像包豪斯校舍那样从体量的对比中来获得效果，而是力求那重复出现在集体住宅中的阳台、门窗和墙面的光影变化在构图中的和谐。为了保证日照与通风、房屋间距比较宽、当中是大片草地和原有树木，具有比较宜人的居住气氛。

这些住宅，从功能、设备、卫生和经济等角度来看是成功的，可谓小空间住宅在这方面的良好先例。不过由于当时还有不少人习惯于以传统的美学观来衡量建筑的好坏，因而在住宅落成后一段颇长的时间中，有些人竟以其形式生硬而拒绝搬入，然而，功效与经济毕竟是大量性住宅的基本要求。它比那些里面偷工减料而外表讲究格式和堆砌了廉价装饰的“学院派”建筑要实用与合算得多。因此到30年代中，这种具有白粉墙、平屋顶、大玻璃窗、宽敞阳台的立方形体的现代住宅开始不断出现在欧美。后来美国人P. 约翰生和H. R. 希契科克把这样的建筑按他们的形式特征成为“国际式”（International Style）。对于“国际式”这个名称，格罗披乌斯是始终抵制与坚持反对的。因为他一向反对讲究建筑格式，认为建筑形式是设计的结果而不是设计的出发点。

“包豪斯”关于要全面对待建筑的观点，后来经过格罗披乌斯的充实和重申，称之为“全面建筑观”（Total Scope of Architecture）。它是以“包豪斯”和格罗披乌斯一再提出的见解——建筑，“犹如人类自然那样包罗万象”，是“我们时代的智慧、社会和技术条件的必然逻辑产品”[20]——作为出发点的。其内容包括：从生活日用品、建筑以至城市和区域的规划与设计方面；使建筑师具有多方面的艺术和技术技能，即建筑师的教育方面；建立建筑设计的共同基础方面；研究建筑的合理化、机械化和标准化方面；反对建立格式方面和建筑师的互相合作方面。上述方面各有其独立内容，相互参差与牵连。如细致分析，可以看出这里所谓的全面观，事实上贯穿着三个要点和一个精神。三个要点是技术、经济和功能，一个精神是以新技术来经济地解决新要求。格罗披乌斯和“包豪斯”因此而获得了唯理主义者之称。下面试列几个论点来说明“全面建筑观”的特点：

在建筑师应具有多种技能方面，格罗披乌斯曾明确指出这些技能是“设计的每一个部门，技术的每一种形式”[21]。建筑师的“任务就是把同房屋有关的各种造型上、技术上、社会上和经济上的不同问题协调起来。这种认识促使我一步步地从研究住宅的功能过渡到研究街道的功能，又从街道过渡到整个城市，最后牵连到研究更大的区域和全国的规划问题”。[22]

关于艺术的创作方面，“包豪斯”在其教学宣言中提出“艺术家就是技术高超的工匠。有时在那稀有的灵感中，在那非他个人意志所能控制的时刻中，上天的恩惠可能使他的作品发展为艺术。但是对每一个艺术家，通晓工艺是最主要的”[23]这句话虽然把艺术创造神秘化，但具体地把艺术同工艺联系起来，“我力求解决将创作想象与精通技术结合起来这个棘手问题”具有积极的历史意义。[24]

在建立创作的共同基础的问题上，他们提出，既然创作是多方面的，就应该建立一个科学的、客观的共同基础（Common denominator）。格罗披乌斯在解释这个共同基础时说：那是“以生物学的事实——物理和心理——作为基础”的客观效能[25]。所谓物理，

20.《新建筑与包豪斯》（*The New Architecture and the Bauhaus*），p18.
21. 同上，p44。
22. 同上，p66。
23.《包豪斯，1919—1928》，p18.
24.《新建筑与包豪斯》（*The New Architecture and the Bauhaus*），p36.
25.《全面建筑综观》，第48页。

格罗披乌斯说是“强调结构效能，注意功能的精确和经济的解决方法。[26]至于心理，是“人类精神的美学要求……由新的空间概念而形成的思想成就。[27]为了解释上面所谓的美学要求和那由新的空间概念而形成的思想成就，他又说：“谈了那么多的技术！——关于美又是怎样呢？新的建筑把墙像窗帘那样地全拉开了，让进了大量的新鲜空气、光线和阳光。不是用巨大的屋基把房屋牢系于地下，而是使它轻盈而经济地平衡于地面。在形体上，不是形式的抄袭，而是那简单和精确的设计，在此，每一部分自然而然地投入那整体的广大空间中。因此，它的美学与我们的物理和心理要求是一致的”。[28]

在实现建筑的机械化、合理化和标准化方面，格罗披乌斯要求建筑师面对现实，指出在生产中要以较低的造价和劳动来满足社会需要就要有机械化和合理化。[29]机械化是指生产方面的，合理化是指设计方面的，两者的后果是“提高质量，降低造价，从而全面提高居民的社会生活水平”。[30]格罗披乌斯本人在1927年德意志制作联盟在斯图加特展出的住宅新村中试建了一幢预制装配的住宅。以后，即使是到了美国之后，也从未间断过他对预制、装配和标准构件的研究（图30—图32）。为了推广标准化，格罗皮乌斯认为标准化并不约束建筑师在设计中的自由，“其结果应该是建筑构造上的最多标准化和形式上的最大变化的如意结合”[31]，这个论点从发展大量性建筑方面来看是可取的。

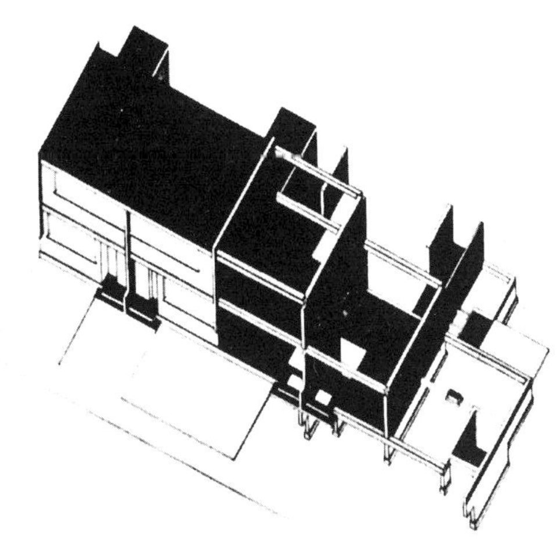

图30 1926—1927年间格罗披乌斯与包豪斯同仁在德绍的Toerton试建的预制构件住宅。矿渣砌块承重墙，钢筋混凝土楼板、屋面和横梁。前后墙体为多孔混凝土夹有泡沫混凝土隔热层的预制墙。房屋的排列考虑到施工时吊车的方便运行

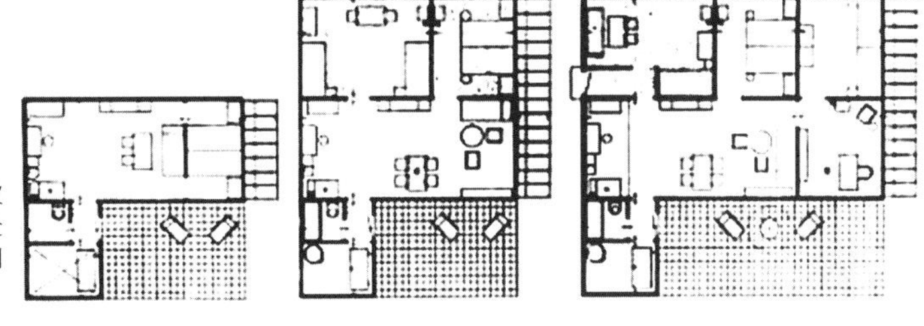

图31 1931年格罗披乌斯为德国一家制造企业设计的可扩展的预制构件住宅

26.《新建筑与包豪斯》(*The New Architecture and the Bauhaus*)，p20.
27. 同上。
28. 同上，p31-32。
29. 同上，p24。
30. 同上，p28。
31. 同上，p30。

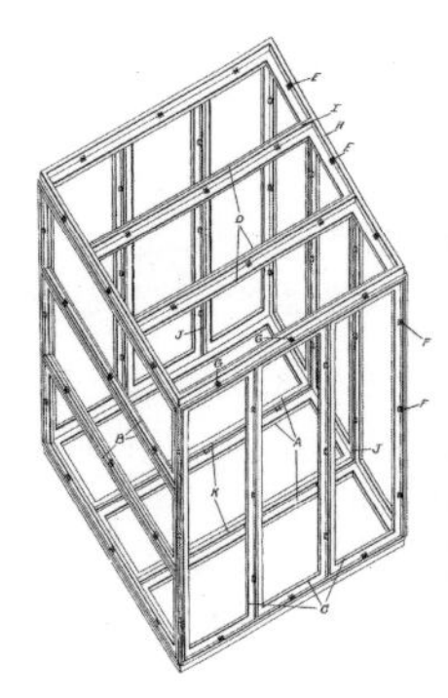

图 32　1942 年格罗披乌斯与 K. Wachsman（曾在包豪斯教过结构）在美国为一板材厂设计的预制装配成套住宅体系。左图为基本空间单元，右图为结点细部

格罗披乌斯与“包豪斯”继承了“新建筑”运动的革新精神,针对学院派建筑的“为艺术而艺术”和“新建筑”运动中各执一端的缺点，提出应该全面对待建筑的观点。他们认为，建筑师有改进社会的任务，应把建筑设计同社会需要、同现代化工业大生产联系起来。在设计中又坚持把建筑单体同群体以至城市与区域规划联系起来，把建筑艺术同技术联系起来。并在“全面建筑观”中着重了用新技术来经济地解决功能的观点，提倡建筑的合理化、机械化和标准化，并提倡以观察、分析、实验等寻求科学的设计依据等等。这些观点和方法，无疑是进步的。此外，由他们提出的一些科学的设计原则，例如，在总体布局中，注意日照和房屋间距，尽量保留原有树木以求产生宜人的环境效果；在空间设计中，提倡按功能而自由布局空间，按人体尺度和精确的结构断面计算来节约空间，注意厨房、浴室、壁橱以及各种水道管网的安排处理；在技术方面，提倡试用新材料和新技术（在当时就是钢骨架、钢筋混凝土骨架、轻质混凝土砌块和预制装配等），注意材料和结构同造型的关系；在造型上，提倡客观的、普遍的对时代和对功能技术与材料性能的表现，并特别注意那同内部空间一致的方盒子形体在体量上的组合与平衡等等——至今仍有用。尤其在大量性建筑方面，其影响更为显著。

1933 年包豪斯停办后，学派成员先后逃亡国外，学派思想也遍及欧洲与美国。格罗披乌斯本人先到英国(1934—1937 年)而后又到美国。1936 年，与英国人费莱(Maxwell Fry）合作的伊姆品登学院（Impinton College，Cambridge，图 33—图 35）是一低层的，与“包豪斯”校舍同样地按功能分区，既分又合的设计。这所校舍被认为是第二次世界大战前英国学校建筑的典范之一。1937 年格罗披乌斯赴美国哈佛大学任教，把“包豪斯”的教育方式同美国的具体

图 33　伊姆品登学院外观。图左为向花园敞开的教室，图右为实验室

情况结合起来。它除了“包豪斯”原来的内容之外，在艺术上更重视所谓抽象的表现；在理论上，还强调了要在设计中注意所谓心理上的下意识反应。也就是要注意人们对于客观事物的不自觉的然而是来自生活经验的感情反应。在实践上有他和布劳亚合作的新肯辛屯住宅区（New Kensington Housing Group，近 Pittsburg，1941 年，图 36）。新肯辛屯住宅区的规划与设计说明格罗披乌斯的设计方法不是一成不变的。这里不仅巧妙地结合地形而自由布局，在材料与风格上也具有一定程度的地方性与地方生活特色。

1945 年，格罗披乌斯同他在美国的七个得意门生[32]组成了称为 TAC（The Architects' Collaborative，建筑师协作组）的建筑设计事务所。他们在 TAC 既要个人分头负责又要相

图 35　伊姆品登学院模型鸟瞰

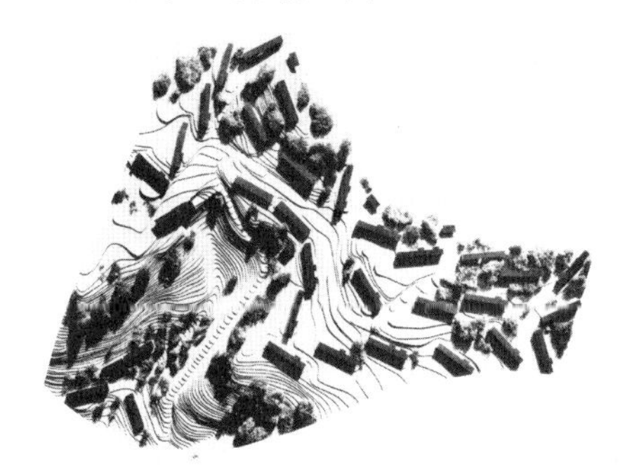

图 36　新肯辛屯住宅区模型

图 38　从哈佛大学研究生中心公共活动楼底层看院子

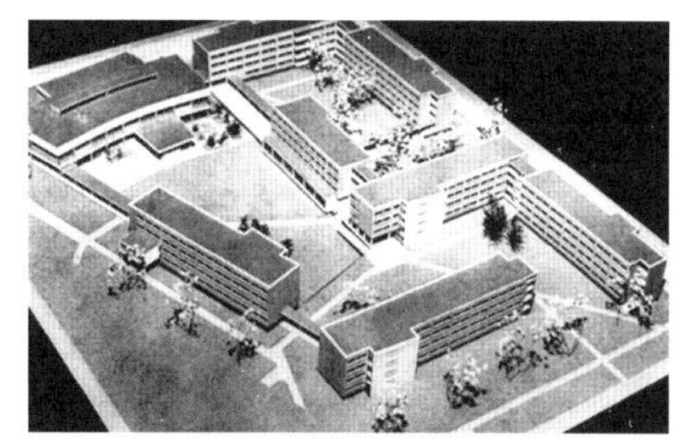

图 37　哈佛大学研究生中心总体（模型）

图 39　哈佛大学研究生中心的研究生宿舍。卧室可为一大通间，也可一分为二

32. Jean Bodman Fletcher，Norman Fletcher，John C. Harkness，Sarah Harkness，Robert S. McMillan，Louis A. McMillen，Benjamin Thompson.

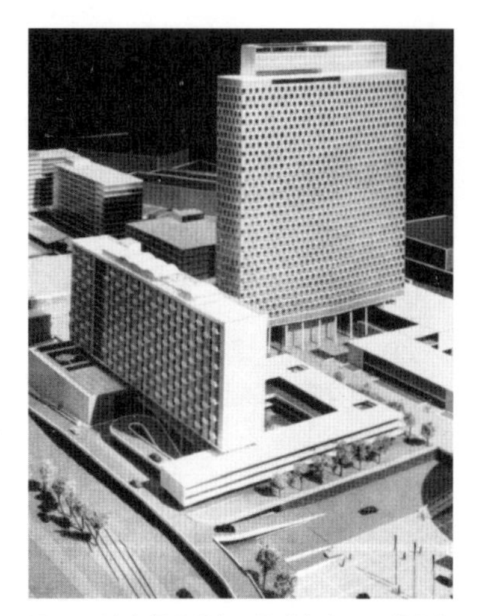

图 40 波士顿后湾中心设计方案。图右为办公楼，左为旅馆，下面是购物中心。办公楼对面跨过马路是一圆形大会堂，后面是汽车旅馆。停车场在地下，有三层。整个基地人行与车行分开。

互讨论协作的设计制度下共同设计了许多房屋。格罗披乌斯在世时，哈佛大学研究生中心（Harvard Graduate Center, Cambridge, 1949—1950 年）（图 37—图 39），波士顿市后湾中心的设计方案（Back Bay Center Development, 1953 年）（图 40），在希腊雅典的美国大使馆（1956 年，图 41），伊拉克的巴格达大学的规划与设计（1960 年设计，1962 年起建）（图 42，图 43）和 1957 年西柏林居住建筑展览会“Interbau”中的公寓（图 44，图 45），均受到了广泛的注意。TAC 从此发展为美国最大的几家建筑师事务所之一。

哈佛大学研究生中心内有七幢宿舍，一幢公共活动楼，按功能需要并结合地形布置。这里不同于“包豪斯”校舍的是房屋之间用长廊或天桥相连，形成了几个既开敞又分隔的院子。房屋与

图 41 在希腊雅典的美国大使馆

图 42 巴格达大学

图 43 巴格达大学

图 44 1957 年西柏林居住建筑展览会中的公寓

图 45 1957 年西柏林居住建筑展览中的公寓模型勒・柯布西埃

它们所处在的自然空间前后参差，体量与尺度掌握得当，环境宜人。宿舍有三层，也有四层，钢筋混凝土结构，外贴以格罗披乌斯自法古斯鞋楦厂时就已喜用的淡黄色面砖。公共活动楼高两层，钢框架结构，外墙刷石灰不贴面，底层部分透空，二层是大玻璃窗。面向院子的弧形墙面既使该楼显得具有欢迎感，同时由于地形而形成的梯形大院更加相宜。楼上的餐厅当时每餐约有 1200 人用膳，由于当中的斜坡通道把餐厅无形中划分为四部分，故用膳人并不感到自己是在一个大食堂里。楼下的休息室与会议室在需要的时候可以打通成为一个大会堂。建筑造型简洁实在，但处处表现出精确与细致的设计匠心。

后湾中心（图 40）是 TAC 同另外几个建筑师（P. Belluschi，W. Boger，C. Koch 和 H. Stubbin）合作的。它是一个包含有购物中心、百货公司、超级市场、办公楼、汽车旅馆、旅馆、展览馆、大会堂和可以停放 6 000 辆汽车的地下停车场的综合体。基地约 30 英亩，原是位于波士顿市中心区的一个废弃了的铁路场地。在后湾中心中，车行与人行分工明确，并有人行道同附近的地铁站、公共交通车站与相邻的商业区联系。其目的是要使居住、工作或活动于这个中心的人可以通过步行便能够享受到现代城市中的各种现代化设施而不至受马路上的车行的威胁。这个方案曾经得奖但没有建造。现在被认为是后来兴起于 60 年代末的一种新类型——多功能中心（Mixed use Center）——的先型。

在雅典的美国大使馆（图 41）采用了使人联想到希腊神殿的回廊，典雅而又现代化。巴格达大学的校园设计则在现代化中散发着中东气息。这些企图与地方关联的尝试在 50—60 年代时尚不多哩。这能否说明格罗披乌斯所谓："我们的教育不是依靠任何事先想出来的造型意匠，而是靠探求生活中不断变化的形式背后那种活跃的生活火花"[33]呢？

格罗披乌斯与"包豪斯"在使建筑脱离"学院派"的复古主义、折衷主义统治，彻底走上现代工业化道路中是有着不能忽视的历史作用的。他们的许多论点与方法，今日虽已成为众人皆知的常识，但在当时却是敢于冲破牢笼的新事物。然而，人类历史是不断发展的，任何新事物都不可能在一出现时便十全十美。特别是他们在同根深蒂固的学院派作斗争中，常常为了旗帜鲜明、着重强调，而显得较为偏激。譬如说在反对形式主义时，过于强调功能与技术，似乎建筑的形式无须多费心。在反对复古主义、折衷主义时，否定了历史词汇，似乎现代化与历史传统水火不相容。在反对建筑艺术的过分主观时，过于强调建筑形式的客观性与普遍性，似乎建筑艺术造型只有抽象的形式美而不具有传递讯息的任务，只有共性而没有个性。其实，建筑设计从来都是多方面矛盾的统一。格罗披乌斯与"包豪斯"的建筑观，无疑地比他们的前人更为接近社会需要、更为全面、更为进步。然而，由于历史局限性也由于世界观上的局限性，他们在克服一种片面性时又产生了另一种片面性。不过，无论如何，他们的成绩是主要的，其历史作用也是很大的，况且格罗披乌斯本人在长期的实践中也在不断地充实并提出一些新的东西。最近有些人因格罗披乌斯一向提倡集体创作，而他的名作又大多是与别人合作的，便怀疑他的作用，把他排除出"现代建筑"先驱之列。如日本《新建筑》杂志 1977 年 12 月号增刊

33.《新建筑与包豪斯》，第 62 页。

《现代世界建筑思潮》中，以大量篇幅介绍了从 20 世纪初至 70 年代的所谓“第一代”、“第二代”、“第三代”等三代建筑师的简历及作品，资料相当详尽，但对格罗披乌斯却只字未提。我们的看法是：我们从来不认为“现代建筑”是由几个先驱一手造成的，但我们并不否认个人在历史中的作用。因此，除非不谈先驱，要谈先驱的话就不应把格罗披乌斯排除于外。

1950 年法国的《今日建筑》2 月号中一篇文章（作者 Chester Nagel）说：“（格罗披乌斯）是第一个从建筑方面、设计方面与居住区规划方面向我们阐明工业革命的人。他经常调研工业社会的巨大潜力，指使我们如何使之为我们不断变化着的生活需要而用……回顾过去的 12 年，曾为格罗披乌斯学生的我们，可以感激地说，他为我们指出一项社会任务：教导我们说机器和个人自由并非水火不相容的，还向我们说明共同行动的可能性与意义……我怀疑世界上任何次于他的人会有可能给予我们这样的新信念”。

勒·柯布西埃*

勒·柯布西埃（Le Corbusier，1887—1965 年），现代建筑的四大元老之一，原名 C. E. 兴纳雷（Charles Edouard Jeanneret），出生于瑞士，1917 年起定居法国巴黎（图 1）。他在少年时曾受过制造钟表的训练，以后，学习绘画与雕刻，一度是 20 世纪 10 年代立体画派中“纯粹派”的积极分子。

图 1　勒·柯布西埃（1887—1965 年）

早在美术学院学习时期，勒·柯布西埃便已在做建筑设计。但使他初具独特见解，还是在 10 年代前后的巴黎和柏林之行以后。1908—1909 年，勒·柯布西埃在巴黎柏勒（A. Perret）[1] 的事务所里工作了 15 个月，当时柏勒正致力于从那时的新材料钢筋混凝土中，寻求这种材料在建筑艺术中的表现。翌年，他在柏林贝伦斯（P. Behrens）[2] 处工作了 5 个月，又受到贝伦斯探索利用新结构来为工业建筑创造新范例的启发。勒·柯布西埃也立下了要为新时代，即他所谓的伟大的机器大生产的时代，创造新建筑形式的决心。

勒·柯布西埃思想活跃，手法灵活，对客观事物非常敏感，是一个在设计上善于创新与“不断变化着的人”。[3] 二十年代初，在他尚未提出足以说明自己见解的实物前，便已通过杂志与书籍，以夸张、激烈和尖刻的口吻发表革新建筑、艺术、城市与工艺品设计的意见。以后，他除了在三十年代比较沉默外，一直是设计与理论并重的。他曾是“现代建筑”理论与“纯净形式”风格的倡导人，又是“粗野主义”（Brutalism）和现代的“塑性造型”（Plastic Form）的先行者。他一生出版著作 40 余册，完成的建筑设计约有 60 件，而设计方案则不计其数。他的言论与作品经常引起大们议论，有人赞成，有人反对。但他所提出来的东西却常常影响着建筑的设计倾向。他常把自己描绘为一个孤独和不被理解的叛逆者，但不少人认为他对建筑设计的影响可能是自从米开朗琪罗之后至今尚未有人超过的 [4]。

1920 年 10 月，勒·柯布西埃在画家奥西芳（A. Ozoenfant）的协助下编辑《新精神》杂志（L'Esprit Nouveau）。杂志创刊号卷头语的标题是“一个伟大的时代正在开始”接着他说，这个时代具有一种新的精神，“一种在明确概念指导下的，关于构成与综合的新精神。”[5] 他要求人们建立新的美学观，建立那由于工业发展而得到了解放的美

---

* 原载《建筑师》第 3 期，中国建筑工业出版社出版。——编者注

1. 柏勒和贝伦斯是始于 19 世纪末的“新建筑运动”中的积极分子。“新建筑运动”包含有许多学院派，其共同目标是脱离学院派的复古主义、折衷主义束缚，探索能与当代生活与生产相适应的建筑。“现代建筑”是“新建筑运动”的结果。
2. 同上。
3. 荷兰建筑师 J. Bakema 语，见 *Architecture d'Aujourd'hui*，1975 年，第 180 卷，第 7 页。
4. 英国建筑历史与理论家 R.Banham 语，见 *Age of the Masters*，1975，p30.
5. 转摘自《走向新建筑》（*Vers Une Architecture*），1946 年英文版，第 101 页。

图2　静物——勒·柯布西埃(1924 年)。当时“纯粹主义”画家热衷于表现日常生活中那些具有简单而又与功能相应的轮廓及透明的日用品。这些特点也反映在勒·柯布西埃的建筑作品中

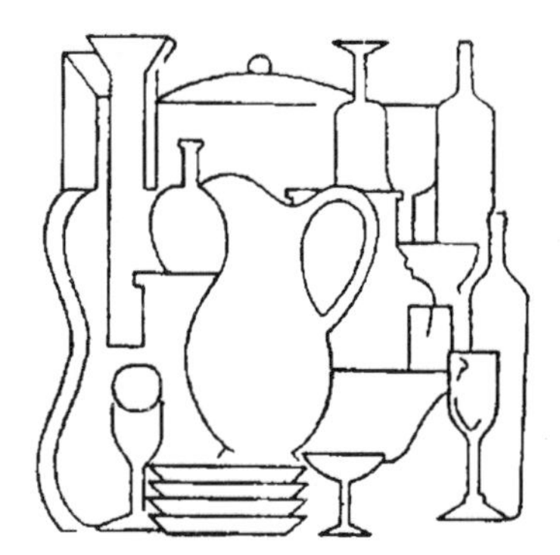

图 3　“最纯粹的构图”，奥西芳，1925 年

图 4　1925 年勒·柯布西埃为巴黎博览会设计的“新精神馆”。建筑像个方盒子，墙壁部分镂空，既包含室内空间，也包含室外空间

学观。他说：“这种美学观是以‘数字’，也就是以秩序作为基础的”。当时，勒·柯布西埃与奥西芳正热衷于所谓纯粹主义(Purism)[6]的绘画研究（图 2，图 3）这些观点也反映在他的建筑美学中（图 4）。他的呼吁在欧洲某些大城市（如柏林、莫斯科等）的艺术界中引起了很大的反响。

《走向新建筑》是勒·柯布西埃著作中最引人注意的一本。它出版于 1923 年，至今仍被认为“现代建筑”的经典著作之一。在书中，勒·柯布西埃系统地提出了革新建筑的见解与方案。全书共七章：①工程师的美学与建筑；②建筑师的三项注意；③法线（Regulating Lines）；④视若无睹；⑤建筑；⑥大量生产的住宅；⑦建筑还是革命。

勒·柯布西埃首先称赞工程师的由经济法则与数学计算而形成的不自觉的美；反对那些被习惯势力束缚着的建筑样式（指当时在建筑思潮中占主导地位的复古主义、折衷主义样式）。他认为建筑师应该注意的是构成建筑自身的平面、墙面和形体，并应在调整它们的相互关系中，创造纯净与美的形式。所谓“法线”就是在创造纯净与美的形式过程中，用来作构图参考用的，是表示构图中各部分的比例或其他关系的准绳，它可能是线条、也可能是角度（图 5）。

然后，勒·柯布西埃提出了革新建筑的方向。他所要革新的主要是居住建筑，但对城市规划也很重视。他认为，社会上普遍存在着的恶劣居住条件，不仅有损健康而且摧残着人们的心灵，并提出革新建筑首先要向先进的科学技术和现代工业产品——海轮、飞机与汽车看齐。他认为，“飞机的意义不在于它所创造出来的形式……而在于它那主导的、使要求得到表达和被成功地体现出来的逻辑……我们

6. 纯粹主义是立体主义的一个支派。他们秉承塞尚的万物之象以圆锥体、球体和立方体等简单几何形体为基础的原则，在绘画中以生活日用品——烟斗、食匙、水瓶和杯子等为题材，把物体抽象化和几何形化，其目的据说是把立体主义“从一种表现个人的、来自经验的艺术转为一种新型的有秩序和合理的经典性艺术”，其形式比立体主义更为客观与几何形化。

从飞机该看到的不是一只鸟或一只蜻蜓，而是会飞的机器”[7]。于是，勒·柯布西埃提出了他的惊人论点——“住房是居住的机器”。

对于“住房是居住的机器”，勒·柯布西埃的解释是：房屋不仅应像机器适应生产那样地适应居住要求，还要像生产飞机与汽车那样大量生产；机器，由于它的形象真实地表现了它的生产效能，是美的，房屋也应该如此；能满足居住要求的、卫生的居住环境有促进身体健康、“洁净精神”的作用，这也就为建筑的美奠定了基础[8]。因而这句话既包含了住宅的功能要求，也包含了住宅的生产与美学要求。

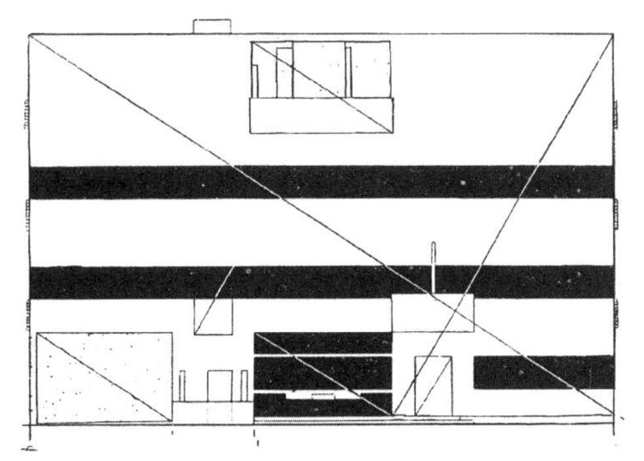

图5 在加谢的斯坦因住宅（Maisonstein，Garches，1927），勒·柯布西埃与P.兴纳雷设计。住宅立面与立面构图各部分的比例与法线

在书中有一节称为“住房的便览”。他在这一节中明确地提出了住宅的具体要求：要有一个大小如过去的起居室那样和朝南的浴室，以供日光浴与健身活动之用；要有一个大的起居室而不是几个小的；房间的墙面应该光洁，尽可能设置壁橱来代替重型的家具；厨房建于顶层，可隔绝油烟味；采用分散的灯光；使用吸尘器；要有大片的玻璃窗，“只有充满阳光和空气，而且墙面与地板都是光洁的住宅才是合格的”[9]；选择比一般习惯略为小些的房屋并且永远在思想和实际中注意住宅在日常使用中的经济与方便等等。为了说明自己的观点，勒·柯布西埃还在书中提出了好几种不同类型的住宅专案，有独立式的、公寓式的、并立式的、供艺术家居住的、作为大学生宿舍的以及海滨别墅等等（图6—图12）。它们普遍注意了不同性质的空间在适应不同使用要求中的布局与联系。空间的尺度与组合都很紧凑。阳光、空气与绿化被视为住宅的三大乐趣。建筑的形式大多是直线、直角的简单几何形体，因为立方体形对现代的建造方法最为适应。这样考虑与解决住宅设计的思想和方法在当时完全是新的。

勒·柯布西埃不仅提出了新的建筑观点，并指出了革新建筑的设计方法：设计不应是自外而内而应是自内而外的，不是自立面而平面而是自平面而立面的——平面是设计的原动力。他提倡使用钢筋混凝土，认为钢筋混凝土骨架结构可以为灵活间隔空间和自由开设窗户准备条件（图13）。他拥护建筑工业化、建筑构件标准化与定型化，并以此作为大量生产住房的前提。在建筑艺术造型上，勒·柯布西埃主张撇清个人情感，反对装饰，净化建筑形式，认为比例是处理建筑体量与形式中最为重要的。他还提出了同立体画派一致的、以表现立方体、圆柱体以及它们在阳光下的光影变化为主的构图

7.《走向新建筑》1946年英文版，第102页。
8. 同上，第13、245页。
9. 同上，第115页。

图6　斯坦因住宅面对花园的立面

手法。这些观点与方法同与他同时期的包豪斯学派很相像。但以格罗披乌斯为代表的包豪斯是反对建立任何建筑格式的，而勒·柯布西埃则认为他所提出的以表现几何形立方体空间为主的建筑形式（参见图4，图6，图8等）——他把它称为“纯净形式”——意味着一种新风格的来临，并向人们推行。

在最末的一章里，勒·柯布西埃提出了他的另一个惊人的论点：“建筑还是革命”。在这里“革命”包含有两方面内容。一是指建筑革命。他说，

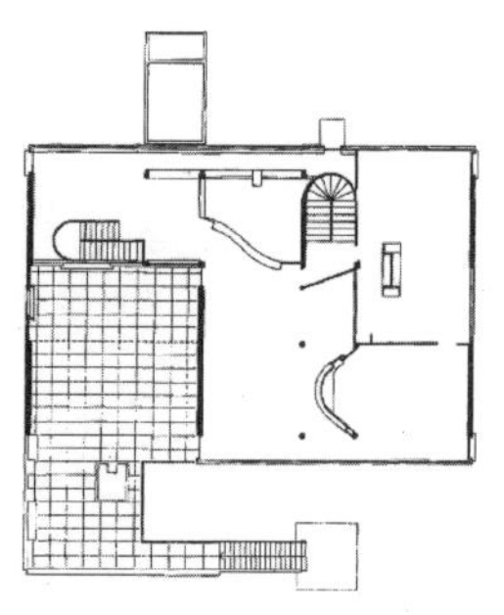
图7　斯坦因住宅平面

图8　“雪铁龙”住宅外观。“雪铁龙”（Citrohan）住宅设计方案，1920年，勒·柯布西埃设计的住宅标准单元之一，可以是独立式或联立式，也可以层叠地放在多层公寓中。房屋两边为实墙，当中有一上下贯通两层的起居室。以“雪铁龙”来命名这种单元意即它可以像汽车那样大量生产

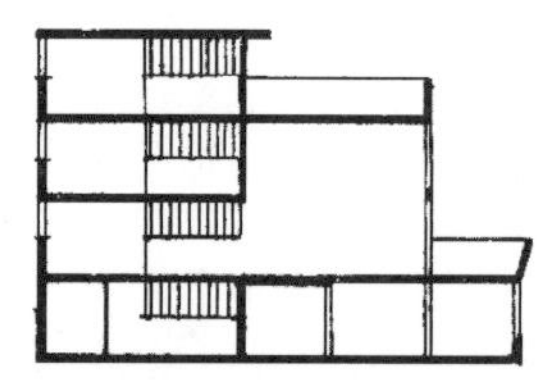
图9　“雪铁龙”住宅剖面

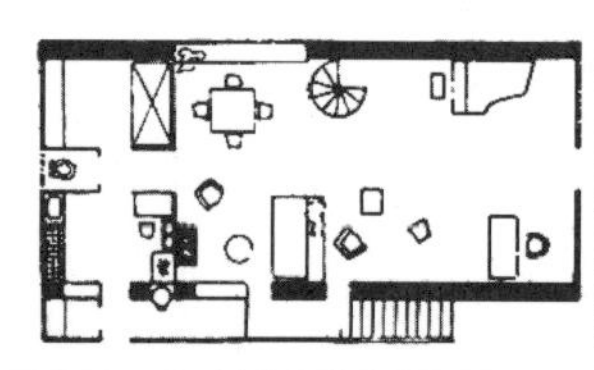
图10　“雪铁龙”住宅平面

图11　勒·柯布西埃在1916年设计的住宅方案，其起居室便是上下贯通两层的

图12　勒·柯布西埃1919年提出的称为“蒙诺”（Monol）的装配式住宅体系。墙体由双层各厚14英寸的石棉板（中间填碎石）大型构件装配而成，屋面是拱形瓦楞石棉板，上浇约1英寸厚的混凝土。门窗尺寸与石棉板墙体尺寸相应，可相互调整。房屋有一层的，也有两层的。

现在工业、商业、营造业都已经在革新，建筑也应摒弃旧样式，创造自己的新原则。另一是指政治革命。他在这里用他自己的乌托邦主义观点把社会革命片面地归结为住宅缺乏。他说："保证自己有一个居所是每个人的天生本能。然而今日社会上不同的劳动阶层、艺术家和知识分子已再没有适合他们需要的居所了。房屋问题是今日社会不安的根源"[10]。他还向那掌握着建造大权的政府与资本家献策：如忽视了这个"警报性的现象"[11]就会发生革命，故他们必须在建筑还是革命之间进行选择。全书最后以"革命是可以避免的"[12]为结束。这就充分暴露了勒·柯布西埃作为一个资产阶级的知识分子的改良主义的政治观。

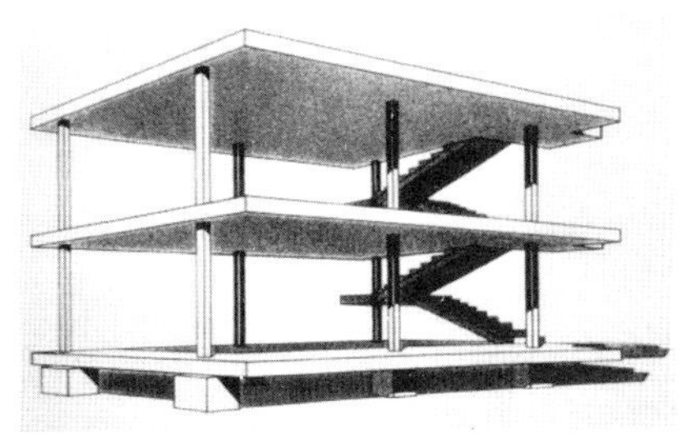

图 13　钢筋混凝土骨架结构

在两次世界大战之间，勒·柯布西埃自称为"功能主义"者。所谓"功能主义"，人们常以包豪斯学派的中坚德国建筑师 B. 托特（Bruno Taut）[13] 的一句话："有用性成为美学的真正内容"[14] 作为解释。而勒·柯布西埃所提倡的要撇清个人情感、讲究建筑形式美的"住房是居住的机器"，恰好就是这样的。勒·柯布西埃还认为建筑形象必须是新的，必须具有时代性，必须同历史上的风格迥然不同。他说："因为我们自己的时代日复一日地决定着自己的样式"[15]。他在两次世界大战之间的主要风格就是具有"纯净形式"（Pure Form）的"功能主义"的"新建筑"。这种试图运用新技术来满足新功能和创造新形式的"新建筑"，后来同以格罗披乌斯和密斯·凡·德·罗所提倡的"新建筑"，再加上以莱特为代表的"有机建筑"被统称为"现代建筑"（Modern Architecture）。

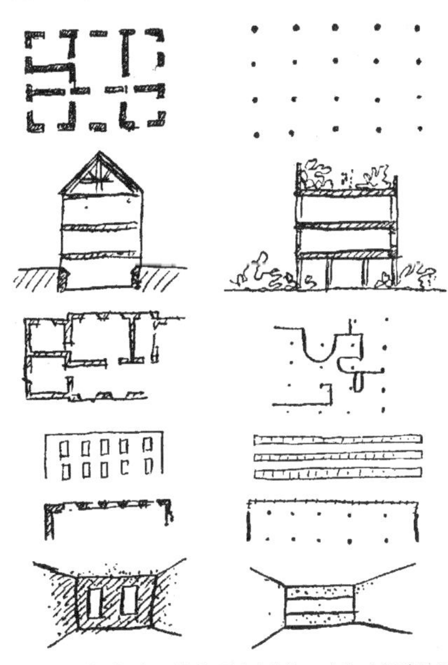

图 14　勒·柯布西埃的"新建筑"五点和"新建筑"（右）与传统建筑（左）之比较

1926 年勒·柯布西埃把他的"新建筑"归结为五个特点。图 14 是他把"新建筑"同旧建筑进行比较。

10.《走向新建筑》1946 年英文版，第 250 页。
11. 同上，第 268，269 页。
12. 同上。
13. Bruno Taut 曾是本世纪初德意志制作联盟的成员，又是德国表现主义派的成员。20 年代包豪斯成立后，他积极支持包豪斯学派，1929 年他向英国学生介绍德国的"现代建筑"，这句话是他在关于"现代建筑"的讲话中提出的。
14. 同上。
15.《走向新建筑》1946 年英文版，第 82 页。

1. 立柱。房屋底层透空，下设立柱，立柱把房屋像一个雕像似地举离地面，把地面留给行人。

2. 屋顶花园。房屋的屋顶处理应同把房屋看成为一个中空的立方体观点相适应。即屋顶应该是平的，上面可做屋顶花园。

3. 自由平面。采用了骨架结构，上下层的墙无须重叠，内部空间完全可以按空间的使用要求而自由间隔。

4. 水平向长窗。承重结构既与围护结构分开，墙不承重，窗也就可以自由开设。最好是采用水平向的可以从房间的一边向另一边开足的长窗。

5. 自由立面。承重的柱子退到外墙后面，外墙成为一片可供自由处理的透明或不透明的薄壁。

勒·柯布西埃在两次世界大战之间的作品大多体现了这些特点。

同年，勒·柯布西埃完成了在法国塞纳畔布洛涅的柯克住宅（Maison Cook, Boulogne-Sur-Seine，1926 年）（图 15，图 16）。

这是一所基地狭小的城市住宅。它不仅前后空地不多，并紧镶在两幢住宅之间（图 15 左）。设计的特点是竖向发展。屋高 4 层。底层（图 16 左）基本上是前后敞通的，这使屋前的小小空地不致显得闭塞。二层为卧室与更衣室（图 16 左二）；三层、四层为起居室、餐室、厨房、书房与屋顶花园（图 16 右）。起居室占两层高，它与同层的餐室和上面一层的书房屋顶花园在布局上有着立体的纵横联系。餐室的顶棚很低，但因与两层高的起居室并立与贯通，故并不感到闭塞。同样地厨房上面的书房的顶棚也很低，但因在视感上借用了起居室的空间而不感到狭小。起居室上部的窗户开向屋顶花园，与屋顶花园在视野上的联系使它更显宽敞。卧室的面积不大，

图 15　法国塞纳河畔布洛涅（ Boulogne-sur-Seine ）的一组（三幢）住宅，1926 年。当中一幢是柯克住宅。设计人：（左）马来特·斯蒂文斯（Mallet-Stévens），（中）勒·柯布西埃，（右）雷蒙·菲歇（Raymond Fischer）

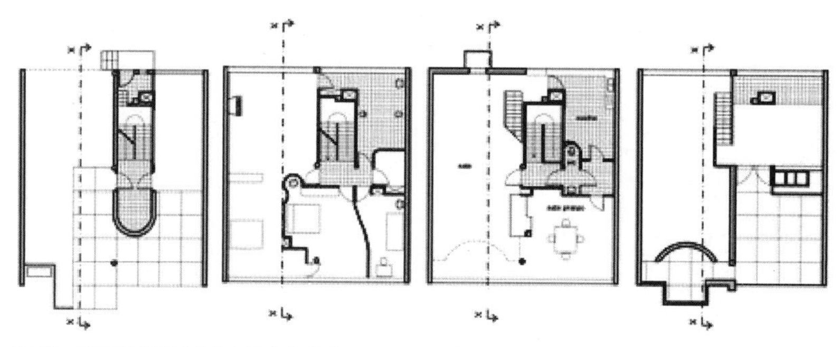

图 16　柯克住宅平面（自左至右）底层、二、三、四层

家具合理布置。窗户是横向的长窗，有助于消除小面积房间的闭塞感。

建筑形式简洁，雪白的粉墙上除了大面积的横向长窗外就是悬臂挑出的阳台与雨棚。阳台的正面是实的，两侧用黑色水平向铁栏杆同房屋联系，它们在强烈阳光下形成了明显的光影效果。

结构为承重墙与钢筋混凝土的梁柱并用。它在紧邻屋的两片承重墙之间布置了三根钢筋混凝土柱子。骨架结构给空间的竖向与横向自由分隔带来了很大的便利。

柯克住宅是勒·柯布西埃在1920年就开始提出的所谓“雪铁龙”式住宅方案（见图8—图10）的具体体现。

1927年勒·柯布西埃参加了德意志制作联盟（Deutcher Werkbund）在斯图加特主办的住宅展览会。他在此设计了两幢住宅，均具有上述的新建筑五点与在视感上借用空间的特征。在造型上，那讲究纯几何形立方体和它们的光影变化的“纯净的形式”显得更为突出（图17—图19）。

图17　勒·柯布西埃在魏森霍夫住宅新村中设计的钢住宅（1927年）外观

翌年，由欧洲的“现代建筑”学派共同发起的“现代建筑国际协会”（Congrès Internationaux d’Architecture Moderne, CIAM）组成。勒·柯布西埃是协会的主要创始人。

图18　钢住宅二层的卧室和起居室

在所有的住宅中，被认为是具有代表性的是萨伏依别墅（Villa Savoye, Poissy, 1928—1931年）（图20—图23）。

这是一座周围有花园的独立式住宅占地3.3公顷。房屋平面接近方形（20.5m × 20m），

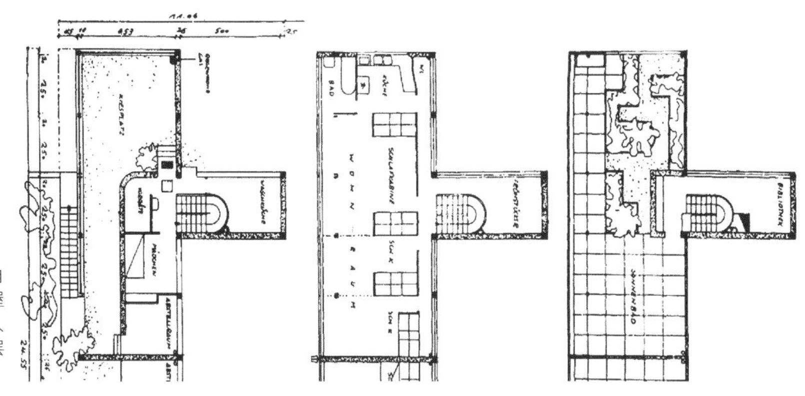

图19（自左至右）屋顶花园层、生活起居层和地面层

图 20 萨伏依别墅外观

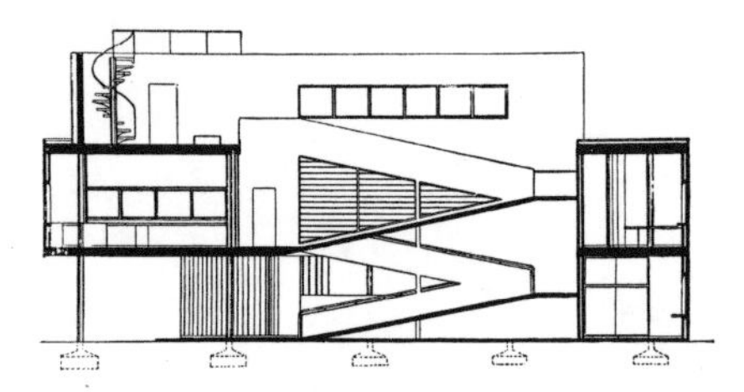

图 21 萨伏依别墅剖面

屋高三层，底层透空，汽车可直驶入内。各层用坡道联系（参见图 21），空间不仅水平向并垂直向地相互穿插，室内与室外相互贯通打成一片。在二楼的主要层中（图 23 左），起居室特大，室外是露天的屋顶花园。位于屋顶花园一角是一个半开敞的休息廊。这就形成了三种——完全暴露于阳光之下的、既遮阳又开敞的、完全在室内的——不同性质的空间。由于采用了骨架结构，墙与楼板在各层中不必统一，可以按需要而自由布置。立面构图严谨，全部为直线、直角的几何形，各部分的比例采用了黄金节[16]。搁置在底层立柱上面的部分，为了强调其内部的中空感，四面墙壁略挑出于柱子之外，使看上去像一只薄壁的方盒子，而包含在这个方盒子里的却是无限的阳光与空气。同时，雪白粉墙上的虚实对比在阳光下形成了强烈的光影变化。这可说是“新建筑五点”与“纯净形式”的一次彻底体现。

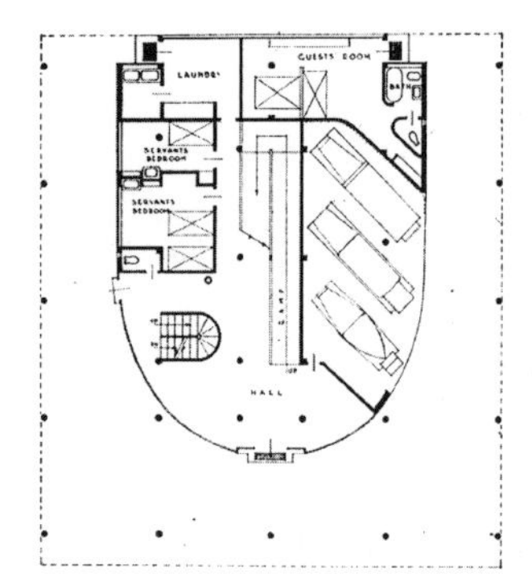

图 22 萨伏伊别墅底层平面，有门厅、车库及仆人用房

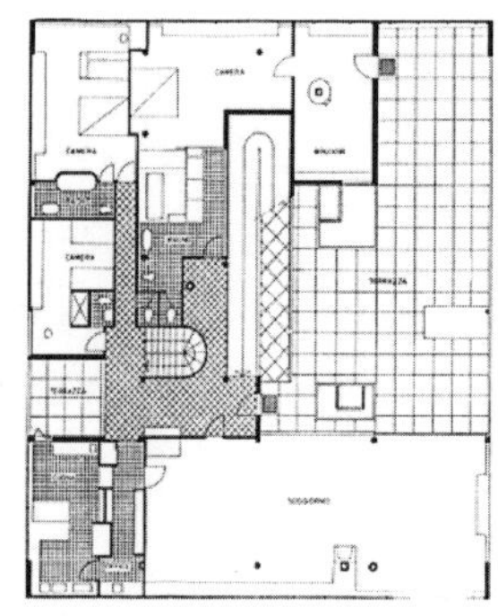

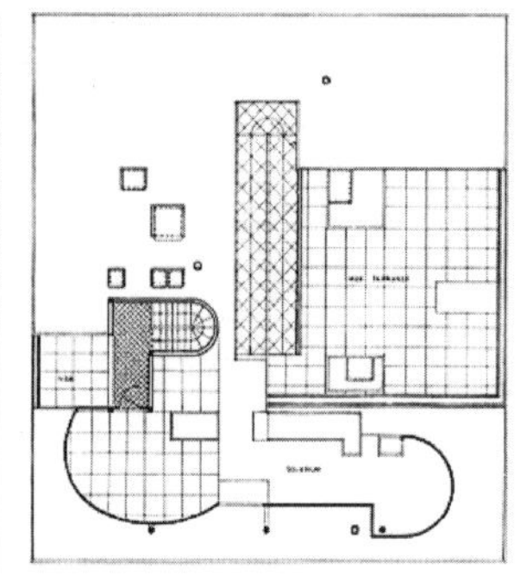

图 23 萨伏伊别墅（左）二层，（右）屋顶层平面

萨伏依别墅的空间布局手法灵活，但生硬的盒子式造型不能普遍被人接受。此外，底层透空、屋顶花园在此宽畅的场地上似不及柯克住宅来得有意义。无怪后来一度被用来作为仓库，但是，它强烈地体现了 20 年代欧洲“现代建筑”的观点。尽管它曾被指摘与抨击，然而直到 50 年代仍有不少人自称曾从它那里获得关于“现代建筑”的启示。因而它被认为是“现代建筑”的经典作品之一，并被列为法国的

16. 历史上一些艺术家认为长方形的两边边长比例是 1 ∶ 1.618 时，其形状最稳定与经看。达芬奇把它命名为黄金节（Golden Section）。

文物保护单位。

巴黎市立大学的瑞士学生宿舍（Pavilion Suisse，1930—1932 年）（图 24—图 26）是勒 · 柯布西埃第一座引人注意的公共建筑。它的结构方法是把上层的盒子部分搁置在两根由六个大墩柱所支撑着的大梁上（参见图 26）。这就加强了勒·柯布西埃所要创造的、以上面的立方体同下面透空的对比来突出表现建筑空间的效果。后面的食堂是低层的，墙面呈曲面形（参见图 24，图 26）。这是勒 · 柯布西埃，也是“现代建筑”学派经过了近 10 年的坚持直线、直角的几何形体后，采用曲线形体的先声。它的粗石墙面（见图 24），像一幅壁画似的，同高层宿舍外墙上严谨划分的格子与玻璃窗形成对比。

1927 年在日内瓦国联大厦的设计竞赛中，不同于当时流行的把所有内容综合在一座宏大而对称的大楼中的做法，勒 · 柯布西埃和与他合作的堂兄弟 P. 兴纳雷把内容按功能性质分为几个部分（图 27，图 28）。办公楼像德国的包豪斯校舍那样是自由布局的，不论是大国或小国的办公室均能面对湖景。拥有 2600 座的楔形的大会堂直伸到湖滨。为了适应声学要求，会堂的顶棚呈曲面形，结构是纵向搁置的大梁。这些处理，在当时都是少见的。

图 24 巴黎市立大学瑞士学生宿舍食堂外面的弧形粗石墙

图 25 巴黎市立大学瑞士学生宿舍总体外观

图 26 巴黎市立大学瑞士学生宿舍平面

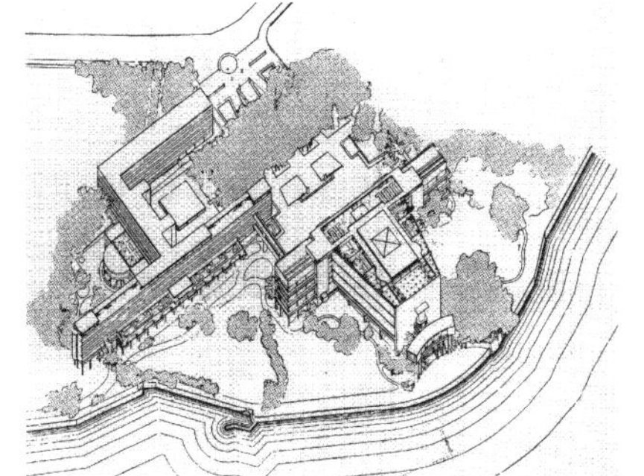

图 27 国联大厦设计方案，总体鸟瞰，左为秘书处大楼，右为会堂

图 28 国联大厦设计方案，秘书处大楼侧面外观

在初选时，勒·柯布西埃的方案被评为九个优秀方案之一，并名列前茅，但在复选时他落选了。后来任务交给了四位学院派的建筑师。他们采用了勒·柯布西埃的分散布局，但在形式上却穿上了折衷主义的外衣。勒·柯布西埃对此非常气愤，到处申诉，写书揭发并把状告到海牙的国际法庭。

对苏联社会主义建设的同情使勒·柯布西埃在苏联第一个五年计划时期（1928—1932 年）不仅访问了莫斯科并通过竞赛为他们提供了好几个设计方案。其中之一是莫斯科的"合作大楼"（Moscow Centrosoyus，图 29）。大楼与日内瓦国联大厦方案一样，重视不同功能的各部分的形体表现和它们的几何形组合。合作大楼的建造虽由苏联建筑师利昂尼多夫（Leonidor）在 1929—1934 年负责完成，事实上是勒·柯布西埃第一幢问世的公共建筑。

1930 年勒·柯布西埃应巴西政府之邀，参加了里约热内卢的教育卫生部大楼设计（1937—1943 年）（图 30），这为以后流行的外形以几何形格子遮阳板为特征的板式高层建筑创造了先例。底下三层的透空使马路延伸到建筑下面，达到了不使偌大的房屋隔断土地，亦即勒·柯布西埃所谓的解放土地的目的。

第二次世界大战之后，"现代建筑"被普遍接受；勒·柯布西埃的名声也大振。1947 年他应邀参加设计联合国设在纽约的总部。现在的联合国总部虽是集体设计，事实上是以勒·柯布西埃 1947 年提出的方案（图 31）为基础的。

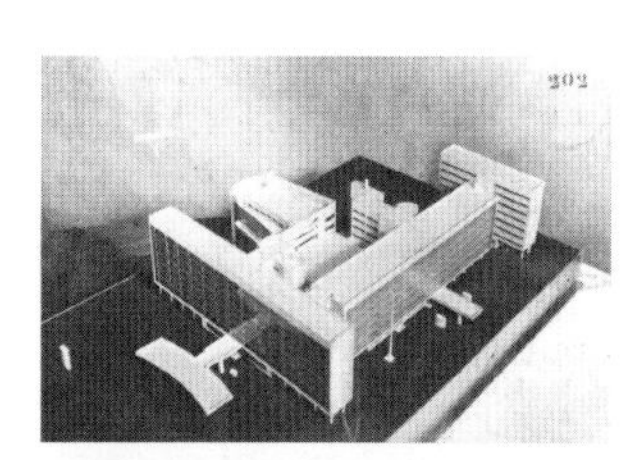

图 29　莫斯科"合作大楼"

图 30　巴西教育卫生部大楼

在城市规划方面，勒·柯布西埃倾向于集中式的大城市。他认为现存大城市中的痼疾是缺乏规划所致，因而提倡对它们进行改造。

勒·柯布西埃认为城市有四大功能：居住、工作、游憩与交通。规划的任务就是要保证四大功能的正常运转[17]。他在 1922 年提出了一个拥有 300 万人口的称为"当代城市"的设想方案（Plan Villa Contemporaine，图 32—图 36）；1925 年为巴黎市中心的改造提出了一个称为"伏瓦生规划"的方案（Plan Voisin，图 37）；以

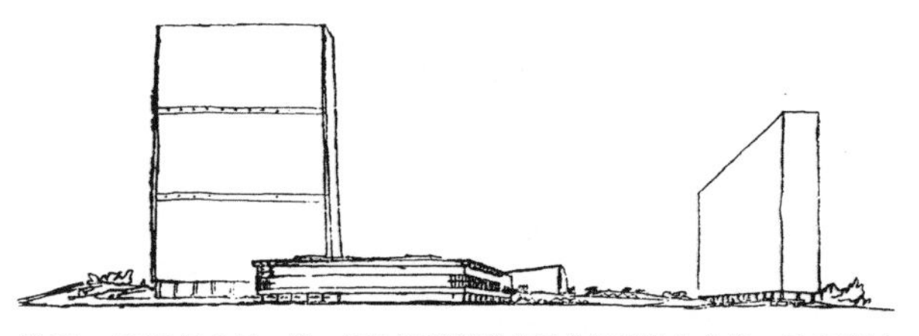

图 31　1947 年 3 月，勒·柯布西埃为联合国总部提出的方案，后来即以此案为原型设计

17. 这些观点后为 CIAM 所认可，并在 CIAM 提出的"雅典宪章"（Charter of Athens）中得到较全面的阐明，"雅典宪章"制定于 1933 年 CIAM 的第四次会议中，会议在雅典举行，故名。

后又为安特卫普、斯德哥尔摩、巴西和阿尔及利亚等国外大城市做了改建方案。方案的共同特点是按功能将城市分为工业、商业与居住等区；在市中心建造高层建筑（见图 32，图 33，图 35）。以降低建筑密度和留出空地供城市绿化和市民体育活动之用；房屋底层透空，使城市地面从建筑基地中“解放”出来，并使房屋不致隔断地面行人视野；道路呈整齐的棋盘式，人行与车行分道，车行道又按交通量与车速分别布置，它们与城市各种管网分层设置在地面与地下（见图 33，图 34）；在道路交叉口建立体交叉。

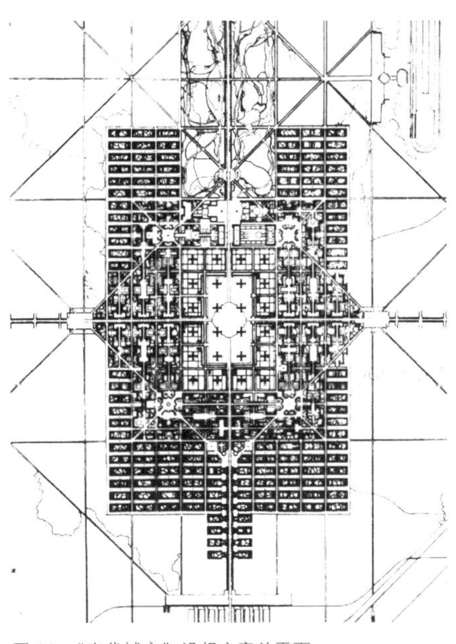

图 32 “当代城市”设想方案总平面

城市中的房屋高低层结合。高层建筑（见图 33，图 35）高 60 层，是平面呈“十”字形或“Y”字形的塔式建筑。它除了供居住外，还设商店和其他生活福利设施，俨然是一座独立的垂直的小城镇。勒·柯布西埃把它称为城市的“居住单位”（United' Habitation），低层建筑（见图 36，图 37）有分散布置的，也有呈“口”字形或“弓”字形的长条。勒·柯布西埃认为城市建筑的美主要在于那大规模规划与大量生产的、表现在群体中的轮廓、细部、材料与

图 33 “当代城市”鸟瞰，高低层相结合，垂直向分层的交通系统，城市入口处设有新型的凯旋门似的大门

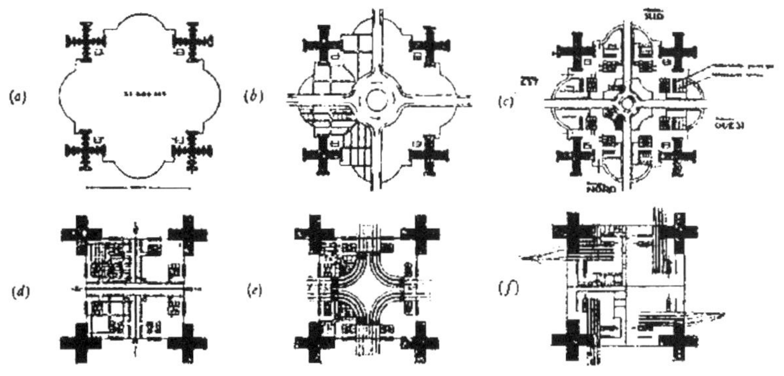

图 34 当代城市中心的交通枢纽（a）顶层，出租飞机停机场；（b）中间层，快速车道；（c）地面层，各铁路线入口；（d）地下一层，地下铁道；（e）地下二层，市际与市郊线；（f）地下三层，国际线

结构方法中的一致性、和谐性与秩序感。[18]

图 35 “当代城市”的十字形高层建筑平面与勒·柯布西埃对它的环境设想。这种由大片绿地包围着的一座座独立的高层建筑形象成为后来一段时期高层建筑环境设计的模式

然而，由于没有一个几百万人口的城市能像勒·柯布西埃想象的那样可以一次规划与建成，即使有，问题也不那么简单。“伏瓦生规划”也因勒·柯布西埃要求把市中心拆到只剩下卢浮宫而不被理睬。但他所提出的问题以及一些具体的解决方法，却是很有启发并越来越被证明是有预见性的。

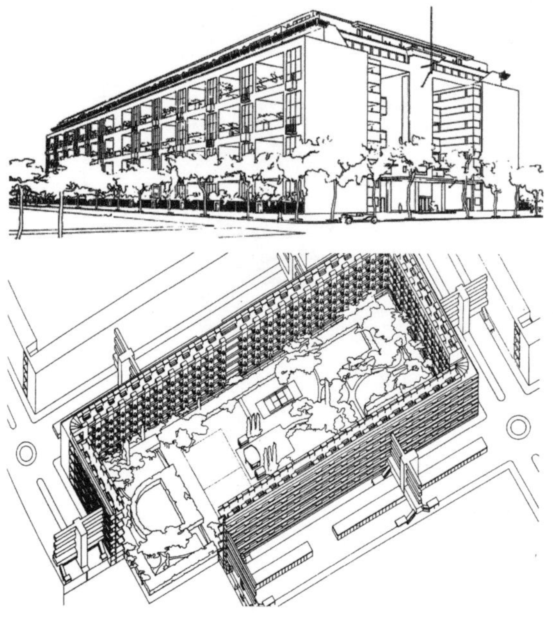

图 36 “当代城市”的“住宅大楼”（Immeuble House）。每座大楼含住宅 120 单元，各单元占两层，各户有自己的花园（上下贯通两层的大阳台），内部空间类似雪铁龙住宅（图 7—图 9），楼内备有各种公共活动设施

勒·柯布西埃关于城市的“居住单位”的设想直到 20 多年后才得以实现。这就是马赛公寓（United'Habitation，Marseilles，1947—1952 年）（图 38—图 45）。当时法国由于第二次世界大战的破坏，正热衷于重建它的城市。勒·柯布西埃那时的名气已蜚声国际建坛，法国政府也就给他一个实践他长期夙愿的机会。

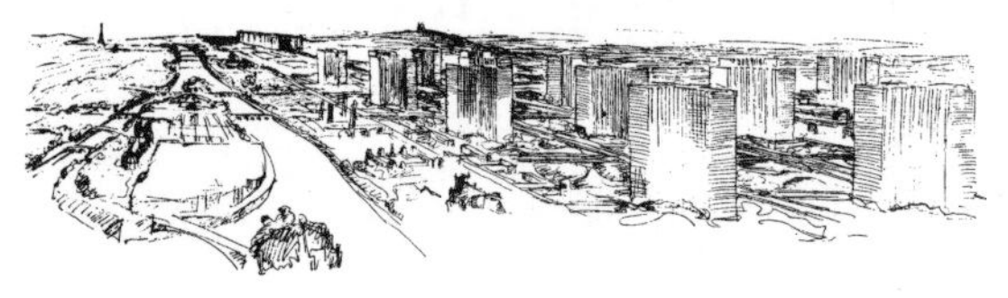

图 37 巴黎市中心“伏瓦生规划”方案（1925 年）。图左为保留的卢浮宫

马赛公寓正如勒·柯布西埃早在他的城市规划理论中所说过的，不仅是一座居住建筑而是像一个居住小区那样，独立与集中地包括有各种生活与福利设施的城市基本单位，它位于马赛港口附近，东西长 165 米，进深 24 米，高 56 米，共有 17 层（不包括地面层与屋顶花园层）。其中第七、八层为商店，其余 15 层均为居住用，它有 23 种不同类型的居住单元，可供从未婚到拥有 8 个孩子的家庭，共 337 户使用。它在布局上的特点是每

18.《走向新建筑》1946 年英文版，第 224-226 页。

图 38　马赛公寓全貌

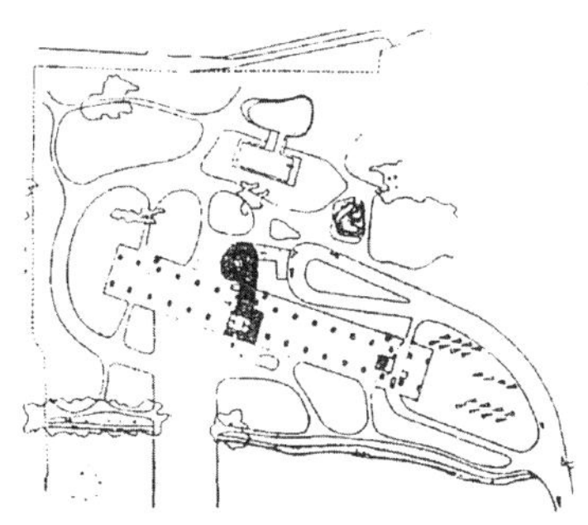

图 39　马赛公寓总平面

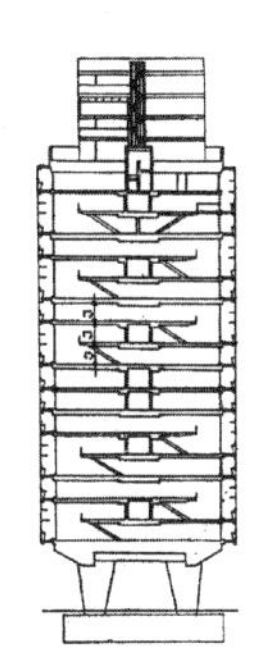

图 40　马赛公寓剖面

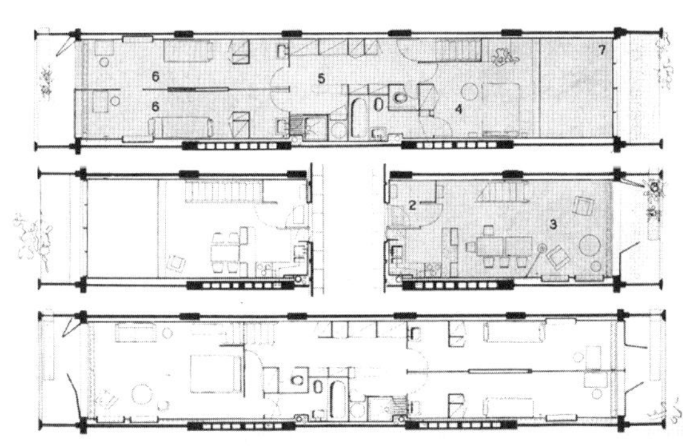

图 41　马赛公寓标准单元平面之二。当中的平面是走廊层

图 42　马赛公寓侧面外观

三层作一组，只有中间层有走廊（图 40，图 41），这样 15 个居住层只有 5 条走廊，节约了交通面积，室内层高 2.4 米，各居住单元占两层，内有小楼梯。起居室两层高，前有一绿化廊，其他房间均只有一层高。第七、八层的服务区有食品店、蔬菜市场、药房、理发店、邮局、酒吧、银行等。第十七层有幼儿园、托儿所，并有一条坡道引到上面的屋顶花园。屋顶花园有一室内运动场、茶室、日光室和一条 300 米的跑道（见图 45）。

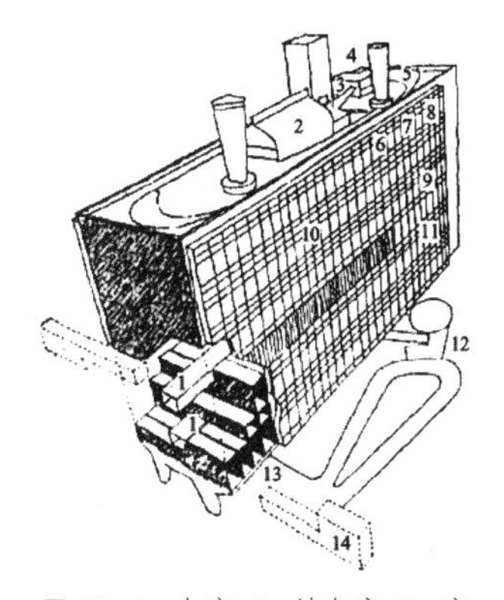

图 43　1- 走廊；2- 健身房；3- 室外茶座；4- 茶室； 儿童乐园；6- 保健站；7- 幼儿园；8- 托儿所；9- 商店；10- 作坊；11- 洗衣房；12- 门房；13- 车库；14- 标准户

结构为钢筋混凝土骨架支在底层的巨大支柱上（见图 40，图 42，图 44）。墙面由预制震荡混凝土构件组成，其他部件如遮阳板、阳台等均为预制装配的。处于底层与上面第一层之间的夹层为空调、电梯马达等设备层（见图 40）。

50 年代初这座建筑完成时在建筑界中引起很大的反响。首先是它的俨若小城镇似的丰富内容，其次是它大规模地试行了跃层的布局方式。但是，最引人议论的还是它的形式，即那体态沉重、表面毛糙和构造粗鲁的后来被称为“粗野主义”的建筑风格。

图 44　马赛公寓底层

图 45　马赛公寓顶层

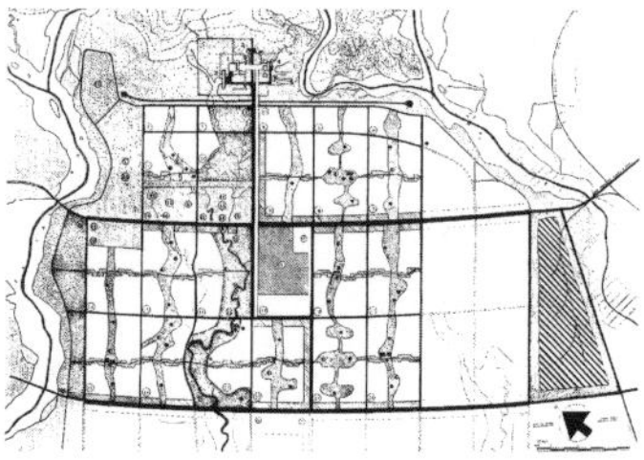

图 46　印度昌迪加尔市规划

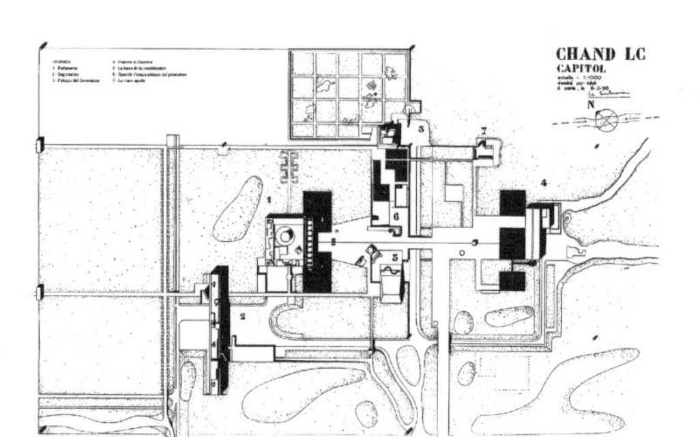

图 47　昌迪加尔市规划中的政府机关区规划

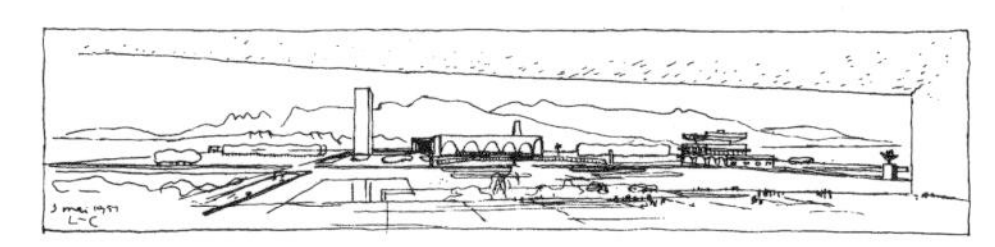

图 48　由高等法院门廊处外眺（原设计草图）。（自左至右）行政办公楼、大会堂、“张开的手”

图 49　昌迪加尔市中心大会堂

至于它在内容上的包罗万象，由于住在大楼中的人不一定都在大楼商店中买东西，而外面的人也不会进去买，因而生意清淡，经常租不出去，后来勒·柯布西埃设计的好几幢此类大楼；都把这方面的内容去掉了。而“粗野主义”风格不仅成为勒·柯布西埃在战后的主要风格，并且影响很大，一度在欧洲、美国、日本均有反映。

“粗野主义”风格从形式上看同勒·柯布西埃早期提倡的“纯净形式”似乎格格不入，其实从美学观看它们是一致的。即都以表现建筑自身为主，都只讲究建筑大的形式美，认为美是通过调整构成建筑的元素——平面、墙面、门窗、空间、轮廓、形体、色彩、材料质感的比例关系而获得的。它们的不同在于对美的标准不同。萨伏依别墅以钢筋混凝土梁柱同砖石结构比较，认为美的标准是轻盈、灵活、光滑、通透、明亮。而“粗野主义”则以混凝土的性能与质感同当时已经流行的钢结构来比较，认为沉重、毛糙、粗鲁是美的。在马赛公寓中，底层的柱子特别肥大，墙面与各种部件的混凝土粒子大，反差强，连施工时的模板印子还留在那里，房屋各部件的衔接被粗鲁地碰撞在一起。据说这种美学观是同第二次世界大战后一段时期的显示情况有关的，是同当时一方面迫切需求大量建造，另一方面在经济与技术上尚存在着不少问题相应的。因而有人把它解释为是要从当时的混乱中“牵引出一阵粗

图 50　昌迪加尔市最高法院

图 51　最高法院屋顶夹层，檐下拱顶便于通风。法院前面为行政广场，远处为“张开的手”

图 52　勒·土雷特修道院外观

图 53　勒·土雷特修道院鸟瞰，左上为教堂

图 54　勒·土雷特修道院内院，图中凸出的方块为教堂钟塔

图 55　勒·土雷特修道院食堂内观

鲁的诗意来”[19] 不过后来当它成为一种流行的风格后，这种原意也就消失了。

勒·柯布西埃的“粗野主义”还表现在印度昌迪加尔市的政府建筑群（图 46—图 51），在法国埃夫勒的勒·土雷特修道院（Le Tourette., Evreux，完成于 1960 年，图 52—图 55）和在日本东京的西方美术馆中（图 56—图 60）。然而“粗野主义”只是它们的造型风格，而每幢建筑还有它自己的特点。

19. 英国建筑师 P. Smithson 语，见 *Modern Movement in Architecture*，1973，p257.

图 56　勒·柯布西埃为日本东京设计的西方美术馆手稿副本（1953 年）

图 57　建成后的东京西方美术馆展览大厅（1959 年）

昌迪加尔最高法院（见图 50，图 51）的肥胖的柱子已超出了结构上的需要。毛糙与粗鲁的钢筋混凝土窗格虽有利于遮阳，但其尺度与构图似乎更在于造成“粗野主义”气氛。室内是一高四层的大厅，用坡道联系，由于屋顶夹层、出挑很大，筒形拱屋面，与檐部之间的空隙可以通风（见图 53）外加前后墙的漏窗与外面的水池故显得比较荫蔽与凉快。

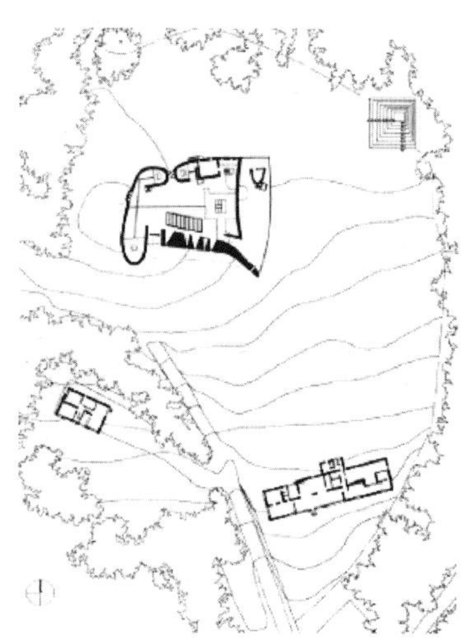

图 58　朗香教堂（1950—1953 年）总平面及教堂平面图

勒·土雷特修道院造在里昂附近一森林边缘的山坡上（见图 52—图 55）。建筑环绕一内院布局（见图 53），规模不小，内有修士约 100 人。上面是修士的居室，下面是课堂与食堂，教堂处于内院的一侧。居室（见图 52）外墙的混凝土粒子特大，形成造型上的原始感，深深的格子形窗洞开向远处的大自然，显得寂静而孤独，表现了远离尘世苦苦修行的含义。食堂与课堂的窗棂疏疏密密（见图 54），间距上的不规则隐喻了时间上的莫测。修道院粗鲁与生硬的造型再次说明了“粗野主义”的特色。

东京上野公园的西方美术馆（图 56，图 57）是日本建筑师前川国男（Maekawa）、阪仓准三（Saka kura）等按勒·柯布西埃的草图（1953 年）实施完成的（1959 年）。展览馆（见图 56 左）形体简单，但屋顶的自然采光为室内创造了特殊的气氛（图 57）。草图上的小展览馆（见图 56 右）预告了后来在苏黎世的勒·柯布西埃中心（Le Corbusier Center，1965—1968 年）用两个方形的伞顶屋盖的做法。

正如勒·柯布西埃的城市“居住单位”直到第二次世界大战后才得以实现一样，他关于城市规划的设想也是到 50 年代才得到实践的。

印度旁遮普邦的首邑昌迪加尔城的规划（见图 46）始于 1951 年。规划人口为 15 万，远期人口为 50 万。整个城市用道路划分为 20 余个长方形的居住地段（Sector，每个地段面积约为 100 公顷（约 800 米 ×1200 米）。各地段内有商店、市场、医疗卫生等公共设施。道路呈整齐的棋盘式，绿化成带。南北贯穿于每一地段之中，并相连形成一完整的绿化系统。市商业中心位于全市的几何中心。联系市商业中心的两条相互垂直的

图 59　朗香教堂西北面外观，图右为祷告室

图 60　朗香教堂内观，图左厚墙为教堂南墙

图 61　朗香教堂东南外观

图 62　朗香教堂内观，图正面为教堂东墙

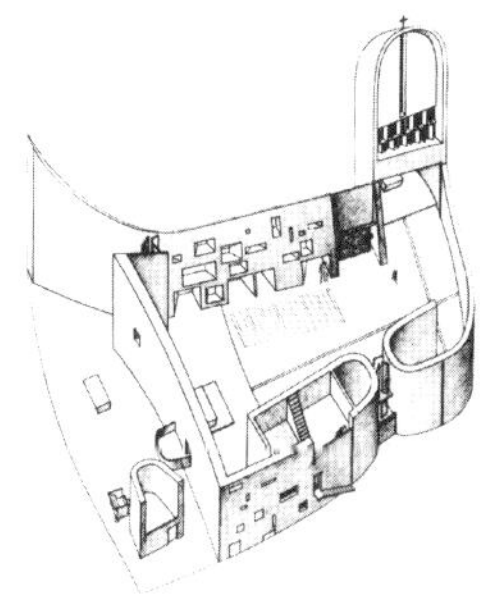
图 63　朗香教堂轴侧横断面图

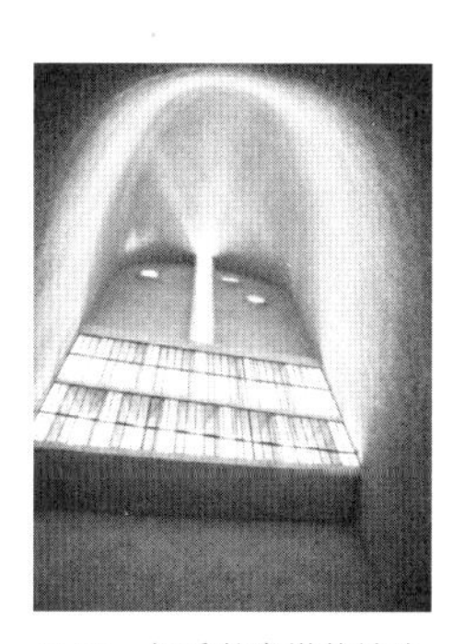
图 64　朗香教堂塔状祷告室内部

大道是全市的主要道路，在主要大道两旁还有商店等公共建筑。小学校设在各地段的绿化带内。自行车道自成一系统贯穿于绿化系统之中。城市的东部是工业区，但在规划时就对发展工业的必要条件与设施考虑得很不足。

处于城市北部湖滨高亢的地方是邦政府的行政建筑群，它有高等法院、议会大厦（图 49）、行政大楼和邦长官邸等，自成一系统。在它们的东面是公园。

昌迪加尔城的布局简单，系统井然。但由于房屋间距太大，虽经过了 30 余年的建设，至今仍使人感到过于开敞与有些荒凉，缺乏城市居住所应有的亲切感。

勒·柯布西埃在第二次世界大战后所有作品中最引人注意的是朗香圣母教堂（Chapel De Notre Dame，De Haute Ronchamp，1950—1953 年）（图 58—图 64）。它的出现对建筑界可谓是一个震动性的意外——一向讲究几何形“纯净形式”美的勒·柯布西埃怎会做出这么样一个东西？

对于教堂设计似乎无须我们去作太多的探索。但是朗香教堂不仅是勒·柯布西埃创作生涯的一个大转变，也是“现代建筑”在战后的新发展。

教堂位于法国东部孚日山区的一个古老乡村——朗香。它处在一小山岗上（见图 58）。这里本来有一香火极盛的小教堂，在第二次世界大战时被毁。新建的教堂规模不大，仅容百余人；但东面有一场地，在宗教节日时可容朝圣者万余人。教堂平面呈不规则弧线形（见图 61），形体奇特。入口在南边，旁边是一像粮仓似的塔楼（见图 59），塔楼内是一可供 12 个人祷告的神龛。教堂东部是圣坛，圣坛背后的墙向外弯曲。圣母像放在墙上部一个小窗上。当有人在东面场地朝圣时，可将圣母像转向窗外。圣坛上面的屋檐，深深地向外出挑并向上卷曲（见图 61）。屋檐与弧形的东墙在教堂东西形成一个很阔的向外开敞的长廊，廊中有讲台。勒·柯布西埃毕竟曾是一理性主义者，善于为他的任何处理赋予功能上的解释：这里的屋檐与墙面的处理（见图 58）有利于将在此讲道人的声音扩送出去；向上卷曲的屋顶，在下雨时有防止雨水散失，使雨水聚汇入西北面一蓄水池的作用，雨水对山区来说是宝贵的。房屋钢筋混凝土结构，在墙顶和卷曲的屋顶之间，留有一高约 40 厘米的长带形空隙（见图 63，图 64），既可用来采光，也显示了墙身是不承重的。南面弯曲倾斜的厚墙面上，疏落地布有大小不一、外大内小、装上彩色玻璃的窗孔。阳光由墙顶上的长带形空隙和这些窗孔中射入室内（见图 60，图 62）酿成了非常神秘的气氛。屋顶棕色，有意保留着钢筋混凝土模板的痕迹，使之具有木材的质感；墙面是白色水泥拉毛粉刷。

在这里，勒·柯布西埃违背了他过去所提倡的，建筑艺术以表现建筑自身为主的理性主义观点，而是试图通过建筑的艺术形象来表达该教堂不同于其他建筑，与朗香教堂不同于其他教堂的个性与特征。在手法上也不是以调整建筑自身的比例以达到美的效果，而是采用表现与象征。据说，勒·柯布西埃在设计前曾在基地的上下左右徘徊与沉思了数天。基地上的自然景色与它的内在节奏、教徒的朝山进香与忘我的膜拜深深地吸引了他并激发了他的想象力。他认为教堂既是可感知的教徒与他们的心灵汇合的地方，就要把它造成为一个“高度思想集中与沉思的容器”[20],因而所有的功能与形象都是环绕着这个主题考虑的。对于功能的考虑，前面已经介绍过了，对于形象的考虑他也是深思熟虑的。例如南墙片东端的挺拔上升，在下面看上去在如指向上天，房屋的沉重与封闭，暗示着它是一个安全的庇所；东面长廊的开敞，意味着对朝圣者的欢迎；此外，墙体的倾斜、窗户的大小不一；室内光源的神秘感与光线的暗淡、墙面的弯面和棚顶的下坠等等，都容易使人失去衡量尺度、方向、水平与垂直的标准，这对于那些精神上本来就不很稳定的信徒来说，会加强他们的“唯神忘我”感;再如，在塔状的祷告室中（见图 64）并没有悬挂十字架，但位于高处接近塔顶的一条空隙不仅把光线引入阴暗的祷告室中，还象征了祷告者心灵与上天的相通。无怪后来有人说:“这座建筑开辟了后现代主义隐喻建筑的新时代”。[21]

朗香教堂还是现代“塑性造型”中的一个典型实例。在这里房屋不像是由墙面、屋顶等各种部件组合构成的，而像是对一个实体进行雕塑、镂空而成的。它形体自由、线条流畅，无怪人们常说，与其说它是一幢建筑还不如说它是一座抽象艺术的混凝土雕塑品。

对于朗香教堂勒·柯布西埃是满意的。他说，这是“我创作生涯的一颗明珠”[22]。但当时建筑界中不少人，特别是那些所谓勒·柯布西埃的忠实追随者对朗香教堂的出现不仅感到惊讶，甚至认为这是勒·柯布西埃对“现代建筑”与对他们的无情背叛。这是因为他们只欣赏勒·柯布西埃的现代主义、理性主义和“纯净形式”，而没有看到勒·柯布西埃对自然、对乡土传统与对建筑个性的感情。事实上，勒·柯布西埃在 1930 年的

---

20. *Le Corbusier 1946～1952*，1961，Zurich，p72.

21. *Le Corbusier-Tragic View of Architecture*，Charles Jencks，1973，1987.

22. *Contemporary Architects*，St.Martins Reference Books，1980.

阿尔及尔规划、1936年的里约热内卢规划以及以后一系列在法国、瑞士、比利时等许多国家的许多城市规划中，丝毫没有搬用“当代城市”的几何形图式，而是在各个城市的自然景色感染中结合现实进行规划的。例如阿尔及尔和里约热内卢的道路系统与建筑便是顺着海湾及其沿海山势的节奏而逶迤的（图65，图66）。而且，勒·柯布西埃在三十

图65　里约热内卢自然景色，柯布西埃手稿。1936年由勒·柯布西埃新规划的城市道路沿着海湾而逶迤

图66　勒·柯布西埃和P. 兴纳雷1932年为阿尔及尔设计的高层住宅

图67　勒·柯布西埃1930年设计的一座智利住宅

图68　勒·柯布西埃1935年设计的一座在巴黎附近Mathes的住宅

图69　勒·柯布西埃1922年设计的艺术家画室，后来他自己在巴黎的工作室（1933年设计）基本上也是如此

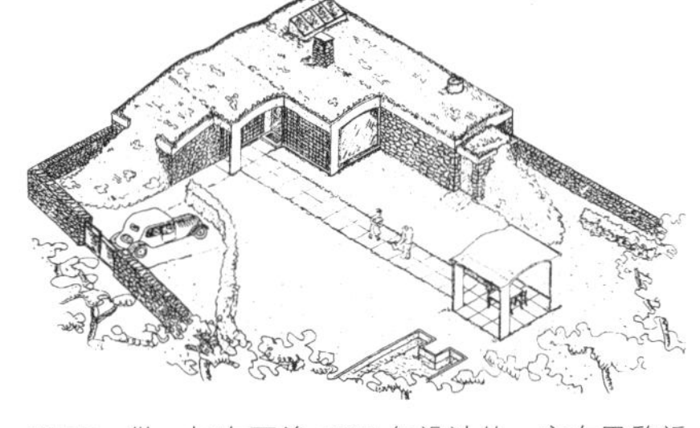

图70　勒·柯布西埃1935年设计的一座在巴黎近郊的周末别墅

图71　尧奥住宅（1955年）外观

图72　尧奥住宅内观

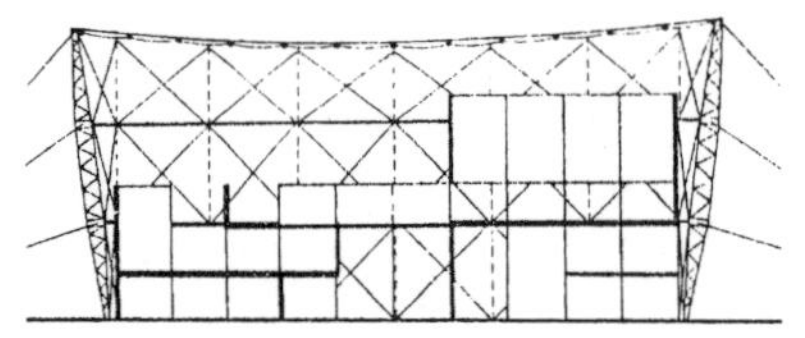

图 73　1937 年巴黎世界博览会中的“新时代馆”

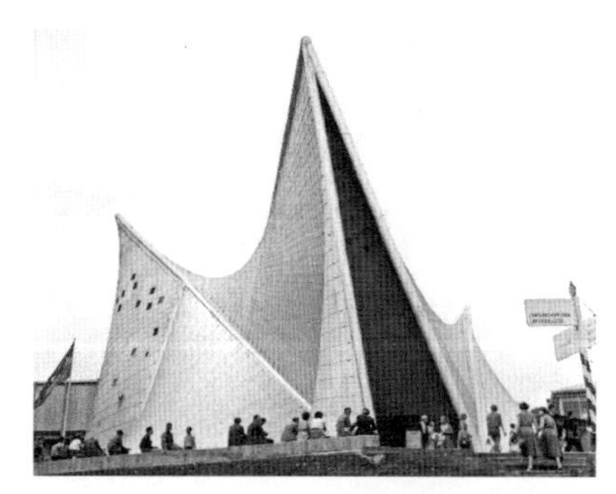

图 74　1958 年布鲁塞尔世界博览会中的菲利浦馆。由工程师 Xanakis 按勒·柯布西埃的草图和模型完成。建筑为悬索结构，只有三个支点，内有一个近似圆形的展览大厅，外为双曲抛物线形

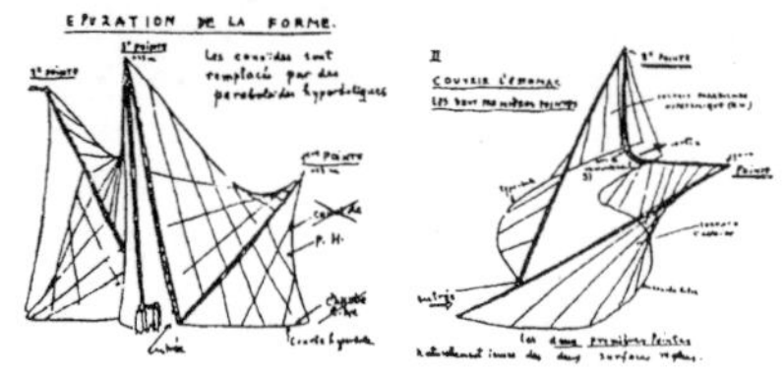

图 75　勒·柯布西埃的菲利浦馆设计手稿

年代时便接连设计了一系列的地方性与乡土性甚浓的建筑（图 67，图 68）。此外，勒·柯布西埃的建筑也不全都是梁柱结构，或采用新结构只是为了满足新功能的。早在 1919 年他便提出了称为“蒙诺”（Monol）的拱形石棉瓦装配式住宅体系（见图 12）；以后他又多次采用混凝土拱顶结构，其中比较有名的是 1955 年的尧奥住宅（图 71，图 72）。1937 年他在巴黎世界博览会的“新时代馆”（图 73）中采用悬索结构时便明确表示其目的是为了创造能与其展出内容相应的时代气氛。至于 1958 年布鲁塞尔世界博览会的菲利浦馆（图 74，图 75）。其设计虽在朗香教堂之后，就更说明了新结构在此，是为了创造符合博览会要求——要吸引人并同其内部展出的各种电子设备的艺术效果相一致。

假如把朗香教堂同在它之前一段时期与之后的作品联系起来看，不难看出勒·柯布西埃的创作风格是两个方面并存与两种方向并进的。他一方面主张创作要客观、要撇开个人情感，但事实上他的创作始终是在热烈的激情中进行的。他经常徘徊与挣扎在建筑究竟是物质还是精神、建筑美究竟是机器美还是情感美之中。因而有人认为勒·柯布西埃是一个二元论者[23]。这种认识并不完全没有道理。1945 年勒·柯布西埃在一次为了马赛公寓与当地官员争吵后画了一幅二元论的漫画。画中一半是微笑着的讲道理的阿波罗神[24]，另一半是代表地狱的狰狞的墨杜萨[25]（图 76）。他说“如能在游泳到太阳时死去，那多么好哇！”[26]

从来不肯安于现状、不断地进行创新是勒·柯布西埃创作的特点。在他一生中，不知提出过多少新观点、新方法与新方案；也不知经受过多少次责难与抨击。正如他在二十年代提出“住房是居住的机器”和设计萨伏依别墅受到非议一样；他的马赛公寓与朗香教堂也同样受到怀疑。所不同的是 50 年代的勒·柯布西埃已经是现代建筑大师了，

---

23. 详见 *Le Corbusier-Tragic View of Architecture*，Charies Jencks，1973，1987.
24. 古希腊神话中的太阳神，主神宙斯的儿子，权力很大，主管光明、青春、医药、畜牧、音乐、诗歌，并代表宙斯宣告神旨。
25. 古希腊神话中的怪物，原为美女，因触犯女神雅典娜，头发变为毒蛇，面貌奇丑无比，谁看她一眼就立刻变为化石。
26. 详见 *Le Corbusier-Tragic View of Architecture*，Charies Jencks，1973，1987.

因而人们在怀疑之中还会去琢磨其意图，试图从中寻找启示，他的能量和影响是很大的。一次，当他在回答记者问他如何创作朗香教堂、昌迪加尔城的某些建筑和勒·土雷特修道院时，他把世界比作一个杂技场，把建筑师比作杂技演员。他说：“一个杂技演员不是个被钱控制的傀儡。他把自己的毕生贡献给某一目的。为了这目的，他经常冒着生命危险表演各种不寻常的、超过可能极限的动作，并鞭挞着自己向着高度精确性发展……没有人命令他这样做，也没有人会感谢他。总而言之，他把自己置身于一个同所有其他世界不同的世界中……其结果是，他做出了别人所不可能做的事情……他是个夸夸其谈的人，是个不正常的人，他使人焦虑、怜悯和烦躁”。[27]

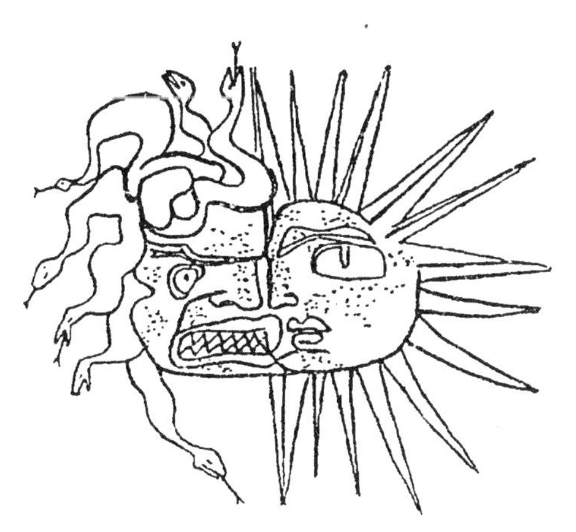

图 76　勒・柯布西埃于 1945 年画的一半是阿波罗，一半是墨杜萨的二元图

27.《问勒·柯布西埃的五个问题》，Bauen and Wohnen，1963 年 3 月。参考 *Le Corbusier* 全集第六卷。

密斯·凡·德·罗*

图 1　密斯·凡·德·罗（1886—1969 年）

密斯·凡·德·罗（Mies van der Rohe，1886—1969 年）出生于德国阿亨（Aachen）的一个石匠的家庭中（图 1）。据说，他从小便受到他的父亲在开凿与平整石块中小心准确、精工细琢的影响，因而他在建筑中特别重视建筑技术，并在建筑技术的运用与表现中力求精益求精。

密斯·凡·德·罗虽同格罗披乌斯、勒·柯布西埃与莱特同被列为现代建筑的四大元老，但其成长过程与他们不甚相同。密斯·凡·德·罗从来没有受过正规的建筑或土木工程教育，而是通过工作、职业学校、自学与刻苦钻研取得成果的。当他还是一个 14 岁的青年时，便开始在阿亨他父亲的石工场中当学徒，专门从事那些没完没了的描绘复古主义石膏花饰的工作。19 岁时他到了柏林，三年后自 1908 年起在贝伦斯（Peter Behrens）[1] 的事务所中工作了三年。当时，贝伦斯刚接受德国通用电气公司委托扩充工厂设施和更新电气产品的设计任务。那时，格罗披乌斯是事务所中主持绘图的负责人，密斯·凡·德·罗在他下面工作。恰好此时勒·柯布西埃也在那里工作，他们三人同时受到贝伦斯探索运用新技术来创造新型工业厂房的启发。第一次世界大战后，密斯·凡·德·罗从战场复员回城，即在柏林开设事务所并致力于建筑设计的研究。他在这段时间做了不少设计方案，其中关于钢骨架、玻璃外墙办公楼的设想方案（1919 年，图 2；1923 年，图 3），

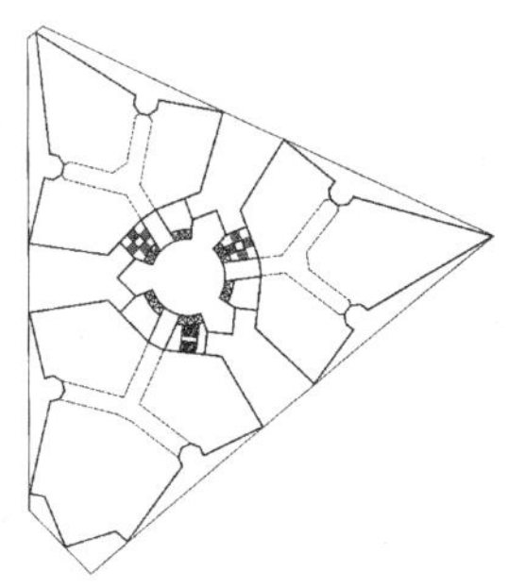

图 2　钢和玻璃高层办公楼设想方案之一（1919 年）

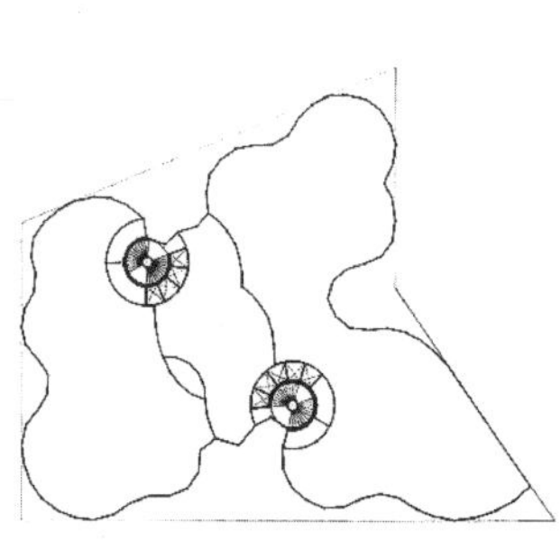

图 3　钢和玻璃高层办公楼设想方案之二（1923 年）

* 原载《建筑师》第 4 期，中国建筑工业出版社出版。——编者注

1. 见前《格罗披乌斯与“包豪斯”》文。

和钢筋混凝土骨架、水平向玻璃窗多层办公楼的设想方案（1922 年，图 4），说明了他在建筑设计中是颇有独创性与预见性的。1926—1932 年他被聘为德意志制作联盟的副主席；1930—1933 年又兼任原为格罗皮乌斯创办的“包豪斯”学院，即德绍设计学院的校长[2]。1938 年，密斯·凡·德·罗在离德赴美后的第二年，开始在芝加哥的阿摩尔学院（Armour Institute，后改为现今的伊利诺工学院）从事教育工作。1958 年起，他退出学院，自己开业，直到 1969 年逝世为止。

密斯·凡·德·罗的建筑实践总的来说并不是很多，但对设计的认真钻研，特别是对建筑技术的力求完美，使他在现代建筑历史中起着很大的作用并引起了很大的反响。

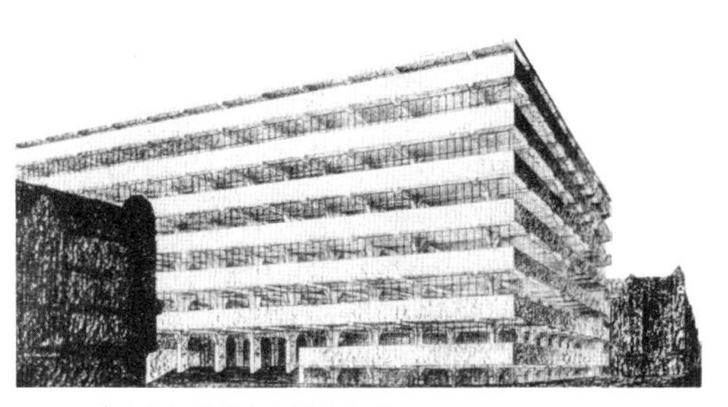

图 4　玻璃和钢筋混凝土结构多层办公楼设想方案（1922 年）

密斯·凡·德·罗的早期名作有 1927 年德意志制作联盟（下面简称“联盟”）在斯图加特举办的住宅展览会中的总体规划与多层公寓，1929 年巴塞罗那国际博览会中的德国馆和 1930 年在布尔诺的吐根哈特住宅。这些建筑既表现了当时德国有些青年建筑师（如“包豪斯”学派）主张面向工艺和按功能来组合空间的设计倾向；同时也表现了密斯·凡·德·罗所特别偏爱的关于所谓结构逻辑（结构的合理运用与忠实表现）与自由分隔空间在建筑造型中的体现。

图 5　魏森霍夫住宅新村（1927 年）鸟瞰图

1927 年联盟在斯图加特市魏森霍夫区所展出的住宅新村（Weissenhof Siedlung, Stuttgart，图 5，图 6）是联盟在建筑方面的第二次展览会[3]。当时密斯·凡·德·罗是联盟的副主席兼展览会设计主持人。他把国际上能与联盟的建筑观点一致和有些名望的建筑师邀请到

图 6　新村总平面图（1- 密斯·凡·德·罗设计；6、7- 勒·柯布西埃设计；8、9- 格罗披乌斯设计；20- 贝伦斯设计）

2. 格罗披乌斯于 1928 年辞职后由 Hannes Meyer 继任至 1930 年 6 月。
3. 德意志制作联盟的第一次建筑展览会于 1914 年在科隆举行，当时展览会中大受注意的年轻建筑师是格罗披乌斯。

图 7　魏森霍夫新村的四层公寓外观

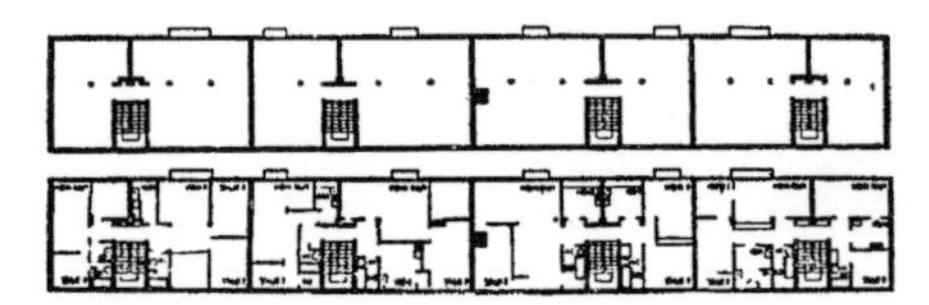
图 8　公寓（上）结构布置图；（下）二层平面图

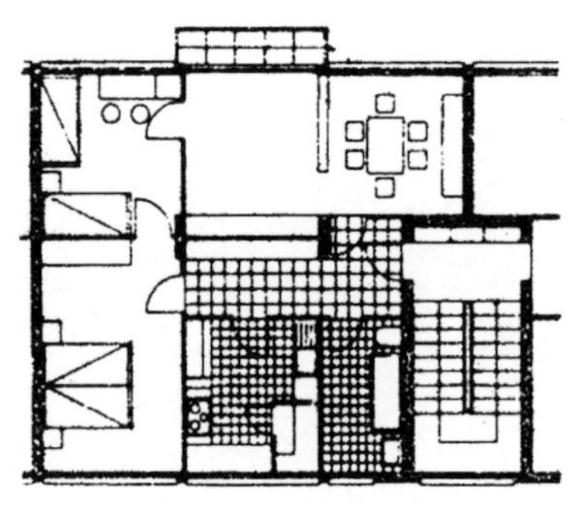
图 9　公寓单元平面之一（共有 16 种不同布局）

德国去参加设计。在德国有他自己、贝伦斯、格罗披乌斯和夏隆（Hans Scharoun）等 12 人[4]；在荷兰有奥特（J. J. P. Oud）等二人[5]，在法国有勒·柯布西埃，在比利时有布尔乔亚（V. Bourgeois），一共是 16 人。他们共设计了 21 幢住宅，内有多层公寓和联立式、并立式与独立式住宅；其中有钢结构的、钢筋混凝土结构的、混合结构的和预制装配的。密斯·凡·德·罗负责住宅新村的总体规划与其中最大的一幢四层公寓的设计。

魏森霍夫住宅新村位于一坡地上，它在规划上的特点是要打破当时一般住宅区总是喜欢把房屋沿着马路周边而建，和把高的放在路边、低的放在里面的习俗。密斯·凡·德·罗与格罗披乌斯等人的见解一致，认为每个居室均应有足够的阳光与通风，因而重视房屋的朝向、高低与间距，并把最高的四层公寓放在后面。此外新村内的道路与管网设施也是经过细致考虑的，使村内所有的房屋相互联结成为一有机的整体。

密斯·凡·德·罗设计的公寓（图 7—图 9）是一字形的，每一梯台服务两户，平屋顶。建筑特点是钢结构，构架简单，支点少，柱子截面小。楼梯与紧贴着楼梯的各种管道与服务性设施都是经过精打细算，使之能在此轻盈的结构中起着稳定加固的作用。由于采用了钢构架，墙不承重，住户可以按着自己的居住要求随意用胶合板隔墙来自由划分空间（图 8，图 9），以至这幢公寓可在同一的结构布置下产生 16 种不同平面布局的居住单元。密斯·凡·德·罗在这里初步显示了他在翌年提出的以精简结构为基础的“少就是多”的见解。

魏森霍夫住宅新村对当时的建筑设计思想冲击很大。它显示了一种新型住宅的诞生。这种住宅是基于功能分析、节约材料和工时、没有外加装饰以及建筑的美是来自形体比例等原则上的。它们虽出于不同国籍的建筑师之手，但风格却是那么一致，都是由平屋顶、白粉墙和具有水平向长窗的立方体组成的。后来有人把这样

---

4. 其他人为 J. Frank，R. Docker，L. Hilbersheimer，H. Poelzig，A. Rading，A. Schneck，B. Taut 和 M. Taout.

5. 另一人为 M. Stem.

图 10　巴塞罗那国际博览会德国馆外观

的建筑称为“国际式”[6]

1929 年西班牙巴塞罗那国际博览会中的德国馆（图 10—图 13）具体体现了密斯·凡·德·罗努力使结构逻辑性、自由分隔空间同建筑造型密切相连的特点。展览馆并不为了展出什么，而是本身就是展品。它的规模不大（约 50 米 ×25 米），但用料之高级，设计与施工之精美，使它虽然没有任何外加装饰，但正如密斯·凡·德·罗自己所描绘的那样，是一所能够象征壮丽并足以接待王公贵族的高级的建筑。[7]

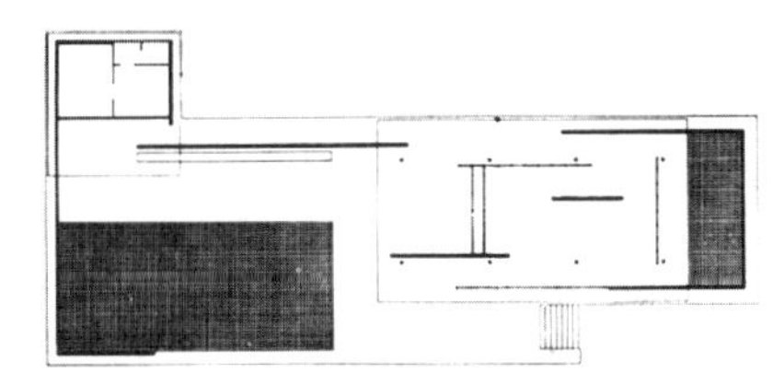

图 11　巴塞罗那国际博览会德国馆平面图

图 12　大水池边的平台和石墙

展览馆的主体是一简单的长方体，它与两个水池（也是长方形的，一大一小）和办公部分共同布置在一个大平台上（见图 10—图 13）。房屋为钢结构，屋面由数根独立的镀克罗米的十字形钢柱所支承。墙不承重，而是一片片地自由布置。

图 13　馆内小水池和雕像

展览馆的设计提出了这样的设想：建筑空间不像人们所习惯的那样是一个由六个面（即四面墙、屋面与地面）所包围着和与室外全然隔绝的房间；而是由一些互不牵制、可以随意置放的墙面、屋面和地面，通过相互衔接或穿插而形成的建筑空间。这样

6.“国际式”（International Style）这个词最先在 1932 年由美国建筑师菲利浦·约翰逊（P. Johnson）和希契科克（H. R. Hitchcock）提出，当他们第一次把欧洲的“现代建筑”正式介绍给美国公众时，从这些建筑所共同具有的形式特征出发，把它们称为“国际式”。20 年代时，格罗披乌斯曾把他们自己的建筑成为“国际建筑”，他是从这些建筑的设计原则与设计方法出发，认为这些经验可以向各国推广而这样称呼的，因而“国际式”与“国际建筑”在具体含以上不完全一样。

7. *Architecture today and tomorrow*，Cranston Jones，1961，p60.

图 14 巴塞罗那椅"– 密斯·凡·德·罗为巴塞罗那德国馆设计的椅子

图 15 "布尔诺椅"——密斯·凡·德·罗为吐根哈特住宅设计的椅子

的空间既可封闭又可开敞、或半封闭半开敞、或室内各部分相互贯通、或室内与室外相互贯通，总而言之是多种多样的。这种认为房屋归根结底是由许多面所组成的见解，早在 20 世纪 10 年代便由荷兰的史提尔派（de Stijl,意译"格式"）[8] 所提出了。但史提尔派主要是从这个角度来考虑建筑造型，而密斯·凡·德·罗则以此来设计建筑空间。

为此，展览馆入口的一片深绿色的大理石外墙内"引申"到正立面上的淡灰色玻璃墙后面，转化为内墙。平台石阶旁的大理石墙面超出了屋面对它的局限（见图 11 与图 13 的右部），把侧面的小水池包括到里面去，使小水池虽是露天的却与旁边的室内密切联系（见图 13）。连接主体部分与办公部分的一片墙（见图 12），与由办公部分"引申"出来的处于大水池尽端的另一片墙，共同使大水池与两旁的建筑连成一片，组成了一个没有屋面而又自成一体的建筑空间。房屋所有的面（墙面、地面、屋面）是由不同色彩、不同质感的石灰岩、大理石、玛瑙石、玻璃、水面和地毯造成的。它们相互衔接与交错产生了空间的相互穿插、"引申"。同时它们的衔接与交错方式，即如馆内小水池中的雕像一样，对于参观者的视线起着明显的引导与指引作用。当人们一眼看上去时，常会感到景色丰富，一时不知从何看起。随着人们按着一个方向跟踪下去，又会步移景异。这种幻变多端、移步换景的空间效果，在我国的古建筑，特别是在我国古典园林中早有体现，并具有极高的水平。三十年代，瑞士建筑历史与评论家基迪安（Siegfried Giedion）把它称为"流动空间"和"建筑的时空感"(Space and Time in Architecture)。

无疑，巴塞罗那的德国馆在空间艺术效果上是成功的。无怪美国建筑历史与评论家希契科克（Henry-Russell Hitchcock）说：……（这是）20 世纪可以凭此而同历史上的伟大时代进行较量的几所房屋之一 [9]。不过这毕竟是一座特殊的房屋，展览会过后，展览馆也就被拆除了。[10] 但展览馆中展出的"巴塞罗那椅子"（图 14）至今仍是一件极受赞赏的高级家具。

吐根哈特住宅（Tugendhat Haus，Brno，1930 年，图 16—图 20）是密斯·凡·德·罗的另一名作。这是一富豪的住宅，基地很大，房子处在一绿茵的斜坡上，南低北高。南

---

8. 见前《格罗披乌斯与"包豪斯"》文。

9. *Architecture :19th and 20th centuries*, H. R. Hitchcock, 1958, p376.

10. 此馆于 1988 在巴塞罗那按原样重建。

图 16　吐根哈特住宅（1930 年）外观

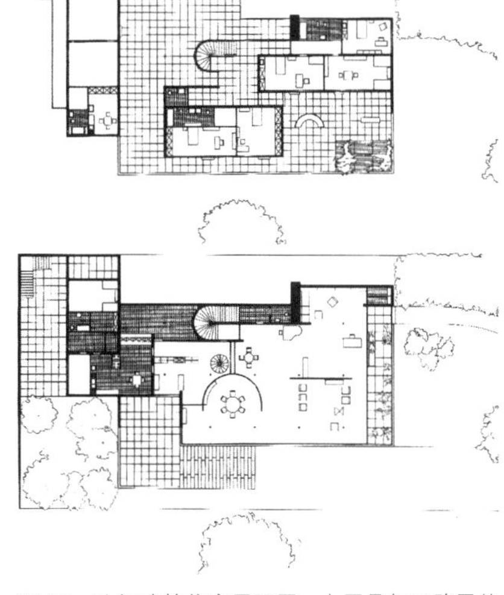

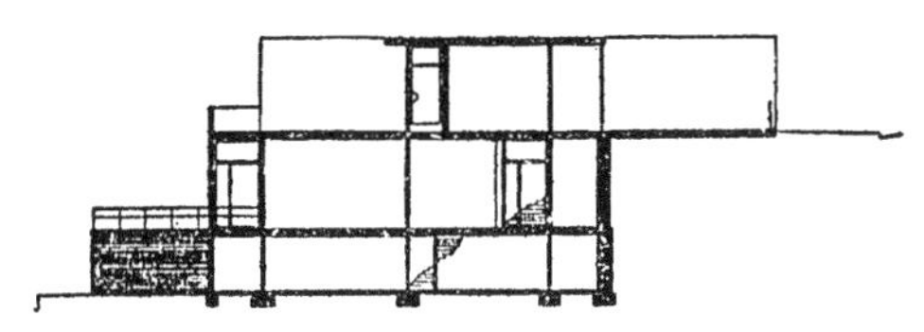

图 17　吐根哈特住宅剖面。图右为马路，图左是下达花园的台阶

图 18　吐根哈特住宅平面图，上图是与马路平的卧室层；下图是起居室层

图 19　吐根哈特住宅起居室

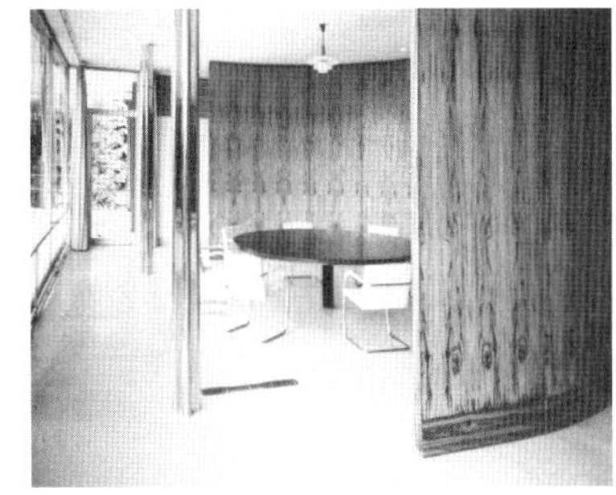

图 20　吐根哈特住宅用餐部分

面是两层，下面还有一个地下室，北面是一层。入口在北面，从沿街入口踏进建筑是它的二层（见图 18 上）。住宅各部分分工明确。为主人所使用的起居部分（包括用餐与读书）在一层（见图 18 下），卧室在二层。卧室又按使用对象的不同分为三组，既保证了儿童卧室与母亲卧室的联系，又维持了客人卧室的独立性。主仆的两大部分明确划分。汽车间与男仆卧室在二层的西面，厨房与女仆卧室在一层的西面，洗衣房与供热设施在地下室，上下有专用楼梯，它们与主人使用部分的唯一联系就是备餐室（见图 18 下）。

为了争取阳光与室内外的联系，整个布局水平向地扩伸。所有的主要房间均能朝南，室外有阳台，前面是花园。起居部分有两面墙都是落地的玻璃窗或玻璃门，总长达 36 米。密斯·凡·德·罗在此的意图是要打破传统的室内外之分，利用玻璃的透明性把室外的花园毫无阻拦地带进室内，并通过悬臂挑出的天棚平顶把室内空间“引申”到室外去。当然，阳光是保证了，可能也过多了，活动的百叶不得不经常部分地垂吊着。室内（见图 19）的家具布置严谨，在设计与施工上均非常考究，原色的羊毛地毯、黑色与米色的生丝窗帘，椅子上用的是绿色的牛皮、白色的羊皮和淡黄色的猪皮，淡雅而华贵。

吐根哈特住宅的起居部分（见图 19，图 20）再次体现了密斯·凡·德·罗在巴塞罗那展览馆中的空间见解。整个起居部分是一个 15 米 ×24 米的通敞的大空间，它以一片条纹玛瑙石屏风与一半圆形的乌木隔断将空间划分为入口、起居、用餐和读书几个不同的部分。当从楼梯间踏进起居室时，映在眼前的是几个大小不同、既分又连的空间。它们相互穿插、重叠与"引申"。人们的视野由于两面屏风在方向上的指引，可以从一个空间浏览到另一个空间，并穿过大片的玻璃墙从室内看到室外，又从室外回到室内。随着人在室中走动，开敞的隔墙更使室内外的景色因移步而换景，也就是说产生了强烈的"空间流动"感。无疑地，吐根哈特住宅的起居部分开朗、明亮与通透；它虽然周围有墙，但在视觉上打破了墙的界限，使室内外浑然一体。但是在此开敞的布局中，密斯·凡·德·罗牺牲了本来业主所提出的希望书房能不受干扰便于深思的要求。这说明在密斯·凡·德·罗的自由组合空间中，对功能的考虑似乎不及对"精简结构"和"流动空间"的考虑为重。这就是密斯·凡·德·罗与当时的"包豪斯"学派虽同而异的地方，也是他在第二次世界大战后自成一家的根本特色。

密斯·凡·德·罗的早期创作特征可以归纳为下列几点：

坚决同传统的建筑格式划清界限，主张建筑必须有时代性。他在 1919—1921 年中提出的钢和玻璃摩天楼方案与上面所介绍的几个例子都具体反映了这个特点。对于这个问题，密斯·凡·德·罗说："在我们的建筑中试图搬用过去的建筑形式是毫无出路的。即使最优秀的艺术天才这样做了也注定要失败。"[11] 其原因，密斯·凡·德·罗说："（建筑）完全是它所处在的时代的反映，其真正意义在于它们是时代的象征。"[12] 我们要给建筑以"不是昨天，也非明天，而是今天才能赋予的形式。只有这样的建筑才是有创造性的。"[13]

那么，怎样创造现时代的建筑呢？密斯·凡·德·罗说："用我们时代的方法，按照任务的性质来创造形式"[14]。关于"时代的方法"，密斯·凡·德·罗说："我们今天的建造方法必须工业化"[15]，而"工业化是一个材料问题，因此我们首先应该考虑寻找一种新的建筑材料"[16]。可见密斯·凡·德·罗所谓的"时代的方法"，就是工业化和新材料。从密斯·凡·德·罗的实践看来，他果真找到了他所认可的适宜工业化的新材料了，这就是德意志制作联盟早在十年代便企图推广的钢和玻璃。关于"任务的性质"，密斯·凡·德·罗指出"必须满足我们时代的现实主义和功能主义的需要。"[17] 所谓"功能主义"，不难理解，这就是格罗披乌斯与勒·柯布西埃所指的建筑的使用效能。但"现实主义"在这里意味什么呢？按密斯·凡·德·罗的实践，这仍然是现代的工业化条件，也就是新结构和新材料。至于"创造形式"，密斯·凡·德·罗说："我们拒绝考虑形式问题，只管建造问题。

---

11. "建筑与时代"（1924 年），载于法国《今日建筑》（*L'Architectite d'Aujourd'hui*），1958 年，第 79 卷，第 78 页。
12. 同上
13. "关于建筑与形式的箴言"（1923 年），同上。
14. 同上。
15. "建造方法的工业化"（1924 年），同上。
16. 同上。
17. "建筑与时代"（1924 年）。

形式不是我们工作的目的,它只是结果”[18]。这就毫不含糊地把形式置于技术之下了。因而,采用新技术与表现新技术是密斯·凡·德·罗的时代性的关键。

1928年,密斯·凡·德·罗在完成了魏森霍夫住宅新村的工程和尚未着手巴塞罗那展览馆设计之际,提出了他的后来影响极大的名言:“少就是多”(Less is More)。

“少就是多”其实就是密斯·凡·德·罗一直在努力追求的所谓结构逻辑与自由分隔空间在建筑造型中的体现的高度概括。它的具体内容主要寓意于两个方面:一个是在结构上。这就是简化结构体系、精简结构构件、讲究结构逻辑(例如明确区分承重与非承重结构并有意在形式上表现出来),使产生没有屏障或屏障极少的建筑空间。由此,这个空间不仅可以按多种不同功能需要而自由划分为各种不同的部分,同时也可以按空间艺术的要求创造内容丰富与步移景异的“流动空间”和“建筑时空感”;另一方面是在建筑艺术造型上。这就是净化建筑形式,使之成为不附有任何多余东西(指那些不具有结构或功能依据的东西),只是由直线、直角、长方形与长方体组成的几何形构图。但是,精确与严谨的施工,选材与对材料色彩、质感与纹路的精心暴露,却使净化了的造型显得更加明晰、精致、纯净与高贵,并具有自有不庆的形式美效果。上述两方面都分别或综合地表现在魏森霍夫住宅新村的多层公寓、巴塞罗那国际博览会的德国馆和吐根哈特住宅中。

密斯·凡·德·罗刻意表现建筑材料特色和属意抽象形式美的美学观点,既含有“包豪斯”学派和勒·柯布西埃的“客观’与“唯理”的一面;又含有荷兰的贝尔拉格(H. P. Berlage,1856—1934年)、史提尔派和美国的莱特(F. L. Wright)的早期作品对他的影响。密斯·凡·德·罗自己承认,当他尚在贝伦斯处工作时,曾利用出差到阿姆斯特丹的机会,天天到贝尔拉格设计的证券交易所去琢磨贝尔拉格运用清水砖墙来净化和美化建筑的艺术效果。1910年莱特的作品在柏林展出,以及在此之后史提尔派的以不同色彩与质感的版面组成的几何形图案,均对他有很大启发。后来,他在1926年为当时德国共产主义战士李卜克内西和卢森堡设计的在柏林的纪念碑,就是一个敢于同传统纪念碑形式决裂,没有任何装饰的、抽象构图的砖砌体(图21)。以后,密斯·凡·德·罗虽转向用钢和玻璃,但在艺术造型上刻意表现材料特色和着重抽象的形式美却始终如一。

图21 柏林李卜克内西和卢森堡纪念碑(1926年)

密斯·凡·德·罗真正发挥他的影响是在第二次世界大战之后,这就是他在德国时就已经开始了的用钢和玻璃来实现“少就是多”的理论在美国的高度发展。美国的工业技术条件钢产量使之成为战后唯一可以把钢大量用于建筑的国家;同时美国的钢铁托拉斯也

18.“关于建筑与形式的箴言”(1923年)。

需要利用建筑业开拓钢铁市场；此外，轻盈的钢结构、纯净与透明的玻璃幕墙对周围环境的反射与在阳光下的闪烁，确能产生一种新型的、能使人联想到现代高度工业技术水平的先进与潜力，也就是具有能象征当今高度工业时代的艺术效果。何况当时（50—60年代）在许多人的头脑中，谁拥有技术便是拥有了世界。于是在这种技术的和社会的影响下，密斯·凡·德·罗把他的创作生命全倾注在钢和玻璃的建筑中。他在第二次世界大战后的名作，范斯沃斯住宅、湖滨公寓、西格拉姆大厦、伊利诺工学院的校园规划与校舍设计以及西柏林的新国家美术馆等，都曾在建筑界中引起很大的反响。它们是当时那股以钢和玻璃来建造的热潮的催化剂，并是“技术的完美”（perfection of technique）[19] 和“形式的纯净（purification of form）[20] 的典范。在理论上，密斯·凡·德·罗重新强调使“建筑成为我们时代的真正标志”[21] 和“少就是多”的基本立场；并进一步直截了当地指出“以结构的不变来应功能的万变”[22] 以及“当技术实现了它的真正使命，它就升华为建筑艺术”[23] 的观点。这些明确地把建筑技术置于功能与艺术之上的观点反复反映在密斯·凡·德·罗的作品中；也是50—60年代中不少人的建筑教育与建筑实践方针。

图22　范斯沃斯住宅（1950年）外观

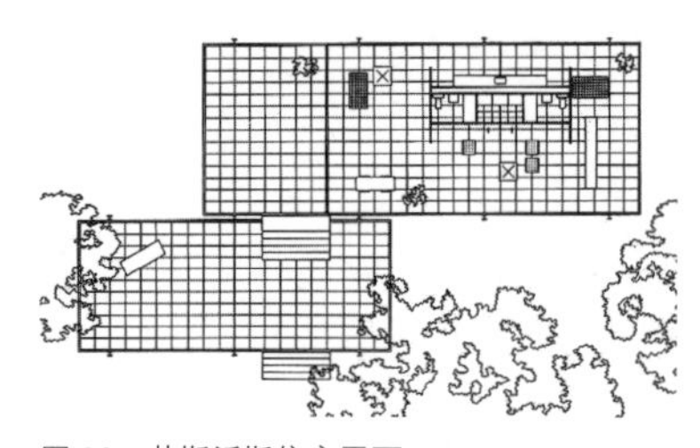

图23　范斯沃斯住宅平面

图24　范斯沃斯住宅室内

所谓“以结构的不变来应功能的万变”，其实就是密斯·凡·德·罗一向主张的——简化结构体系、精简结构构件、讲究结构逻辑的表现，使产生没有屏障或屏障极少的可供自由划分的通用大空间——一个新提法。从具体内容来说，它早就是“少就是多”中的一个组成部分了。对此，密斯·凡·德·罗说：“房屋的用途一直在变，但把它拆掉我们负担不起，因此我们把沙利文（Louis Sullivan）的口号‘形式追随功能’颠倒过来，即建造一个实用和经济的空间，在里面我们配置功能”[24]。于是先空间后功能就此名正言顺了。假如说密斯·凡·德·罗的早期作品虽偏爱技术但尚能注意功能分析的话，他的后期作品则说明，功能

19. 这是建筑评论家对密斯·凡·德·罗在第二次世界大战后的作品特这能够的概括性评语。
20. 同上。
21. 密斯·凡·德·罗1950年在伊利诺伊工学院设计学院成立大会上的讲话，转引自《密斯·凡·德·罗》作者菲利浦·约翰逊（Philip Johnson），1953年，第203页。
22. 同79。
23. 同81。
24. *Meaning in Western Architecture*, C.Norberg Schulz, 1974, p396.

对他来说是抽象的，只有技术与对技术的表现才是真实的。密斯·凡·德·罗自己也说：“结构体系是建筑的基本要素，它比工艺，比个人天才，比房屋的功能更能决定建筑的形式。”[25]

范斯沃斯住宅（Farnsworth House, Plano, Illinois, 1950 年）（图 22—图 24）是一结构与建筑部件被简化到最少的、名副其实的玻璃盒子。它除了地面、屋面和周围的 8 根细柱（高约 6.7 米），就是四边的大片透明玻璃幕墙。室内是一个没有支柱的通用空间（universal space）（见图 24），起居与睡觉的地方沿着盒子的周围布置，当中是围有轻质隔墙的服务性设施（两个浴厕、一个厨房）。房屋从地面架空，花园经过两道平台（上平台约为 8.5 米 ×24 米）（见图 23）而过渡到视线毫无阻挡的室内去；室内与室外又通过玻璃而打成一片。平台是石灰岩的，内部隔墙、地面与窗帘（由于遮阳与遮挡视线不得不经常挂着）的材料都是经过精心挑选的。为了说明钢的材料特点，柱子通过焊接而贴在屋面横梁的外面（见图 22）；所有细部都经过推敲，处理得极其精工与准确。密斯·凡·德·罗在此费了五年心血才算完成。这可以说是他的“技术的完美”和“形式的纯净”的代表作。但在居住功能上却很不方便，况且这座看上去十分简单的建筑，其造价却超出了原定造价的 85%。这使业主范斯沃斯女医生大为恼火，并因此而到法院诉讼，后来总算在庭外解决了。

位于芝加哥密执安湖畔的湖滨公寓（Lake Shore Drive Apartment, 1951—1953 年）（图 25—图 28）是密斯·凡·德·罗

图 25　湖滨公寓（1951—1953）外观

图 26　湖滨公寓总体布局

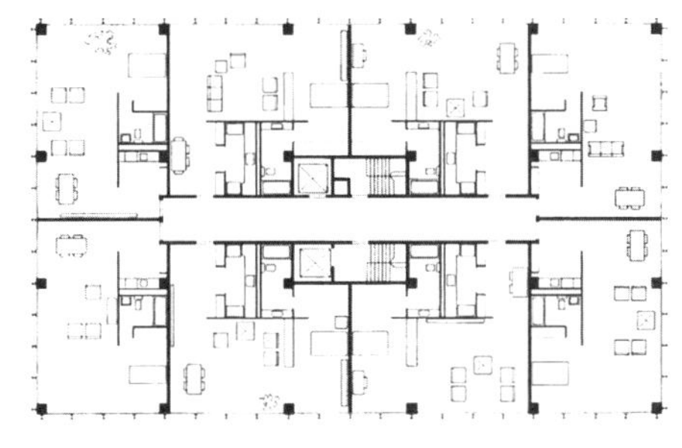

图 27　湖滨公寓建筑平面

图 28　湖滨公寓总体现状（80 年代又新建了两幢）

25. *Architecture today and tomorrow*, Cranston Jones, 1961, p64.

到美国后所建的第二幢高层建筑。它不仅是密斯·凡·德·罗的“以结构的不变来应功能的万变”在高层建筑中的体现，并为美国的高层建筑创造了一种新的形象。

这是两幢内容相同、在总平面上相互垂直置放的26层高的盒子形塔式摩天楼。这里的居住单元如范斯沃斯住宅一样：除了当中集中的服务性设施之外，从进门到卧室是一个只用片片段段的矮墙或家具来分隔的，隔而不断的通用空间。虽然这样的空间是可以随着功能的变化而重新划分的，但视线、声音与气味的干扰极大。人们不禁要问：难道在现实生活中，居住建筑的功能就是那么千变万化以至连卧室也得畅通无阻吗？此外，大片的玻璃墙（湖滨公寓因造价超支不得不把空调设备削掉，当时也没有隔热玻璃）也使朝西的房间在夏天时，即使窗帘全部放下仍然热不可耐，以至数年后不得不把空调重新装上。

然而1976年，湖滨公寓却因它的形象在建成后的25年中曾对美国高层建筑影响很大而获得了AIA（美国建筑师协会）的“25周年奖”。这是一个从平地由垂直直线上升而形成的立方体形的塔楼（见图25）；四周外墙是由一色的、全部用钢和玻璃标准构件组成的方格形模数构图（Modular Composition）。大面积的玻璃幕墙不仅反映着周围的环境，还反映着天上从早到晚的云彩。这样一幢建筑从设计到施工、从整体到细部都混响着世界上最先进的现代工业技术。无怪一位英国建筑历史与评论家说：“他（密

图29　西格拉姆大厦（1958年）刚建成后外观

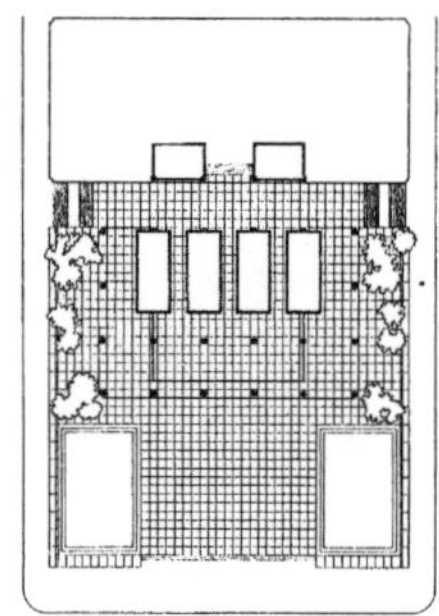

图30　西格拉姆大厦底层平面。有广场、水池和绿化，广场自室外引入室内

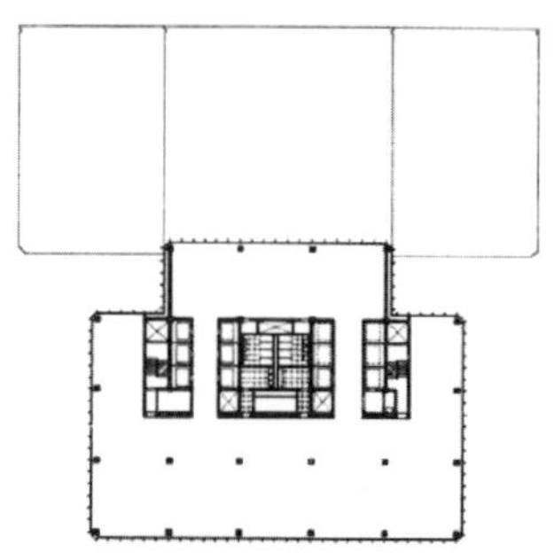

图31　西格拉姆大厦10层以上平面

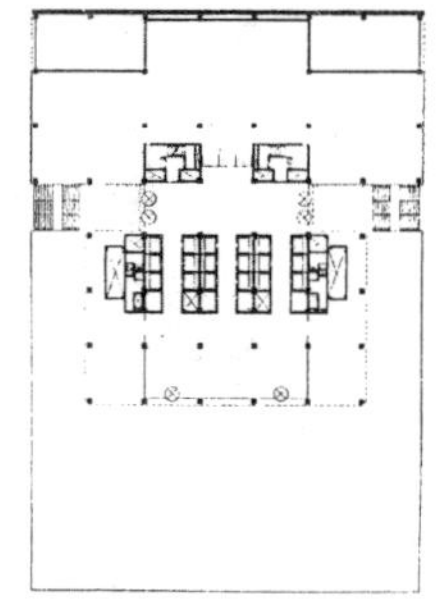
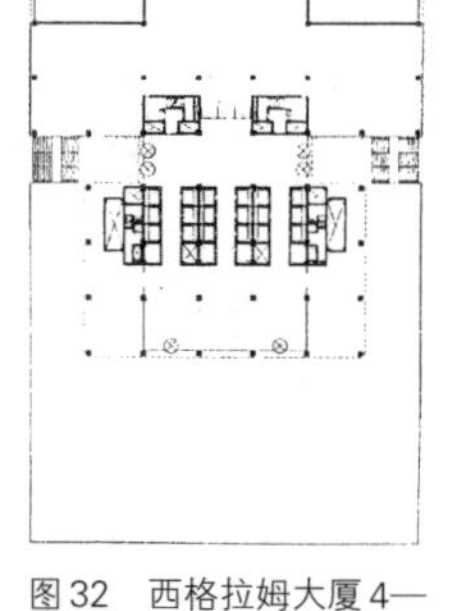

图32　西格拉姆大厦4—9层平面

图33　西格拉姆大厦局部立面显示了墙面上的细钢柱和玻璃幕墙

图34　西格拉姆公司领导人接待厅及厅内的“巴塞罗那椅”

斯·凡·德·罗）的影响可以在世界上任何市中心区的每幢方形玻璃办公楼中看到”。[26]

西格拉姆大厦（Seagram building，New York，1958 年，图 29—图 34）高 38 层，坐落在纽约的高级商业区中。它的设计原则同芝加哥的湖滨公寓完全相同。由于经费充足（当时造价 4300 万美元）、用料考究，外加密斯·凡·德·罗和他的合伙人约翰逊（Phillip Johnson）的精工细琢，使大厦成为纽约市中最豪华与最精美的大楼之一。在这里，密斯·凡·德·罗的以立方形体和方格形模数构图为特征的摩天楼达到了顶点。外墙上的框架装饰与窗棂是用古铜色的铜精工制成的，大片粉红灰色的隔热玻璃幕墙闪烁着柔和的反光（见图 33）。它们体现了密斯·凡·德·罗的早期预言：“我发现玻璃建筑最重要的在于反射，不像普通建筑那样在于光和影。”[27] 大厦体态端庄，各部比例匀称，对称的立面、精确的施工和前面一个进深约 30 米的粉红色花岗岩广场以及上面的两个水池，使它既是一个现代最新工业技术的产品，又具有浓郁的古典主义气息，并有效地象征了资本的拥有和集中。无怪西格拉姆大厦直到 60 年代末仍被视为可用以评判纽约建筑水平的一个标准。

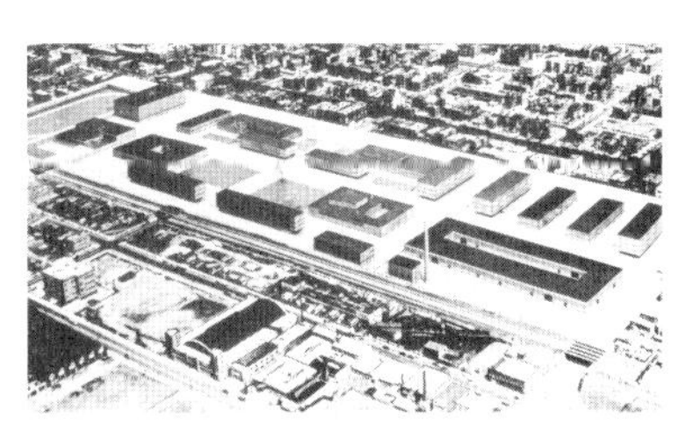
图 35　伊利诺工学院（1939 年起）校园规划

图 36　伊利诺工学院校园内建筑

但是，就在这个外墙总面积有 50% 以上是玻璃的大楼中，在底下十层的“T”形平面上，竟有很大面积的空间是没有采光的。虽然，对于像西格拉姆那样高级的现代化大楼，天然光线并非必不可少，因为室内全部有人工空调与人工采光。不过西格拉姆每层平面的面积并不大，因此，这里说明了一个问题，即玻璃在这里更多地被作为一种能符合美学要求的材料来使用的。西格拉姆公司是美国专门酿制与经营高级名牌酒的公司。一次，美国建筑师莱特在看了西格拉姆大厦的精益求精后，尖刻地说：“明净如镜的建筑，威

图 37　伊利诺工学院内小教堂

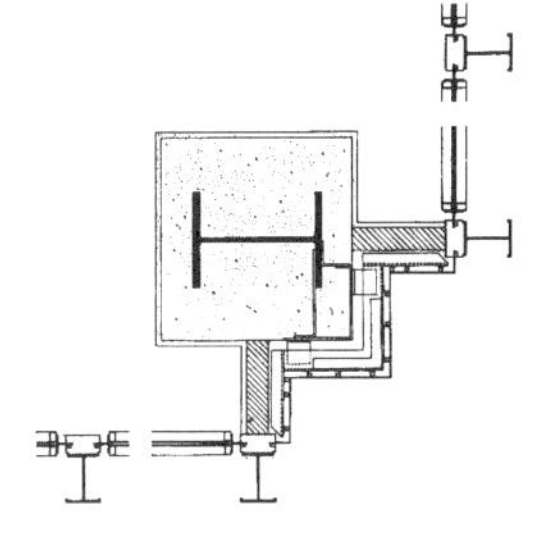
图 38　密斯式钢柱外观及横截面

26. *Age of the Masters*, R. Banham, 1975, p2.
27. 1919 年密斯·凡·德·罗在研究他的钢骨架、玻璃外墙摩天楼时，把做好的模型放在窗外琢磨时这样说。

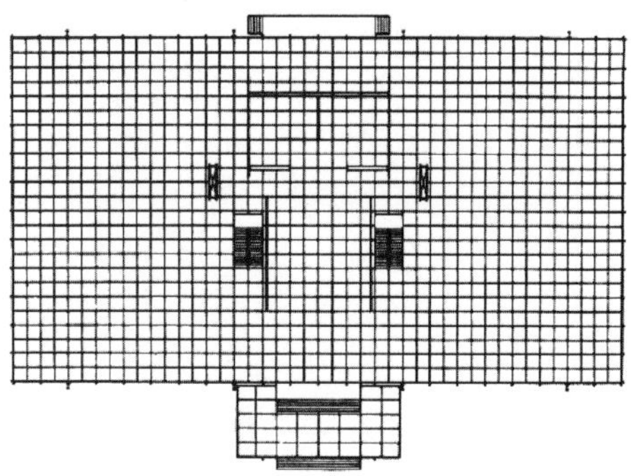

图 39　伊利诺工学院克朗楼——建筑学楼外观(1955 年)　图 40　克朗楼平面

图 41　芝加哥普罗蒙托莱公寓。(Promontory Apartment, 1949 年) 钢筋混凝土柱子随着层数的增加而缩小

士忌酒的广告”。[28]

这座大厦的造价，正如密斯 · 凡 · 德 · 罗在战后设计的其他建筑一样，特别昂贵。它的房租也要比邻近的相同级别的大楼高 1/3。

伊利诺工学院的校园与校舍设计（图 35—图 38）是密斯 · 凡 · 德 · 罗的另一名作。他自 1939—1958 年在此 110 英亩(44.55 公顷)的基地上建成了包括图书馆、小教堂、校友会、各科研究所和课堂大楼等 18 幢房屋。

校园基地按 24 英尺 ×24 英尺（7.32 米 ×7.32 米）的网格进行规划（见图 35）。房屋的大小、位置严格遵从网格，并几何形地按着虚实相依、垂直对水平地纵横布局。密斯·凡·德罗说，房屋之间的空间就如房屋本身那么重要，因而，他极其重视房屋的体量与形体在此整体中的造型效果。

校园内的房屋大多采用统一的 24 英尺 ×24 英尺 ×12 英尺（7.32 米 ×7.32 米 ×3.66 米）的黑色钢框架，用以产生灵活的可供多种用途的空间。外墙无论该建筑属于什么类型，除了钢和玻璃外是棕黄色的砖墙（见图 36），连教堂也不例外（见图 37）。每一细部与节点均按密斯 · 凡 · 德 · 罗所谓的结构逻辑处理得异常准确。他说：“我必须选用一些在我们建成后不会过时的、永恒不变的东西……其答案显然是结构的建筑”。[29] 然而，这里有些处理，只是看上去似乎合乎逻辑而已。例如有些房屋暴露出来的钢柱，其实是在钢柱的耐火层外面再包上钢皮（见图 38）。它根本不是从结构而是从密斯 · 凡 · 德 · 罗的“结构的建筑”的美学观点出发的。

其中最大的称为克朗楼的建筑学教学楼。(Crown Hall，1955 年，图 39，图 40)，

28. 见 *Architecture today and tomorrow*，Cranston Jones，1961，p64.

29. 同上，p64.

除了地下室外便是一个120英尺 ×220英尺 ×20英尺（36.6米 ×67米 ×6.1米）、内部没有一根柱子的玻璃大通间。密斯·凡·德·罗为了获得这个空间的一体性——连天棚也不能被横梁所隔断——在屋面上架有四根天梁，用以悬吊屋面（见图39）。对于这幢建筑，密斯·凡·德·罗非常欣赏地说："这是我第一次在整幢房屋中获得一个真正的一体大空间……校园中其他房屋内部总是有些支柱，因而不是完全自由的"[30]。但是人们对于把这个偌大的四面全是玻璃的大厅用于教学，在功能上是否合适是有怀疑的。对此，密斯·凡·德·罗的回答是：比隔绝视线与音响更为重要的是阳光与空气。不过为了避免干扰他却自相矛盾地把那些主要的讲堂与工作室放在地下室中。

这种能够充分象征现代工业化时代的——以"少就是多"为理论、以钢和玻璃为手段（50年代中叶后又加上全部人工空调与人工采光）、以"通用空间"、"纯净形式"和"模数构图"为特征的——建筑设计方法与手法被密斯·凡·德·罗套用到不同的建筑类型中。伊利诺工学院的小教堂（见图37）是这样，密斯·凡·德·罗为芝加哥大会堂（Convention Hall，1954年）和为西德的曼哈姆国家剧院提出的设计方案（1952年）是这样，他设计的好几幢高层办公楼与公寓建筑（虽然有时也用钢筋混凝土框架）也是这样（图41）。甚至克朗楼建成十多年后才兴建的西柏林新国家美术馆也是这样。这些建筑成了密斯·凡·德·罗的标志；它们的造型特征曾于50年代与60年代极为流行而被称为"密斯风格"（Miesian Style）。虽然"密斯风格"并不由密斯·凡·德·罗一个人所创造与推广，它是时代的产物，是同美国在50和60年代为了要在空间技术上同苏联较量，积极发展高度工业技术的社会生产与社会舆论合拍的。并且当时不少建筑权威例

图42　柏林国家美术馆新馆（1962—1968年）沿广场外观

图43　柏林国家美术馆新馆回廊钢柱

图44　柏林国家美术馆新馆地下层及下沉式花园

30. 见 *Architecture today and tomorrow*，Cranston Jones，1961，p65.

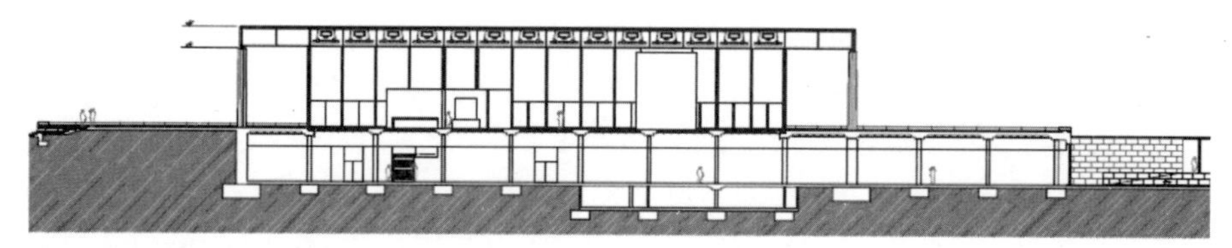

图 45　柏林国家美术馆新馆剖面。图右为下沉式花园

如 SOM 事务所（Skidmore，Owings and Merrill）、哈里逊和阿拉伯莫维茨建筑师事务所（Harrison and Abromowitz）等也在提倡与推行这样的风格。但是密斯·凡·德·罗不仅有理论，有实践，并有较深的发展渊源，也就被视为这种风格的代表。

西柏林的新国家美术馆（National Gallery，Berlin，1962—1968 年）（图 42—图 45）是密斯·凡·德·罗生前最后的作品。他的构思同克朗楼完全相同，所不同的是在造型上，特别是在形体组合与比例上具有类似古典主义的端庄感。同样，密斯·凡·德·罗使这个玻璃盒子具有明显的结构特征：正方形钢屋面（边长 64.8 米）内的井字形屋架由 8 根十字形钢柱（高 8.4 米）所支撑；柱子不是放在回廊的四个角上而是放在四个边上；柱子和屋面接头的地方，按着力学要求，把它精简到只成为一个小圆球，这些特点可能就是密斯·凡·德·罗的"当技术实现了它的真正使命，它就升华为建筑艺术"的体现。

在功能上，美术馆有着与克朗楼同样的问题。即在地面上的偌大大厅中，只能用活动隔断布置一些流动性的展览；真正的展览，即那些展出要求较高或需要保护的展品，都在地下室中。整个平台下面都是地下室。后面有个下沉式的院子（见图 44，图 45）。

由此可见，密斯·凡·德·罗的"技术的完美"其实就是功能服从结构，形式是结构的表现，经济是无所谓的。还值得注意的是，尽管密斯·凡·德·罗提倡重视结构逻辑，但他所采用的结构并非都是合理的。不少情况与其说是来自结构的合理不如说是取决于那能够表现材料与结构特征的"纯净的形式"。无怪美国一位名社会学家兼建筑评论家孟福德指出："密斯·凡·德·罗利用钢和玻璃的方便创造了优美而虚无的纪念碑。他们具有那种干巴巴的机器似的风格，但没有内容。他个人的高雅癖好给这些中空的玻璃盒以一种水晶似的纯净形式……但同基地、气候、保温、功能或内部活动毫无关系。"[31] 美国第二代建筑师鲁道夫在一次赞扬密斯·凡·德·罗的创造性时说："密斯所以能够做出不少精彩的房屋是因为他忽略了房屋的许多方面。假如他解决更多问题，他的房屋就不会那么有力量了。"[32] 这个歌颂正好揭露了密斯·凡·德·罗在创造中的片面性——不是把新材料、新结构作为建筑的手段而是作为建筑的目的。

尽管如此，密斯·凡·德·罗的影响还是很大的，特别是在高层建筑上。目前人们对他的评价不一：有人认为他的建筑冷漠无情，所谓技术上精益求精不过是一种结构的形式主义而已；也有人至今仍认为，只有他才不愧是现代建筑真正的"形式缔造者"（Form Giver）。

---

31. Louis Mumford 语，见 *Modern Movements in Architecture*，C. Jenks，1973，p108.
32. Paul Rudoph 语，同上。

莱　特*

图 1　莱特(1867—1959 年)

美国建筑师莱特（Frank Lloyd Wright，1867—1959 年）是当代最早对现代建筑进行探求的一位建筑大师（图 1）。从他 18 岁到芝加哥学派[1]的名师沙利文（Louis Sullivan，1856—1924 年）处工作时始，到他以高龄寿终为止；共设计了房屋 500 余项，其中建成的有 300 余项，影响遍及欧美。他的草原式住宅（Prairie House）和“有机建筑”（Organic Architecture）亦曾几度引起建筑学坛的注意，并至今仍在产生影响。

莱特开始工作时是 19 世纪 80 年代，当时主宰着建筑学界的是学院派的复古主义、折衷主义。但是沙利文力图摆脱旧形式的束缚，主张从现实问题本身去探求适应现代生活需要的建筑[2]的苦心，却在这个青年思想上产生了深刻的印象。莱特本来学的是土木工程，从来没有受过正规的建筑教育，思想框框少，沙利文的影响在他的身上的反响也就特别显著，因而当他自 1893 年，一边在沙利文的事务所（Adler and Sullivan）里工作，一边自己开业时，便逐渐形成了他所特有的不同于学院派的建筑风格。

草原式住宅是莱特后来对他自己在 1900 年前后 10 多年中所设计的一系列住宅的称呼。这些住宅大多位于芝加哥城附近。业主多数是一些由于城市急剧发展而被涌到郊县去的中等资产阶级。他们渴望脱离城市的杂乱与喧嚣，向往不受干扰，自由自在地生活的环境。莱特在设计中不受传统格式影响，从实际生活需要出发，并从布局、形体以至取材上特别注意住宅同它周围自然环境的配合，为他们创造了一种带有浪漫主义、闲情逸致气息的新型住宅。所谓草原式，就是暗示这些住宅同美国中西部一望无际的大草原结合之意。

威立茨住宅（Willits House，1902 年）（图 2，图 3）是最早具有草原式住宅特征的代表作之一。它吸取了美国殖民地时期西部住宅的布局特色：平面呈十字形，以采暖的火炉为中心；起居室、书房、餐室围绕着火炉而布局；卧室在楼上。莱特在此使各室既

图 2　威立茨住宅外观

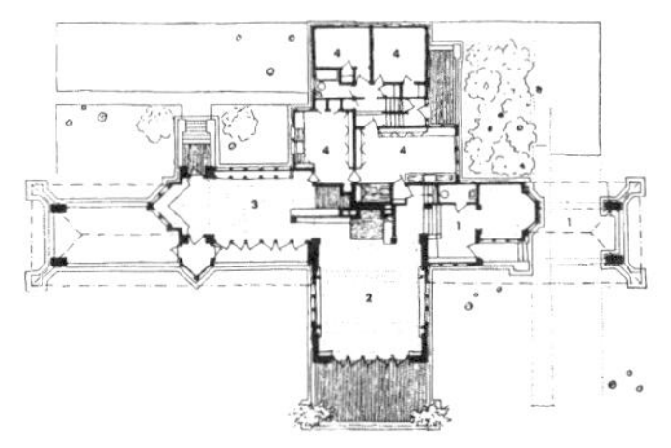

图 3　威立茨住宅平面

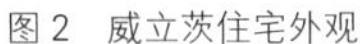

* 原载《建筑师》第 5 期，中国建筑工业出版社出版。——编者注

1. 芝加哥学派是 19 世纪末“新建筑运动”中的一个有理论有实践的学派，它适应当时芝加哥市中心的实际需要，充分采用新技术，创造了现代的高层建筑。

2. 参考 *Kindergarten Chats*，Louis Sullivan，纽约 1947 年版，第 203 页。

图 4　罗伯茨住宅外观

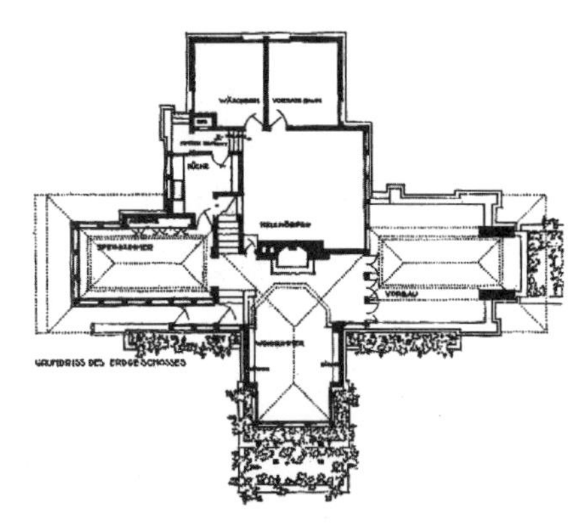

图 5　罗伯茨住宅平面

图 6　芝加哥罗比住宅外观

分隔又相连地形成一片；水平向的联排窗户加强了室内外的流通。十字形的布局使各室深入到树丛之中，深深的出檐和以窗户、窗台以及它们下面的矮墙形成的水平向构图同周围的树木相映生辉。在总体布局中，莱特极其重视保留基地上的原有的树木，用他的话说，房屋应该“自然地生长”于其中。[3]

在罗伯茨住宅（Isabel Roberts House，River Forest，Ill.，1907 年）（图 4，图 5）中，房间根据不同的需要而有不同的净高。起居室两层高，一面开向一个上有屋盖下有矮墙的半开敞大平台，另一面通过小进厅与低平的饭厅相接。小进厅的作用大，既联系起了居室与饭厅又联系了书房，从这里还可以通过前廊而到花园，它同时又是楼梯厅。楼上的楼梯厅是一门字形的走马廊，由此可以下望两层高的起居室，楼上与楼下打成一片。

草原式住宅外形反映了内部空间的关系与变化。为了创造“像蔓生植物覆盖于地面上”似的造型效果，高高低低的水平墙垣、深深的挑檐、坡度平缓的屋面、层层叠叠的水平向阳台与花台，在构图上被一个垂直向的烟囱所贯穿（图 5，图 6）。这一垂直向的烟囱不仅使构图不至单调，并以它的垂直加强了整个构图的水平感。在罗伯茨住宅中，水平向的黑木窗与垂直向的雪白粉墙形成强烈的对比。在其他实例中，也有类似的以不同的材料与色彩来达到构图的对比统一的。不过，草原式住宅为了强调水平效果，房间的室内高度一般都很低，窗户不大而出檐深，故室内光线暗淡。

草原式住宅在技术上并没有什么新创举，它以砖木为主，结构的木屋架时而被作为装饰似地有意暴露于外，空间与形体组合上的复杂多变常为结构与施工带来麻烦。在后来莱特的“有机建筑”中也常有这种情况。

在建筑美学上，莱特大胆革除了折衷主义的伪装，坚持以房屋自身的形体比例和

3. *F. L. Wright on Architecture*, F. L. Wright, p34.

材料的自然本色为美的观点，在装饰上主张重点装饰，装饰花纹大多为图案化了的植物图形或由直线组成的几何形图案。

莱特的草原式住宅虽然建了不少，但并没有引起当时正热衷于折衷主义的美国建筑界的注意。首先赏识莱特的却是欧洲的一些新派人物。德国的艺术出版人瓦斯莫塞(Ernst Wasmuth）于1910年印出了介绍莱特作品的小册子；接着，荷兰新派建筑家贝尔拉格（H. P. Berlage）又对他的作品进行了介绍。无怪人们可以从荷兰的史提尔（de Stijl）和鹿特丹派建筑师杜陶克（W. M. Dudok）的作品中看到他们与莱特在设计手法上的联系。

莱特的早期创作除了草原式住宅之外，拉金公司办公楼、塔里埃森（他自己在威斯康辛州的住所、工作室和农场）以及东京帝国饭店也是很值得一提的。

拉金公司办公楼（Larkin Building，Buffalo，New York，1904年，图7—图9）是拉金公司专管食品与肥皂等日用品杂货的批发与往来账务的部门。它需要一个可供大量办事员工作的地方。莱特把大办公室放在房屋正中，室高四层，上面天窗采光，周围环有走马廊似的四层办公室，为使内部空间整齐划一，他把楼梯与防火梯等凸出放在房屋的四个角上。墙与柱子是砖与混凝土的（混凝土在当时尚是新材料）。房屋外形忠实反映了它的内部空间，成简单的立方形，形体比例掌握的很有分寸，除了柱子上面有一些图案装饰之外，一切都很简单。由于前面马路上有川流不息的车辆，办公楼正面比较封闭的立面对于隔声来说是有效的。

图7　拉金办公楼外观

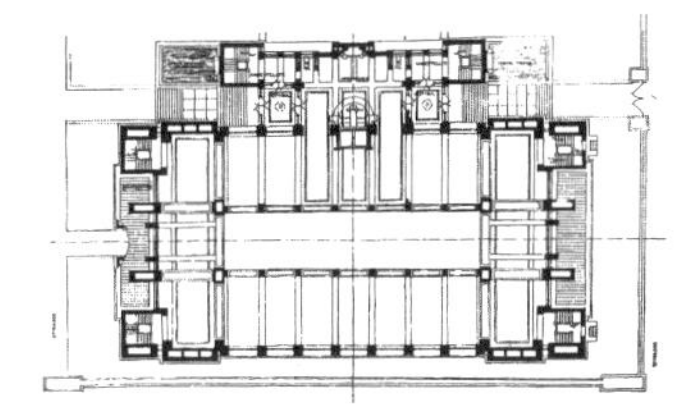
图8　拉金办公楼平面图

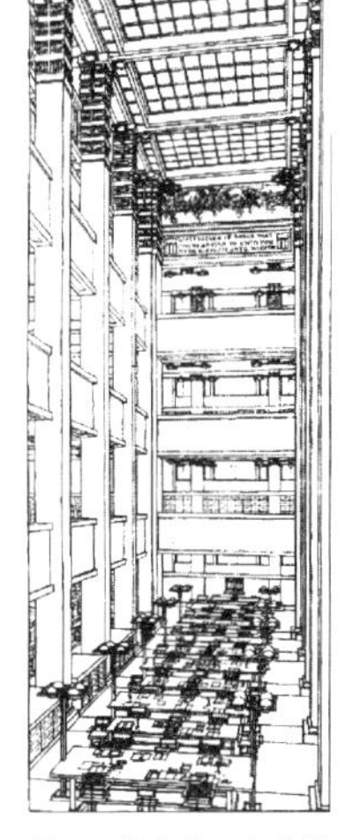
图9　拉金公司办公楼中央大厅

塔里埃森（Taliesin，Spring Green，Wisconsin，1941年，1914、1925与1933年重建）（图10—图13）。为了区别于后来的西塔里埃森，又称“东塔里埃森”。建于一山丘接近于山顶而尚未到顶的地方。塔里埃森这个词，按莱特

图10　塔里埃森内院

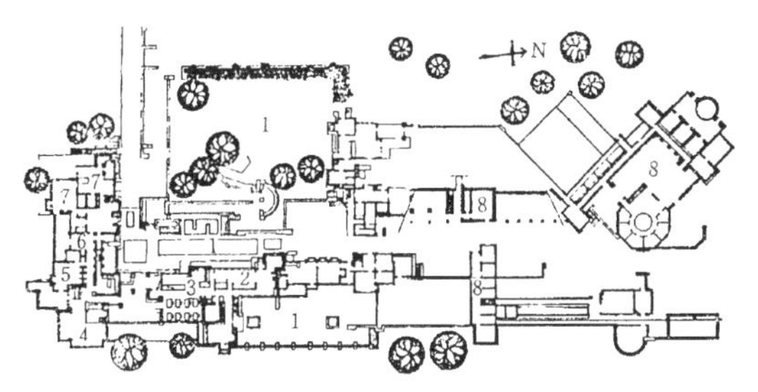

图11　塔里埃森平面图

图 12　塔里埃森，从中院西北角看中院

图 13　东京帝国饭店外观

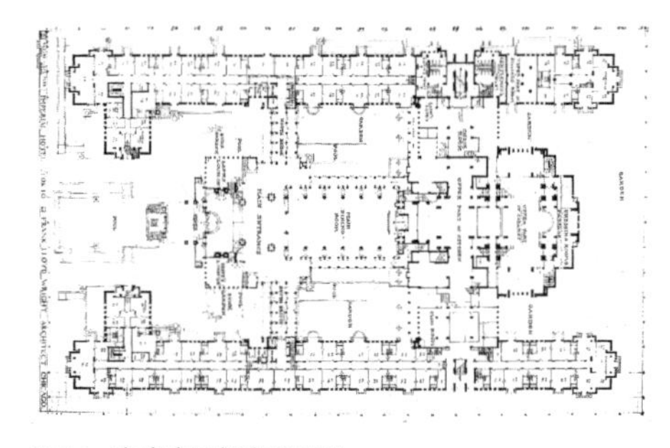

图 14　东京帝国饭店平面图

祖族的一位威尔士诗人的说法是“日晖前额（Shining Brow）。莱特认为造房子不能造在山顶上，造在顶上，山就没有了；造在近顶而尚未到顶的山坡上（像人的前额处于眉上、发之下一样），则既拥有山还具有能突出于其他之感。[4] 房子应成为山的前额。[5]

塔里埃森是莱特从 1911 年到他 1959 年逝世前的主要住所、工作室、教学的地方（莱特还招收了不少在他那里进行学习、研究与工作的建筑师当建筑学生）与农场，建于 1911 年，后三次遭火灾重建，以后又不断地改建与扩建，以至成为一组布局自由、内容丰富，并在布置上十分考究与精致的建筑群。它的北部是专为农业与牲畜用的房屋；中部环绕着前院的是工作室、事务所与学生宿舍；南部朝南的是莱特自己的起居室与住所，处于西面大院北侧的是朝南的食堂与学生的活动室，他们与前面的大院打成一片。莱特所擅长的深屋檐、大平台、石砌烟囱、木屋架等等不仅在此反复出现，并得到了精心的处理。再加上花园、院子与室内偶尔点缀着的东方古董，如佛像、铜鼎、金钟等等（见图 9，图 12），更使整个环境具有不寻常的超凡脱俗的浪漫主义气氛。

日本东京的帝国饭店（Imperial Hotel，Tokyo，1916—1921 年）（图 13，图 14）是莱特应日本之邀去设计的。在去之前他已了解到日本地震与该基地的困难情况。于是他邀请了当时芝加哥一位富有高层建筑经验的结构工程师缪勒（Paul Mueller）并带了几名助手一同前往。饭店在空间布局上没有什么突出的特点，但在抗震与室内装饰上却做出了杰出的成绩。在抗震上，莱特与缪勒共同制定了所谓浮基的方案，即先在这个又湿又软的地基上打下大量的深桩，在桩上筑立柱，然后把房屋建在从这些柱子向外挑出的平台上。莱特形象地把这种浮基解释为像一个人举起一只手臂，又从手中托出一个盆子一样。此外，考虑到地震时可能会引起火灾，莱特还在 H 形的平面当中布置了一个水

4. 见 *The Future of Architecture*，F. L. Wright，p17.

5. 见 *An American Architecture*，F. L. Wright，p190.

池，既可用以美化环境又可在必要时作为消防池之用。这个耗资甚大的浮基在饭店建成两年，即1923年的东京大地震中经受了考验，不仅房屋安然无恙，并曾成为避难者的安全区。在饭店的室内外装修中，莱特费尽了心机，使之成为一幢既现代化又带有日本传统特色的建筑，在装饰上则又兼有古代墨西哥玛雅文化的风格，房屋的体形像莱特的其他作品一样，属前后高低参差错落的立方体形。屋面坡度平缓，尺度宜人，大量水平向平台、窗台和具有日本比例的石栏杆，丰富的同面砖交织在一起的火山岩雕饰以及精心制作的家具等等，均给人留下深刻的印象。莱特本来就对中国与日本的文化很感兴趣，1905年他访问日本时便收集了大量日本版画，因而，他能设计出具有日本风格的作品并非偶然。

在日本的数年使莱特在美国几乎被遗忘。1922年他回国后向他问津的人并不多。于是他致力于在建筑中采用新技术和以中小资产阶级为对象的住宅设计研究。

事实上，莱特是美国第一位公开宣称必须采用新技术的建筑师。早在1901年，即在欧洲的格罗披乌斯和勒·柯布西埃之前，莱特便在芝加哥发表了关于“机器的艺术与工艺”（The Art and Craft of the Machine）的演说，以后又多次做报告。他说：“我们今天这一代人必须承认机器已经发展到这么一个地步，即艺术家们只有接受它而不是反对它”[6]，又说：“当前建筑师的任务没有比运用（机器）这件文明的正常工具更为重要的事了，必须最有成效地运用它而不是滥用它来再现那些要命的，到处泛滥的属于过去时代与背景的建筑形式”[7]。由此可见，莱特是主张建筑现代化的。在采用新技术中，莱特又很明确地指出机器不过是一种手段，“在我所有的房屋中，机器是从属的，是工具而不是主人。”[8] 如能把它放在艺术家的工具箱中，却是一件好工具。”[9] 可见，莱特采用新技术不像与他同期的欧洲现代派那样为了功能、经济与便于大量生产；而是利用新技术来达到新的艺术效果。这个特点在他日后一系列实践中得到了证实。

20年代，当欧洲向新技术进军的号角吹得越来越响时，莱特尝试用预制的、有图案花纹的混凝土砖（莱特称之为 textile block）面饰房子。这为形体简单的方盒子形建筑提供了一种新的装饰手法，伊尼斯住宅（Charles Ennis House，Los Angeles，California，1924年，图15）是已建成的几幢之一。

图15　伊尼斯住宅

图16　于桑年住宅之一

6. 1904年报告，*Frank Lloyd Wright On Architecture*，F. L. Wright，1941，p26.
7. 1901年报告。同上，p23.
8. 1930年报告。同上，p135.
9. *Architecture today and tomorrow*, Cranston Jones, 1961, p12.

图 17　于桑年住宅平面

图 18　于桑年住宅之二

30 年代初莱特又提出了一种称为于桑年的住宅（Usonian House）（图 16—图 18），莱特对此的解释是美国的意思。[10] 其特点是造价比莱特其他方案低，一般是 5500 ～ 7500 美元，适宜于当时的小康水平。房屋单层，水平铺开，起居室较大，卧室较小。建筑材料与草原式住宅一样，以砖和木为主，但采用平屋顶。部分花园用板墙分隔，大中取小，显得亲切些。

当时，美国正值经济危机，人心惶惶，建造活动很少。莱特借此回顾实践，结合当时一般小资产阶级有看破红尘、渴望世外桃源的心理，总结出以"草原式"为基础的"有机建筑"。

什么是"有机建筑"，莱特从来没有把它说得很清楚。不过"有机"这个词，那时却相当流行。格罗披乌斯在 20 年代时曾把自己的建筑说成是有机的；德国那时还有一些建筑师如海林（Hugo Haring）、夏隆（Hans Scharoun）等；虽然他们的作品格调同格罗披乌斯不完全相同，也把自己的建筑称之为有机。莱特对他自己的"有机建筑"的解释是[11]："有机"二字不是指自然的有机物，而是指事物所固有的本质（intrinsic）；"有机建筑"是按照事物内部的自然本质从内到外地创造出来的建筑；"有机建筑"既是从内到外的，因而是完整的，在"有机建筑"中，其局部对整体即如整体对局部一样，例如材料的本性，设计意图的本质，以及整个实施过程的内在联系，都像不可缺少的东西似的一目了然，莱特还用"有机建筑"这个词来指代现代的一种新的具有生活本质和个性本质的建筑，在"个性"（individuality）的问题上，莱特为了要以此同欧洲的现代派，即格罗披乌斯、勒·柯布西埃等所强调的时代共性对抗，思想上没有框框，人们的性格比较善变、浮夸和讲究民主，因此，正如社会上存在着各种各样不同的人一样，建筑也应该多种多样[12]。由于上述名词大多是抽象的，莱特所遇到的业主又似乎都是一些肯出高价来购买造诣不凡的建筑的一些人，因而莱特的"有机建筑"便随着他的丰富想象力和灵活手法而变化。

1936 年，莱特为富豪考夫曼设计了取名为"瀑布"的周末别墅（"Falling Water"，又译流水别墅，Bear Run，Penn）（图 19—图 22）。这所住宅体态自然地跨越在一支小

10. 此词取自一篇名 *Erewhon* 的文艺作品。作者 Samuel Butler，莱特以 Usonia 意为"美国"，以 Usonian 意为"美国的"，见 *The Testament*，F. L. Wright，第 160 页。

11. 见 *The Future of Architecture*，pp12-13，43，321-322.

12. *F. L. Wright On Architecture*，p5.

图 19 “瀑布”别墅外观

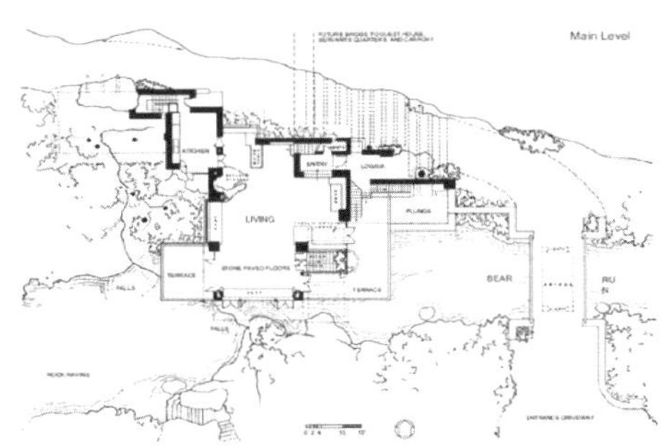

图 20 “瀑布”别墅平面图

图 21 从别墅基地入口桥上看住宅及其多层平台与小溪水面的关系

图 22 别墅起居室平台有吊梯直临小溪

瀑布上；房屋结合岩石、瀑布、小溪和树丛而布局，从建筑的下面岩基中的钢筋混凝土支撑中悬臂挑出。屋高三层，第一层直接临水，包括起居室、餐厅、厨房等，出挑的阳台部分纵向、部分横向地跨越与下面的阳台之上；第三层也是卧室，每个卧室都有阳台。

“瀑布”别墅的起居室平面是不整齐的，它从主体空间向旁边与后面伸出几个分支，使室内可以不用屏障而形成几个既分又合的部分。室内部分墙面是用同外墙一样的粗石片砌成的；壁炉前面的地面是一大片磨光的天然岩石。因此，“瀑布”别墅不仅在外形上能同周围的自然环境配合，其室内也到处存在着与自然的密切联系。

别墅的形体高低前后错综复杂，粗石的垂直向墙面与光洁的水平向混凝土矮墙形成了强烈的对比；各层的水平向悬臂阳台前后纵横交错，在构图上因垂直向的粗石烟囱而得到了贯通，别墅的造型以结合自然为目的，一方面把室外的天然景色、水声、绿荫引进室内，另一方面把建筑空间穿插到自然中去。的确做到了“建筑装饰它周围的自然环境，而不是破坏它”。[13]

现在“瀑布”别墅被作为文物保管了起来，每年去参观的游客达到了 7 万人（1979 年统计）。

西塔里埃森（Taliesin West，Maricopa Mesa，McDowell Mountain，Arizona，1938 年）（图 23—图 26）是莱特为他自己与他的学生自建自用的冬季别墅与工作室，它位于亚利桑那州的麦克道尔山山脚下的沙漠高地上，主体建筑是一座由两边不等高的“П”字

13. *The Future of Architecture*, pp13-15.

图 23　西塔里埃森主体建筑外观

图 24　西塔里埃森起居与休息室（见平面图中右）

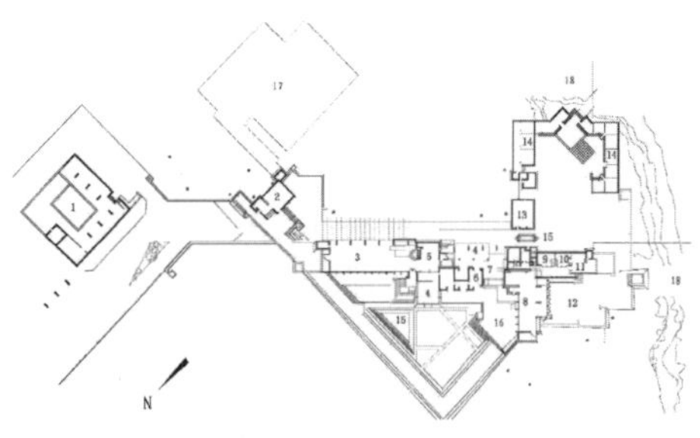

图 25　西塔里埃森平面图。图左部为工场；中部为主体建筑，内为工作室与集体的起居与休息室；右上部为莱特自己居住的地方

图 26　塔里埃森起居与休息室前面的平台、踏步、水池与花坛

图 27　雅可布斯住宅背面

形木框架与帆布帐篷（今已改为玻璃钢）构成的房屋，筑在处于沙漠之中的一片红色火山岩上。房屋平面结合地形分为三个既分又合的，包括有居住、工作和劳动的部分（在图 25 中相应为右、中、左三部分）。空间水平向铺开，组合错综，室内外相互交错连成一片，并利用大量棱角形或三角形的踏步、平台、水池与高低错落的花坛来增加趣味（见图 26）。用多彩的石块所叠成的台基与唯一的绿化——几株稀稀落落的仙人掌——更产生了浓厚的原始地方色彩。室内墙壁和地面上大片的天然火山岩同精致的家具、高级的地毯和一、二件点缀着的古玩形成强烈的对比。在这里，原始的粗野感和精确的几何形密切交织，“建筑手法上的联系加强了自然景色的特征”。[14]

雅可布斯住宅（Herbert Jacobs House，Middleton，Wis.，1948 年）（图 27—图 29）结合地形地筑在一个土墩上。从住宅的东北面（背面）望去，粗石片和封闭的矮圆形塔楼像一座原始的防御性碉堡一样；从住宅的正面望去，长达十余米的开敞的大起居室，半圆形地向前伸展，环抱着前面往下倾斜的草坡。建筑材料为当地的枞木和砂石，无论

14. *An American Architecture*, p200.

图 28　雅可布斯住宅面对花园的外观

图 29　雅可布斯住宅起居室

在室内与室外均暴露着材料的本色，产生了与周围自然景色如同根生的效果。

上面三幢房屋的布局、体形、材料与结构虽然各不相同；但它们都能与各自的自然环境密切结合，并具有浪漫主义超凡脱俗的隐逸气息。它们是莱特的“有机建筑理论”在住宅设计中的反映。莱特认为，人们建造房屋应像麻雀做窝或蜜蜂作巢一样地凭他的动物本能来进行[15]，强调建筑应该像天然生长在地面上的生物一样，从“地下长出于阳光之中”[16]；认为设计的目标是要使建筑成为自然环境的一部分[17]，设计的方法是一切“从大地出发”[18]，只有忠于大地的建筑才是有创造性的建筑等等。[19]

它们还体现了莱特心目中的“建筑是栖息之所，是人类动物可以像野兽回到山洞里一样的隐居之处，人们在里面可以完全放松地蜷伏着”[20]的观点。关于西塔里埃森，莱特曾说：“我敢说这是一个逃避，但是，假如能够的话，让我们都逃避吧！”。[21]

虽然莱特在使建筑形体同自然融为一体和使材料发挥其天然本色上有他独特和纯熟的技巧，然而，逃避现实的创作观和纯粹是浪漫主义的设计手法，使他的作品具有一定的局限性。

由于“有机建筑”是莱特主观上对所谓“事物的内在自然本质”进行体会的结果，因而他在公共建筑中的表现同居住建筑全然不同。

与莱特特别偏爱自然相应的另一面是憎恨城市。他为约翰生公司(S. C. Johnson and Son Inc.，Racine，1936—1939 年，图 30—图 33）设计的办公

图 30　约翰生公司总体鸟瞰，图左为塔式实验楼，右为办公楼

15. *The Future of Architecture*, p34, 37-38.
16. 同上，p230, 297.
17. 同上，p13.
18. 同上，p298.
19. 同上，p34.
20. *Space, Time and Architecture*, S. Giedion, p420.
21. *The Future of Architecture*

图 31　约翰生公司办公楼内行政大厅

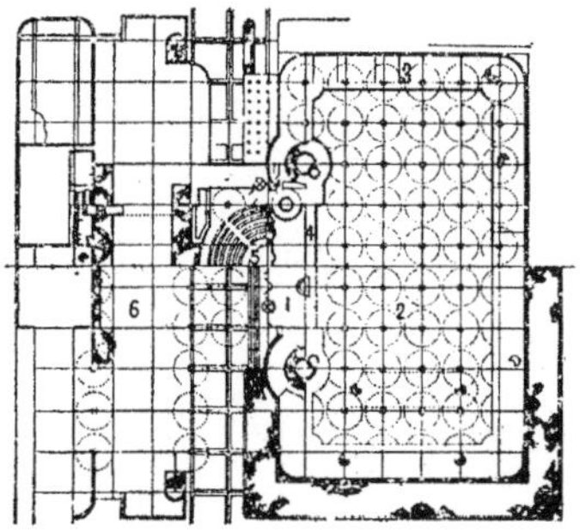

楼，是一与外界隔绝，外墙下截封闭，由高窗与屋顶采光的建筑物，这是一组包括厂房、实验室、办公楼的大建筑群。其中最著名的是它的行政办公大厅。这是一个在结构上只有柱子，没有天棚的宽敞大空间；柱子比例修长，柱身上大下小，柱头上面悬臂外挑形成一碟形的覆盖；在覆盖与覆盖之间除了用以联系的拉杆外，便是填充于其间的有透光与扩散光线作用的玻璃管（后改为塑料管）。大厅给人以在水平向上是有限的而在垂直向上是无限的空间感。碟形覆盖在光线的映照下显得很轻；按建筑评论家基迪安（S. Giedion）的说法，有恍若置身于水池底下游鱼戏水似的感觉。[22]

图 32　约翰生公司办公楼平面图

图 33　约翰生公司办公楼进厅

办公楼的外形以立方体、圆柱体为主，不同于勒·柯布西埃的“纯净的形式”。它们大小、前后、高低地参差不齐，并相互穿插，形成多变与丰富的构图。此外，邻近的塔式实验楼（图 31 左），亦为此增色不少，实验楼的结构与形式均很新颖，中心的交通竖井中心的交通竖井并将楼板层层悬臂挑出，外裹以水平向的带形玻璃窗。办公楼与实验楼均造型独特，富于画意，建成后蜚声建坛并吸引了大批参观者，这等于为业主做了一次有效的广告。但是，大厅的玻璃顶为施工带来很多困难，并经常漏水，建筑物的实际造价也上升到原来预算的两倍。基迪安说的一句话很有意思，“没有比业主的大量资金更容易使建筑师转向歧途，因为它往往使建筑师把兴趣集中在臆造奢侈的要求与无穷尽的这样或那样浮夸的欲望上”[23]。而莱特在这方面可以说是特具天才的。

古根海姆美术馆与普莱斯塔楼是莱特逝世前的两大名作。它们表现了莱特晚期时在建筑造型上完全沉湎于采用某种几何形作为构图母题的倾向。

古根海姆美术馆（Guggenheim Museum，New york，1943 年设计，1959 年完成）（图 34—图 39）位于纽约第五街。美术馆分为两个主要部分：一是对外的展览部分，六层高，有斜坡盘旋而上，并附有地下的小会堂；另一是四层高的办公楼。两部分在底层以入口进厅联系。

展览部分是圆形大厅，直径 30.5 米。所谓上面各层实际上是一长 431 米的螺旋形的坡道展览廊。观众参观时可自底层大厅乘电梯直达顶部。然后随着斜坡边参观，边

22. *Space, Time and Architecture*, S. Giedion, p420.
23. 同上。

图 34　古根海姆美术馆外观

图 35　莱特为设计古根海姆美术馆提出的渲染图

缓步而下。其目的是要在地价昂贵、面积狭小的基地上，创造一条能不受楼梯间所间断的、连续不断的展出路线。斜坡沿着外墙自地面一直盘旋至顶。随着升高而不断向外扩大，至顶部大厅直径为 39 米。由坡道所环绕着的中部空间，自底层至顶浑然一体，高约 27 米。屋顶是钢筋混凝土的玻璃穹窿。整个展览部分同时可容纳观众 1500 人。

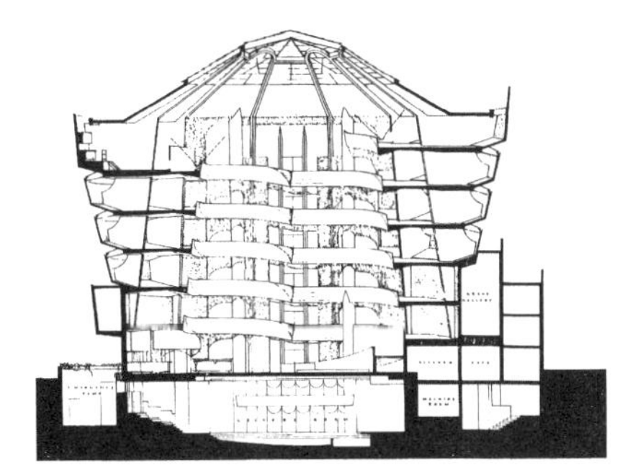
图 36　古根海姆美术馆剖面图

展品主要是现代的抽象艺术，沿着外墙布置。外墙墙面略为向外倾斜，在每层顶部开有天窗，使展品除了利用人工照明外还可以利用天窗的间接光线。一切似乎都想得很周到，然而就是在展出这个主要问题上——展览馆的目的是为了展出——却出了毛病；倾斜的地面、倾斜的墙面、螺旋形的栏杆使展品显得很别扭，看起来总像是没有挂正似的（见图 38）。此外，以圆形和半圆形为母题的构图，圆形的大厅，圆形的天窗，圆形的栏杆，圆形的电梯，半圆形的窗户以及到处出现在这里或那里的圆形装饰，对展品来说也有喧宾夺主之感。无怪有时会受到展出者的抗议。

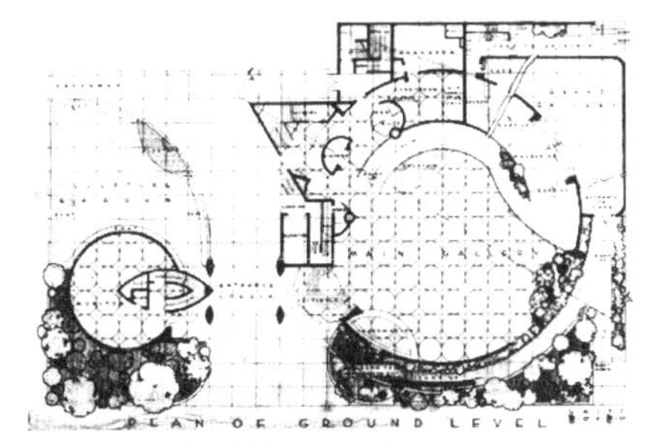

图 37　古根海姆美术馆平面图

图 38　古根海姆美术馆斜坡展览廊近景

图 39　古根海姆美术馆展厅上面的玻璃穹窿

普莱斯塔楼（Price Tower，Bartlesvile，Okl.，1956 年）（图 40—图 42）是一要求有气派的、非常考究的高层公寓与办公楼。塔楼高 18 层，平面大致呈正方形，分为四部分，朝西的一角为公寓，其余是办公室。房屋中央是一集中有各种服务性设施的竖井，备有为公寓与办公室各自专用的电梯，底层有分别的出入口。公寓部分每户占两层，内有小楼梯，起居室上下贯通两层高。办公部分的最高三

图 40　普赖斯塔楼外观

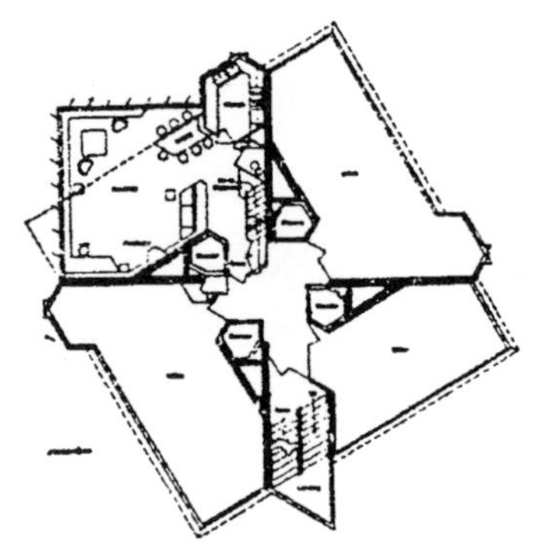

图 41　普赖斯塔楼平面图。左上角单元为公寓

图 42　普赖斯塔楼外墙处理近景

层是大楼的所有者 H. C. 普赖斯公司的办公室，其余各层出租。与大楼底层相连的一座两层高的翼部，是商店与办公室，近旁有停车棚。

塔楼每层平均面积约 170 平方米。每边宽约 16 米，高 56 米。钢筋混凝土结构，四片由中央竖井分支出来的垂直向板状结构，犹似房屋的脊骨似地支架着整座大楼，各层楼板由此挑出。空间的布局基本上是按着结构特点来划分的。

塔楼外观上的显著标记是由铜片制成的百叶窗。办公部分的百叶窗处理成水平向，公寓部分处理成垂直向，并有意使水平与垂直相互交错，用以形成强烈的上升感。百叶窗既遮阳，也可以挡风雨。莱特认为该大楼矗立在周围 800 平方公里的草原地带中，必须经得住暴风雨的袭击。醒目的垂直与水平向的铜片百叶窗以及立面上其他的铜片面饰，由于长期暴露于空气中氧化为铜绿色，造成了建筑外貌中独特的色彩。

除了建筑之外，莱特还提出了他的“有机城市”方案。“有机城市”是一以农业为基地的现代化城市。居民以从事分散的家庭农业为主，每人用地至少一英亩（0.40 公顷），因而又有“广亩城市”（Broadacre City）之称。城市拥有各种为农业生产服务的现代化设施，市中心建有各种公共建筑，另有一所大学和一座工厂。后者在莱特提出的方案中是一所直升机制造厂。在“有机城市”中居民分散，交通显得特别重要，市内交通以汽车为主，并设有直升机站。城市住宅绝大多数为拥有二辆以至五辆汽车的独建式住宅，另有少量的高层公寓。显然这样的城市，不过是一种幻想而已。

从上述可见，莱特在建筑创作中想象力丰富，手法灵活，富有独创性，善于运用材料与技术，并能创造同大自然融为一体或形式独特的建筑。但是他的名作大多是一些特殊任务，似乎不受什么经济与条件的限制，同时他的创作也是以满足与提高业主的某些要求、意图、奢望与虚荣心为主的。

下面试从几个方面来分析莱特的理论与作品：

1. 关于建筑的整体性与统一性。莱特与格罗披乌斯一样非常强调建筑设计的整体性与统一性，不过不同于格罗披乌斯所谓的建筑的整体性是要“把同房屋有关的各种形式上、技术上、社会上与经济上的问题统一起来”[24] 的看法；莱特的整体性主要是视感上的，艺

24. *The New Architecture and the Bauhaus*, W. Gropius, p66.

术上的。从莱特的作品可以看到，他的整体性具体表现为建筑与它周围的自然景色溶而为一，建筑的整体造型与它的局部处理格调呼应和建筑形式与它的内容表里一致等等。

例如在“瀑布”别墅中，房屋与它下面的瀑布休戚相关，各层阳台与石砌墙面纵横交错，在西塔里埃森中，岩石台基、踏步、花坛同整栋房屋宛如天生等等，都能在视感上形成使人难以取此舍彼之感。

此外，在造型设计中，他经常喜欢在一幢房屋中反复使用某一种几何图形，以此作为构图的母题，贯穿全局。如在草原式住宅、“瀑布”别墅和普莱斯塔楼中，反复以水平向与垂直向的线条墙面纵横交错，在西塔里埃森和本瑟·肖姆犹太教堂（Synagogue Beth Sholom, Elkins Park, Penn., 1959 年）（图 43, 图 44）中反复运用棱角形、三角形和多边形；在雅可布斯住宅，古根海姆美术馆和马林县的市政中心（Marin County Civic Center, San Rofael, Cal., 1959—1964 年）（图 45, 图 46）中反复运用圆形，半圆形等等。这种在构图中反复采用同一母题的方法，无疑地有利于产生构图上的整体感；不过莱特有时会以手段作为目的，于是矫揉造作和不合理的情况时有出现。例如在马林县的文化中心中，其形式与它的结构是相互矛盾的。在其他作品中，由于构图复杂而形成结构困难、屋面漏水与造价超额等等，也时有发生。

图 43　本瑟·肖朗姆犹太教堂入口

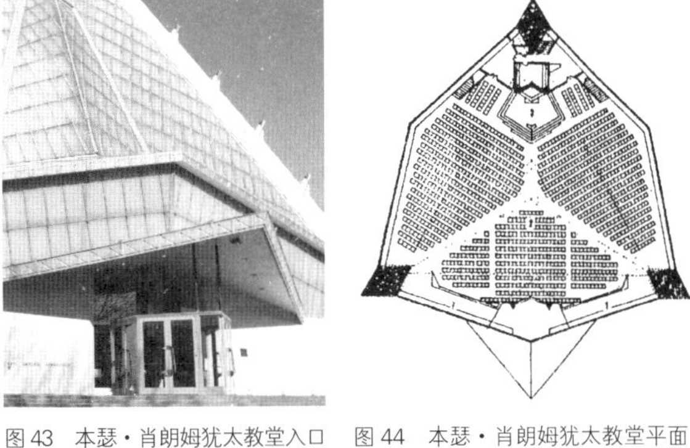

图 44　本瑟·肖朗姆犹太教堂平面

图 45　马林县市政中心之一

图 46　马林县市政中心之二

莱特还认为，每一幢房屋均有它内在的自然本质。建筑的整体性来自抓住本质，以此作为动机，自内而外地进行设计。他说：“我喜欢抓住一个想法，戏弄之，直至最后成为一个诗意的环境”[25]。他还说，“瀑布”别墅的设计是从瀑布之声出发的，[26] 西塔里埃森是从一望无际的沙漠出发的。[27] 无疑地，建筑设计应该善于立意，认真构思，莱特在这方面可谓技术高超，得心应手。但是他的作品大多是不受经济限制，没有太多或复杂的功能要求，技术

25. *Architecture today and tomorrow*, Cranston Jones, 1961, p23.
26. *The Future of Architecture*, pp13-15.
27. 同上。

常被无条件地用来为艺术服务的；在参考时必须注意到这个特点。

2. 关于空间设计。莱特同格罗披乌斯，勒·柯布西埃和密斯·凡·德·罗一样，非常重视建筑的空间设计及其表现。他说："房屋的存在不在于它的四面墙和屋面，而在于那供生活用的内部空间"[28]，又说："房屋内部的房间或空间才是人之所在……[29]，并自认这个见解是受中国古代哲学家老子的"三十幅一毂，当其无，有车之用。埏埴以为器，当其无，有器之用。凿户牖以为室，当其无，有室之用。故有之以为利，无之为用"[30]所启发的。莱特也向他们一样强调空间的自由性、连贯性（或流动性）和一体性；但具体的目的和方法不同。

在空间设计上，莱特不像格罗披乌斯那么重视它的使用效能，而比较强调它的造型效果。在莱特的作品中经常会出现一些用途不太明确而视感良好的空间。在空间的尺度上，莱特像格罗披乌斯那样，强调人体尺度。他经常说"人体尺度是房屋的真正尺度"[31]，而他的作品就是按着他自己的身长 5 英尺 8 英寸半（约 1.72 米）来设计的。但莱特的目的不在于节约空间或节约造价，而在于降低层高，从而产生造型上的水平感，使建筑物接近大地和具有"从属大地"[32]之感。

在空间的自由布局上，莱特不像密斯·凡·德·罗那样先建造一个大空间，然后进行自由划分，而是倾向于把几个小空间自由组合成为一个既分又合的大空间（见"瀑布"别墅的起居室，图 20）。两人有相同的空间一体感和流动感，但手法不同。

另外，莱特还夸耀他自己所谓的开放布局（open planning）。他认为自己的开放布局比格罗披乌斯和勒·柯布西埃等所谓的自由布局更为自由；他认为后者虽然自由，然而还要受柱网的限制，而他的开放布局，由于采用了相应的结构，可使空间不受建筑外壳所限制，从一个中枢"有生命力地向四面八方放射与扩张出去"（见"瀑布"别墅和普莱斯塔楼，图 19—图 22，图 40—图 42）。

可见莱特在空间设计中同他在建筑的整体性中一样，也是偏重于追求"诗意的环境"与艺术效果的。

3. 关于材料的本性。莱特与上面提到的现代建筑的其他几位元老一样都强调要按材料的本性来设计。但后者心目中的材料是现代工业的新材料，而莱特则是传统材料与新材料并重，或更倾向于传统材料。莱特说："我试图把砖看成是砖，木看成是木，把水泥、玻璃和金属都看成是其本身……每一种材料要求不同的处理，每一种材料均具有能按其特性来运用的可能性"[33]。在莱特的作品中各种不同材料的丰富的色彩、纹样和质感均得到了充分的表现，它们不仅在建筑整体的艺术气氛中起作用，自身就是一种艺术表现。

但是莱特所谓的材料本性，只限于材料在视感中的特色及其形式美，并不包括材

28. *The Future of Architecture*，p226.
29. 同上，第 35 页。
30. 老子《道德经》第 11 章。
31. *An American Architecture*, p64.
32. *The Future of Architecture*, p189.
33. *The Future of Architecture*, p192.

料的经济性、合理性和科学地运用的问题。因而在莱特的作品中，材料经常是按着比较原始的手工业方式来运用的。虽然莱特有时也采用新结构，但从艺术效果出发的立场，使它的新结构并不具有降低造价、利于功能或便于生产的意义。

4. 关于"形式和功能合一"。莱特虽然声明他尊重沙利文的"形式追随功能"的格言，但又把它改为"形式和功能合一"[34]。所谓"形式和功能合一"究竟指什么呢？他说这是"自内而外"的设计方法。[35] 而对"自内而外"的解释又是从事物内在的自然本质出发，以及"有机建筑就是自然的建筑[36],"从地下长出于阳光之中"和按材料的本性来设计等等。归根结底还是创造"诗意的环境"。

5. 莱特的设计思想是与他的人生观分不开的。他的祖父是从英国威尔士移居到美国的一个制帽商兼牧师。他自幼高傲，不善与别人接近，孤芳自赏。他所推崇的所谓"有机生活"是一脱离社会、脱离群众的以自我为中心的家庭生活。他认为，当人们能悟到这种生活时，便会对日常接触到的一般生活感到厌倦，便会试图接近大地，"开始超凡脱俗那么地生活"[37]。他经常宣扬大自然、大地、家庭、个人与个性。他把建筑创作看成是个性的表现，认为"艺术是个人为生存与争取表现自己的挣扎"。他认为集体创作不能得出好的作品[38]，他的希望就是创造个性强烈、各个不同的一鸣惊人的作品。

莱特又是一个狂妄自大的主观主义者。他耻笑古希腊的帕提农神庙、意大利的圣彼得大教堂。他颂扬一切接近自然的建筑——特别是原始民族的建筑，反对一切试图在形式上征服自然或同自然形成对比的建筑。他颂扬中国的文化、日本的民居、玛雅人的艺术。他攻击一切正规的建筑教育，认为世界上只有他自己在塔里埃森举办的师徒式的教育方式[39]才是最好的。他攻击从欧洲移民到美国的那些现代建筑大师。当密斯·凡·德·罗在美国任教时，他说："现在欧洲来接收美国的建筑界了……"[40]。他还针对格罗披乌斯说，美国在建筑中有两次大倒退，第一次是1893年的芝加哥博览会[41]，第二次便是包豪斯传入美国[42]。对于勒·柯布西埃，他也经常在文章中取笑、攻击。

尽管如此，莱特对于现代建筑的贡献是很大的。他的建筑与自然的结合、技术是手段不是主人、建筑局部与整体的关联、建筑词汇应像人的生活要求一样千变万化以及建筑应有个性等等理论与实践，为建筑创作的文化宝库增添了光彩夺目的一章。无怪，他的影响至今不息。

（本文原载于《现代建筑奠基人》，罗小未著，中国建筑工业出版社，1991）

---

34. *The Future of Architecture*，pp296-97.
35. 同上。
36. 同上，pp13-15.
37. 同上，p238.
38. 同上，p322.
39. 赖特死后，他在塔里埃森的学生组织了塔里埃森建筑师的联合事务所。
40. *Architecture*，*today and tomorrow*, p63.
41. 这次展览会表示了欧洲的学院派完全控制了美国建筑界。
42. *Architecture*，*today and tomorrow*, p64.

第二次世界大战后建筑设计的主要思潮

第二次世界大战后建筑设计思潮的主要特点是:“现代建筑”设计原则的普及，建筑形式的五花八门和美国改变了它在两次世界大战之间的被动地位，成为设计思潮发展的主要动力之一。

“现代建筑”包括形成于两次世界大战之间的以格罗皮乌斯、勒·柯布西耶和密斯·凡·德·罗等代表的欧洲的“现代建筑”(亦称二十年代的现代运动,“功能主义”或“理性主义”建筑，下面为了便于区别姑且称之为“理性主义”建筑)，和以莱特为代表的美国的“有机建筑”。“现代建筑”的设计原则虽然各人在说法与做法上不完全一样，但概括地可以归结为下列几点:一,要创时代之新,建筑要有新功能,新技术,特别是新形式;二，在理论上承认建筑具有艺术与技术的双重性，提倡两者结合；三，认为建筑空间是建筑的实质，建筑设计是空间的设计及其表现；四，提倡建筑设计的表里一致；五，在建筑美学上反对外加装饰，提倡美应当和适用以及建造手段(如材料与结构)结合，认为建筑的美在于其空间的容量与体量在组合构图中的比例与表现，此外，还提出了所谓四向度的时间——空间的构图手法。在这些共同点之外，欧洲的“理性主义”还强调建筑与建筑师的社会责任，因此比较重视建筑的经济性与社会性。美国的“有机建筑”则比较强调建筑的生活趣味，重视房屋同它周围自然景色的配合以及创造所谓诗意的环境。

战后，欧洲的“理性主义”由于比较讲求实效，对战后恢复时期的建设较为适宜。同时，一批曾受三十年代移民到英国与美国去的，欧洲权威的教育与影响的青年已经成长，成为社会上一支新兴的建筑力量。因此，“理性主义”在战后不仅普及欧洲并“深入到美国的生活现实中去”[1]。此外，美国的“有机建筑”也因它的浪漫主义情调，丰富的与能为业主增加生活兴趣与“威望”的超凡出众的形式，而受到了广泛注意。于是在战后一段时期的建筑学坛中几乎形成了完全被上述“四大头”所把持了的局面。虽然时间不同了，战后的需要与条件同两次世界大战之间毕竟不同，各国的情况——欧洲与美国，战败国与战胜图，东方与西方——也各有别，而且事物总是不断发展与变化的。因而，不仅是那些在他们影响下的作品，即使他们自己的作品也同两次世界大战之间的作

1. *History of Modern Architecture*, L.Benevolo, 1971, p651.

品有所区别。但其基本原则却仍然是“现代建筑”。

以后，各先进工业国的经济逐渐上升，工业技术迅速发展，物质生产大大提高，垄断资本为了自身的安全与利益大力鼓励消费，在产品上鼓吹标新立异。另一方面战争在地球各处仍然断断续续地进行着，有时达到威胁世界的程度；社会上的阶级斗争与个人竞争也越来越尖锐。处于这么一个非常混乱与变化多端的社会中，许多知识分子的人生观与学术思想均显得十分彷徨与不稳定。在建筑学术界中，又适逢几位元老的先后凋逝，于是形形色色的设计思潮也就应运而生。它在短短的二、三十年中，其分歧之大，变化之快是史无前例的。正如挪威一位建筑历史学者所说：“整个建筑学术领域像是爆炸了。由此散发出来的许多碎片通常被称为“视感混乱”。偶尔看到的条理性大多是一些含糊不清的构件的单调重复。人们的环境从来没有像现在那么问题重重，他们关于试验的立足点也从来没有像现在那么缺乏把握”[2]。这些话既是对战后建筑思潮混乱状态的描述，也是对形成这些混乱的社会状况的揭露。但是，深入分析，尽管它们表现为五花八门，各树一帜，除了极少数者之外，其基本原则仍然没有脱离“现代建筑”的基本内容。只不过是对其中某些部分进行夸大、突出、补充或变化而已。

要对战后的思潮进行明确的分期是困难的。但为了便于认识，不妨把它概括地分为三个阶段：

第一阶段是四十年代末至五十年代下半叶。这是欧洲的“理性主义”在新形势下的普及、成长与充实时期，也是其中某些方面的片面突出与片面发展时期。在这个阶段中影响最大的是以密斯、凡·德·罗为代表的讲求技术精美的倾向。然而数量较大与较为普遍的，却是那些曾受像格罗皮乌斯那样的建筑教育家教育与影响而成长起来的，对“理性主义”进行充实与提高的倾向。此外，以阿尔托为代表的“地方性”、“人情化”，和以莱特为代表的“有机建筑”的影响也不少。

第二阶段是五十年代末至六十年代末。这是“现代建筑”进入形式上的五花八门时期，也是“现代建筑”的第一代元老开始受到第二与第三代的后起之秀挑战的时期。有人把这个阶段称为“粗野主义”（Brutalism）和“典雅主义”（Formalism）平分秋色的时代[3]。“粗野主义”的代表人物是四大元老中最善于别开生面的勒·柯布西耶和英国的年轻建筑师史密森夫妇（A.P.Smithson）。“典雅主义”也有人称之为“新古典主义”或“新复古主义”，它可以美国的第二代建筑师约翰逊（P.Johnson），斯东（E.D.Stone）和雅马萨奇（M.Yamasaki，日裔美国人，山崎实）等为代表。事实上，在此阶段中，讲求技术精美的倾向和致力于对“理性主义”进行充实与提高的倾向仍然活跃。除此之外，还出现了各种既承认“现代建筑”设计原则，又努力讲求“个性”和“象征”的倾向。再者，标榜性地采用与表现新技术的称为“高度工业技术”的倾向（High-Tech），也有一定的市场，甚至折板屋面与漏窗花格也可以作为一种风格而流行一时。

第三阶段是六十年代末至今，形式各异和各有千秋的“现代建筑”仍然占主导地位。

2. *Meaning in Western Architecture*, Norberg Schulz, 1974, p389.
3. *Tendences de L'archi'tecture Moderne*, J. Joedicke, 1969.

但是一支企图从根本上否定“现代建筑”设计原则的，自称为“现代主义之后派”（Post Modernism）的思潮正在涌现。这股思潮的内部还包括许多派别。其主要特点是讲究建筑的形与意，其中还有提倡历史主义的。它们由于七十年代的经济危机与能源危机暴露了“现代建筑”过分信赖技术和迷信权威的弊端，而在理论上比较活跃，但其意义与能量究竟有多大，还需日后的历史来说明。

此外，不论什么时期都会有一些特殊的，为了一些特殊原因或利用了一些特殊条件而建造起来的“异样建筑”（Fantastic Architecture），这里就不谈了。

怎样说明这些思潮呢？按它们出现的先后来划分吗？不太好，因为每个时期都有好几种不同的倾向在并进着。像两次世界大战之间那样按人物来划分吗？也不行。因为人是会变的。一个人某一时期的设计倾向不一定完全就是他过去所主张的东西，更多的成分还是他为了适应当时当地的实际要求的条件而产生的种种思想与方法。勒·柯布西耶战后的多变就是一个明显的例子。按它们的称谓来划分吗？也不妥当。因为同一名称常会有不同的含义。就以“有机”这个名词而言，赖特把他的建筑称为“有机建筑”，德国的夏隆把自己的建筑称为“有机的”建筑，也有人把阿尔托的“人情化”称为芬兰的“有机的”建筑。所以，称谓不能说明问题。那么，像有些人说的那样，按辈分来划分吗？也不可以。所谓“代”是指一代人。正如在第一代的元老中就存在着不同的倾向一样，第二代与第三代人也不会是铁板一块的。既然如此，就把那些主要思潮按着它们的设计思想与方法特征作一次简单的介绍吧。

下面的附表说明了第二次世界大战后的主要建筑思潮的内容和它们最活跃的时期，还说明了战后的思潮主要是以两次世界大战之间的“现代建筑”为基础的，是它的发展与变化。此外，为了便于分析，还提出了战后“现代建筑”的几种主要倾向，究其设计方法大致可以分为两大类：一类在处理建筑设计中的情与理的问题中比较“重理”；另一类则比较“偏情”。

<table>
<tr><th colspan="4">第二次世界大战后的主要建筑设计思潮</th><th>四十年代末—五十年代末</th><th>六十年代</th><th>七十年代</th></tr>
<tr><td rowspan="10">战后的『现代建筑』</td><td rowspan="5">在设计方法上“重理”</td><td colspan="2">对“理性主义”进行充实与提高的倾向</td><td>……</td><td>……</td><td>……</td></tr>
<tr><td colspan="2">讲求技术精美的倾向</td><td>……</td><td>……</td><td></td></tr>
<tr><td colspan="2">“粗野主义”倾向</td><td>……</td><td>……</td><td></td></tr>
<tr><td colspan="2">“典雅主义”倾向</td><td>……</td><td>……</td><td></td></tr>
<tr><td colspan="2">注重“高度工业技术”的倾向</td><td>……</td><td>……</td><td>……</td></tr>
<tr><td rowspan="4">在设计方法上“偏情”</td><td colspan="2">“人情化”与“地方性”倾向</td><td>……</td><td>……</td><td>……</td></tr>
<tr><td rowspan="3">讲求“个性”与“象征”的倾向</td><td>以几何图案为特征</td><td>……</td><td>……</td><td>……</td></tr>
<tr><td>抽象的象征</td><td>……</td><td>……</td><td>……</td></tr>
<tr><td>具体的象征</td><td>……</td><td>……</td><td>……</td></tr>
<tr><td colspan="4">“现代主义之后派”</td><td></td><td>……</td><td>……</td></tr>
<tr><td colspan="4">各种“异样建筑”</td><td>……</td><td>……</td><td>……</td></tr>
</table>

《外国近现代建筑史》封面

（本文原载于《外国近现代建筑史》，中国建筑工业出版社，1982）

当代建筑中的所谓后现代主义

年轻人总是比较敏感与乐于求知的。常常有学生来找我询问或讨论关于后现代主义（我一度把它直译为现代主义之后）的事。有好几次在交换了几句之后，我就感到在谈之前，还得把几个基本问题交代一下。

一、译名问题。后现代主义是指外文的 Post-Modernism。它可译作现代主义之后，也可简便地称之为后现代主义。但不能称之为后期现代主义。其理由在《世界建筑》1981 年第 4 期张钦楠同志的《关于 Post-Modernism 的译法》一文中已说得很明白了。要是译错了，对其中许多问题就不能理解。况且现在又有所谓晚期现代主义，这就更会把问题混淆了。

二、后现代主义派不等于西方现代第三代（也有人说第四代）建筑师。关于现代建筑师的分代问题，各说不一，暂不打算在这里探讨。但是不久以前，特别是在我国，的确有把后现代主义同所谓现代的第三代建筑师等同起来的说法。好像后现代主义是第三代建筑师的共同观点。这是不对的。须知所谓"代"是一代人的意思。事实上，同一代人不一定就持同一观点，正如 19 世纪学院派中有古典复兴、浪漫主义与折衷主义之分，并在他们最盛行时就有与之截然不同的主张采用新技术的所谓"19 世纪的新技术"派一样。两次世界大战之间的现代建筑学派（下面简称"现代派"）也有欧洲的理性主义和美国的有机建筑之分；

丹尼斯・克朗普顿笔下的 1980 年威尼斯建筑展览会

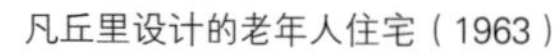
凡丘里设计的老年人住宅（1963）

罗西设计的威尼斯世界剧场（1979）

而正当他们不断地扩大影响之际，学院派非但没有销声匿迹，却在有些国家相当盛行。所以，认为一代人只有一种思潮是不符合实际的。

三、当我们讨论后现代主义时，是把它当作一种有组织、有纲领、有理论、有方法的建筑学派来对待，还是把它作为一种风格或创作方法来对待？一般人在随便谈谈时可以不在乎这些，假如从学术上进行探讨，就要自觉地注意如何从不同的角度来衡量。

四、由于我们是局外人，不像那些当事人那样会在学术讨论中牵连到自己的得失。我们尽可以客观些、冷静些，全面地、也就是力图历史唯物主义地看待问题。否则，既不能从中得到什么营养，相反，还会被别人轻易地牵着鼻子走。

后现代主义是时代产物
但并非只此一家

从 50 年代末开始，随着西方各国从战后的恢复时期，逐渐进入 60 年代的经济上升与社会大建设时期，原来在建筑学中占主导地位的现代派经验，就显得比较欠缺了。于是从 50 年代起，现代派的第一代大师及其继承人，便已从各自所注意到的方面，设法创造适应新要求的新经验和新风格，形成了现代主义在战后对理性主义进行充实与提高，探求“新气派”，注重高度工业技术，讲求人情化、乡土性与民族性，追求个性与象征等等倾向（见本刊 1982 年第 6 期《五、六十年代的西方建筑思潮》一文）。

60 年代下半期，在各种企图革新现代派建筑的尝试中，又增加了一些默默无闻的小字辈。他们本来没有什么地位，设计任务不多也较小，思想上没有负担，在革新中也比较大胆。例如以凡丘里为代表的“灰色派”，主张按一般公众的艺术兴趣，无法规地选用古代建筑词汇；以“纽约五位建筑师”为代表的“白色派”，主张恢复到风格派和勒·柯布西埃早期讲究纯净的建筑空间、体量，讲究阳光下的立体主义构图和光影变化；以“洛杉矶 12 位建筑师”（又称“洛杉矶的高技派”）为代表的“银色派”，主张采用反射玻璃，缩小支承边框，形成大片“银色屏幕”，取得色彩的变化与反射的效果。此外还有主张净化再净化的“最小主义”（Minimalism）；主张尽可能利用自然条件的“反重技派”（Anti-technologist）；坚持密斯的“条理性”，把条理看作“事物之间相互关系的意义”的“芝加哥8位建筑师”；以及主张把许多毫无关系的东西“合乎美学地放在一起的“超级手法主义”（Super-mannerism）等等。詹克斯声称当今建筑已进入一个崭新的称为后现代主义的时代时，就是以上述前三个派别作为他所谓的后现代主义主要代表的。

可见，试图冲破两次大战之间的所谓正统现代主义束缚，对现代主义进行充实、提高或革新的倾向，自五十年代起就相当普遍了。

所谓后现代主义

对现代主义进行充实、提高与改革的倾向是相当普遍的，问题是走得多远？差别又表现在哪里？归结起来，大致两方面：一是在建筑创作思想与方法方面，特别是建筑形式效果与形式词语的宽窄方面；另一是在建筑价值观方面，特别是建筑作为一种艺术观点在整个建筑价值中的比重。

前面一个问题，在1966年凡丘里著名的《建筑的复杂性与矛盾性》一书中就很明朗了。凡丘里在此针对现代派以勒·柯布西埃为代表的一套所谓功能主义与纯粹主义的创作方法时说：建筑正如人们的社会生活一样，是充满复杂性与矛盾性的，解决这些问题不能用排它的方法而是要用兼容的方法。他把正统的现代派建筑称为清教徒式的建筑。他甚至与密斯所说的“少就是多”唱反调，说“多并不是少”，“少就是厌烦”。

迈耶设计的史密斯住宅（1967）

《建筑的复杂性与矛盾性》出来后，大受那些意欲创新的青年建筑师与学生的欢迎。几十年来的清规戒律被打破，人们可以不受限制地去创新了。这是凡丘里几年来为研究生上建筑评论课时反复思考和与学生讨论的结果，无怪反响很大。

1972年凡丘里又发表了他的《向拉斯维加斯学习》，文中引用了艺术界中常有的关于“高尚艺术”与“通俗艺术”的争论。认为现代主义的语言只有建筑师才懂，一般公众是看不懂的。如要建筑师能同公众对话，就要像赌城拉斯维加斯那样。拉斯维加斯马路两旁五光十色。旋转耀眼的霓虹灯招牌吸

格雷夫斯设计的斯奈德曼住宅（1972）

埃森曼设计的4号住宅（1975）

佩里设计的哥伦布城法院（1970）

引了大量游客；要是没有这些商业招牌，拉斯维加斯也就不成其为拉斯维加斯了。于是，过去一向被讲究高雅与纯净的现代派所蔑视的所谓低级趣味和追求刺激与庸俗的东西，从此得到学术舞台上的合法地位。

1977年，穆尔（C. Moore）在他的《量度：建筑中的空间、形状和尺度》一书中说：建筑中的量度不仅仅就是一般所谓的高度、宽度，而是包含着许多影响人们如何感受他们因素的、人为环境的可变因素。建筑师要创造“场处感”，就必须回复到历史上那些既能容纳人们的身体，又能容纳人们的精神，并能反映人们的快乐、安静或雄伟感等有色彩有明暗的设计经验上去。于是采用建筑的历史与文化传统被正式得到承认。

但是把建筑看作是艺术，是语言的建筑价值观，到七十年代中期以后才被毫无顾忌地提出来。它同当时有些想从根本上否定现代主义的企图是相互呼应的。

1976年布罗林（B. Brolin）在《现代建筑的失败》一书中，在揭露现代派经常不顾其他国家的民族传统与自然条件，把自己的一套现代主义经验强加于发展中国家时，全面地否定了现代主义。在美国，有人把这个观点同自五十年代起便已有的一种论调——认为美国的现代派建筑是欧洲理性主义对美国传统侵略的结果——联系起来看，颇引起了一些人的反感。须知，约翰逊和希契库克（H.R.Hitchcock）在1932年通过一本称为《国际式》的小册子把欧洲的现代主义介绍到美国时，只谈了它的形式特征并称之为“国际式”，而没有交代它同当时欧洲社会的联系与其内容。所以不少人对现代主义同“国际式”的区别并不清楚。

1974年布莱克（P. Blake）初次发表了他后来在1977年正式出版的《形式随着惨败——为何现代派建筑行不通》。在这里，他对现代主义进行了更彻底的抨击说：过去那些认为建筑可以拯救世界的看法已经彻底破产。世界并没有因他们的努力而改好。反之，他们各种关于建筑与城市的幻想，却一个个惨遭失败，最后只不过是形式而已。由于布莱克一度是勒·柯布西埃、密斯和赖特的信徒，而这本书是以一个忏悔者的口吻写的，颇具有说服力。然而人们对它反应并不一致。有人为之鼓掌，有人说读了它要么是发笑，要么是恨得咬牙。

既然已经有了那么些舆论，无怪当人们看到詹克斯在《后现代主义建筑的语言》

一书中声称现代主义已于1972年7月15日下午3时32分随着普鲁特－伊戈（Pructt-Igoe）居住区的炸毁而寿终正寝，今后的时代将属于后现代主义，就不会感到太突然了。詹克斯在此不仅宣布了现代主义的死刑，宣称后现代主义是一个强大的足以取代现代主义的学派，并且暗示了现代主义的灭亡是同建筑师企图用建筑来改造社会分不开的。

穆尔设计的克雷斯吉学院（1973）

须知普鲁特—伊戈居住区五十年代曾被作为一个解决城市下层阶级居住条件的成功实例而获设计奖。尽管人们不怀疑它的根子是社会问题，但是给詹克斯这么一联系，似乎它的炸毁就应完全归罪于建筑了。于是在建筑价值观上也就出现了这么个问题：究竟建筑师有没有使建筑为社会服务的职责？要是有，而且结果又是徒劳无功甚至引至自身的灭亡，那么建筑是什么？对此问题当然不同的立场会有不同的回答。但如果按照前面那条思路推论下去，这些问题的答案就是：建筑是语言，是建筑师的自我表现；建筑师不必有什么理想，只要管好如何表达自己就行了。随着这么一个价值观而来的创作方法就必然是随心所欲了。正如被誉为后现代主义保护人的约翰逊说："在艺术上是没有定律的……有的只是无限的自由感。"这样的价值观与创作方法，对于那些在思想上颇受存在主义哲学影响的、赞成今朝有酒今朝醉的青年来说，是很具有吸引力的。于是各种各样玩世不恭的言论与作品，也就越来越多了。

什么是后现代主义建筑呢？詹克斯说：有些杂志把凡是不同于国际式的方盒子形的房屋统称为后现代主义的，这未免太宽了。后现代主义明确地说应该"仅仅是指那些有意把建筑作为一种语言的设计人"。又说：后现代主义建筑"是同时以两种语言来说话的：一是对建筑师与有关的少数人，他们关心的是建筑学上的专门意义；另一是对广大的公众，他们所关心的是舒适、传统的房屋与生活方式等其他问题。从视感上来说……当然每个人都会对这两种含义做出反应，但肯定是以不同的深度与理解来领会的。而正是这些在品味上与文化上的非连贯性，建立了后现代主义的戏剧性基础和它的'双重含义'"（"双重含义"亦有译作"双重法则"）。他还说：戈德博格（P.Goldberger）和美国的一些建筑评论家把后现代主义的特征说成是注意历史上的回顾和配合当地的环境，这固然显著，但只是一个方面。因为后现代主义明确地着眼于创造"隐喻性的房屋，具有乡土味与一种新型的、含糊莫测的空间"。同年12月，与詹克斯一唱一和的斯特恩，在他的《后现代主义建筑》一文中又说：后现代主义的三个特点是文脉主义、隐喻主义和装饰主义。对于这些言论，只要细读一下就可看出，他们事实上都不过是抽象地谈了后现代主义的创作特征而已。

谁是后现代主义的代表人物呢？詹克斯并没有指出，但从他在书中为后现代主义建筑所举的实例中可以看出。这里有约翰逊、凡丘里、穆尔、斯特恩、史密斯（T.G.Smith）

和霍勒因（H. Hollien）等在形式上采用变了形的古典词汇、语法或句法的作品；有迈耶、埃森曼和格雷夫斯早期的采用新技术、并且形式上着重于空间与形体在阳光下的光影变化的作品；有事实上是属于“高技派”的佩利的作品（这里甚至把蓬皮杜国家艺术与文化中心也包括了进去）；此外还有他自己的，以及斯特林、矶崎新、高夫和厄斯金等其他一些在某个方面类似上述作品的实例。这些人大多数早在1966年斯特恩写的一本称为《40位40岁以下的：建筑上的年轻天才》的小册子中已提及。1977年1月，斯特恩改写并重新发表了这篇文章。由于其中有些人已超过了40岁，便称之为《40位40岁以下的，加上10位》。只要把这两篇文章，同詹克斯所举的实例联系起来看，谁是代表人物就很明显了。

詹克斯所谓的后现代主义所涉及的范围太广了。以至人们不禁要问：这些实例的共同特点是什么？它们如何说明后现代主义是一强大得足以取代现代主义的学派呢？显然，詹克斯和斯特恩所说的特点在有些实例上反映出了一个结论：后现代主义不是一个统一的学派，只是一些对现代主义持有异议的反对派而已。他们为了要壮大声势，需要组织起来。但这个组织是十分松散的。他们探求的不外乎设计方法与风格上的倾向性问题。而这些方法与倾向性又是各自为政、互不统一的。

对于以上种种情况，那些在建筑领域上仍然占主导地位的老一辈建筑师有何反应呢？须知，尽管现代主义的反对派在60年代下半期就已开始活跃于报纸、杂志与大学的讲坛上。但那些年长的现代派并没有把他们放在眼里，视若无睹。直到詹克斯的惊人论断发表后，他们才逐渐有所反映。斯塔宾斯说：现代主义解决了建筑的最基本问题，即建筑同社会与时代的关系。正如树木要有良好的根基，才能开出各种美丽的花朵一样，现代主义是后现代主义所代替不了的。塞特说：建筑应为公众服务。诚然现代派有许多局限性，但如果认为改革只是形式上的变化，那未免太简单了。贝聿铭说：我同意建筑是各种伟大艺术中最高形式的说法。但是，它还得经受另一种考验，那就是如何满足社会要求。……想在设计上不那么拘谨，放松一下，甚至心中得到乐趣，再向前进行探索等等都是好的。但是怎么也不能诋毁老前辈啊！我们恩受于前一辈人很多，正如今日年轻人恩受于我们一样。这些人的批评措辞温和，但却点到建筑的基本问题——建筑的价值、建筑师的社会职责和为人的道德等关键问题上。

那么，那些被詹克斯等人划入后现代主义派的人，又如何反映呢？他们有些兴高采烈、大肆活动，有些沾沾自喜、半推半就，也有一些不动声色地保持观望态度。但是人们没有想到，正当后现代主义似乎是旗开得胜的时候，被誉为“后现代主义之父”的凡丘里声明他不是后现代主义者而是一个现代派建筑师。穆尔也在相仿的时候（1980年左右，距《后现代主义建筑的语言》出版后两年多），声明自己不是后现代主义者。而众所皆知，他的意大利广场一直是被誉为后现代主义的最典型作品的。他们这些举动，很可能是同他们一向自称要为广大公众的爱好而设计的口号分不开的。此外，有些一直在努力探新、但创作态度比较严肃的年轻建筑师也起来表态了。例如赛弗迪就在1981年的一篇文章中（《玩世不恭》，见本刊1982年第4期），批评了现代主义的不足，而且指责了后现代主义派把建筑作为自我表现手段，对社会不负责任的态度。

詹克斯本人也并非没有感到这里的问题。1980年底他同时出版了两本书：《后现代的古典主义》和《晚期现代主义》。在这两本书中，他借编辑之口说，过去宣称现代主义已经死亡是不够成熟的。然后把他本来称之为后现代主义的东西分成两部分：把那些主张回顾历史、采用变了形的古典语言的称为后现代古典主义；把那些采用新技术，讲究空间与形体光影变化的称为晚期现代主义。他还强调了二者在“双重含义”中同现代主义的联系。于是，很清楚，后现代主义不是一个学派，无论称之为后现代主义也好，称之为后现代的古典主义和晚期现代主义也好，都不过是创作方法与风格上的变化而已。

评　析

怎样评价后现代主义呢？我是比较同意本文所引用的现代派第二代建筑师与赛弗迪的评价的。下面再从建筑理论的角度上作些补充。

一、建筑的社会性。时代性与建筑师的社会职责是建筑价值的基本问题。如果说，现代主义不是说已经死了吗？怎么又死不了呢？就因为它具有这个合理内核。尽管现代主义的第一代倡导人是怀着天真的乌托邦式的理想主义来提出这些内容的，但正是这些内容使它具有生命力。换句话说，如果现代派抛弃了这个合理内核，就有被其他什么主义轻易取代的危险。

二、现代主义在创作方法上确实存在着许多缺点。例如在内容上只着眼于社会与时代的普遍性，忽略了地方、民族与个人要求的个性；在对待功能与技术上的见物不见人的态度；在设计中强调设计过程与设计方法，忽略设计效果，似乎方法对头设计一定会好的简单化想法；在表现上忽视建筑有它作为一种语言的作用，回避对语言艺术的效果与表达方法的探讨等；以及摒弃历史与前人经验、反对装饰、不敢运用色彩等等都使它内容欠缺、手法贫乏，以至劣质产品滥竽充数。这些缺点都必须改正。

三、后现代主义对现代主义的抨击，有些是真实的（如上述二），也有些不完全对，例如所谓“现代主义从来没有象征”的问题。现代主义虽口头上反对象征，还是有象征的，即象征了时代，这个禁区在二次世界大战后就已经打破了。所谓现代主义不顾当地环境的问题，也不全对。须知所谓当地环境，包括自然环境与人为环境，现代主义一般只是忽略人为环境而已。

此外，詹克斯说乡土性和新型的含糊莫测空间是后现代主义的特点也不对。事实上早在50年代，许多现代主义作品就已经反映了这些特点，近年来就更普遍了。

四、后现代主义视建筑为艺术，创作态度玩世不恭，这是它的本质性缺陷。但它的出现是符合客观规律的。它冲击了现代主义的清规戒律、打破了禁区、丰富了手法，如能正确对待，有利于放宽设计路子。

五、现代派本身也在不断改革之中。近几年来，那些已有数十年经验的名建筑师事务所，如 SOM、TAC、贝聿铭建筑师事务所，CRS 和坎布里奇七人事务所（Cambridge Seven）等，事实上已有不少比较年轻的建筑师在起作用，出现了不少讲求实效同时又形式活泼、具有个性的作品。另外也有一批已经比较成熟与有威望的第三或第四代建筑师，如罗奇（K. Roche，美国）、吉奥戈拉（R. Giuogola，美国）、埃里克森（A. Erickson，加拿大）、波特曼（J. Portman，美国）、安德鲁斯（J. Andrews，澳大利亚）、塞德勒（H. Seidler，澳大利亚）、斯特林（J. Sterling，英国）等等。他们设计的路子很宽，有时甚至也会采用一些所谓后现代主义的词语，但不失现代主义的本色，并在建筑的采光质量、空间与形体的变化莫测中有独到之处。前年，我还有机会认识一个称为阿洛街（Arrow Street）的事务所。他们一共只有十来人，年长的四五十岁，年轻的只有二三十岁。其作品生动活泼很有特点，但在谈话中他们很明显地讲到建筑师的社会责任，因而是有前途的。总而言之，社会任务千变万化是需要千姿百态的建筑来适应它的。

（本文原载于《世界建筑》，1983 年第 2 期）

贝聿铭先生建筑创作思想初探

三年前，我乘机往美国的途中，一位美国妇女得知我是一个建筑学教师时，非常兴奋地对我说："你可知道，美国的一位杰出与有才华的建筑师贝聿铭先生就是出生在你们中国的"。我诚恳地回答说："是的，为此我感到非常荣幸"。以后，在我旅美的一年中，不知多少人对我说过同样的话，我也不知多少次由衷地作了同样的回答。每次我心中都油然地涌起更多的联想：贝先生与我们同济大学的关系岂止是他生在中国？他出国前，在上海读书时就曾是我校建筑系系主任冯纪忠教授的同学。后来，他在美国哈佛大学随格罗皮乌斯学习时又是我系已故系主任黄作燊教授的同学与好友。黄先生在早年的教学中曾多次跟我们提及贝先生。因此我出国前就决定每到一个城市，只要那儿有贝先生的作品，我就一定要争取去看，更要利用在美的机会去访问贝先生，亲聆他的建筑见解。

贝先生的作品国内已有很多介绍，这里就不赘述了。在这里我想谈的是他建筑上的某些理论，以及两次见面中给我的印象。

建筑师·时代脉搏

贝先生1978年完成的作品美国国家美术馆东馆在建筑界仍然是赞赏、盛誉的中心话题之一。杰作的脍炙人口，致使许多人兴奋地叮嘱我："一定要去看！"，也有人誉之为"后现代主义"，以此说明它是创新的而非保守的。起初我对后面那种说法有些纳闷，因而一直注意寻找贝的著作，想了解个究竟。但找来找去却只找到一篇，即载于《民众的建筑师》[1]中的"城市空间的性质"，而那篇论文还是六十年代的。后来当我怀着遗憾的心情对贝先生谈起这件事时，他爽朗地大笑说[2]："我认为一个建筑师的哲学首先反映在他的作品上，其次才是他的口述与笔谈中。对于那些热衷于划分派别的争论，我从来

1. *The People's Architects*，Harry S Ransom 编，1964，芝加哥大学出版。
2. 文中贝先生的言论有的来自我们的谈话记录，有的来自别人的文章，谈话中凡是别人文章中有的均进行过核对。主要参考资料是："谈话：贝聿铭"，Andrea O. Dean，*AJA Journal*，1979年6月刊；贝聿铭，Paul Heyer，*Architects on Architecture*，1966。

都不怎么感兴趣。但是我可以明确地说，我是一个现代派的建筑师。”接着他认真地谈开了：“建筑是一件极其严肃的事。它不像有些人想的那样，是个人的私事或样式上的翻新。它是为满足社会要求并为人们的需要而营造的”。须知，贝先生说这些话时，正是那些否定现代派的言论相当活跃的时候。他们有的认为现代派已经过时，也有的说现代派建筑师以为可以改造社会的幻想已经毁灭了，等等。但此时此刻的贝先生不仅坚定与明确地阐明了自己的建筑价值观，并直截了当地道破了现代派和后现代派在建筑价值观上的分歧。回想一下，贝先生的创作历程的确是同美国的社会脉搏一致的。五十年代中，当美国正在进行战后大建设，贝先生与他的设计事务所就是以设计高层办公楼和高层公寓起家的。他的设计体型端庄、形式典雅、功能合理，设备齐全而造价一般，这在建造中等收入家庭的高层公寓中真可谓是独树一帜，占了压倒优势。当时（五十年代末、六十年代初）一般高层办公楼的造价以每平方英尺不超过 30 美元为宜，而公寓的造价每平方英尺则要限制在 12 ～ 15 美元方才合算。一般建筑行家认为这样的造价只能建造大路货，造不出高级作品。贝先生则不以为然，全力主张公寓建筑“既要价廉又要在美学上得人心”。他主持纽约市区的基普斯湾广场住宅区(Kips. Bay Plaza，1962 年)的设计，不仅重视建筑设计的质量而且从结构与施工着手，创造性地把常用于工业建筑不做外饰面的现浇钢筋混凝土承重墙的建筑方法移植应用到民用高层住宅的建筑设计中，使这些“既是结构兼是立面”的高层公寓的造价，终于成功地控制在每平方英尺 12 美元以下。而它们的质量与造型则足以同当时高造价的高级公寓媲美。“由此可见……”，贝先生说：“建筑是能同非建筑（non-architecture）在经济上进行竞争的”。“非建筑”在这里是指粗制滥造的建筑。自此贝先生成为以中等造价建造高级公寓的专家。他们的作品遍及美国的纽约、费城、首都华盛顿和波士顿（图 1）。这些公寓在建成二十余年后的今天，虽然有人说它过于单调甚至过时了，但当时确实出色地解决了社会上部分人的正当要求。贝先生他们在解决多因素的难题中成功地表现出了胜过同时代人一筹的胆略与创造。

图 1　波士顿港口双塔

六十年代下半叶，美国社会对当时建筑造型的千篇一律感到不满。贝先生和他的事务所又致力于探索既能反映时代要求又能与实用和现代技术相一致的建筑新形式。如果说贝先生与那些“正统”的现代派有什么区别，或说贝先生为何会被称为“后现代派”，那就是因为，他不回避谈论形式与形式的创造问题。他常说：“我认为建筑是反映现实生活的重要艺术形式之一。我希望我的建筑是美丽的，是能够与环境一致并满足社会要求的”。在这方面具有较大影响的首先是美国国立大气研究中心（1967 年）。研究中心像一座几何形的混凝土大雕塑屹立在山岩之间。其强烈的造型吸引了公路上的来往乘客，并使人们在惊讶之中逐渐为之神往，而它的使用功能又是同这么一类具有特殊要求的建筑相一致的。但贝先生并不以此为止，他对钢筋混凝土造型作了重要的概括“我们看到了钢筋混凝土在造型中的可能性。看来它对于那种具有高度表现力的、被有些人称为‘新巴罗克’的倾向起着很大的作用。只要我们能实行适当的自我克制，看来是不会有什么危险的。”以后，他在纽约州锡拉丘兹的埃弗逊美术馆（Everson Museum of Arts，1968 年），在衣阿华洲的得梅因艺术中心扩建部分（Des Moines Art Center Addition，Iowa，1968 年）归及在达拉斯的市政中心（1977 年）相继创造了个性独特、视感效果不同凡响的艺术形象。这种探索在七十年代达到了高潮：美国国家美术馆东馆（1978 年）和波士顿的肯尼迪藏书综合楼，两者虽都以展出为其主要内容，但一个是高低对比强烈的棱形塔楼与三角形体的组合（图 2），另一个是黑白分明的白色三角体与黑玻璃盒子的拼镶（图 3），使人一见动情，难以忘怀。对此，贝先生作了深入浅出地阐发：“人们现代生活是那么的千变万化，参差不齐。我们的任务是要使复杂多样的要求条理化起来，并找出本质的东西，有区别，有个性地而不是程式化地去满足他们。”贝先生的这个论述是何等的精辟独到！至此，人们对于贝先生创造建筑新形象的能力和见地已毫不怀疑了。在当前世界设计市场竞争激烈异常之际，法国总统密特朗之所以会指名要求贝先生负责罗浮宫博物馆的改建，这就是理所当然的了。

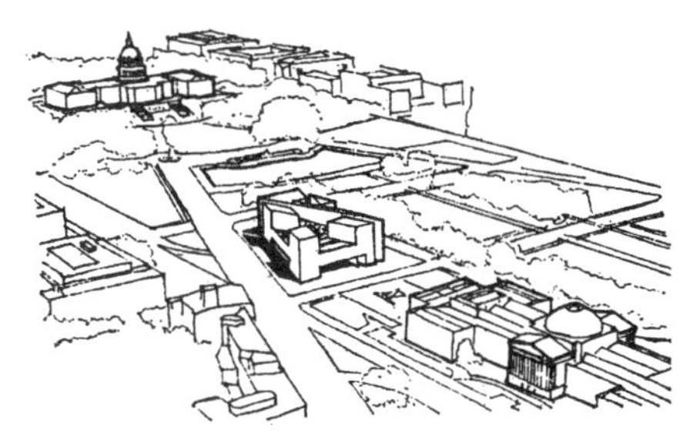

图 2　华盛顿美国国家美术馆东馆

图 3　波士顿肯尼迪藏书楼

综观贝先生的创作历程，不禁想起一位颇享盛名的美国建筑师对我说过的话：“贝的成功秘诀在于他知道在适当的时候做适当的事情。”现在姑且不去追究这句话的原意是褒是贬。但这里蕴藏着一个深刻的道理，即一位建筑师如果不把自己同时代脉搏，同社会的要求联系起来，是不会得到持久成功的。

建筑・环境

在我接触过的作品中，贝先生设计的建筑给我印象最深刻的是它们与环境一致性的创造与产生的积极效果。

现在西方建筑界有些人一谈到建筑环境的一致性就似乎只有建筑与原有环境的一

图 4　肯尼迪藏书楼室内

致，而一致性的获得又似乎只有通过采用旧建筑形式或符号才得称是。事实上人们的生活千变万化、参差不齐，建筑环境的一致性及其途径也应是多种多样的。它既有同原有环境的一致，还有同自然环境的一致，更有自身室内外环境的一致等等。

肯尼迪藏书综合楼像一座纪念碑似地屹立在空旷的海滩。尽管它的形体特殊，但裙楼与临海的台阶把建筑后面的浪涛同前面的广场、绿地联系了起来。室外是这样，室内也是这样，人们处在宽畅的黑玻璃休息厅中，既有身在室内又有身在室外之感（图 4），厅前是滔滔的浪花和肯尼迪生前用过的游船搁在沙滩上，厅后是白色藏书楼带有窗户与阳台的“外墙”。建筑同它的自然环境密切配合。海，在此成为室外、内环境设计的母题。

贝先生的高层建筑并不算最高，其中不少由于地点上的优势却成为点缀城市天际线的一景。当然，波士顿的汉考克大楼（1973 年），是最突出的，但那些三、两成群的高层公寓也相当瞩目。然而当人们接近这些建筑时最吸引人的却往往不是这些房屋而是处在它们之间的空间，或可称之为广场。这些广场有形似封闭的（如基普斯湾广场），有相互流通的（如费城华盛顿广场东面住宅区），有大，有小，各有特色。至于在公共建筑前的广场（如波士顿的基督科学教教会中心和华盛顿东馆等等）则更是别有风韵了。是什么使它们那么丰富多彩呢？我们就从贝先生的自白来了解设计人的匠心吧。贝先生在“城市空间的性质”中说：“古代的哲学家老子说过，一个容器的精华在于其空（老子原语：埏埴以为器，当其无而有器之用）。一个城市，从某种意义来说，是容纳人和生活的容器。而城市的精华，正如容器一样也正在其空，也就是在于它的公共场地……它的街道、广场、河流和公园。”无怪贝先生那么重视房屋之间的场地设计。那么，怎样才能把它们设计好呢？贝先生说：“首先要明确这些空间的性质。须知无论它们设计得如何好，如果不具有它在社会、经济或政治上的存在理由，是不会成功的。”这就是首先要明确这是一个政治广场，还是生活广场，还是作为游憩之用的广场，并把这个意图贯穿于整个设计过程和体现在其成果中。具体的设计方法——应该把房屋之间的空间同房屋作为一个整体来考虑——首先，要很好地掌握尺度，即广场的尺度要同形成广场的周围建筑立面的尺度一致；其次，要处理好广场的形状，实际上就是广场周围的建筑立面以及它们的范围；第三，和上述两者密切相关的是要确定广场在设计中的格调，因为一个广场如要产生感人的效果，就要把这个场地同周围的房屋放在同一结构的形态设计上；第四，要注意阳光的作用，因为阳光不仅影响房屋门窗与墙面的处理，还会影响场地的视感效果，如光线强时显得大些，光线暗时显得小些等等，末了，还要考虑城市空间的循序渐进，即每个场地同它之前、之后的关系和如何进入等等。贝先生是在分析了历史上许多著名广场设计之后才得出这些经验认识的。它们不仅被应用到广场设计，还被应用到他后来的中庭设计与造型设计中。对待历史经验，贝先生主张“继承与变革”。正因如此，他所设计的建筑、场地都是那么的见功力，同时又是那么的现代化。

“继承与变革”也是贝先生使新建筑与原有环境一致的原则。贝先生说：“如果你在一个原有的城市，特别是在老城区建造。你应尊重城市原来的组织结构，就如织补一块衣料或毯子一样。”但尊重原来的组织结构并不意味着模仿它的形式。贝先生的作品主要是从尺度与体量上的一致，材料与色彩和质感的一致，门窗与部件在比例与节奏上的一致来考虑问题的。但是，各个作品又按它的具体情况而有所独创。例如汉考克大楼的新旧联系通过反射，而印第安纳州哥伦布的克利·罗杰斯图书馆（Cleo Rogers Memorial Library，1971 年）是通过前面广场一座亨利·摩尔的雕塑，把四幢属于不同时期的建筑和远处的工厂区联系起来的。基督科学教会中心的五幢建筑虽也通过广场联系，但广场周围的建筑在节奏感上特强并节拍一致（图 5）。东馆是所有任务中最棘手的，它前后有两个非常显赫的邻居，它自身又不能默默无闻，以及那特别难弄的三角形地形（见图 2）……无怪贝先生说“我们责任重大，思想负担很大。”结果他们变不利为有利，从老馆的轴线入手，在三角形上做文章，终于使新馆与老馆取得一致，并在艺术造型上也做出了超越于一般处理的特殊效果。诚然，设计人是要冒一定风险的，这样的任务对建筑师来说是一个挑战，也是一个考验。

图 5　波士顿基督科学教会中心

认真・谦虚・进步

人们往往崇拜伟大的成功，但却很少探求成功的原因。至于从品格方面去认真寻找成功的因素，并真正付之于实践的人就更是微乎其微了。而贝先生则是这很少、很少中的一个。他的认真负责、谦虚谨慎的美德正是他能够不断取得成功的品格方面的原因。

贝先生说：“建筑创作对我来说是一个艰巨的，费时间的，需要深思熟虑的过程。”凡是身临其境，参观过贝先生作品的人，不论同意或不同意他的设计，都不会怀疑他工作的认真负责与深入细致。如果参观者对于要实现一个设计必须做多少考虑与做多少工作略有切身体会的话，就更为贝先生的工作态度所深深感动。贝先生的成功同他创作中的深思熟虑、精益求精确实是分不开的。

贝先生不仅认真研究建筑历史经验，对于他的前辈与同时代的杰出建筑师也是十分尊重的。他的勇于公开承认别人对自己影响的态度，在西方国家中是绝无仅有的。无怪我和几个美国学者谈起这个问题时，他们都说："这是谦虚、是你们中国人的美德"。现在有些人已经不把格罗皮乌斯称为大师了，但贝先生仍然说："毫无疑问，是格罗皮乌斯与布罗耶帮助了我，形成了我的建筑思想……格罗皮乌斯是个好老师，而布罗耶对我影响更大一些，他教会我要了解建筑，首先要了解生活"。关于密斯，他说："密斯的机器美由于它的简洁性，对我们在五十年代的作品很适用 ...... 不过他用钢、铝和玻璃，而我们则用混凝土和玻璃。"但是不久之后，"我觉得密斯的解决方法有点生硬，只有'皮和骨'，而没有我所要求的容积和空间，于是我们把目光转向勒·柯布西埃、阿尔托和赖特。其中柯布西埃的影响最大，因为我们从他的作品中看到了塑造形式的可能性，从那时起我们乐于采用混凝土，因为这种材料有利于表现建筑的容积感。"国立大气研究中心这一类建筑就是如此。

路易·康的年龄虽比贝先生大，但在建筑创作的成功上，两人是同辈份的。贝先生并没有因此而忽视了他对自己的影响。他说："在六十年代时，康的影响很大，他从采纳过去形式中创造了自己的形式。他超过了第一代的现代派，我认为他的索尔克中心（Salk Center，La Jolla，1959—1965 年）可谓接近于理想的建筑了。"那么，"贝先生有没有受康的影响呢？"我们曾经这样冒昧地发问。他说："有，在形式方面，他和我对于形式可谓同等关心的。虽然索尔克中心要比大气中心好得多，但注意形式是同等的。"这样地公开承认别人的作品比自己的好，有多少人能做到呢？

我每次恳请贝先生谈谈他自己的作品的时候，他总要说："……那时我设计得还不够好。"联系到上面的那些言谈、事迹，我们就不会感到太突然了。听说现在他已经知道国内对他的香山饭店有争论，当别人就此问起他有什么看法时，他并没有什么怨言，只是平心静气地解说自己的意图与做法，并在解说中还时而夹上一两句"那时我设计得还不够好"的话。然而有多少人知道，他早在五十年代还是在当研究生时，便已在探索中国的民族形式与现代建筑的结合了呢？

谦虚是中国人的美德，谦虚会使人进步。正是因为贝先生不自满于自己已有的成绩，他的作品才会一次比一次出色。

（本文原载于《时代建筑》1984 年第 1 期）

现代派、后现代派与当前的一种倾向

——兼论建筑创作思潮内容的多方面与多层次

目前，有一股思潮正在涌涌而上。从它的形态表现很容易会说它是后现代派；但研究一下它的创作观与工作方法又不像是。它究竟是什么呢？让我把问题产生的缘由告诉大家，请大家和我一同探讨。

雷士顿的启发

我的第一次感触发生在三年前访问美国的新城雷士顿。雷士顿位于美国首都华盛顿西南，是美国第二次世界大战后发展的许多新城中至今仍具生命力的少数几个之一。它之所以能够继续发展，除了很好地满足居民的生活与游憩要求外，主要是发展了商业和工业。不过我现在要谈的只是我在参观它的几个住宅区时所遇到的情况与得到的启发。

雷士顿的五个居住区均有按地形而开拓成的人工湖。故住宅远近所见湖水荡漾，绿树苍葱，偶尔还有帆船数艘逐波其中。陪我去的是一位从七十年代中期起便一直断断续续地在那里搞住宅设计的建筑师，我们先看了建于六十年代的一批低层连立式住宅和高层公寓。对于它们，我早便有所了解，当时美国几本建筑杂志曾将此作为环境优美、住宅风格活泼多样的对象而报道过。我一看，果然名不虚传，但介绍人却对在说这里空房很多，约占1/3。我想大概是因市场不景气吧，无怪显得有些冷落。但是当我们来到一些始建于1979年的地区时，却又听说这里的住宅往往尚未完工就全部被认购了。是因为这里的质量较好或售价较便宜吗？回答说不是，主要是因为居民喜欢这里的住宅形式以及它们在布局中所产生的邻里感。我观察了一下。从布局来说，它们大多七八成群，虽是连立式，但每几户就有一个在观感上似乎就只供这么几家人共享的场地。唔，我想，这是五十年代“十次小组”所提出的理论的新体现。从风格来说，主要有两种。一种是红砖墙、双坡顶、有明显的山墙与挑檐，它们的尺度与构图使人联想到欧洲的乡土住宅，然而又颇有现代气息。唔，我又想，这是丹麦建筑师雅各森（Arne Jacobsen）在五十年代的尝试的发展。另一种我看了看，不禁把所想的说出来了：这不是后现代主义吗？陪

图 1 雷土顿始建于 1979 年的联立式住宅

图 2 墨尔本的“填充”住宅

图 3 墨尔本拟建的一个街坊

我去的那位建筑师马上否认说，不，不是，我们在设计时处处都是在为居民的生活要求与经济能力着想的。我想，怎么不是呢？这些红砖砌的烟囱、白木窗框、附有壁柱的老虎窗，这些有意做得一家人一个样的前后高低参差不齐的立面，以及砖瓦色调和砌法的不一致等等，不是在想再现美国十九世纪时的街景特色吗？我当时以为他是答非所问，但一时不知如何说好，也就算了。但疑问的种子却埋下了。

以后我一直在注意并思考这个问题。经过一段时候逐渐开窍了。事实上那天那位建筑师并没有答非所问。只是我们在对话时双方对问题的着眼点不一样而已。思潮的内容是多方面的，有创作观、创作思想、创作方法、创作手法、建筑的形态表现、风格……等等，等等。当我问他“这不是后现代主义吗”的时候，我是从建筑形态表现的角度出发的，而他的回答则从建筑师创作观（包括建筑价值观、建筑师与社会的关系等等）的角度来说的。此外，对于后现代主义这个词的含义双方所指的也不一样。我是把它作为一种建筑风格来说的，而他是把它作为一种思潮、一个学派来说的。1982 年《世界建筑》约我写一篇关于后现代主义的文章时，我便提出了在讨论与评价思潮时先要统一一些看法以及要注意思潮内容是多方面与多层次的观点（见本刊 1982 年第 2 期）。不过那时只是提了而没有展开与深入讨论。

墨尔本的验证

去年 11 月我访问澳大利亚，在墨尔本参观由维多利亚州住房建设部主持的“革新（旧社区）住房”的工作时，我看到了许多有趣的住宅“填充”于原有的旧住宅之间。它们大多数墙面向马路，墙的上方正中或半圆形突出，或三角形突出，或方形突出，或开个缺口，或有个圆洞，颜色多为淡粉彩色，立面上常有筒形拱的雨篷，门洞和凹凸、正负相补的构图。我又说了，这不是后现代主义吗？陪我去的一位是部门的业务负责人。另一位是主要的建筑师，他们的反应也是不假思索就否认了。在我追问之下，他们说出了许多理由，大致归纳如下：他们完全是从改进低收入家庭的生活质量出发的。由于这些住宅是政府资助的，只有家庭收入在一定数字之内者才有资格申请．即住户每月要为此支付自己正常收入的20%及其他收入的10%，政府同时也为他们支付同等数字或略为多些。经过20年后，产权才归住户所有。因此造价在此控制得甚严，他们常因既要对居民负责又要对政府负责而感到压力很大，往往没有什么多余的钱可以花在讲究形式上。为降低造价、他们大量采用预制的、可以在市场上买得到的构件与部件，但在组合与色彩上则竭力使各户具有特色。为的是要避免过去那种只要一采用预制构件便形式千篇一律，或凡是低造价住宅就像兵营那样毫无特色的缺陷。换句话说，他们尽量要使居民感到自己虽在受资助，但精神上是自由的，是可以在多种形式中选择自己所喜欢的。（我想，这个理论又是“十次小组”所提出过的）。关于这些形式，他们说，实践说明居民十分喜欢。现在他们不仅在“填充”住宅中，而且在大片改造的住宅中也在采用这条路子哩。因此可见，他们的创作观同七十年代那些所谓后现代派所宣称的创作观，即建筑师以为自己可以改造社会是妄想、是徒劳无功的、建筑创作是建筑师的自我表现等等说法，是格格不入的。

我等他们说完之后便提出：能否说这些住宅从创作观来说，特别是对社会负责的方面来说是现代派的，但从它们的形态表现来说是后现代派的？他们想了想说：“大概是这样”。

我继续端详这些住宅，感到它们的形式在初看时有些诙谐，但从创造性来说还是相当有道理的，有它深刻的社会根源与现实背景的。当前澳大利亚正处于一股要在改造旧社区中保留地区原有文化特色的热潮之中。这股热潮虽然西方也有，但是澳大利亚却具有它自己的社会原委，即它是同七十年代中发生在悉尼市内一个称为礁石区中的“绿禁”运动（Green Ban）联系着的。礁石区位于悉尼内湾西岸，处在悉尼海港大桥桥堍，与悉尼内湾东面的悉尼歌剧院隔湾相望。其地点的显要与景象之优越是可想而知的。这个地区原是最早抵悉尼的开发者的居住区。对这些开发者，澳大利亚人并不忌讳，他们绝大部分原为从美国流放来的罪犯或在美国已混不下去的各种各样的人。他们到了澳大利亚后或者由政府划地给他们办农牧场；或者在城市里用很少的钱购买一块和几块预先按一定的尺寸划分好的、狭长形的临街屋基。他们就此按着自己的经济条件与爱好来建造与翻建自己的家园，逐渐成为充分反映澳大利亚历史变迁与文化传统的住宅区。礁石区在17世纪时曾是中、上层阶级的住宅区。随着城市发展，附近成了码头、仓库与修船厂之类的集中地，于是富有的人择优外迁了，这里就成为低收入的劳动人民的居住区了。二次大战后在六十年代的城市建设爆发时期，这个地区被房地产开发者看中了，计划要将住宅推倒把它建成为现代化的高层商业区。这个计划出来后，当地居民奋起抗议，接着工会参与，掀起了一个规模宏大、波及全澳的反对把工人排挤出城市的“绿禁”运动。

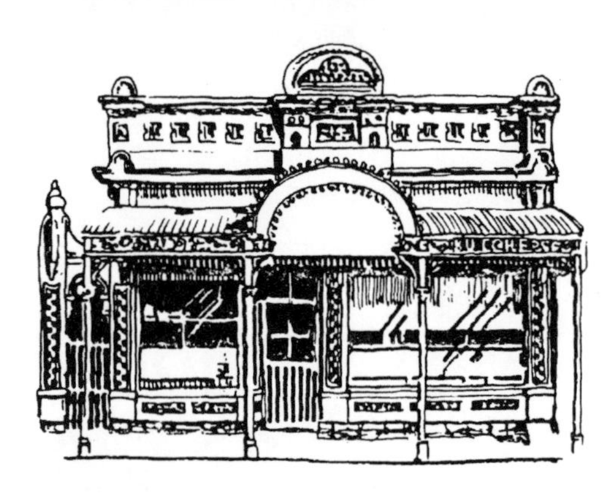

图 4- 图 6　墨尔本典型的几种旧住宅

当时不少知识分子、艺术家、建筑师也参加到工人一边，他们重新发掘与估价了隐藏在这些破旧街景后面的澳大利亚历史与文化价值。于是，就像好几个人对我说的那样：一场政治活动转化为文化运动。礁石区作为工人住宅区保存下来了；同时全澳各大城市掀起了改革旧社区，使之成为优质的居住环境，并在改造中注意保存与发扬原有文化与历史特色的热潮。我在墨尔本所见便是这个热潮的一个成果。经过这么一个运动，这些住宅的设计人，作为国家的工作人员，是需要严肃的社会责任感才能完成任务的。无怪他们不愿意把自己同那些一度以玩世不恭而自负的后现代主义者相提并论。

怎样在改革中发扬与保存原有特色确是一个棘手的问题。特别是这些社区大多为低收入家庭的居住区，本身的经济条件就有限。因而采用再现传统或借用传统建筑词汇的方法，在这里不仅条件不允许也是没有意义的。现在他们采用的是运用从传统词汇中抽象出来的符号来唤起人们对传统文化联想的办法，结果很为群众所欢迎。我为此特地观察了一些比较典型的旧住宅，很自然地便觉察到这些符号的根源，无怪居民对此感到亲切。这些提炼符号的方法原是后现代主义者所推行的，经过采用，效果良好，又不需要什么额外花费，故是切实可行的。

墨尔本是如此，澳大利亚其他城市也有不少成功的作品。悉尼大学建筑系系主任约翰逊先生（Peter Johnson）陪我去参观悉尼的乌鲁木鲁区时（Woolloomooloo），特地向我指出该区在改革中的三种住宅：一为类似六十年代的；一为类似雷士顿也在的那种用山墙来分隔的（不过这里的设计比雷士顿的更富于生活气息）；再一为唤起人想到传统但非传统的（为最近曾访华的名建筑师菲利普·柯克斯设计，设计水平甚高）。这些住宅如以居住质量来说相仿，但后面二者目前是最受欢迎的。可见，建筑创作如没有良好的方法与手法也不会成功的。

休曼纳设计竞赛的进一步说明

今年年初有人送我一本 1982 年在美国举行的休曼纳设计竞赛的专册。我爱看设计竞赛的资料，因为常可从中发现一些倾向性的东西。

休曼纳公司是一私人资本的健身与保健机构，总部在肯塔基州的路易斯维尔市。它原在该市有三个办事处与营业部，市郊还有一处。现在它在市中心的最优越地段中买到一块地，打算在此盖一幢二十余层的大楼。这对该公司来说将是一划时代的大事。为了要取得理想的成果，他们采用了邀请赛的办法。被邀者有福斯特（Norman Foster）、弗兰岑（Uerich Franzen）、杨（Helmut Jahn），佩利（Cesar Pelli）和格雷夫斯（Michael Graves）。最后格雷夫斯的方案获选。

路易斯维尔的市中心面临俄亥俄河流经此地的一个弯弯的地方，水面特别宽阔。大楼基地处在主大街与第五街转角处，离河只有几百米；处于它们之间是拟建的演出艺术中心与河滨公园，故前面是比较开阔的。大楼东面与第五街相隔的是一幢密斯设计的黑色钢框架玻璃幕墙的 40 层大楼。这幢大楼是路易斯维尔迄今最显赫的建筑。休曼纳公司对新总部大楼的要求是：它在建筑上将是具有全国性意义的；它将成为路易斯维尔的标志并对该市的发展起促进作用；它在功能上必须能满足休曼纳公司的复杂要求，如楼内要有大会堂，四个橡皮球场，许多小健身房，办公室与桑拿浴室（蒸汽浴），还要有一定数量的供出租的办公室。结果五个方案都很好地满足了第三个要求，并对第一与第二要求作了积极的探索。

福斯特提出了一个银白色的用网格构成的圆筒形方案。他认为圆筒形对于这个基地同俄亥俄河、同两条马路、同对面的演出艺术中心、同东面的 40 层大楼的关系来说

图 7- 图 8　悉尼市改建乌鲁木鲁区中的几种新住宅

图 9　休曼纳设计竞赛福斯特方案

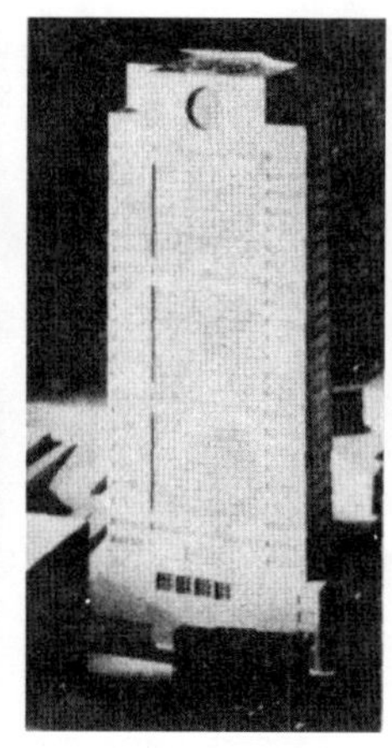
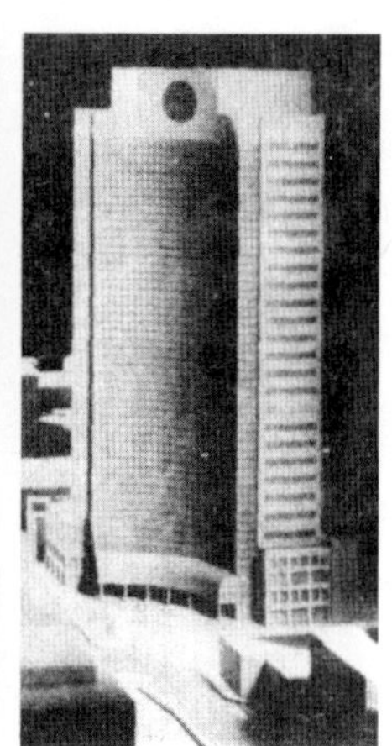

图 10　弗兰岑方案

是最适合的；同时也符合于他要把大楼建成为路易斯维尔市的通讯中心的建议要求；再者这个银白色的轻盈的圆筒同密斯设计的黑色的、相对沉重的板式大楼处处形成对比，虽不及它高也不会被它湮没。

弗兰岑的方案在新中略带有传统的实体感，为的是要与附近的传统建筑，包括密斯的大楼有所呼应。他有意突出主大街和第五街的转角处，主立面面对转角，造成凹弧形，以便使门前的小广场成为两条大街在联系中的汇合处与歇脚点。广场角上设置了一个不规则形的像俄亥俄河湾似的水池，以此来引起行人对该河在此大楼门前流过的联想。正面凹圆形的银色反射玻璃幕墙正好把远处向湾上面的云彩尽摄入城市。

杨的方案全部是钢构架的。它的造型，熟悉建筑史的人不难联想到塔得林（Tatlin）的第三国际纪念碑。它貌似复杂，事实上相当有条理。平面八角形，分两圈，里圈是高的，外圈由地面盘旋而上。底层有一半是架空的，为的是避免大楼把周围的环境隔断，人们只要站在近转角处便可看到两条大街原有的临街建筑。因而它兼有福斯特和弗兰岑方案的特点，既通过盘旋把两条街动态地联系起来，又通过架空把两条街汇合于此。在室内，交圈屋面坡度较陡，每段包括三层，用以安排公共活动室；外圈屋面坡度平缓，每段一层，作为办公之用。

佩利一向以善于运用镜面玻璃闻名，但在这座大楼中为了要与东邻的十层大楼呼应，除了当中部分用全镜面玻璃外，其他均为玻璃与花岗石裙墙相间，并注意了传统的物理与心理平衡的手法，越下面越重，越上面越轻。佩利在设计过程中对近百年来的大楼造型作了分析后，提出了这个他认为是八十年代的综合有多种形体与多种材料的大楼。

最后一个，也就是录取方案，是格雷夫斯的。很明显，这是格雷夫斯 1982 年在波特兰完成的市政办公楼的继续。格雷夫斯在这里与上次一样既非复古，也非简化古典，而是对能唤起人们联想到古典建筑的符号的运用，不过这次比上次运用得更加成熟了。在大楼与环境的关系上，他不像其他人把注意力集中在主大街与第五街的转角上，而是面对主大街。他说，任何事物只能有一个重点，既然俄亥俄河是这个城市的命脉与骄傲，

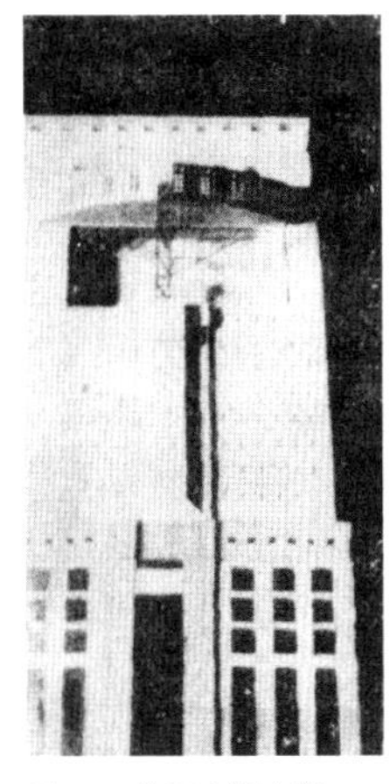
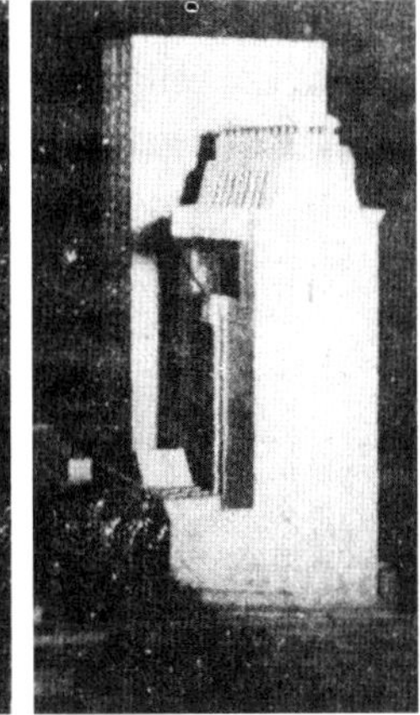

图 11　格雷夫斯方案

图 12　佩利方案

那就应该强调河，大楼的主立面只能面对俄乡俄河。大楼满铺基地而建，沿着土人街与第五街是五层楼高的大墩柱柱廊，廊下有“广场”，两条大路是在这里汇合的。立面完全对称，当中是一条凸出的玻璃槽，槽上是凹入的方框，方框上又是凸出的弧形阳台。阳台下面有一完全暴露的像克莱亚（Leon Krier）作品中的钢架，但两旁又有一对象征柱子的长条形玻璃窗。阳台上面是一倾斜的像古美洲玛雅人塔庙似的墙体，再上面是一筒形拱的小屋。这种形体多样、什么都有、层层次次的构图使人联想到古典建筑，但这里并没有古典柱式或其他的古典词汇。至于格雷夫斯所喜用的凹凸、正负相补的手法则出现在好几个地方。

为什么人们曾对波特兰大楼议论纷纷而它的兄弟作又会入选呢？这说明一种倾向，一种至少是形态表现上的倾向正在驰骋。它不仅出现在居住建筑中，还出现在高层公共建筑中。

这是什么倾向呢？试听一下 P. 戈德伯格（Paul Goldberg）和斯葛利（Vincent Scully）是怎样说的。戈德伯格曾是后现代主义的公开支持者，但在这里却一次也没有提到这个词。对于参加竞赛的五个方案，戈德伯格的评语是：“他们每人都在寻求某些可以取代密斯美学观的东西。……前面的四个可以说是晚期现代派的塔楼。其中佩利和弗兰岑的方案提出了颇有前途，然而步子不大的用现代派词汇来暗示一下历史主义动机的方法；而杨和福斯特的方案，相对来说可谓辉煌的抽象了。第五个方案，即格雷夫斯的方案，则完全是另外一条路子。他几乎全面回避了那些光光滑滑的现代派词汇，而倾向于受立体主义影响的古典主义，即把抽象形体的组合和古典主义言语的再塑造同时体现在一座塔楼之中。这既不是折衷主义时期那些受古典主义启发的大楼，也不像六十与七十年代的抽象的作品。这是地地道道的格雷夫斯自己的形式，他将又一次把我们对摩天楼的设想推向前进。斯葛利怎么说呢？“这是对那些毫无表情的方盒子的反抗。”这种反抗，他说：“始于美国，由凡丘里所发动，并赋之具有有根本意义的现实性和在设计中注意对新旧左右环境（contextual）的抉择；罗西（Aldo Rossi）给以古典与乡土的传统并使之带有轻微的伤感情调；克莱亚给以结构上的胆量；约翰逊用他的威望与在此背后的代言权宽宏地支持了那些年轻人；但目前这个阶段，看来格雷夫斯可谓众人中的佼佼者了。”最后斯葛利说，这种倾向“牵涉到要摒弃许多先入之见。其中心问题是要消除国际式中虚无的反传统主义。……要使建筑师把自己从这种见解中解脱出来会比任何人都困难，因为他们已错误地被密斯的一套先入为主了。但一旦他们被解除出来——就如凡丘里最先戳破这个泡影一样——那就什么事情都是可能的，因为什么东西都是可以探索的。”

这里要注意的是，他们两人谈的都是建筑的形态表现，而没有谈到创作观。他们两人均没有把这种表现冠之以什么名称，而是实事求是地由它产生的原因而称之为对密斯美学观、对毫无表情的方盒子、对国际式中虚无的反传统主义的反抗。关于这些倾向的设计方法，戈德伯格着眼于它的表现，称之为抽象形体的组合与古典主义言语再塑造的结合；斯葛利则着眼于它的方法，把它称为破除框框的无限创造与探索。

他们为什么不把这种表现称之为后现代派呢？是策略性的回避吗？看来不是。这主要是因后现代主义经过七十年代的宣传已成为一个特定的名称了，即具有一定的创作观、创作方法与手法的学派了。为了避免造成错觉，故而不提。此外，格雷夫斯的那个方案能否简单化地只按其表现而称之为后现代派呢？也不见得。因为几个方案中，格雷夫斯的空间使用率与造价看来还是比较好的。

经过对我在雷士顿、墨尔本与阅读休曼纳竞赛资料的三次经历与感受的分析，更使我感到思潮的内容是多方面的，有创作观、创作思想、创作方法、手法以及建筑的形态表现、风格……等等。因而评析思潮时不能取其一，而是要全面察看。假如只需谈其一点时，必须加以说明，否则便会混淆问题，引起误解。由于思潮内容是多方面的，“设计倾向”这个词不宜等同于设计思潮。因为倾向可以是创作观上的倾向或建筑形态表现上的倾向。当然这些用词一般随便地说说是无所谓的，但如要进行理论上探讨，那是应该明确的。

其次，思潮的内容是分层次的。创作观是它的最基本与最重要的方面，也就是思潮内容中的“向量”部分。因此评价思潮时应首先以创作观（包括建筑的价值观与建筑师与社会的关系等等）作为标志。雷士顿与墨尔本的朋友对我的问题为什么第一个反应就是否定呢？这说明在他们的意识中后现代主义是一种特定的思潮，他们的否认是出自以创作观为界线的。创作观应与创作方法等一致，但这样不等于一种创作观只能有一种创作方法或手法。由于创作方法、手法，建筑的形态表现等等是建筑思潮内容中的“标量”部分，因而一种创作观是可以有多种创作方法、手法与表现的。弄清这个问题是有现实意义的。因为中国的、社会主义的、当代的建筑思潮应该是百花齐放，可以采用多种方法，可以有多种表现的。诚然，有些创作观是不可能具有某些创作方法的。例如，玩世不恭的创作观是不可能费神去研究方法论的；同样地，严肃地把改造客观世界作为己任的创作观是不应该出现毫无根据与不负责任的作品的。当然，正确的创作观不等于一定就产生完善的作品，就如过河还得有桥。因而只有不断地勤学苦练、去粗取精、推陈出新、勇于创造才能不断地提高创作水平。

第三，现在的确是有一种新的倾向在驰骋。目前要给它下一个名称还不容易。我在墨尔本所见的可谓现代派在推陈出新中的一种新尝试。但是否别的地方都是这样呢？由于这种倾向目前主要表现在形态上，那么会不会有的是七十年代后现代主义的收敛呢？或是其他什么新的东西？从历史上看，思潮只有适应社会需要与条件的才能有生命力，生存于同一社会的思潮是可能有异途同归、相对稳定的一段时期的。现在西方世界由于社会矛盾与技术革命的深入而处于动荡之中，结论还有待于日后的发展。

目前我们正在踏入我国建筑创作历史中最兴旺、最发达与最有朝气的时代。参考一下别人的情况，从理论上进行探讨，将有助于明确我们自己的问题与提高我们的创造力。

（本文原载于《时代建筑》，1985年第1期）

二次世界大战后—1970年代的西方建筑思潮
——现代建筑派的普及与发展

第一节　进程中的反复与建筑既有物质需要又有情感需要的提出

形成于两次世界大战之间的现代建筑派经过两次世界大战之间、战争时期与战后恢复时期的考验被证明是符合时宜的，于是逐步取代原来在西方驰骋了数百年的学院派而成为社会上占主导地位的建筑思潮。

现代建筑派在历史上曾被称为欧洲的先锋派、现代运动、功能主义派、理性主义派、现代主义派、国际式等等。从它诸多的名称可以看到它不是一时或一家之言，而是继承了从19世纪至20世纪初各种探索新时代建筑的理念与实践，结合两次世界大战之间各国的具体情况综合而成的。它的主要内容包括以德国包豪斯的格罗皮厄斯、密斯·范·德·罗和定居法国的瑞士建筑师勒·柯比西埃为代表的理性主义建筑，以美国的赖特和德国的沙龙（Hans Scharoun）为代表的有机建筑和以后起之秀芬兰建筑师阿尔托为代表的建筑人情化与地域性[1]。尽管从表面上看赖特的建筑与勒·柯比西埃的建筑很不相同，但从建筑文化发展的长河来看它们具有明显的现代派特点。这就是：

（1）坚决反对复古，要创时代之新，新的建筑必须有新功能、新技术，其形式应符合抽象的几何形美学原则[2]；

（2）承认建筑具有艺术与技术的双重性，提倡两者结合；

（3）认为建筑空间是建筑的主角，建筑设计是空间的设计及其表现，建筑的美在于空间的容量、体量在形体组合中的均衡、比例及表现。此外，还提出了所谓四向度的时间——空间构图手法；

（4）提倡建筑的表里一致，在美学上反对外加装饰，认为建筑形象应与适用、建

---

1. 参见本教材第三章第四节。

2. CIAM的拉萨拉兹会议中（1928）指出，现代建筑的风格特征取决于现代化的生产技术与生产方式。见 *Modern Architecture — A Critical History*, K. Frampton, London, 1980, p269.

造手段（材料、结构、构造）和建造过程一致；其中欧洲的理性主义在形式上主张采用方便建造的直角相交、格子形柱网等等；有机建筑与建筑人情化在这方面基本上是这样做的，但不坚持。

以上便是现代派的共同特点。

然而，由于各方面所处的社会现实不同，即使理念相仿，在掌握的分寸上也会有差异，更不用说那些牵涉到社会现实的问题了。例如在对待建筑经济与建筑师的社会责任上，理性主义派同有机建筑派就有很大的不同。欧洲的现代派早在 1928 年 CIAM 在拉萨拉兹的第一次会议中便指出建筑同社会的政治与经济是不可分的。他们说："经济效益不是指最大的来自生产的商业利润，而是在生产中最少的工作付出……为此，建筑要有合理性和标准化"[3]；又说：建筑师"应使社会上最多数人的需要得到最大的满足……"[4]。

显然，这些提法是同第一次世界大战后西欧所处的政治经济动荡与人民生活困苦有关。以后 CIAM 几次会议的议题同样反映了这个特点。如在第二次会议（1929 年在法兰克福）中讨论了由德国建筑师提出的低收入家庭的"最少生存空间"。第三次会议（1930 年在布鲁塞尔）中讨论了也是由德国建筑师提出的房屋高度、间距与有效用地和节约建材等"合理建造"问题。这些课题反映了他们把建筑必须满足人的生理与物理要求看得十分重要的特点，而这些内容是过去的建筑学所忽略了的。在讨论过程中还反映了他们时而把调查研究与科学分析的方法掺进到过去只被看作是艺术的建筑学中。对此，特别值得提起的是 1933 年 CIAM 在雅典的以"功能城市"为主题的第四次会议。与会者在分析了 34 个欧洲城市之后，勒·柯比西埃提出现代城市应解决好居住、游憩、工作与交通四大功能，并介绍了他原来就有的关于功能城市的设想。在这里，一幢幢按新功能、新技术并标准化了的建筑按功能分区而屹立于阳光、空气与绿化之中；建筑有高低大小之分，而没有社会等级之别；头上是飞机与飞船，脚下是分层的机动车道……。这次会议的内容后来在第二次世界大战期间以《雅典宪章》的名称公布于世。尽管其内容是片面的，但它说明了建筑师对城市问题的关心，大大地吸引了战后渴望和平、秩序与时代进步的年轻人。虽然 CIAM 因内部意见不合于 1959 年自行休会，但其思想却深刻地影响了后面的几代人。

而美国的以赖特为代表的有机建筑走的却是另外一条路线。美国大陆在两次世界大战期间虽是参战国，但远离战场，政治经济稳定，工业生产由于是战场的后方反而骤增，市场比较活跃。赖特本来就以能为中小资产阶级建造富有生活情趣和具有诗意环境的住宅而杰出于众。20 世纪 30 年代，随着现代建筑的崛起，受过土木工程训练的他也积极主动地采用新技术来为他的创作目标服务，例如，他曾尝试用预制的上刻有图案的混凝土砌块来使现代的方体形建筑具有装饰性。然而，1936 年他为富豪考夫曼设计的流水别墅却惊动了建筑界。他向人们展示了当时尚是很新颖的结构——钢筋混凝土悬挑

---

3. CIAM 的拉萨拉兹会议中（1928）指出，现代建筑的风格特征取决于现代化的生产技术与生产方式。见 *Modern Architecture—A Critical History*, K. Frampton, London, 1980, p269.
4. 同上。

结构——在使建筑与自然环境相得益彰的艺术魅力中起着关键的作用。尽管这幢建筑的造价十分昂贵，它的结构在最近十余年的维修过程中发现是很不合理的，但仍不愧是一创世之作。以后赖特的新建筑，例如约翰生公司总部、古根海姆博物馆等等，无一不是与新技术并进，并使新技术成为建筑艺术成果的重要因素。

再看，以芬兰的阿尔托为代表的人情化与地域性，从表面上看似乎是一条介于欧洲的现代建筑与美国的有机建筑之间的中间路线，但是他把建筑与人的心理反应联系起来，特别是对人在体验建筑时由视感、触摸感、听觉等引起的心理反应的重视，为建筑学开辟了一个新的研究与实践领域。

第二次世界大战后，欧洲的现代建筑派由于比较讲求实效，对战后恢复时期的建设较为适宜；同时，一批曾接受30年代从欧洲移民到英国与美国的学术权威教育与影响的青年已经成长。因此，理性主义在战后不仅普及欧洲并“深入到美国的生活现实中去”[5]。此外，美国的有机建筑也因它的浪漫主义情调与丰富的能为业主增加生活情趣与“威望”的超凡出众的形式，而受到了广泛注意。于是在战后一段时期的建筑学坛中几乎形成了完全被上述“五大师”所把持的局面。

然而，现代建筑派走向成功的历程并非一帆风顺的。特别是欧洲的现代派在两次世界大战之间不仅要与学院派复古主义做斗争，还要受到当时另外一个称为新传统（New Tradition）[6]的派别排挤与打击。为了说明这个问题，这里需要补述一段历史。

第一次世界大战后，在许多国家中出现了政权的变革。如1917年俄国十月革命成功建立了苏维埃政权；1922年意大利墨索里尼政变后实行法西斯统治；1931年英国殖民主义者为了加强对印度的统治，把印度首都从加尔各答迁到新德里；1934年德国希特勒自封元首后实行严格的法西斯统治以及一些原来被统治的殖民地获得自治权等等。它们在建设中希望自己的建筑能具有象征国家新政权的新面貌时感到，原来学院派复古主义的一套由于在形象上与旧政权、旧社会的联系而显得不合时宜，而具有时代进步感的现代派又在表现国家权力与意识形态方面显得格格不入，于是一种新的设计思潮——既要能表现国家权力与民族优势，又要具有新意的所谓新传统派应运而生。新传统派事实上是一个政治美学感甚强，但在手法上又相当保守的学派。

新传统派继承了学院派的全部构图手法。例如讲究轴线、对称、主次、古典比例、和谐、韵律等等；但在形式上则剥掉原来明显的古典主义、折衷主义装饰，代之以简化了的具有该国家传统特色的符号；在形体上也进行简化，使之接近现代式。由英国一手操办的新德里的规划设计，既歌颂了英国的权力，又显示了莫卧儿皇朝的辉煌；此外，1934年前苏联在莫斯科的苏维埃宫方案和1937年巴黎世界博览会的德国馆和前苏联馆都是新传统的典型实例（后三者又具有装饰艺术派特征）。它们给人的印象是雄伟而壮观，像纪念碑一样，具有明显而强烈的宣传政治意识形态的作用。这种风格不仅受到官方的

5. *History of Modern Architecture*, L. Benevolo, 1971, p651.

6. 这个名称是由历史学家Henry-Russell Hitchcock于1929年针对当时的情况提出的，后受到弗兰普顿的沿用。见*Modern Architecture*, K.Frampton, p210.

赏识，并对群众起着一定的振奋作用。当时有些方案还是经过公开的国际竞赛的，例如在前苏维埃宫的设计竞赛中，勒·柯比西埃、佩雷、格罗皮厄斯、帕尔齐格等人参加了，他们的方案由于缺乏使人一目了然的图像性效果而输给了受前苏联官方支持的所谓社会主义现实主义的创作路线。在此之前，也有一次输得很惨，这便是 1927 年的国联大厦设计竞赛。当时参赛的共有 27 个方案，被认为是学院派的有 9 个，被认为是现代建筑派的有 8 个，被认为是新传统派的有 10 个。8 个现代派方案中有当时已受到了注意的勒·柯比西埃和 H. 迈尔的方案。由于争论激烈，评委最后只好授权给名列前茅的 4 位参赛者（3 人为学院派，1 人为新传统派）去做一个综合方案。结果最终方案竟是一个后来成为笑柄的“剥光了的古典主义”[7]！

在此段时期，美国也不甘寂寞。美国在设计思潮中本来就没有欧洲那么激进，在通常的建筑中，学院派的残余与新传统并存。但在高层建筑中新传统派却获得了它的市场。须知，高层建筑由于功能与结构的关系，本身便具有先天性的、不同于历史建筑的现代形象。但在纽约，商业竞争要求产品个性化，业主也要利用建筑形象来炫耀自己的资本实力，于是喜欢在现代形象的高层顶上加上一个高耸的塔楼，和在墙面上放上丰富的装饰。例如纽约第一幢号称为摩天楼的伍尔沃斯大厦的塔楼，采用的便是有利于增加建筑挺拔感的哥特式风格。此外，为了强调建筑的垂直向上感，便在窗间墙上面加上利于强化这种感觉的几何形装饰，以及对塔楼进行几何形的层层收分，以突出向上感等则比比皆是，其中有的表现一般，但也有杰出的，如克莱斯勒大厦（Chrysler Building，1928—1930 年）。关于后面那种善于运用几何形形体与装饰者，由于同 20 世纪 20 与 30 年代流行于巴黎的装饰艺术派风格相仿，也被称为装饰艺术派。

然而，现代建筑派同新传统派斗争得最激烈的地方却在那些曾经孕育过现代运动的国家。在前苏联，曾于 20 年代十分活跃的现代主义先锋——构成主义和当代建筑师联合会（Association of Contemporary Architects，OSA；领导人为 M. Ginzberg，内有建筑师韦斯宁弟兄[8]等）——在 30 年代初便受到社会主义现实主义的公开指责，并于 1932 年被解散。在意大利，始于 1926 年以特拉尼为代表的坚持抽象几何形美学的“七人组”（Gruppo 7）的作品曾受到许多人（包括墨索里尼）的重视。但 1931 年，在他们正式成立意大利理性建筑运动（Moviment Italiano per l’Architettura Razionale，简称 MIAR）后没有几个星期，便被受官方支持的、信奉古典法则的全国建筑师联盟以政治与业务为理由所兼并。德国的包豪斯则比他们更不幸，在它尚未来得及与德国的新传统派作公开的较量时便于 1933 年被希特勒政权所查封。由于里面还牵涉到政治因素，促使了包豪斯成员向国外的大逃亡。自此，欧洲的现代建筑派被认为是只会做大量性住宅与工业建筑，而对公共建筑是无能为力的学派。

---

7. *Modern Architecture — A Critical History*, K.Frampton, p212.
8. 韦斯宁弟兄是 Aleksandr Vesnin（1883—1959 年），Leonid Vesnin（1880—1933 年）和 Viktor Vesnin（1882—1950 年）。

现代建筑派的受歧视引起了本派内部的警觉。1943年，当第二次世界大战中的反法西斯阵营看到了胜利的曙光时，现代派建筑理论家、CIAM的发起与组织者之一、并经常赴美讲学的瑞士人S. 基甸和原为建筑师后成为立体主义画家的法国人F. 莱热（Fernand Legér，1881—1955年）及已定居美国的西班牙建筑师J. L. 塞尔特三人共同写了一篇称为“纪念性九要点”（“Nine Points on Monumentality”）的文章。文章提出：纪念性是按着人们自己的思想、意志和行动而创造的，是人们最高文化的表现，也是人们集体意志的象征，因而也是时代的象征，是联系过去与未来的纽带；近几百年来，纪念性已沦为空洞的既不能代表时代也不能代表集体的躯壳；随着战后经济结构的变化，将会带来城市社交生活的组织化，人们会要求能代表他们的社会与社交生活的建筑，而不仅仅是功能上的满足[9]。须知“纪念性”这个词对当时很多理性主义者来说是一个很敏感的、既蔑视又怕正视的词。因为理性主义作品在同新传统作品较量中常会因所谓缺乏纪念性而被否定。基甸、莱热和塞尔特的“九要点”虽是他们自己的见解，但提出后却引起不少人对这个问题的反思；但另一方面，也有人认为这是投降。直到战后CIAM内部发生了关于建筑既有物质需要（material needs）又有情感需要（emotional needs）的讨论时，这个问题才再次被提出来。

第二次世界大战后，新传统派在西欧国家中，由于它所代表与宣传的意识形态使人反感而受到谴责；而现代建筑派却因它的经济效率、灵活性与时代进步感，特别是对战后经济恢复时期的适应而受到欢迎，并逐渐成为主流。随着社会经济的迅速恢复与增长、工业技术的日新月异、物质生产的越来越丰富，社会对建筑内容与质量的要求也越来越高；此外，垄断资本为了自身的利益鼓励消费，在产品上鼓吹个性与标新立异等等也对建筑提出了新的要求。对于这些方面，有机建筑比较容易适应，但对欧洲的理性主义则还需要一个自我反思的过程。这个过程可在战后CIAM的五次会议中反映出来。

战后的第一次会议，即CIAM的第六次大会于1947年在英国的布里奇沃特（Bridgewater）召开。这是一次振奋人心的大会，数以千计的年轻建筑师与建筑大学生像朝圣似的涌到布里奇沃特，为的是一睹现代建筑第一代大师的风采。在这次会中，CIAM自己超越了原来关于“功能城市”的抽象与片面的见解，申明了CIAM的目的是要为人创造既能满足情感需要，又能满足物质需要的具体环境。以后几次会议都是在这个基调下进行的，特别是1951年在英国Hoddesdon召开的议题为“城市中心”的第八次会议中，有人将8年前由基甸、莱热和塞尔特写的“纪念性九点”重新提了出来。原文章提到的市民要求能够代表他们的社会与社区生活的建筑，以及能够表达他们的抱负、幸福与骄傲的纪念性等等，引起了与会者的重视。在讨论到城市公共空间的形象时，出现了在实践中，新建的建筑是否要与原先围合这个空间周围的历史建筑形式呼应的问题。年轻一代的与会者希望会中的老前辈能对战后城市这种局面中的复杂性作出切实可

9. *Modern Architecture — A Critical History*, K.Frampton, p23.

行的判断。但老一辈的大师们对此没有表态，这使年轻人感到失望与不安。这个隔阂在CIAM第九次会议（1953年在法国埃克斯昂普罗旺斯（Aix-en-Provence））上被公开了。会中由A. 和P. 史密森夫妇和A. 范艾克为首的一批中青年建筑师，其中有J. 巴克马，G. 坎迪利斯（Georges Candilis，1913年生，法籍俄裔）和S. 伍兹（Sadrach Woods，1923—1973年，美国）等人，公开批评了雅典宪章中把城市简单化为居住、工作、游憩与交通四大功能分区，并认为老一辈大师们在第八次会议中的态度仍未脱离功能主义的状态。虽然他们没有提出一套新的关于城市功能的分区法，但介绍了他们正在研究的关于城市设计的结构原则以及居住区除了家庭细胞之外的需要，诸如对城市环境的可识别性——社区感、归属感、邻里感与场所感等等。显然，年轻一代更为关心的是城市的具体形态同社会心理学之间的关系。于是大会决定了在下一次会议，即在CIAM的第十次会议中，将重点讨论这个问题，并成立了一个以第九次会议的积极分子组成的小组为下次会议作准备。这个小组后来被大家称之为TEAM X（我国译之为"小组十"或第十次小组）。1956年CIAM第十次会议在南斯拉夫的杜布罗夫尼克（Dubrovnik）如期召开，但老一代的建筑师没有出席。勒·柯比西埃在给大会的信中说：那些出生于第一次世界大战期间与第二次世界大战期间的中青年建筑师"发现自己正处于当今时代的中心与当前形势的沉重压力之下，认为只有他们才能切身与深刻地感觉到现实的问题、工作目标与工作方法。他们是知者，可被列入；而他们的前辈由于不再直接受到形势的冲击已不再如此，可以出局"[10]。会议由小组X按议程作了汇报后宣布CIAM长期休会。

由此可见，建筑思潮正如世界上任何事物一样，不可能是原封不动、永恒不变的。任何思潮都是批判的历史与现实创造的结晶，都是在努力使自身适应现实的发展过程中不断地受到时光大海的冲刷与磨炼、不断地在客观压力与自身反省中进行批判地继承与革新的结果。有时无情的时光大海会把部分精华也冲掉了，但不久之后，或很久以后，只要是精华，随着客观世界的需要又会以新的形式重新涌入，并投身于新的磨炼中。研究思潮就是要回顾它们在成长历程中主观与客观的互动，并发现不同思潮之间的内在联系。

现代建筑派几十年来的形成与发展历程是艰巨的。第二次世界大战后，正当它在庆祝自己好不容易地成为社会上的主流思潮时又发现了自己的不足。既是主流就要适应社会上各种不同人们在生活与活动中各种不同的物质与感情需要。这个问题不仅首当其冲的中青年建筑师要积极面对，对于一些手执牛耳的大师级人物也是不容忽视的。于是自20世纪50年代便先后出现了各种不同的把满足人们的物质要求与感情需要结合起来的设计倾向。主要的可以归纳为八种：①对理性主义进行充实与提高的倾向；②粗野主义倾向；③讲求技术精美的倾向；④典雅主义倾向；⑤注重高度工业技术的倾向；⑥人情化与地域性倾向；⑦第三世界国家的地域性与现代性结合；⑧讲求个性与象征的倾向。

---

10. *Modern Architecture — A Critical History*, K. Frampton, pp271-72.

其中讲求个性与象征的倾向又包含三个方面：以几何图形为特征、抽象的象征与具体的象征等方面。上述八种倾向虽然表现各异，但事实上是战前的现代建筑派在新形势下的发展。他们在既要满足人们的物质需要又要满足情感需要的推动下，一方面坚持建筑功能与技术的合理性及其表现，同时重视建筑形式的艺术感受、室内外环境的舒适与生活情趣以及建筑创作中的个性表现。这种局面一直维持到 20 世纪 70 年代，现代主义受到批判与后现代主义的兴起后才改变。

第二节 对理性主义进行充实与提高的倾向

对理性主义进行充实与提高的倾向是战后现代派建筑中最普遍与最多数的一种。它在使建筑既要满足人们的物质需要又要满足情感需要中，在方法上比较偏重理性。它言不惊人，貌不出众，故常被忽视，甚至还不被列入史册。然而，它有不少作品却毫无异议地被认为是创造性地综合解决并推进了建筑功能、技术、环境、建造经济与用地效率等方面的发展；在形式上也不再是简单的方盒子、平屋顶、白粉墙、直角相交，而是悦目、动人、活泼与多样化。格罗皮厄斯在两次世界大战之间，便提出过一个设想："新建筑正在从消极阶段过渡到积极阶段，正在寻求不仅通过摒弃什么、排除什么，而是更要通过孕育什么、发明什么来展开活动。要有独创的想象和幻想，要日益完善地运用新技术的手段、运用空间效果的协调性和运用功能上的合理性。以此为基础，或更恰当地说，以此作为骨骼来创造一种新的美，以便给众所期待的艺术复兴增添光彩"[11]。对理性主义进行充实与提高的倾向可以说是格罗皮厄斯上述设想在第二次世界大战后的实现。美国由于早在 20 世纪 30 年代便引进了欧洲现代派的主力，故理性主义的充实与提高倾向最先在美国得到开花与结果。

哈佛大学研究生中心（Harvard Graduate Center，Cambridge，Mass. U.S.，1949—1950 年，图 2-1）是这个倾向的一个早期例子。设计人是简称为 TAC 的协和建筑师事务所（The Architects Colaborative）。TAC 是由格罗皮厄斯和他在美国的 7 个得意门生

图 2-1　哈佛大学研究生中心（a）总体布局（b）研究生宿舍楼

11. *The New Architecture and the Bauhaus*, W.Gropius, 1936, p66.

组成的。他们在该事务所的既要个人分工负责又要相互讨论协作的制度下共同设计了许多房屋。

图 2-2 1957 年西德国际住宅展览会局部

哈佛大学研究生中心内的七幢宿舍用房和一座公共活动楼按功能分区与结合地形而布局。房屋高低结合，其间用长廊和天桥联系，形成了几个既开放又分隔的院子。它们与所处的自然空间前后参差、虚实相映、高低结合、尺度得当，形成了能够把室内与室外联系起来的宜人环境。公共活动楼呈弧形，底层部分透空，二层是大玻璃窗，面向院子的凹弧形墙面既使它显得有些欢迎感，同时也与受地形限制的梯形大院在形式上更加相宜。楼上的餐厅当时每次用膳约有 1200 人，由于当中有一斜坡通道把餐厅无形中划分为四部分，故用膳人并不感到自己是在一个大食堂里。楼下的休息室与会议室在需要的时候可以打通成为会堂。建筑造型简洁、优雅，毫无夸张之处；宿舍用格罗皮厄斯自法古斯厂时便喜用的淡黄色面砖，公共活动楼用石灰石板贴面：处处表现出精确与细致的匠心，而造价却一般。

1957 年，当时的西德结合西柏林汉莎区（Hansa-Viertel）的改建举行了一个称为 Interbau 的国际住宅展览会（图 2-2）。展览会的设计主持人巴特宁早在 20 年代时便已是德国现代派中一位知名建筑师。在他的主持下，这次展览会办成像 30 年前的魏森霍夫住宅展览会一样，邀请了国际上的知名建筑师如：格罗皮厄斯、勒·柯比西埃、阿尔托、雅各布森、尼迈耶尔、巴克马等和西德自己的建筑师共 20 余人参加设计，使展览会成为战后现代住宅设计的一次普遍巡阅。

展览会的规划有受包豪斯影响的行列式，也有受勒·柯比西埃影响的四面凌空的独立式。有高层、低层、多层，有板式、塔式、庭院式等等，但总的来说比较分散，没有形成一个统一体。单体的户室布局也是十分多样，有分层分户的、有复式的、错层的、跃层的等等，各显神通。

格罗皮厄斯与 TAC 为 Interbau 设计的是一幢高层公寓楼，上面 8 层为公寓，底下 1 层是公共活动与服务设施。公寓楼形状像哈佛大学研究生中心中的公共活动楼一样呈弧形。为了施工方便，这个弧形是由一段一段的折线组成的。它对功能、技术与经济上的注意即如他过去所设计的住宅一样，但在外形上却作了不少处理，如把各层阳台错开使立面有些变化，在两个尽端上也不是平均主义地处理，而是有些单元有前窗，有些单元有边阳台等等，使公寓的造型既简洁而又活泼。这些变化在现在看来是微不足道的，但在当时却算是迈出了一大步了。

皮博迪公寓（Peabody Terrace，Cambridge，Mass. U.S.，1963—1965 年）设计人是塞尔特。塞尔特出身于巴塞罗那，是 CIAM 西班牙支部的领导人之一，1929—1932

年到巴黎勒·柯比西埃处工作，1939 年移居美国，1953—1969 年继格罗皮厄斯任哈佛大学设计研究院院长，后一直是哈佛的资深教授。塞尔特自大学毕业后便没有停止过设计实践，作品很多。

在他荣获美国建筑师学会（AIA）金质奖章答记者问时说："我认为建筑主要是为居住和使用它的人创造各种供他们使用，并使他们赏心悦目的空间。所谓'赏心悦目'，我指的是建筑的精神质量，这是满足生理或物质要求以外的东西；在我心目中，这对建筑质量是真正重要的。"[12]

这是哈佛大学为已婚学生建造的公寓建筑群，由 3 幢 22 层的大楼和十余幢 3 至 7 层的低层与多层公寓单元组成。这里共有 500 套公寓和可供 362 辆汽车停放的停车库。总体布局呈半开敞的院落式，一系列的低、多层与高层联系在一起，部分有廊相通，使共同使用高层中的电梯。

建筑群从远处看只见 3 幢独立的高层，走近了无论从哪个入口进去，先看见的却是低层与多层。这是因为塞尔特认为，在居住建筑中，低层与多层的尺度比高层更为宜人。

高层内部采用跃层式布局，即每隔两层设置电梯厅与贯通全层的走廊。这样可以节约交通面积和更充分地利用建筑空间。在户室组合中，每 3 层与 3 个开间共同组成为一基本单元，每个基本单元又可按层划分为几种大小不同的户室，以适应不同家庭大小的需要。在建筑外形上，米灰色的墙板，白色的与结构和构造一致的线条划分，阳台与窗户的灵活布置，栏杆和遮阳板不同的长度、角度与色彩的变化使之不仅十分悦目与活泼，而且具有浓厚的生活气息。

皮博迪公寓直至如今仍被认为是此类型建筑的设计精品之一。

哈佛大学本科生科学中心（Undergraduate Science Center, Harvard University，1970—1973 年，图 2-3）是塞尔特另一成功之作。其特点是把非常复杂的内容与空间要求布置得十分妥帖；使科学中心成为哈佛老院（Harvard Yard）和

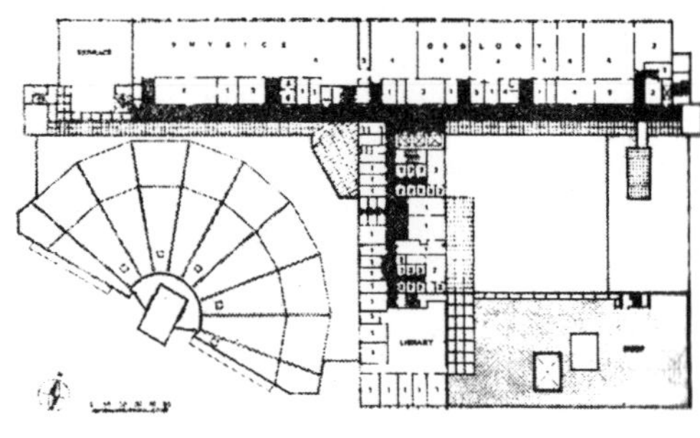

图 2-3　哈佛大学本科生科学中心及其三层平面图

12. 张似赞译自"美国建筑师学会 1981 年金质奖获得者，J. L. 塞尔特"。原文载（美）《建筑实录》1981 年 5 月号，第 96-101 页。

在它北面的新校园在视感与交通上的有效过渡与连接点；其形象不仅悦目，并十分感人。这是一个目光远大而设计精细的成果。

科学中心在哈佛老院北门外。这里原是一条东西走向的城市道路同从老院到北面新校园的南北人行道的交叉口，人车交叉繁忙。塞尔特从建筑与城市环境的关系出发在规划时便与市政当局联系，将东西大道过此的一段下沉至地下，在上面架了 3 座平桥作为南北向的城市人行道，保证了日以千计学生的交通安全。

科学中心是一多功能的综合体。建筑面积 27000 m^2，内有几十个数、理、化、天文、地质、生物、统计学等学科的实验室、教室、讨论室、图书馆、教师办公及研究室、大型阶梯讲堂、咖啡厅等等，另有一个 5400 m^2 的供应此建筑与周围建筑用的制冷站。设计人按空间性质要求，在内布置了一组上有天窗照明的“T”形走廊——“内部街”——把复杂的内容统一起来。“内部街”的南端即科学中心的主入口，直接面临城市的人行道；其他两端与新校园衔接。建筑的空间布局与主体形状呈“T”形。所有需要特殊设备与大空间的实验室与教室沿“内部街”的北侧布置，大量的排气管与竖向管道也集中在此。南北“内部街”主要联系教师办公室、研究室与图书馆。“T”形主体的西侧：东面是由实验室、讨论室与图书馆围合的内院，西面是大讲堂。制冷的机械室在内院下面，故内院除了下面机械室所需的天窗外，其余配置绿化，供学生课间休息用；咖啡厅就在内院西南，其墙与顶均是玻璃的。大阶梯讲堂呈扇形，承重的屋架翻到屋顶上面，内部无柱，可按不同需要把它分为几个小间或打通为一大间，当中是灵活隔墙。结构除了大阶梯教室部分采用钢结构，屋顶上冷却塔和水池等用现浇混凝土外，其余全部是用钢筋混凝土预制、现场装配的梁、柱、板与竖井。上述一切均反映了深思熟虑与十分严谨的设计逻辑。

在外形上尽管实验室部分的体量最大，但教师办公及研究室部分由于略高于它们而显得更像主体。主体的北端高 9 层，然后阶梯状地向南跌落，到南端入口处是 3 层。它同东面高两层的图书馆与西面高 1 层多的大讲堂形成一个低平的立面。按塞尔特的说法是，要使科学中心在视感上成为哈佛老院（一般 3 层）向北面新校园（已有不少高层）的自然过渡。跌落式的平台上常有教师与学生在上面休息或三五成群地在座谈，结合东面的内院活动来看，科学中心并不是一个冷冰冰的、严肃的建筑物，而是充满生活气息的。建筑的外墙是像哈佛老院砖墙颜色一样的预制墙板，它们同灰白色的构件，特别是同打有圆洞的遮阳板结合，在阳光下闪烁着动人的光辉。这是塞尔特特别关心建筑与人在情感与心理上的交流之故。

何塞·昆西社区学校（Josiah Quincy Community School，South Cove，Boston，Ma，1977 年，图 2-4——设计人 TAC）是一通过认真调查研究、深入分析和共同协作的方法，把一个长期得不到解决的存在于学校要求与基地缺陷之间的矛盾，转化为一座能充分满足学生学习与活动要求的别开生面的学校建筑实例。

该校原是一所成立于 19 世纪中叶的学校，历史悠久，房屋陈旧，尤其缺少学生的户外活动场地。校方自 60 年代起便想要重建，但因基地太小（1.32hm^2），内容过多（要

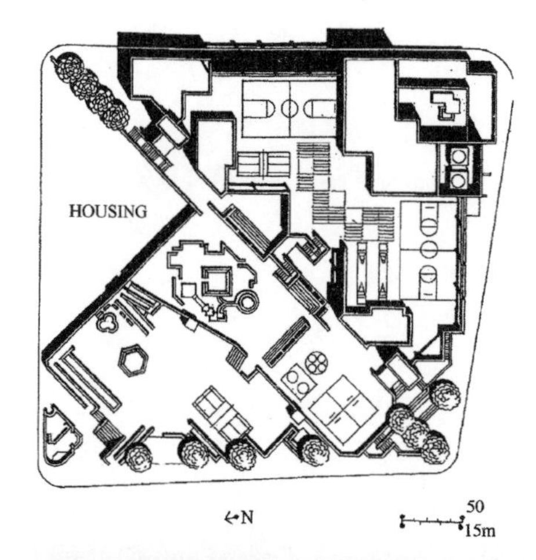

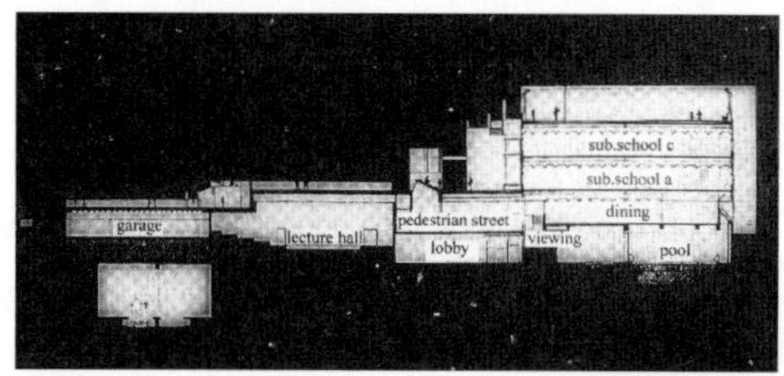

图 2-4　何塞·昆西社区学校(a)基地上的屋顶平面图(b)学校剖面图(c)利用屋顶为学生提供许多户外活动场地 图右上部为篮球场

求能容 820 名从幼儿园到五年级的学生)，地下西北角又有地铁通过，不宜建造，还要求与北角的高层公寓有些距离等等，虽做了不少方案，而未能得到满意的解决。

1965 年，TAC 接受任务之后开始调查研究，组成了由设计事务所、当地三个邻里单位和原占用了校舍一角的诊疗所、社区用房等几方面组成的委员会，共同协作，产生了这个皆大欢喜的方案。

这个方案不仅保留了原基地上的所有内容，连本来居民从东北到西南经常穿越校园的一条捷径也没漏掉，并为学生创造了许多必不可少的户外活动场地。其解决办法是：将向居民开放的室内运动场和游泳池放在西南角地下，避开地铁；地面层是车库、大讲堂、对角通道、学生饭厅与诊疗所。车库、大讲堂与室内运动场的屋面巧妙地做成屋顶花园，供学生游戏活动。这些屋顶平台按着下面空间的高低而上下参差，造成地形变化、饶有趣味的环境。学生活动基本上从二层开始，与居民互不干扰。教学楼设在东南角，避开了高层公寓，虽为 4 层，但层层次次的屋顶平台使它看去好像只有 2 层，尺度宜人。篮球场设在教学楼顶上，以便留出更多的可供学生自由活动的下层地面。整个设计充分反映了设计人心中处处有为活跃的儿童着想的匠心。使人们感到在此小小的基地里，房屋似乎不多，但可供学生蹦蹦跳跳的室外场地却很多。

普西图书馆(Pusey Library，Harvard University，Cambridge，Mass. U.S.，1976 年，图 2-5)设计人美国建筑师斯塔宾斯。

哈佛大学图书馆是美国最大的图书馆之一，由中心图书馆与邻近的好几个学科图书馆组成。70 年代中，为了加强各图书馆之间的联系，使之能共用现代化的电子与机械设施，于是建造了普西图书馆。馆址选在位于各馆之间的空地上。但这块空地本来就很小，同时为了保护环境，乃将两层高的普西图书馆中的一层半下沉于地下，屋顶上照样种植草皮树木，保留了此地原有的一个较大的开放性室外空间。在新馆与周围绿地之间置有一圈浅沟，入口低于地面，以门旁的一座雕塑为标志。由于建筑大部分都在地下，室内设计显得尤为重要。色彩以暖色为主，灯光大多置于墙与顶棚之间，从远处看上去就如来自自然的天顶光那样。沟边斜坡上的垂直绿化以及室内的人工光线均使得在此工作的人员和读者仿佛置身于地面上的自然环境与自然光线之中。特别是东南部分有一贯穿两层的下沉式内院，更为周围的阅览室创造了一种虽在地下却犹在地面绿化庭院之中的宜人气氛。

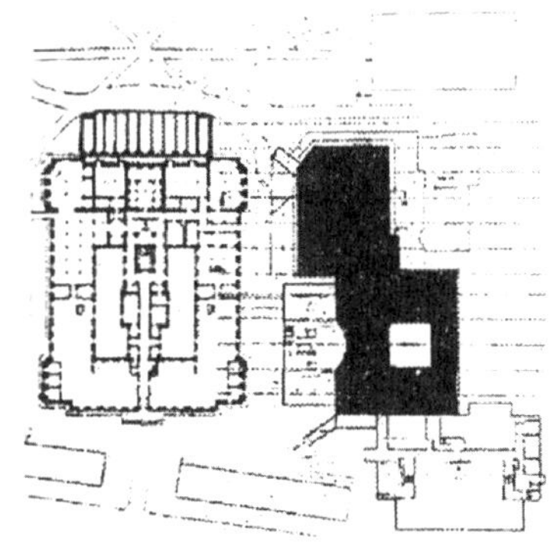

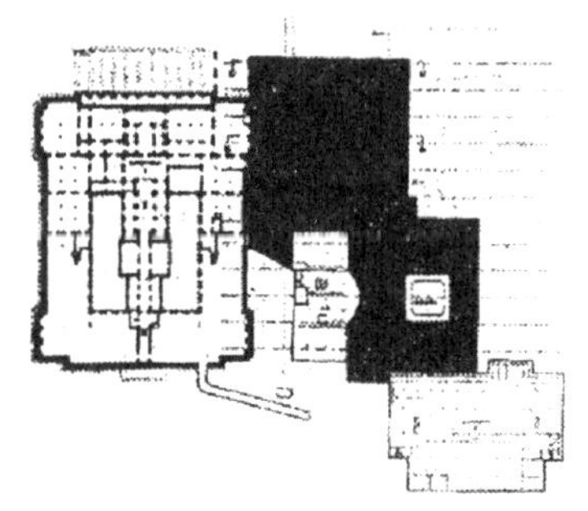

图 2-5　普西图书馆(a)普西图书馆平面，上：顶层平面，下：底层平面（b）图书馆入口

阿姆斯特丹的儿童之家（Children's Home，Amsterdam，1958—1960 年，图 2-6）设计人荷兰建筑师凡·艾克。凡·艾克是 TEAM X 的成员，第二次世界大战后对荷兰的建筑与城市规划影响甚大。

儿童之家的空间形式与组合形态属“多簇式”(cluster form)，即把一个个标准化的单元按功能要求，结构、设备与施工的可能性组成为一簇簇形式近似的小组。据设计人凡·艾克说这种布局采自非洲民居，并认为它反映了人居的本质[13]。儿童之家的功能要求复杂、空间性质多样且大小不一，凡·艾克以严谨的、在空间组织与层次上的逻辑性，把它们组成为一个具有“迷宫似的清晰”[14]的既分又合的统一体，奠定了后来被称为结构主义哲学(参见第六章第五节第 370 页)的设计观念与方法。

阿姆斯特丹儿童之家是一个可供 125 名战后无家可归的儿童生活与学习的地方。里面成立了 8 个小组，分别供从婴儿到 20 岁的儿童乃至青年学习与生活之用。各小组既可共同享用院内的公共设施，又可在自己的单元里过着互不干扰的室内外生活。整个建筑采用统一模数，小房间为 3.3 m × 3.3 m，活动室为它的 3 倍，10m × 10m，房间的屋顶是大小两种预应力轻质混凝土的方形簿壳穹窿。靠近北面入口的一幢长条形的 2 层高的建筑是行政管理用房，8 组儿童用房左右各 4 组按“Y”形布局。西边的为大孩子用，

13. 参见《建筑学报》2000 年第 5 期，《非洲建筑的神秘魅力》，张钦楠。
14. 凡·艾克语。见《20 世纪建筑精品集》第三卷，第 167 页。

图 2-6 阿姆斯特丹的儿童之家（a）儿童之家鸟瞰图（b）儿童之家的大内院

图 2-7 中央贝赫保险公司总部大楼（a）大楼总体鸟瞰图（b）大楼室内

局部 2 层；东边的为小孩子用，是平房；当中是一个各组共用的大内院，然而各组内部又有自己的小内院。此外，各组又向自己旁边的室外大绿地开放，儿童完全可以按自己的需要自由选择合适的活动场地。这的确是一个十分成功与影响极大的建筑。

中央贝赫保险公司总部大楼（Central Beheer Headquarters，Apeldoorn Netherlands，1970—1972 年，图 2-7）被认为是表现结构主义哲学最成功的实例。设计人是当代荷兰著名建筑师赫茨贝格。

作为一个大型保险公司的总部大楼，赫茨贝格认为这座建筑应能有最大限度的易于抵达与通过。因而它除了一边沿铁路之外，其他各面均有出入口和较为宽畅的广场、绿地、停车场与临时停车场。整个建筑形似一个小城镇那样，由无数个 3 至 5 层的、平面呈正方形、结构构件标准化了的单元组合而成。在它们之间有小街（露天或上面覆盖玻璃）、小广场或小庭院。结构体系是钢筋混凝土框架填以混凝土砌块，楼板与屋面是预制的，构件中有些是现浇的；空调系统与结构系统结合。结构的支撑点不像一般的建筑那样置放在单元的四个角上，而是置放在四个边长的当中，因此各个单元的转角处可以自由地向外开敞。赫茨贝格用此建立了一种与众不同的具有向社会开放意识的办公空间。在装修中，他有意留下余地，让使用者放置自己所喜欢的花台、植物与家具，使之其有个性化。当自然光从各单元之间的天窗射入时，室内充满人情味的气氛。

上述实例充分说明了第二次世界大战后对理性主义进行充实与提高的倾向即力图在新的要求与条件下，把同房屋有关的各种形式上、技术上、社会上和经济上的问题统一起来，特别是同使用人的物质与精神要求统一起来的各种尝试。这些思想与方法使建筑功能、技术、环境与形式有了不同于以往的概念，并在实践上把它们推进了一步，创造了不少经验。

第三节　粗野主义倾向与勒·柯比西埃的广泛影响

“粗野主义”（Brutalism，又译野性主义）是20世纪50年代中期到60年代中期喧嚷一时的建筑设计倾向。它的含义并不清楚，有时被理解为一种艺术形式，有时被理解为一种有理论有方法的设计倾向。对它的代表人物与典型作品也有不完全一致的看法。

英国1991年第四次再版的一本建筑词典（编者N. Pevsner，J. Fleming和H. Honour）对这个名词的解释是：“这是1954年撰自英国的名词，用来识别像勒·柯比西埃的马赛公寓大楼和昌迪加尔行政中心那样的建筑形式，或那些受他启发而做出的此类形式。在英国有斯特林和戈文（J. Stirling和J. Gowan）；在意大利有维加诺（V. Vigano，如他的Marchiondi学院，1957）；在美国有鲁道夫（P. Rudolph，如耶鲁大学的艺术与建筑学楼，1961—1963年）；在日本有前川国男和丹下健三等人。粗野主义经常采用混凝土，把它最毛糙的方面暴露出来，夸大那些沉重的构件，并把它们冷酷地碰撞在一起”。从上面看来，粗野主义的名称来自英国，代表人物是法国的勒·柯比西埃和英国、意大利、美国与日本一些现代建筑的第二代与第三代建筑师。典型作品很多，其特点是毛糙的混凝土、沉重的构件和它们的粗鲁组合。

粗野主义这个名称最初是由英国一对现代派第三代建筑师，史密森夫妇（CIAM Team X成员）于1954年提出的。那时，马赛公寓大楼已经建成，昌迪加尔行政中心建筑群已经动工。史密森夫妇原是密斯·范·德·罗的追随者，他们羡慕密斯·范·德·罗和勒·柯比西埃等可以随心所欲地把他们所偏爱的材料特性尽情地表现出来。相形之下，他们认为当时英国的主要业主，政府机关对年轻的建筑师限制太多。于是他们把自己的比较粗犷的建筑风格同当时政府机关所支持的四平八稳的风格相比，把自己称为“新粗野主义”。可能这个名称使人联想到勒·柯比西埃的马赛公寓大楼和昌迪加尔行政中心的毛糙、沉重与粗鲁感，于是粗野主义这顶帽子被戴到马赛公寓大楼与昌迪加尔行政中心建筑群和勒·柯比西埃的头上去了。

马赛公寓大楼（Unité d’Habitation at Maseille，1947—1952年，图3-1）和昌迪加尔行政中心的建筑风格完全是勒·柯比西埃在20年代时提倡的纯粹主义的对立面，也是密斯·范·德·罗战后提倡的讲求技术精美倾向的对立面。在纯粹主义的萨伏依别墅中，房屋像是一个没有分量的盒子似的搁在细细的钢筋混凝土立柱上，墙面抹得很平整，柱子像是踮着脚尖似的轻轻地站在地面上。在方盒子的薄薄的墙里面包着的好像就是空气。而马赛公寓大楼与昌迪加尔行政中心建筑群给人的感觉是一个颇具震撼力的巨大而雄厚的雕塑品。在这里，内部空间与它的墙体相互交织，就像是一次浇筑出来的，或是

图 3-1 马赛公寓大楼屋顶花园

从一个实体中镂空出来那样，也就是说，是塑性造型（Plastic Form）的。马赛公寓大楼粗大沉重的柱墩、昌迪加尔最高法院同样粗重的雨篷与遮阳板都超乎结构与功能的需要，是对钢筋混凝土这种材料的构成、重量与可塑性的夸张表现。在这里，混凝土的粒子大，反差强，连浇筑时的模板印子还留着，各种预制构件相互接头的地方也处理得很粗鲁。无怪粗野主义这个名称很容易地就落到了它们身上。当然，这个名称只不过说明了它们的建筑风格，至于它们在功能上的特点，特别是马赛公寓大楼在居住建筑中的意义——一个竖向的居住小区——值得讨论。

马赛公寓是一座容 337 户共 1600 人的大型公寓住宅，钢筋混凝土结构，长 165m，宽 24m，高 56m。地面层是敞开的柱墩，上面有 17 层，其中 1—6 层和 9—17 层是居住层。户型变化很多，从供单身者住的到有 8 个孩子的家庭住的都有，共 23 种。大楼按住户大小采用复式布局，各户有独用的小楼梯和两层高的起居室。采用这种布置方式，每 3 层设一条公共走道，减省了交通面积。

大楼的第七、第八两层为商店和公用设施，包括面包房、副食品店、餐馆、酒店、药房、洗衣房、理发室、邮电所和旅馆。在第 17 层和上面的屋顶平台上设有幼儿园和托儿所，二者之间有坡道相通。儿童游戏场和小游泳池也设在屋顶平台上。此外，平台上还有成人的健身房，供居民休息和观看电影的设备，沿着女儿墙还布置了 300m 长的一圈跑道。这座公寓大楼解决 300 多户人家的住房外，同时还满足他们的日常生活的基本需要。

勒·柯比西埃认为这种带有服务设施的居住大楼应该是组成现代城市的一种基本单位，于是把这样的大楼叫作"居住单位"（L'unite d'Habitation）。他理想的现代化城市就是由"居住单位"和公共建筑所构成。他从这种设想出发，为许多城市做过规划，可是一直没有被采纳。直到第二次世界大战结束，才在一位法国建设部长的支持下，克服种种阻力，在马赛建成了这座作为城市基本单位的建筑。1955 年在法国的南特（Nantes）又建了一座，1956 年，在当时西柏林汉莎区的 Interbau 中也建造了一座可容 3000 名居民的"居住单位"。但总的看来，这种居住建筑模式没有得到推广。

印度昌迪加尔行政中心建筑群（Government Center, Chandigarh, India, 1951—1957 年，图 3-2）是 20 世纪 50 年代初印度旁遮普省在昌迪加尔地方新建的省会行政中心。勒·柯比西埃受尼赫鲁之聘担任新省会的设计顾问，他为昌迪加尔作了城市规划，并且设计了行政中心内的几座政府建筑。

昌迪加尔位于喜马拉雅山下的干旱平原上，新城市一切从头建起。初期计划人口 15 万，以后 50 万。勒·柯比西埃的城市规划方案采用棋盘式道路系统，城市划分为整齐的矩形街区、政府建筑群布置在城市的一侧，自成一区，主要建筑有议会大厦、省长官邸、

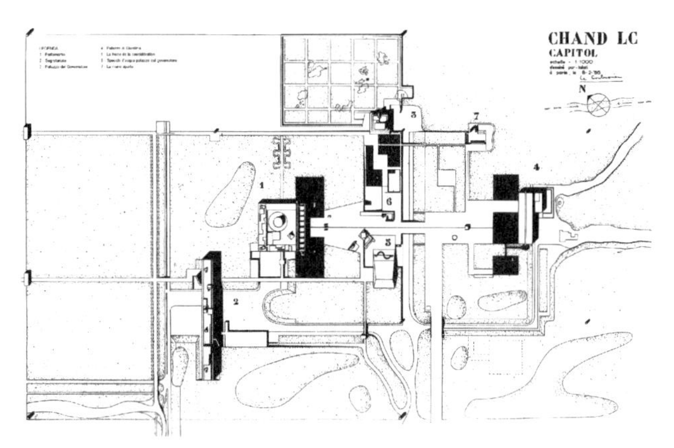

图 3-2　昌迪加尔行政中心（a）最高法院（b）总体规划

高等法院和行政大楼等等。前 3 座建筑大体成品字形布局。行政大楼在议会大厦的后面，是一个长 254m，高 42m 的 8 层办公建筑。广场上车行道和人行道放在不同的标高上，建筑的主要入口面向广场，在背面或侧面有日常使用的停车场和次要入口。为了降温，议会大厦、省长官邸和法院前面布置了大片的水池，建筑的方位都考虑到夏季的主导风向，使大部分房间能获得穿堂风。可是这些房屋之间的距离过大了。从一幢房屋走到另外一幢通常为 20 分钟。建筑物如此分散，无法形成亲切的环境；外加热带炎热的太阳更使人不愿在广场上逗留，更不用说在上面与人招呼、闲谈或会晤了。

在昌迪加尔的政府建筑群中，最先建成的是最高法院（1956 年，图 3-2a）。其外形为一巨大的长方盒子，但其内部空间、结构与处理手法却十分独特。为了隔热，整幢建筑的外表是一个前后从底到顶为镂空格子形墙板的钢筋混凝土屋罩。罩顶长一百多米，由 11 个连续的拱壳组成。拱壳横断面呈 V 字形，前后略向上翘起，既可遮阳，又不妨碍穿堂风畅通。室内空间宽敞，共有 14 层，各层的外廊与联系他们的斜坡道同置于这个大屋罩之下，并向室内的大空间开放。这种把室内空间处理得像室外一样的手法对后来的设计影响很大。

法院入口没有门，由 3 个高大的柱墩从地面直升到顶，形成一个开敞的大门廊，气势恢宏。正、背立面粗重的格子形遮阳板上部略为向前探出，似乎是要同上面向上翘起的屋顶呼应。里面纵横交错的斜坡道的钢筋混凝土护栏上开着一些没有规律的孔洞，并涂上鲜艳的红、黄、白、蓝之类的颜色，更给建筑带来出乎意料的粗野情调。无怪粗野主义这个名称很容易被人套到它的头上，也很快便被广泛认同。

须知，自从第二次世界大战结束后，日益成为主流的现代建筑派便一直在探索如何在公共建筑中产生公共建筑所应具有的能在视感上影响人的力量。勒·柯比西埃的昌迪加尔政府建筑群以功能（降温）、材料（钢筋混凝土）为依据而演化出来的雄浑、恢宏以至权力感，确实具有很强的视觉冲击力，吸引了不少人的注意。

至于史密森夫妇的粗野主义，这在本质上是与勒·柯比西埃不同的另一回事。史密森说：“假如不把粗野主义试图客观地对待现实这回事考虑进去——社会文化的种种目的，其迫切性、技术等等——任何关于粗野主义的讨论都是不中要害的。粗野主义者想要面对一个大量生产的社会，并想从目前存在着的混乱的强大力量中，牵引出一阵粗鲁的诗意来”[15]。这说明他们的粗野主义不单是一个风格与方法问题，而是同当时社会的现实要求与条件有关的。当时，英国正处于战后的恢复时期，急需大量的居住用房、中小学校与其他可快速建造起来的能与大量性住宅配套的中小型公共建筑。在此急需大量建设的时刻，是按一般的习惯尽可能地追求形式上的美满，还是从改变人们的审美习惯出发而提出一种能同大量、廉价和快速的工业化施工一致的新的美学观？历史总是在重演，第一次世界大战后以包豪斯为代表的德国现代主义不是也提出过这样的问题吗？以史密森夫妇为代表的英国年轻建筑师主张后面一种观点。他们认为建筑的美应以“结构与材料的真实表现作为准则”[16]。并进一步说，“不仅要诚实地表现结构与材料，还要暴露它（房屋）的服务性设施”[17]。这种以表现材料、结构与设备为准则的美学观，从理论上来说，是同勒·柯比西埃的粗野主义和当时以密斯·范·德·罗为代表的讲求技术精美的倾向一致的。但由于经济地位与美学标准取向不同，成果也各异。例如讲求技术精美的倾向是不惜重金地极力表现优质钢和玻璃结构的轻盈、光滑、晶莹、端庄及其与材料和结构一致的“全面空间”；而史密森夫妇的粗野主义则要经济地，从不修边幅的钢筋混凝土（或其他材料）的毛糙、沉重与粗野感中寻求形式上的出路。

亨斯特顿学校（Hunstanton School，Hunstanton，Norfolk，1949—1954 年，图 3-3）是史密森夫妇在提出他们的粗野主义前夕的作品。它是钢结构的，在设计上功能合理，造价不高，采用了简单的预制构件。其形式显然是受到密斯·凡·德·罗影响的，但毫无讲求技术精美之意，而是直截了当地在老老实实地表现钢、玻璃和砖之外，把落水管与电线也暴露了出来。

谢菲尔德大学设计方案（Scheme for Sheffield University，1954 年，图 3-4 略）再次明确地表示了史密森夫妇要表现服务设施的决心。在这里，由学生人流形成的交通系统是它的要点，于是处于不同水平面上的汽车道，专为人行的天桥，联系上下的电梯不仅得到充分的表现，而且是整个设计的重要因素。因为他们认为“什么直角、几何形图案都可以抛在一边，要研究的是以基地地形和内部交通的高低错落为基础的构图方式”。[18] 这个方案没有实现，但在谢菲尔德的另一组由别人设计的住宅中却体现了它的意图。

图 3-3　亨斯特登学校

15. 转摘自 *Modern Movements in Architecture*，C.Jencks，1973，p257.

16. 见 *Encyclopedia of Modern Architecture*，1963，编者 G.Halje，见“Brutalism”条。

17. 同上。

18. R.Banham 语，摘自 *Encyclopedia of Modern Architecture*，Brutalism 条。

图 3-4　公园山公寓鸟瞰

图 3-5　耶鲁大学建筑与艺术系大楼

图 3-6　仓敷市厅舍

图 3-7　伦敦南岸艺术中心

公园山公寓（Park Hill，Sheffield，1961 年，设计人，J. L. Womersley and Lynn. Smith，Nicklin 等，图 3-4）是一组大型的工人住宅，其规模相当于马赛公寓大楼的 3 倍，像一条巨蛇那样按着地形的起伏蜿蜒在基地上。它的基本构思是每 3 层才有一条交通性的走廊（和马赛公寓大楼一样），但这条走廊是外廊式的，并被拓宽成为一条又宽又长的“街道平台”（Street Deck）。这条街道平台（其概念最先由史密森夫妇提出）像一条龙骨似的贯通整幢公寓，居民不必下楼就可以从公寓的一端达到其他的几个末端。在此“街道平台”上，孩子们可以安全地玩耍，主妇与老年人可以在此散步和与邻居话家常，甚至货郎也可以在此送货上门。公寓的外形简朴而粗犷，是它的内容的直率反映。建筑材料是当时最容易“找到的”混凝土。这里毛糙的混凝土墙板与钢筋混凝土骨架如实地暴露无遗。这是对一个贫民窟进行改建的庞大工程的一个部分，本来就没有什么宽裕的投资可供花费。在设计中做具体工作的是两位刚从大学毕业出来的建筑师，这是他们对英国的“粗野主义”的响应。

粗野主义由于勒·柯比西埃的影响，50 年代开始流行，其形式表现多种多样。英国斯特林和戈文设计的兰根姆住宅（Langham House，Ham Common，London，1958 年）。美国鲁道夫设计的耶鲁大学建筑与艺术系大楼（1959—1963 年，图 3-5）和丹下健三设计的仓敷市厅舍（图 3-6）都是强调粗大的混凝土横梁的，在两根横梁接头的地方还故意把梁头撞了出来。但像伦敦的南岸艺术中心（South Bank Art Center，London，1961-1967 年，设计人 H. Bennett，图 3-7）和伦敦的国家剧院（National Theatre，South

图 3-8　伦敦国家剧院。（与南岸艺术中心一样贯彻了勒·柯布西埃主张的人车分流）

图 3-9　尧奥住宅

图 3-10　莱斯特大学工程馆外观

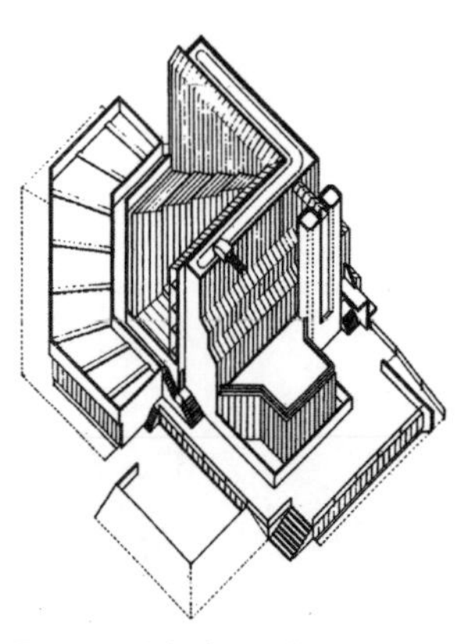

图 3-11　剑桥大学历史系图书馆轴侧鸟瞰

Bank，London，1967-1976 年，设计人 Denys Lasdun & Partners，图 3-8）则强调把巨大与沉重的房屋部件大块大块地、粗鲁地碰撞在一起。强调粗大的混凝土横梁的风格可以追溯到马赛公寓与勒·柯比西埃于 1954—1956 年设计的尧奥住宅（Immeubles Jaoul，Neuilly，图 3-9）；强调把巨大的房屋部件大块大块地碰撞在一起，显然是受到昌迪加尔政府建筑群的启示。此外，耶鲁大学的建筑与艺术系大楼的“灯芯绒”式的混凝土墙面给人以粗而不野之感；仓敷市厅舍的既强调横梁又有直柱的构图及其扁平的比例却颇具日本的民族风味。

粗野主义这个词还被用来形容英国建筑师斯特林在 20 世纪 60 年代的作品。斯特林是一个很有独创性的第三代建筑师（1926 年生）。他在 50 年代曾是英国粗野主义的支持者，设计了上面提过的兰根姆住宅。50 年代末，他开始在建筑风格上摸索自己的道路。总的来说，他的设计大都比较讲求功能、技术与经济，在形式上没有框框，自由与大胆，可谓野而不粗。

莱斯特大学的工程馆（Leicester University，Engineering Building，莱斯特，英国，1959—1963 年，图 3-10）是由斯特林与戈文合作设计的。这是一座包括有讲堂、工作室与实验车间的大楼。在这里，功能、结构、材料、设备与交通系统都清楚地暴露了。形式很直率但并没有把形体构图与虚实比例置之不顾。特别是办公楼后面车间上面的玻璃屋顶，既要采光，又要使光线不耀眼，同时还要便于泄水，结果形式独特，使斯特林被誉为善于同玻璃打交道的能手。此外，他为剑桥大学设计的历史系图书馆（1964—1968 年。图 3-11），更是异曲同工。人们对这两座房屋的评价是：“那里没有像机器那样严肃的、令人生畏的吓唬人的态度”，“而是对刺人的机器形象进行反复加工，使之柔和起来”。[19] 也有人把这两幢建筑称为高技派。[20] 这说明斯特林事实上已脱离了粗野主义的牵制了。他在60年代为意大利奥利韦蒂公司设在英国的奥利韦蒂专科学校所设计的校舍（Olivetti Training School，Haslemere England，1969—1972年）则完全超出了粗野主义的范围。70年代末他走向了把历史传统和现代技术混合起来的创作道路。

粗野主义在战后的公共建筑中找到了它的用武之地，在欧洲比较流行，在日本也相当活跃，到60年代下半期以后逐渐销声匿迹。

第四节　讲求技术精美的倾向

讲求技术精美的倾向（Perfection of Technique）是战后初期（20世纪40年代末至60年代）占主导地位的设计倾向。它最先流行于美国，在设计方法上属于比较“重理”的，人们常把以密斯·范·德·罗为代表的纯净、透明与施工精确的钢和玻璃方盒子作为这一倾向的代表。密斯·范·德·罗也因此在战后的十余年中成为建筑界中最显赫的人物。

早在两次世界大战之间，密斯·范·德·罗便在他的作品中——1929年巴塞罗那世界博览会中的德国馆和1930年布尔诺的图根德哈特住宅中——探讨了他特感兴趣的所谓结构逻辑性（结构的合理运用及其忠实表现）和自由分隔空间在建筑造型中的体现。这种从结构——空间—形式的见解，自他到达美国以后，逐渐洗练，发展成为专心讲求技术上的精美的倾向。这种倾向的特点是建筑全部用钢和玻璃来建造，构造与施工均非常精确，内部没有或很少柱子，外形纯净与透明，清澈地反映着建筑的材料、结构与它的内部空间。法恩斯沃思住宅、湖滨公寓、纽约的西格拉姆大厦，伊利诺工学院的克朗楼和柏林国家美术馆新馆是他在战后讲求技术精美的主要代表作。[21]

密斯·范·德·罗在战后坚持并专一地发展了他过去认为的结构就是一切的观点。他说：“结构体系是建筑的基本要素，它的工艺比个人天才、比房屋的功能更能决定建筑的形式”。[22] 又说：“当技术实现了它的真正使命，这就升华为建筑艺术”。[23] 在建筑功能问题上，他主张功能服从于空间。他说：“房屋的用途一直在变，但把它拆掉我们负担不起，因此我们把沙利文的口号‘形式追随功能’颠倒过来，即建造一个实用和经济的空间，在里面我们配置功能”。[24] 在创作方法上他坚持“条理性”（order），并把它提到社会观的高度上来看。他说：“在那漫长的用材料通过功能以致达到创作成果的道路上，只有一个目标：要在我们时代的绝望的混乱中创造条理性。我们对每样事物都要给以条理性，要

19. *Progressive Architecture*，1978，1月刊。
20. 见 *Dictionary of Architecture*，Fleming，Honour，Pevsner，1991，p424.
21. 见本教材第三章第七节。
22. 转摘自 *Architecture Today & Tomorrow*，Cranston Jones，1961，p24 .
23. “在伊利诺工学院的讲话”转引自 *Mies Van der Rohe*，P.Johnson，1953，p203.
24. 转摘自 *Meaning in Western Architecture*，C.Norberg Schulz，1974，p396.

按其本性把它归属到所属的地方并给予其应得的东西”。[25]至于创作成果的形式问题，密斯·范·德·罗早在他的《关于建筑对形式的箴言》(1923年)中便已说了：“我们不考虑形式问题，只管建造问题。形式不是我们工作的目的，它只是结果”。[26]最后，密斯·范·德·罗把这套先结构、后形式，先空间、后功能和讲究“条理”的设计思想方法归结到他早在1928年就已提出的一句话：“少就是多”。对于“少就是多”，密斯·范·德·罗从来没有很好地解释过。其具体内容主要寓意于两个方面：一是简化结构体系，精简结构构件，使产生偌大的、没有屏障或屏障极少的可作任何用途的建筑空间；二是净化建筑形式，精确施工，使之成为不附有任何多余东西的只是由直线、直角组成的规整、精确和纯净的钢和玻璃方盒子。

法恩斯沃斯住宅（Farnsworth House，Plano，Illinois，1945—1951年，图4-1）是一坐四面都是绿化的建筑。住宅的结构构件被精简到了极限，以至成为一个名副其实的玻璃盒子。它除了地面平台（架空于地面之上）、屋面、八根钢柱和室内当中一段服务性房间是实的之外，其余都是虚的。柱子有意贴在屋檐的外面，以表示它的工艺是焊接的，花园通过两道平台（一道在房子旁边，是没有顶的；另一道在房子的一端，是有顶的）而过渡到室内。室内与室外通过玻璃外墙打成一片。房子的形状端庄典雅，虽然什么都很简单，造价却超出预算85%，引起业主很大的不满。80年代，由于市政建设，房子被拆除。

芝加哥的湖滨公寓（Lake Shore Building，Chicago，1951—1953年，图4-2）是两幢26层高的高层公寓，也是密斯·范·德·罗以结构的不变来应功能的万变的另一次体现。居住单元除了当中集中的服务设施外，从进门到卧室是一个只用片断的矮墙或家具来划分、隔而不断的一体大空间。密斯·范·德·罗称之为“全面空间”(Total Space)。这种能适应功能变化的空间对于某些公共建筑与工业建筑是有其优越性的。但住宅的功能，从来都不是那么千变万化的，隔而不断却使声音、视线、气味成为干扰。公寓

图4-1　法恩斯沃斯住宅外观

图4-2　芝加哥湖滨公寓外观

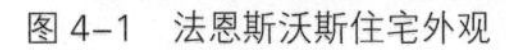

25. 转摘自 *Meaning in Western Architecture*，C.Norberg Schulz，1974，p396.

26. 见本教材第三章第七节。

图 4-3　西格拉姆大厦

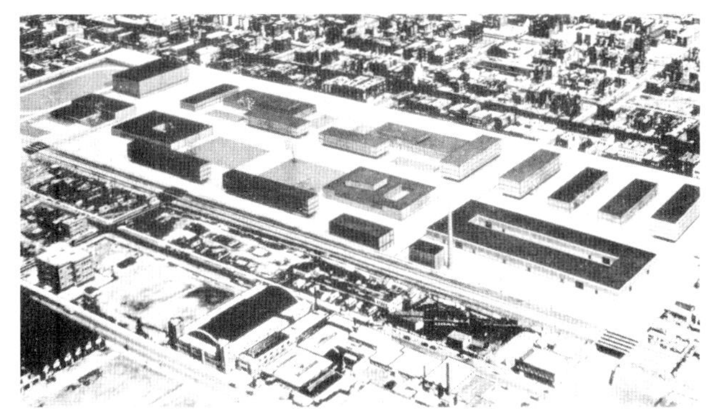

图 4-4　伊利诺工学院规划

的外墙全部是钢和玻璃，标准化的幕墙构件使它具有像鸽子笼似的模数构图（Modu1ar Composition）；大片的玻璃和笔挺的钢结构又使它具有强烈的工业时代的现代感。它为高层建筑造型开了一条路，影响甚大。

西格拉姆大厦（Seagram Building, New York，1954—1958 年，图 4-3）的紫铜窗框、粉红灰色的玻璃幕墙以及施工上的精工细琢使它在建成后的十多年中，一直被誉为纽约最考究的大楼。它的造型体现了密斯 · 范 · 德 · 罗在 1919 年就预言的："我发现……玻璃建筑最重要的在于反射，不像普通建筑那样在于光和影"。[27] 的确，玻璃幕墙不仅把周围的环境反射了，并把天上的云朵，一天的变化也反射了。密斯 · 范 · 德 · 罗的形式规整和晶莹的玻璃幕墙摩天楼在此达到了顶点，有人夸张地说："他的影响可以在世界上任何市中心区的每幢方形玻璃办公楼中看到"。[28] 大楼高 38 层，内柱距一律为 8.4m（28 英尺），正面 5 开间。侧面 3 开间，坐落在纽约最高级的大道之一——花园大道上。业主西格伦姆公司，是美国一有名的酿酒公司，它希望自己的办公楼具有高雅与名贵的形象。密斯 · 范 · 德 · 罗满足了它的要求，并把大楼退离马路红线，在前面建有一个带有水池的小广场，这种做法在寸土寸金的纽约市中心区，是难能可贵的。其造价正如密斯·范·德·罗其他作品一样特别昂贵，房租也要比与它同级别的办公楼高 1/3。

伊利诺工学院的校园规划（图 4-4）是密斯 · 范 · 德 · 罗的"条理性"在建筑群体规划上的体现。基地为一面积 110 英亩（41.8hm²）的长方形地段，设置有行政管理楼、图书馆、各系馆、校友楼、小教堂等十多幢低层的建筑，并接着 24 英尺 ×24 英尺的模数划成网格。房屋的模数与基地的模数相关，严格地接着基地上的网格纵横布置，屋高为 3.6m（12 英尺）。在形式上，黑色的钢框架显露在外，框架之间是透明的玻璃或米色的清水砖墙，施工十分精确与细致，一切都显得那么有条理和现代化。事实上，这里却存在密斯 · 范 · 德 · 罗关于建筑与形式的理论——结构体系及其工艺决定建筑的形式和形式只是建造的结果——在实践中的矛盾。这就是钢结构因为防火的关系不能赤裸地

---

27. 1919 年，密斯 · 范 · 德 · 罗在研究他的钢骨架、玻璃外墙的高层办公楼设想时，把他做好的模型放在窗外时说的。

28. *Age of the Masters*，R.Banhnam，1975，p2.

暴露在外面，必须包上防火层。因而这些显露在外的钢框架事实上是在结构钢外面包上防火层之后再包上一层钢皮形成的。这种做法从理论上说是有悖于密斯·范·德·罗的理论的。

图 4-5 伊利诺工学院克朗楼的大工作室

工学院的克朗楼（Crown Hall，1955 年，图 4-5）是学院的建筑系教学楼。它把教室放在地下，地面上是一个没有柱子、四面为玻璃墙的“全面空间”的大工作室。密斯·范·德·罗为了获得空间的一体性，连顶棚上面常有的横梁也要取消，于是他在屋顶上面架有 4 根大梁，用以悬吊屋面。学生对于要在这么一个毫无阻拦的偌大空间里工作很不满意，情愿躲到地下室里去。但密斯·范·德·罗却认为，比视线与音响的隔绝更为重要的是阳光与空气，他以阳光与空气为借口来为随心所欲的玻璃盒子和“全面空间”辩护。

西柏林的新国家美术馆新馆（National Gallery Berlin，1962—1968 年）是密斯·范·德·罗生前最后的作品。它的设计离克朗楼约七八年，但构思与手法都没有变，只不过是造型上更具有类似古典主义的端庄感而已。密斯·范·德·罗为了要给这个玻璃盒子以明显的结构特征，屋顶上的井字形屋架由 8 根不是放在房屋角上而是放在四个边上的柱子所支承，柱子与梁枋接头的地方完全按力学分析那样被精简到只是一个小圆球。在这里，讲求技术上的精美可谓达到了顶点。

这种以“少就是多”为理论根据，以“全面空间”、“纯净形式”和“模数构图”为特征的设计方法与手法被密斯·范·德·罗广泛应用到各种不同类型的建筑中去。住宅是这样，办公楼也是这样，博物馆是这样，剧院也是这样。它们成为密斯·范·德·罗的标志，曾于 50 年代至 60 年代极为流行而被称为密斯风格（Miesian Style）。

密斯风格由于全面采用了当时尚属先进新材料的钢和玻璃，在形象构图中又运用了古典主义的尺度与比例，使之具有端庄、典雅与超凡脱俗的效果而广受欢迎。这种兼备时代进步感与一定的纪念性气质被广泛用来表达国家、大企业、大公司与大文化机构的先进性与权威性；甚至它在结构、构造与构图的严谨与精确被看作是现代工业与现代科学精密度的表现，它在造价上的昂贵被说成是资本雄厚的表现。这种风格虽以密斯·范·德·罗为先导，但拥护者甚众以至波及整个西方。事实上密斯风格在美国的流行是同美国在 50 至 60 年代为了要在空间技术上同前苏联竞争、积极鼓吹发展高度工业技术的社会舆论分不开的。当时不少建筑设计权威，如 SOM 建筑设计事务所、哈里森和阿布拉莫维茨建筑设计事务所也在提倡与推行这样的风格。不过，他们不像密斯·范·德·罗那么典型，那么彻底而已。对于密斯·范·德·罗的个人作品，美国一位知名社会学家兼建筑评论家芒福德（L. Mumford）说：“密斯·范·德·罗利用钢和玻璃的条件创造了优美而虚无的纪念碑。……他个人的高雅癖好给这些中空的玻璃盒子以水晶似的纯净的形式……，但同基地、气候、保温、功能或内部活动毫无关系”。[29] 这可以说是评得相当恰切的。

在追随密斯风格的倾向中，小沙里宁设计的通用汽车技术中心（Technical Center for General Motors，Detroit，1951—1956 年）做得似乎比较得体，即把先进技术与人们习惯的审美标准结合起来。

小沙里宁是一位很有才华的现代建筑第二代建筑师。他的设计路子较宽，曾做过多种倾向的设计。20 世纪 50 年代时，他是密斯·范·德·罗的追随者。通用汽车技术中心的设计始于 1945 年，这个任务原来是委托给他的父亲老沙里宁的，父子合作，并以儿子为主，小沙里宁就按着当时十分新颖的密斯风格来设计。

通用汽车技术中心的基地约 1 英里（1.61km）见方，共有 25 幢楼，环绕着中央一个长方形的人工湖自由但又富于条理地进行布局。它的建筑风格、钢和玻璃的“纯净形式”、“全面空间”、“模数构图”和到处闪烁着在技术上的精益求精，使人联想到密斯·范·德·罗。但是小沙里宁在尺度的掌握，形体界面的处理上较密斯·范·德·罗为活泼、丰富、即讲究技巧又接近人情。例如把水塔造成为一个由 3 根钢柱顶着的闪闪发亮的金属盒子，并把水塔置于水池中；把汽车展示厅造成为一个扁平的没有墙与顶之分的金属穹隆。这些处理在整体上软化了周围严谨的密斯式办公楼与厂房。其中有两幢楼：工程馆与展示厅的效果甚佳，荣获 1955 年的 AIA 奖。工程馆包括有车间、制图室、办公室等，位于人工湖的一端，它功能合理，外形简洁，一望而知是最新的一件工业产品。事实上，它在厂方的支持下的确是第一次大规模地试用了当时的新产品——隔热玻璃，然而尺度宜人、构图清新、细部处理细致，在人工湖水和绿化的交相辉映之下却别有特色。这种试图使简单的形体与房屋的内容结合，使机器大工业产品与人们对形式与环境的心理要求协调起来的尝试，是沙里宁的成功所在。讲求技术精美的倾向所以会一度广受欢迎是同有这样一类作品的出现分不开的。

以钢和玻璃的“纯净形式”为特征的讲求技术精美的密斯风格到 60 年代末开始降温。自 70 年代资本主义世界经济危机与能源危机起，时而被作为浪费能源的典型而受到指责。但真正使密斯式退出舞台的还是因为镜面玻璃，特别是无边框镜面玻璃幕墙的流行。

第五节　典雅主义倾向

“典雅主义”（Formalism，又译“形式美主义”）是同粗野主义同时并进然而在审美取向上却完全相反的一种倾向。粗野主义主要流行于欧洲；典雅主义主要在美国。前者的美学根源是战前现代建筑中功能、材料与结构在战后的夸张表现，后者则致力于运用传统的美学法则来使现代的材料与结构产生规整、端庄与典雅的庄严感。它的代表人物主要为美国的 P. 约翰逊，斯通和雅马萨奇等一些现代派的第二代建筑师。可能他们的

29. 转摘自 *Modern Movements in Architecture*，C.Jencks，1973，p108.

作品使人联想到古典主义或古典建筑，因而，典雅主义又被称为新古典主义、新帕拉第奥主义或新复古主义。

对于这种倾向有人热烈赞成也有人坚决反对。赞成的认为它给人们以一种优美的像古典建筑似的有条理、有计划的安定感，并且它的形式有利于产生能使人联想到业主的权利与财富。无怪当是美国许多官方建筑（如在国外的大使馆与世界博览会中的美国馆等）、银行或企业的办公楼均喜欢采用这样的形式。反对的认为它在美学上缺乏时代感和创造性，是思想简单、手法贫乏的无奈表现。他们还对那些用以象征权力与财富的做法反感，认为这使人联想到30年代法西斯的新传统建筑或者是资本家为了商业与政治利益用以装点门面的权宜之计。事实上，作为一种风格，典雅主义即如其他风格一样，的确有许多肤浅的粗制滥造的作品，但是，在具有典雅主义风格的作品中，却也有不少是功能、技术与艺术上均能兼顾，并有一定的创造性。

约翰逊为内布拉斯加州立大学设计的谢尔登艺术纪念馆（Sheldon Memorial Art Gallery，1958—1966年，图5-1）前面的中央门廊有高大的钢筋混凝土立柱。门廊里面是大面积的玻璃窗，它使室内顶棚上一个个圆形图案同外面柱廊上的券通过玻璃而内外呼应。柱的形式呈棱形，显然是经过精心塑造与精确施工的，既古典又新颖，是约翰逊为典雅主义风格而创造的好几种柱子形式之一。

由斯通设计的美国在新德里的大使馆和1958年在布鲁塞尔世界博览会的美国馆则除了庄严、典雅之外，还相当豪华与辉煌，同时还采用了新材料和新技术。它们体现了斯通所意欲的“需要创造一种华丽、茂盛而又非常纯洁与新颖的建筑。”[30]

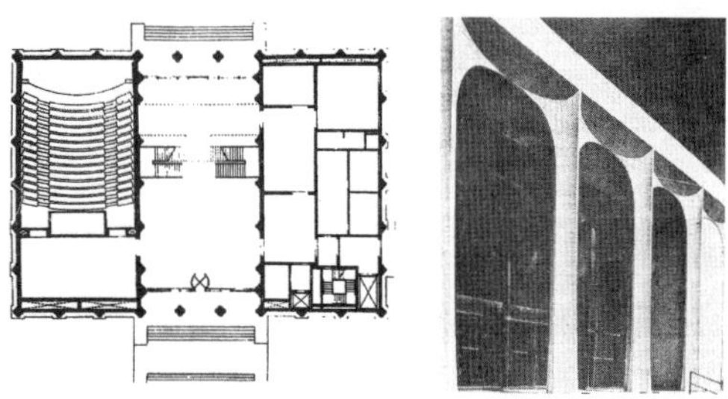

图5-1　谢尔登艺术纪念馆（a）平面图（b）柱廊

图5-2　美国在新德里的大使馆柱廊

美国在新德里的大使馆（1955年，图5-2）位于两条道路交叉处的一块长方形基地上。使馆建筑群包括办公用的主楼、大使住宅、两幢随员住宅与服务用房。据说斯通在设计主楼前曾研究过印度的名古迹泰吉·马哈尔陵（Taj Mahal），从中获得了启发。进入大门是一条林荫大道，主楼呈长方形建在一个大平台上，平台前面是一个圆形水池，平台下面是车库。房屋四周是一圈两层高的，布有镀金钢柱的柱廊。柱廊后面是白色的漏窗式幕墙，幕墙是用预制陶土块拼制成的，在节点处盖以光辉夺目的金色圆钉装

30. 转摘自 *Encyclopedia of Modern Architecture*，G. Halje，前言。

饰。办公部分高 2 层，环绕着一个内院而布局，院中有水池并植以树木，水池上方悬挂着铝制的网片用以遮阳。屋顶是中空的双层屋顶，用以隔热；外墙也是双层的，即在漏窗式幕墙后面还有玻璃墙。建筑外观端庄典雅、金碧辉煌，成功地体现了当时美国想在国际上造成既富有又技术先进的形象。新德里的美国大使馆于 1961 年获得了美国的 AIA 奖。

1958 年布鲁塞尔世界博览会中的美国馆再现了像新德里大使馆那样的艺术效果。由于尺度较大（直径 104m，柱廊钢柱高 22m），又采用了当时最先进的悬索结构，效果更为显著。它同当时在它附近的属“粗野主义”的法国馆与意大利馆在审美上形成强烈的对比。至于在此之后斯通一度把镀金柱廊、白色漏窗幕墙作为自己的商标似的到处滥用，那就是另一个回事了。

纽约的林肯文化中心（Lincoln Cultural Center，1957—1966 年，设计人约翰逊，哈里森和阿布拉莫维兹，图 5-3）是一个规模宏大的工程。它包括：舞蹈与轻歌剧剧院（约翰逊设计）。大都会歌剧院（哈里森设计，位于广场中央），爱乐音乐厅（阿布拉莫维兹设计）和另一个有围墙的包含有图书馆、展览馆和实验剧院（小沙里宁和其他几位建筑师设计）。3 幢主要建筑环绕着中央广场而布局。其布局方式与建筑形式使人联想到 19 世纪的剧院。由于房屋的形体都是简单的立方体，各个建筑师都在它的立面柱廊上大费心思，是爱乐音乐厅的柱廊。

美籍日裔建筑师雅马萨奇主张创造“亲切与文雅”[31] 的建筑。他为美国韦恩州立大学设计的麦格拉格纪念会议中心（Mcgregor Memorial Conference Center，Wayne State University，Detroit，1959 年）曾获 AIA 奖。这是一座两层的房屋，当中是一个有玻璃顶棚，贯通两层的中庭。屋面是折板结构，外廊采用了与折板结构一致的尖券，形式典雅，尺度宜人，据雅马萨奇说，这座建筑是他访问日本后，受到日本建筑的启发再结合美国的现实情况后设计的。

自此之后，雅马萨奇在创造典雅主义风格中特别倾向于尖券。1964 年在西雅图世界博览会中的科学馆是尖券。1973 年纽约世界贸易中心的底层处理也是尖券（图 5-4）。虽然有人把这样的处理称为新复古主义，然而，它们却在一定程度上与新结构相结合。

图 5-3　纽约林肯文化中心

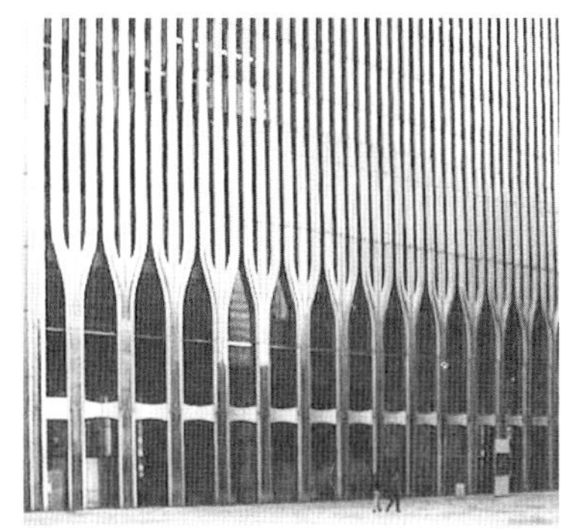

图 5-4　纽约世贸中心底部尖券

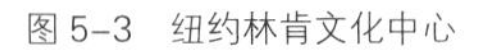

31. 转摘自 *Encyclopedia of Modern Architecture*，G. Halje，前言。

不过雅马萨奇也做了一些形式主义的作品，例如西北国家人寿保险公司大楼（Northwest National Life Insurance Co. Minneapolis，1961—1964 年）。这是一座 6 层楼的办公楼，据说为了要使它为其所处在的公园增色，故用精致的柱廊把它包围起来。虽然柱廊的形式做得相当别致，但不仅不适用，而且尺度过高，比例失调。看上去很别扭。

典雅主义倾向在某些方面很像讲求技术精美的倾向。一个是讲求钢和玻璃结构在形式上的精美，而典雅主义则是讲求钢筋混凝土梁柱在形式上的精美。

60 年代下半期以后，典雅主义倾向开始降温，但它比较容易被一般群众接受，至今仍时有出现。

第六节　注重高度工业技术的倾向

注重“高度工业技术”的倾向(High-Tech)是指那些不仅在建筑中坚持采用新技术，并且在美学上极力鼓吹表现新技术的倾向。广义来说，它包括战后现代建筑派在设计方法中以材料、结构和施工特点作为建筑美学依据的方面，例如以密斯·范·德·罗为代表的讲求技术精美的倾向和以勒·柯布西埃为代表的粗野主义倾向； 确切地是指那些在 20 世纪 50 年代末随着新材料、新结构与新施工方法的进一步发展而出现与活跃起来的超高层建筑、空间结构、幕墙和创新地采用与表现预制装配标准化构件方面的倾向。

从历史上看，自从进入现代化机器大生产时代起就一直有各种处于经济或适用的目的，试图把最新的工业技术应用到建筑中去的尝试；而妨碍采用新技术的则往往是人们已习惯了的美学观。因而要推广新技术就必须同时树立新的美学标准和鼓吹新的美学观。然而建基于技术进步上的美学观是多样的，它的表现与标准还会随着时代的变化而变化。例如两次世界大战之间，人们曾把不加掩饰的采用与表现钢筋混凝土、钢和玻璃的，像萨沃依别墅和巴塞罗那展览会中的德国馆那样的建筑称为“机器美”，并附加以“时代美”，“精确美”，“轻盈美”，“透明美”，“纯净美”等标签。第二次世界大战后，这些名词依然存在，但标准则转到表现得更为彻底的像密斯·范·德·罗的法恩斯沃斯住宅和克朗楼那样的建筑中去了；此外，还增加了像马赛公寓大楼那样的沉重的“粗野美”。50 年代以后，注重高度工业技术倾向的兴起又为上述各种美——姑且统称之为 20 世纪的“时代美”——注入了新的标准与新的内容。这说明“时代美”总是随着时代技术的进步而变化的。

注重高度工业技术的倾向是同当时社会上正在发展起来的以高分子化学工业与电子工业为代表的高度技术（high technology）分不开的。当时的新材料，如高强钢、硬铝、高标号水泥、钢化玻璃、各种涂层的彩色与镜面玻璃、塑料和各种黏合剂，不仅使建筑有可能向更高、更大跨度发展，并且，宜于制造体量轻、用料少，能够快速与灵活地装配、拆卸与改扩建的结构与房屋。在设计上它们强调系统设计（Systematic Planning）和参数设计（Parametric Planning）。其理论可以借用内尔维的一句话来说明：“以谦虚的抱负来接近神秘的自然规律，顺从它们并利用与支配它们，只有这样才可以把它们的崇高与永恒的真理引导到为我们有限的条件与目的服务”。[32] 其具体表现是多种多样的。有的努力使高度工业技术接近于人们所习惯的生活方式与美学观，尽管在初看时不一定习惯，但它还是尽量想在适用与美观上取悦于人。下面将要提到的埃姆斯夫妇（C. and R. Eames，前者1907—1978年）的“专题研究住宅”和E. 艾尔曼（Egon Eiermann，1904—1970年）在钢结构外墙构件标准化方面的尝试、玻璃幕墙和像美国在科罗拉多州的空军士官学院内的教堂等等均属此类。也有的比较激进地站在未来主义的立场上，认为技术越来越向高科技发展是当今社会的必然性，人们的生活方式与美学观都会随之而发生变化，因此人们应该有远见地去领会它、接受它和适应它。前面将要提到的像英国阿基格拉姆小组所提出的巨型结构（见本章第二节）、日本1970年大阪世界博览会中的只用一种构件建成的试验性房屋、丹下健三设计的山梨文化会馆和法国的蓬皮杜国家艺术与文化中心等等均属此类。

须知50年代末是西方各先进工业国经济与工业生产开始进入战后的非常繁荣时期。科技迅速发展，生产大大提高；其中，迅速地把先进的科技利用到生产上去、带动生产，然后生产上的进步又反过来影响科技发展，是这一时期的特征。为此注重高度工业技术的倾向经常要受到大企业的支持、鼓励与配合。此外，电子计算机的推广应用与其自身的迅速进步不仅影响了社会生产与科技发展，还强烈地影响了人们的思想，在社会上形成了对技术的乐观主义。建筑中的注重高度工业技术的倾向就是在这样的社会背景下产生的。这个倾向持续繁荣了20多年，到70年代逐渐向新一代的注重高度工业技术的倾向转型。由于高层与大跨已在本章第三节中介绍过了，本节集中于对预制装配与灵活装卸方面的介绍。

1949年，埃姆斯夫妇在加利福尼亚州为自己设计的住宅（又称“专题研究住宅”Case-study House，图6-1），是最早应用预制钢构架的居住建筑之一。这幢住宅是在当时的*Art & Architecture*杂志的支持下，按着一定的工业生产系统来设计的。外墙由透明的玻璃与不透明的颜色鲜艳的石膏板制成，所有门窗都是工厂的现成产品，它们说明了战后要把工业技术推广到家庭生活与独立式住宅中去的倾向。埃姆斯说：“研究如何使这个体系的固有性适应空间的使用要求，和研究如何使这种结构的必然性产生图案和质感是有趣的”。[33] 他指出采用以标准化构件为体系的建筑必须解决体系的固有性、必然性同房屋使用中的灵活性和美观之间的矛盾。

图6-1　埃姆斯的“专题研究住宅”外观

50年代西德的E. 艾尔曼也在这方面做出了出色的成绩。他一直在探求把轻

32. 转摘自 *Modern Movements in Architecture*，C. Jencks,1973，p73.
33. 转引自 *Charles Eames*，*Architectural Review*，Oct.1978.

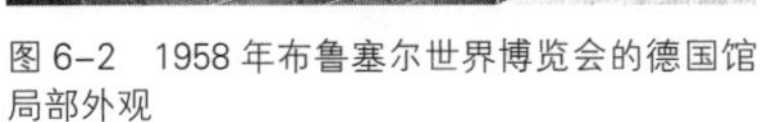

图 6-2　1958 年布鲁塞尔世界博览会的德国馆局部外观

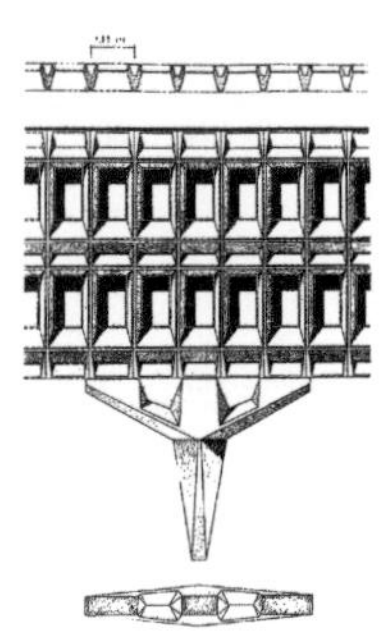

图 6-3　国际商业机器公司（IBM）在 La Gaude 的研究中心（a）局部外观（b）外墙构造

质高强的预制装配式钢构架能坦率而悦目地暴露于外的结构系统。他在构造上的细部处理常使那些本来没有什么修饰的房屋显得纤巧。布伦堡麻纺厂的锅炉间（Linen Mill, Blumberg，1951 年）中，建筑外观与内容一致，立面构图清晰，细部精致，使一座普通的厂房显得并不平凡。在 1958 年布鲁塞尔世界博览会的德国馆（图 6-2）中，在纤细的白色钢杆后面是连续不断的玻璃墙。细部上的精美使人联想到密斯·范·德·罗的建筑。但后者造价昂贵，前者造价一般；后者造型冷漠，前者尺度宜人；后者是永久性的纪念碑，前者是可装可卸的。

国际商业机器公司研究中心（IBM 在法国 La Gaude 的研究中心，1960-1961 年，图 6-3）是布罗伊尔（M. Breuer）在战后设计的许多大型建筑之一。

布罗伊尔曾是包豪斯的学生和教师，是建筑师也是家具与工业品设计师。他于 1937—1941 年与格罗皮厄斯在美国合作期间设计了不少住宅。这些住宅配合环境，布局自由，有些采用了当地的材料，如木材和虎皮石等，然而不失包豪斯原有的现代化与工业化气息。其中有颇受注意的在新肯辛顿的工人新村（Workers Village at New Kensington, Pennsylvania，1940 年）。战后，自从他与内尔维和策尔福斯（B. Zehrfuss）合作设计了巴黎联合国教科文总部的会议厅后[34]，成为深受新型大机关所欢迎的建筑师。自此，他设计了许多预制装配形式新颖的大型办公楼与科研大楼。

国际商业机器公司研究中心和他设计的其他大型办公楼一样，层楼不多，布局合理。把两个 Y 字连接起来的平面布局体态独特，同时又合乎采光、通风与交通联系等功能要求。它的形式是功能、材料、结构以及建造方法——采用标准化的预制外墙承重构件的反映。但形体比例的细致推敲，施工的精确，使那些既是结构构件又是装饰部件的"树枝形柱"（Tree Column）显得很有特色。正是这些预制的结构构件使得一座简单的房屋显得不平凡。1978 年，法国建筑学院（French Academie d'Architecture）向布罗伊尔授予金质奖时说，"他的建筑逻辑性、有力效果和结构真挚性所表现出来的各种材料之间恰到好处的关系，和他每个杰作的崇高性把布罗依尔置于我们最伟大的灵感泉源之

34. 见第四章第三节第 204 页。

中”。[35]IBM 研究中心可谓是这句话的一个实物说明。

在布鲁塞尔的兰伯特银行大楼（Banque Lambert，设计人 SOM 事务所。1957—1965 年）是 50 与 60 年代美国和西欧尝试用标准化的预制混凝土构件来建造承重外墙的另一成功实例。构件呈十字形，上、下接头处是两个不锈钢的帽状节点，结构合理，形式新颖，虽然承重但不显得笨重；统一的构件使它的立面呈规则的几何形图案。类似这样的例子不少，构件的不同形式使它们的立面构图各异。美国在英国伦敦的大使馆（设计人小沙里宁）的构件是方框形的；美国在爱尔兰首都都柏林的大使馆（设计人 J. M. Johansen，1916 年生，图 6-4）的外墙由两种构件组成，立面形式独特。

注重高度工业技术的倾向中最引人注意和最流行的是采用玻璃幕墙（图 6-5）。玻璃幕墙的采用是同战后玻璃工业的发展（吸热玻璃与反射玻璃的发明与发展）、化学工业的发展（各种胶料与垫圈材料的发明与发展）、空调工业的发展（由于玻璃幕墙是薄壁与封闭的必须依赖空调）和机械化施工工业的进步和发展分不开的。玻璃幕墙既然同那么多的现代工业有关，无怪它的形象能使人联想到现代的尖端科学。此外，它的色彩多样，光泽晶莹，如注意洗刷能保持经常清新；它的反射，即对周围动、静环境的反射等等，具有很大的魅力并向人们展示了新的视感。于是玻璃幕墙大受欢迎，在 60 年代时甚为流行。由于它的造价并不便宜，更被那些设法“要为业主增加威望”的高级建筑所喜欢采用。玻璃幕墙的造价虽然比较昂贵，但它的轻质可减少房屋的自重，薄壁可为房屋增加约 30cm 厚度的外围面积，预制装配可以缩短工时，这些可谓补偿。但尽管各种新型的保温玻璃不断出现，玻璃幕墙在空调上的开支至今仍比一般墙体大得多。而这些开支，自 1973 年石油价格调整后，显得非常尖锐；此外，它对光的反射屡屡成为诉讼事故的根源。故自 80 年代以来，人们对于玻璃幕墙的热忱已经大不如前了。人们不禁回顾说，玻璃幕墙的流行是同玻璃厂商、化工厂、幕墙加工商的大做广告与施加影响分不开的，他们指出：“这是美学同工业勾结起来反对房屋的使用者，因为他们的需要与要求全被忽视了……；其战略是要为产品市场发掘在流行样式中的潜力”。[36] 这句话

图 6-4　美国在爱尔兰首都都柏林的大使馆（a）外观（b）细部

图 6-5　美国波士顿汉考克大厦

35. *Architectural Review*，1978 年 8 月刊，第 33 页。
36. “Mirror Building” 见 *Architectural design*，1977 年，2 月刊。

可谓揭露了玻璃幕墙——一种预制构件——居然会成为一种十分流行的建筑思潮的社会根源，这样的问题在研究建筑思潮时是不容忽视的。除了玻璃幕墙还有铝板幕墙、石板与混凝土板幕墙，还有用玻璃或彩色玻璃同上述各种薄壁材料组合起来的幕墙。C. 佩利（Cesar Pelli，1926 年生）曾提倡用不同色彩的玻璃与其他薄壁材料在建筑立面上组成图案。

美国在科罗拉多州空军士官学院中的教堂（Chapel，U.S Airforce Academy，Colorado Springs，Colorado，1954 年开始设计，1956—1962 年建成，SOM 事务所设计，图 6-6）成功地利用最新技术来创造能够象征教堂的新形象。

教堂的平面呈简单的长方形，其中包含有 3 个教堂，一个 900 座的基督教堂在楼上，一个 100 座的犹太教堂和一个 500 座的天主教堂在楼下（两者背对背地连接在同一层内，各有自己对外的出入口），底下为服务性的地下室。该教堂的造型特点在于其形式既具有强烈的与当时时代一致的“机器美”，同时在视感上又同中世纪哥特教堂一样企图把人们的目光引向上天的上升感。教堂的形式同结构一致，由一个个重复的、用钢管（外贴铝皮）与玻璃组成的四面体单元所组成。每个层次一种类型，共有三种类型。在每个四面体单元的几个面的接头处还镶以一条彩色玻璃带，以增加宗教气氛。无疑地，这个教堂在使技术创新同艺术效果相结合的尝试中是成功的。

另一座比科罗拉多空军士官学院教堂更享盛名，同样具有高度工业技术特征的是旧金山的圣玛丽主教堂（St. Mary's Cathedral，San francisco，U.S.，1972 年，图 6-7）。设计人是 P. 贝卢斯奇（P. Belluschi，1899—），内尔维（P. Nervi，1891—1979）和麦斯威尼（Mcsweeney），瑞安（Ryan）和李（Lee）等。

教堂原位于另一条街上，1960 年被火烧毁，通过等价与当地一超市交换，乃建于此。贝卢斯奇长于设计教堂，他所设计的教堂从来没有两个是相同的。圣玛丽主教堂的基地位于一座小山巅上，这本来就具有先天条件，但建成后使教堂更引人注意的是它独特的内部空间与建筑造型。在这里结构与光线的相互作用和互为因果，使教堂建筑完全超越

图 6-6　美国科罗拉多州空军士官学院中的教堂（a）外观（b）局部

图 6-7　旧金山的圣玛丽主教堂（a）外观（b）从屋顶的十字沟连到边上的垂直沟

了传统的概念而达到了一个新的境界。贝卢斯奇认为，宗教建筑的艺术本质在于空间，空间的设计在教堂设计中具有至高无上的重要性。为此他在设计前，一方面回到他出生的意大利去重新体验天主教堂的艺术实质，同时还请了兼为建筑结构与美学专家的内尔维与他一同设计。

主教堂平面呈正方形，可容 2500 座位。上面的屋顶由四片高度近 60m 的双曲抛物线形壳体组成（图 6-7a），地底下为交谊室与会议室。教堂内圣坛居中，人们环绕圣坛而坐。四片向上的双曲抛物线形薄壳从正方形底座的四角升起，并随着高度的上升逐渐变成为四片直角相交的平板。它们既为室外创造了高峻的具有崇神气氛的体形；同时四块薄板在顶上形成的十字沟与在四边形成的垂直沟不仅照亮了教堂的室内，并通过沟上的彩色玻璃加强了教堂的宗教气氛（图 6-7b）。教堂的尺度很大，但并不显得笨重，也没有破坏旧金山的天际线。贝卢斯奇一向认为，建筑创作的秘诀在于整体性、比例恰当与简洁性，美由此而发出光泽；并认为，当代的人应充分挖掘当代技术的可能性。圣玛丽主教堂可谓验证了他的观点。

科罗拉多空军士官学院教堂与旧金山的圣玛利丽主教堂无疑地属于注重高度工业技术倾向，但其艺术形象却十分感人，因而有人称这样的建筑为“高度技术与高度感人”（high tech and high touch）。

60 年代出现了许多企图以“高度工业技术”来挽救城市危机和改造城市与建筑的设想。其在建筑中的表现之一为建造大型的、多层或高层的、用预制标准构件装配成的“巨型结构”（mega-structure）。例如英国由库克的阿基格拉姆小组提出的插入式城市、法国弗里德曼提出的空间城市，便属此类。这些“巨型结构”大多是一个庞大的结构构架，内有明确的交通系统与周全的服务性管网设施。在设计中他们强调建造的高度工业化和快速施工，强调结构的轻质高强与可装可卸和强调内部空间可以随时变换的灵活性。例如在插入式城市和空间城市的设想方案中，居住单元就像是一个个预制好的插头一样，只要插入构架、接通管网，便马上可用；不用时也只要把它拉掉便可。在美学上，他们站在未来主义的立场上，认为既然这是发展方向，人们就应该适应它并从中体会其美。他们对此的理论根据是，一百多年前的英国水晶宫、巴黎铁塔与机械馆最初也是不被人接受的，但是随着时代的演变，现代的人不仅能够接受它们并公认其为美。因而，直率地反映当前最新的高度工业技术的“机器美”是美的。

在这方面还有不少力求“以少做多”（to do more with less）的尝试。1970 年在大阪世界博览会里展出的一幢称为 Takara Beautilion 的实验性房屋（设计人黑川纪章，图 6-8）中，整幢房屋的结构是由同一种构件重复地使用了 200 次构成的。其构件是一根按统一弧度弯成的钢管，每 12 根组成一个单元，它的末端还可以继续接新的构件与新的单元，因而，这个结构事实上是可以无限延伸的。在单元中可以插入由工厂预制的适应不同功能的设施，可供居住、生产或工作用的座舱，或插入交通系统、机械设备等等。这幢房屋的装配只用了一个星期，把它拆除也只需那么多的时间。

黑川纪章和丹下健三同为当时日本的一个称为新陈代谢派（Metabolism）的成员。新陈代谢派强调事物的生长、变化与衰亡，极力主张采用最新的技术来解决问题。丹下健三在 1959 年时讲的一句话是很有代表性的。他说：“在向现实的挑战中，我们必须准备要为一个正在来临中的时代而斗争，这个时代必须以新型的工业革命为特征……，在不远的将来，第二次工业技术革命的冲击将会改变整个社会的根本特性”[37]。这句话不仅说明了新陈代谢派的基本立场，也说明了注重高度工业技术倾向中比较激进方面的立场。

丹下健三设计的山梨文化会馆（Yamanashi Press Center，1967 年，图 6-9）可谓是一座体现了他上述观点的、以新型的工业技术革命为特征的建筑。它的基本结构是一个个垂直向的圆形交通塔，内为电梯、楼梯和各种服务性设施。活动窗户和办公室像是一座座桥似的，或像是抽屉那样地架在相距 25m 的、从圆塔挑出来的大托架上。原来的设计意图是圆塔在建成后还可以按需要在高度上再添高或改矮而不至于影响房屋的整体结构；那些像抽屉似的室内空间也是随意疏密安排，甚至建成后还可以增加或抽掉。不过事实上房屋自建成至今并没有改变过。

图 6-8　大阪世界博览会里展出的 Takara　Beautilion 实验性住宅结构

图 6-9　山梨文化会馆。丹下健三设计

37. 转摘自 *Modern Movements in Architecture*，C. Jencks，p71.

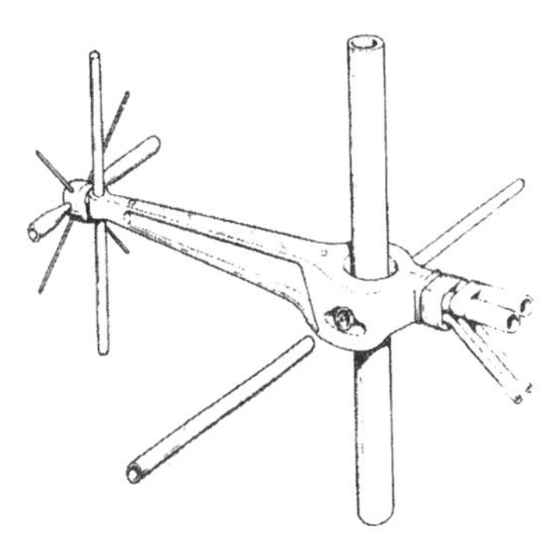

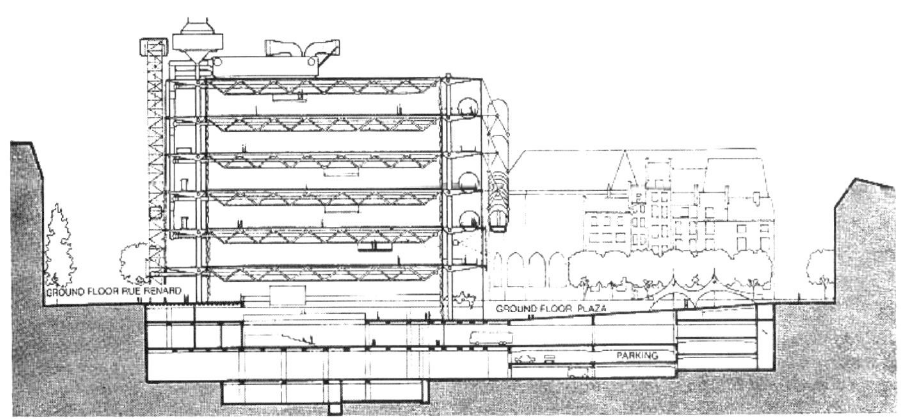

图 6-10　蓬皮杜国家艺术与文化中心（a）现代艺术博物馆与前面的广场（b）桁架梁与柱子的套筒式接头（c）剖面

注重高度工业技术的倾向中最轰动的作品莫如1976年在巴黎建成的蓬皮杜国家艺术与文化中心（Le Centre Nationale d'art et de Culture Georges Pompidou，1972—1977年，图6-10），设计人是第三代的现代建筑师皮亚诺和罗杰斯。他们对自己设计的解释是："这幢房屋既是一个灵活的容器，又是一个动态的交流机器。它是由预制构件高质量地提供与制成的。它的目标是要直截了当地贯穿传统文化惯例的极限而尽可能地吸引最多的群众"[38]。

蓬皮杜国家艺术与文化中心包括有现代艺术博物馆、公共情报图书馆、工业设计中心和音乐与声乐研究所四个内容。前面三个内容集中安排在一幢长168m，宽60m，高42m的6层大楼中；音乐与声乐研究所则布置在南面小广场地底下（图6-10c）大楼不仅暴露了它的结构，连设备也全部暴露了。在沿主要街道的立面上挂满了五颜六色的各种管道，红色的代表交通设备，绿色的代表供水系统，蓝色的代表空调系统，供电系统用黄色来说明。西面面向广场的立面（图6-10a），是几条有机玻璃的巨龙，一条由底层蜿蜒而上的是自动楼梯，几条水平向的是各层的外走廊。

38. 见皮亚诺和罗杰斯设计事务所当时出版的以此建筑为名的宣传小册子。

蓬皮杜国家艺术与文化中心打破了一般所认为的，凡是文化建筑就应该有典雅的外貌、安静的环境和使人肃然起敬的气氛等等习惯概念。它从广场以至内部的展品全部是开放的。广场就像一个平常的街边广场一样，在上面有闲坐的、游荡的、话家常的、做游戏的以至玩杂耍的，什么都有。展品也没有一定的布置方式，它使参观者有时会出其不意地忽然发现自己竟同一个著名雕像面对面地对望着。

值得注意的是它的房屋。平面长方形，在 168m × 60m 的面积中，只有两排共 28 根钢管柱。柱子把空间纵分为三部分，当中 48m，两旁 6m。各层结构是由 14 榀跨度 48m 并向两边各悬臂挑出 6m 的桁架梁组成的。桁架梁同柱子的相接不是一般的铆接或焊接，而是用一特殊制作的套筒（图 6-10b）套到柱子上，再用销钉把它销住。采用这样的套筒为的是要使各层楼板有自由升高或降低的可能性。至于各层的门窗与隔墙，由于都不是承重的，就更有任意取舍或移动的可能了。因而房屋的内部空间是极端灵活的。正是为了保证它的灵活性，故把电梯、楼梯与设备全部放在房屋外面或放在 48m 跨度之外。

蓬皮杜国家艺术与文化中心在建造过程中与建成之后一直是人们议论的中心。人们除了议论它的体量过大，风格同周围环境不相称，空间有没有必要这么灵活之外，最激烈的是艺术馆能否采用这种“没有艺术性”的形式，以及其设备暴露和鲜艳颜色是否太过分了等等。

新技术与艺术性能否很好地结合，几十年来一直是一个费人思考的问题。现在还有不少人，有些由于保守，有些由于“激进”（如 70 年代后自称为是最先进的后现代主义派）就是以注重高度工业技术倾向中的“缺乏人情”和“没有艺术性”而反对它。此外，社会上也有些人因为憎恨环境污染而转怒于工业技术的发展，进而责怪建筑中采用与象征高度工业技术的倾向。诚然，这个倾向同其他倾向一样，有其合理的也有其不合理的方面；并且，这个倾向由于它同材料工业与设备工业的关系，的确是经常会受到垄断企业的左右、误导与控制的。然而，注意工业技术的最新发展，及时地把最新的工业技术应用到建筑中去，将永远是建筑师应有的职责。问题在于是为新而新，还是为了有利于合理改进建筑而新。

第七节　讲究人情化与地域性的倾向

战后的讲究人情化与地域性倾向同下面将要谈到的各种追求个性与象征的尝试，常被称为“有机的”或“多元论”的建筑。其设计意识是战后现代建筑中比较“偏情”的方面。“多元论”按挪威建筑师与历史学家诺伯－舒尔茨（C. Norberg-Schulz）的解释是“以技术为基础的形式主义”[39]，其对形式的基本目的是要使房屋与场所获得独特的个性”[40]。可见他们是一些既要讲技术又要讲形式，而在形式上又要强调自己特点的倾向。这些倾向的动机主要是对两次世界大战之间理性主义所鼓吹的要建筑形式无条件地表现

39. *Meaning in Western Architecture*, C.Norberg Schulz, 1977, p391.

40. 同上。

新功能、新技术以及建筑形式上相互雷同的反抗。

讲究人情化与地域性在建筑历史上并不是一种新东西。但是它作为一种自觉的倾向，并以此来命名之，却是现代的事。它们在战后的表现多样。此外，人情化与地域性也不总是孖生的，而是各有偏向的。在西方国家，讲究人情化与地域性的倾向最先活跃于北欧。它是20年代的理性主义设计原则结合北欧一向重视地域性与民族习惯的发展。北欧的工业化程度与速度不及产生20年代现代建筑的德国和后来推广它的美国那么高与快。北欧的政治与经济也不像它们那么动荡，对建筑设计思想的影响与干扰也不那么大。此外，北欧的建筑一向都是比较朴实的，即使在学院派统治时期，也不怎么夸张与做作。因而，他们能够平心静气地使外来经验结合自己的具体实际形成了现代化并具有北欧特点的人情化与地域性建筑。50年代中叶以后，日本在探求自己的地域性方面也作了许多尝试，其中不少把现代与一定程度的民族传统意味结合得颇有特色。60年代起，随着第三世界在政治与经济上的独立与兴起，它们的建筑，无论是自己设计的，或外国人为它们设计的，也都在现代化的地域性与民族性中作出不少成绩。

建筑创作中的地域性（regionalism）是指对当地的自然条件（如气候、材料）和文化特点（如工艺、生活方式与习惯、审美等等）的适应、运用与表现。地域性亦称当地性（locality），广义地还含有乡土性（vernacular）；由于乡土性的意义偏于狭隘，故人们在创作中更多追求的是地域性。近十余年来，由于全球文明与地域文化的冲突日益尖锐，有些理论家，如K. 弗兰姆普顿主张把地方的自然与文化特点同当代技术有选择地结合起来，并称之为“批判的地域性”（critical regionalism，见第六章）。

芬兰的阿尔托被认为是北欧人情化、地域性的代表。阿尔托原是欧洲现代建筑派中一位年轻成员。他在两次世界大战之间的代表作，维堡市立图书馆与帕米欧结核病疗养院已被列入现代建筑经典作品之中。但如细致观察，可以看出他在处理手法上，已经表现出他对芬兰的地域性与民族情感的注意。以后，他在这方面的倾向越来越明显，到四十年代初，成为较早的公开批判欧洲现代主义的人。他在美国的一次称为“建筑人情化”的讲座中说：“在过去十年中，现代建筑的所谓功能主要是从技术的角度来考虑的，它所强调的主要是建造的经济性。这种强调当然是合乎需要的，因为要为人类建造好的房舍同满足人类其他需要相比一直是昂贵的。……假如建筑可以按部就班地进行，即先从经济和技术开始，然后再满足其他较为复杂的人情要求的话，那么纯粹是技术的功能主义是可以被接受的；但这种可能性并不存在。建筑不仅要满足人们的一切活动，它的形成也必须是各方面同时并进的。……错误不在于现代建筑的最初或上一阶段的合理化，而在于合理化得不够深入。”……现代建筑的最新课题是要使合理的方法突破技术范畴而进入人情与心理领域”[41]。在这里，阿尔托肯定了建筑必须讲究功能、技术与经济，但

41. 转摘自 *Towards an Organic Architecture*，B.Zevi，pp63-64.

批评了两次世界大战之间的现代建筑,说它是只讲经济而不讲人情的“技术的功能主义”;提倡建筑应该同时并进地综合解决人们的生活功能和心理感情需要。

以阿尔托为代表的人情化和地域性倾向的设计路子相当宽，其具体表现为：有时用砖、木等传统建筑材料，有时用新材料与新结构；在采用新材料、新结构与机械化施工时，总是尽量把它们处理得“柔和些”或“多样些”。就像阿尔托在战前的玛丽亚别墅中（见本教材第三章第九节）为了消除钢筋混凝土的冰冷感，在钢筋混凝土柱身上缠上几圈藤条；或为了使机器生产的门把手不至于有生硬感，而把门把手造成像人手捏出来的样子那样。在建筑造型上，阿尔托不局限于直线和直角，还喜欢用曲线和波浪形。据他说，这是芬兰的特色，因为芬兰有很多天然湖泊，这些湖泊的形状都是自然的曲线。在空间布局上，阿尔托主张不要一目了然，而是有层次，有变化，要使人在进入的过程中逐步发现。在房屋体量上，阿尔托强调人体尺度，反对“不合人情的庞大体积”，对于那些不得不造得大的房屋，主张在造型上化整为零。由于阿尔托不赞成严格地从经济出发，他的作品虽然形似朴素，但是设计的精致与施工上的颇费心机使它们的造价虽不太昂贵，但并不低廉。

珊纳特赛罗镇中心的主楼（Town Hall of Saynatsalo，1950—1955 年，图 7-1）是阿尔托在第二次大战后的代表作。珊纳特赛罗是一个约有 3000 居民的半岛。镇中心由几幢商店楼与宿舍，一座包含有镇长办公室、会议室、各部门办公室、图书馆、商店与部分职工宿舍的主楼，和它们附近的一座剧院、一座体育场组成。主楼的体量与形式同前面的商店与宿舍相仿，都是红砖墙、单坡顶的，环绕着一个内院而布局。阿尔托在此巧妙利用地形，做到了两个突出：一是把主楼放在一个坡地的近高处，使它由于基地的原因而突出于其他房屋（图 7-1a）；二是把镇长办公室与会议室这个主要的单元放在主楼基地的最高处使它们再突出于主楼的其他部分（图 7-1b）。

在设计手法上，阿尔托的不要一目了然、要逐步发现在此得到了充分说明：人们沿着坡道直上时先看到的是处于白桦树丛中的主楼的一个侧面，一座两层高的，上为图书馆下为商店的单元。走近了才能看到那铺了草皮的，可达到主楼的台阶。当人们转身走到了台阶口，首先吸引他目光的是内有镇长办公室与镇会议室的主要单元与这个单元入口的花架（图 7-1b）。于是人们拾级而上，到了上面，豁然开朗：左面是一优雅地绿

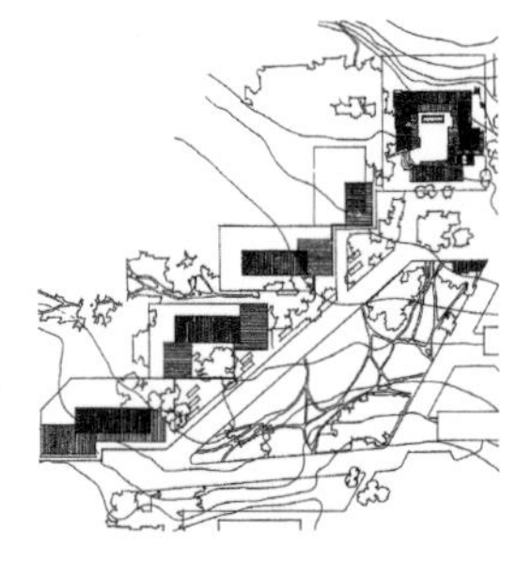

图 7-1　珊纳特赛罗镇中心主楼镇中心（a）总平面，图右上角为主楼（b）引入主楼的台阶（c）会议室内支撑屋顶的木构架

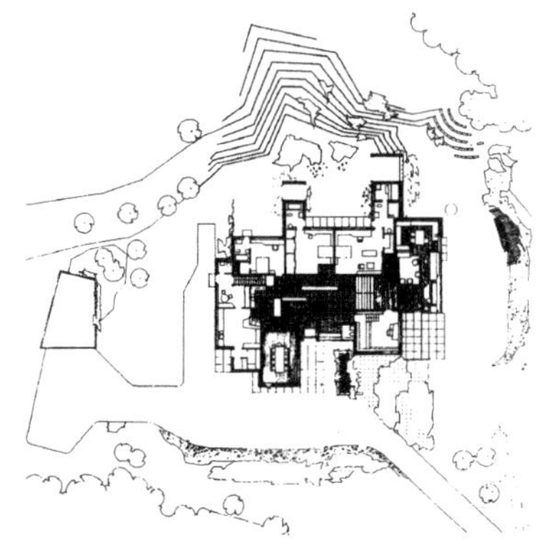

图 7-2　卡雷住宅（a）总平面图（b）外观

化了的内院，环绕内院的是只有一层高的各部门的办公室，右面是两层高的图书馆，面对台阶口的是含镇长办公室与镇会议室的主要单元。人们可以按着他的需要而选择他所要去的地方。这里还值得提起的是，进入主要单元的大门面对图书馆，它上面的花架使人感到它的存在而没有明显地正面看到。要进去还得转一个弯。镇会议室的内墙也是红砖的，上面形式独特的木屋架（图 7-1c）既是结构也是装饰。

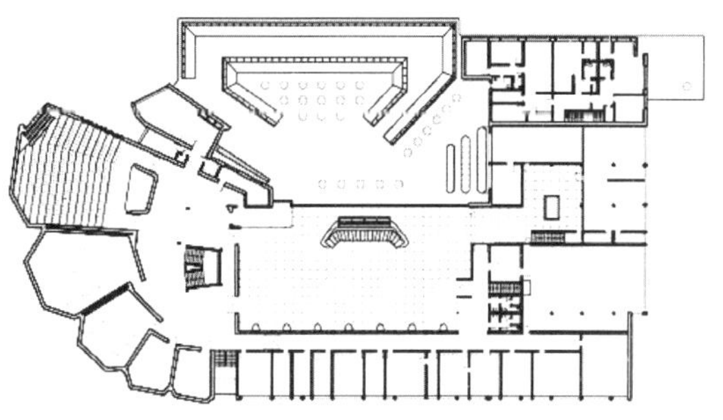

图 7-3　沃尔夫斯堡文化中心平面图

珊纳特赛罗镇中心的巧妙利用地形，布局上的使人逐步发现、尺度上的与人体配合、对传统材料砖和木的创造性运用以及它同周围自然环境的密切配合——不像欧洲一般现代建筑派经验那样，在对比中寻求相补，而是在同一中寻求融合——说明了北欧的人情化与地域性的特点。

卡雷住宅（Maison Carre，巴黎近郊，1956—1959 年，图 7-2）的设计原则同珊纳特赛罗的镇中心相仿，只是没有采用红色砖墙，而是又回到他早期所倾向的白粉墙上。它的内部空间组合复杂，使人莫测；给人以层层次次的好像在不断增生着的感觉。入口门廊上的木柱（图 b 略）是阿尔托长期以来要使构件形式因其结构与构造的不同而显得多样化的尝试之一。

沃尔夫斯堡文化中心（Wolfsburg Cultural Center，1959—1962 年，奥地利，图 7-3）的基地不大而内容丰富。对于这样的任务可以有不同的解决办法；阿尔托的处理是情愿建筑铺满基地而屋高却只有两层。为了使这个不得不连成一片的房屋不致有庞然大物之感，阿尔托采用了化整为零的方法，把会堂与几个讲堂一个个直截了当地暴露了出来，其形式不仅反映着其内容，并富于节奏感。

阿尔托不过是北欧的主要代表，事实上在丹麦、瑞典、挪威均有不少这方面的杰出作品。

图 7-4　苏赫姆的联立住宅沿街外观

丹麦建于哥本哈根附近苏赫姆的一组联立住宅（Chain House，Soholm，1950—1955 年，图 7-4），是由丹麦杰出的第二代建筑师雅各森设计的。这是一组既现代化而又乡土风味浓厚的住宅。其在布局上的配合地形与各家的相互不干扰，对富有地方风格的黄砖墙与单坡屋顶的细致处理和在尺度上的恰当掌握均很有特色。类似这样的住宅在战后的北欧与英国的新卫星城镇中常有出现。

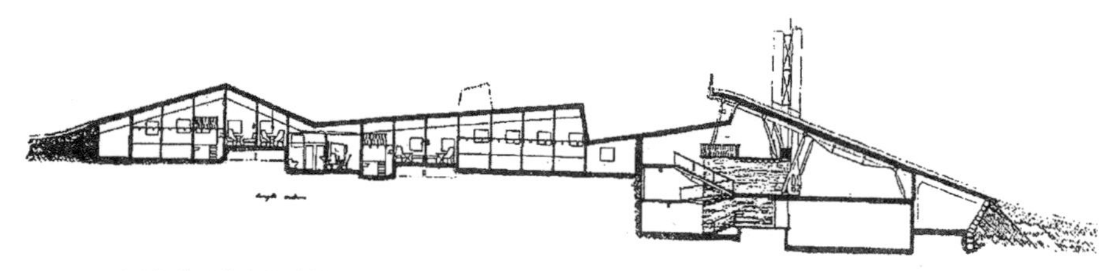

图 7-5　瑞典拉普兰体育旅馆剖面图

瑞典在拉普兰的体育旅馆（Sports Hotel，Borgafjall，Lappland，1948—1950 年，图 7-5）是一座宛如天生地偎依在它的自然环境中的建筑。它的大胆和独特的轮廓，道地的乡土风味和对地方材料与结构的巧妙运用使它一直被认为是北欧有机建筑中的典范。这座旅馆在冬天的时候是拉普兰南部的滑雪中心。在这里每年有 8 个月是积雪的；在夏天的时候是钓鱼与徒步远足的基地。建筑师厄斯金是一位有才华的现代建筑派的第二代建筑师。他具有北欧建筑师一般所共有的特点：明确社会对他的要求，善于处理建筑中的技术和经济问题，能够适时适地地采取适当的方法。在这里，设计的特点是努力使房屋同自然融合。

旅馆主要分为两大部分，前面是对外营业的饭店与休息厅，后面是可供 70 ～ 80 位旅客住宿的客房。基本材料是木，因为木对于保温和这座旅馆所需要产生的形式是一致的，而且还是当地最方便易取的材料。厨房部分为了防火用的是砖石。室内的家具与陈设都是厄斯金自己设计的，虽然显得比较复杂与琐碎，却使人联想到山区的农居。

地域性自 20 世纪 50 年代末在日本也很流行。当时日本的经济已经恢复并正在赶超西方而大有起色，建筑活动十分频繁。以丹下健三为代表的一些年轻建筑师对于创造具有日本特色的现代建筑很感兴趣。丹下健三本人也在他设计的县政府新办公楼中进行了不少尝试。对于地域性，丹下说：“现在所谓的地域性往往不过是装饰地运用一些传统构件而已，这样的地域性是向后看的……，同样地传统性亦然。据我想来，传统是可以通过对自身的缺点进行挑战和对其内在的连续统一性进行追踪而发展起来的”。[42] 这说明丹下认为地域性包括传统性，而传统性是既有传统又有发展的。

图 7-6　日本香川县厅舍外观

日本的香川县厅舍（1958 年，图 7-6）和仓敷县厅舍（图 3-6）可谓他在这方面的代表；虽然有人因他把钢筋混凝土墙面与构件处理得比较粗重而把它们称为粗野主义，但这种说法是可以理解的，因为勒·柯比西埃当时对日本中青年建筑师的影响很大。但如仔细观察，从厅舍外廊露明的钢筋混凝土梁头、各层阳台栏板的形式与比例等等，可以看到这两幢房屋从规划以至细部处理都散发着日本传统建筑的气息。

第八节　第三世界国家对地域性与现代性结合的探索

战后不少第三世界国家在将现代性与地域性结合起来方面做出了不少成绩。这同这些曾经长期处于帝国主义或外族统治之下的国家在争取到了独立之后，民族意识高涨与经济上升有关。例如东南亚的菲律宾、泰国（原本就是独立国，但战后经济有了长足的进步）、马来西亚、新加坡等；南亚的印度、斯里兰卡、孟加拉、巴基斯坦等；非洲北部的埃及与中部、南部的尼日利亚、莫桑比克、南非等和中东的以色列、土耳其、伊朗、伊拉克等。这些国家覆盖面很广，各国的政治、民族、宗教、文化、社会生活与经济发展差异很大，建筑发展的背景又迥然不同，很难予以全面叙述。现在只能把它们在现代性与地域性结合的尝试方面作简单的介绍。

这些国家除了少数中东国家早在第一次世界大战后便争取到了独立之外，多数国家都是第二次世界大战后才建立起来的。由于西方的政治与文化统治，它们大多经历过 19 世纪至 20 世纪初的西方复古主义与折衷主义，有些还经历了 20 世纪 30 年代所谓的新传统主义。例如英国人在印度新都新德里的政府建筑群就是在西方折衷主义构图中掺杂有印度民族主义词汇。当时的建筑师几乎全部为西方人，建筑类型以官方建筑为主，然而大量的民居与部分宗教建筑，如寺庙、清真寺等则保留了明显的乡土特色。

对现代性与地域性结合的探索始于 20 世纪 50 年代中期。这固然同这些国家在建

42. 转摘自 *Modern Movements in Architecture*，J.Jencks，1973，p322.

国后民族意识高涨与经济上升有关；同时一批在西方先进工业国学成回国的本国建筑师，面对国家大量出现的，需要适应现代生活要求的诸如体育场、学校、医院、商业建筑、剧场、办公楼等任务，也迫切需要寻求一条既要符合生活实际又要在建筑形式上具有不同于以往、不同于他人的可识别性道路。当时在建筑风格上存在着是走西方的现代化还是走民族主义道路的争论。这些建筑师经过对过去与现代、外国与本国的比较后认定了要走现代性与地域性结合的道路。勒·柯比西埃在印度昌迪加尔的行政中心建筑群对那些年轻建筑师启发很大，并坚定了他们要走自己道路的信心。何况当时不少国家的领导人也倾向于建筑现代化。例如勒·柯比西埃就是应尼赫鲁本人之邀到昌迪加尔主持该城的规划与设计工作的。尼赫鲁认为勒·柯比西埃的带有世界大同意识的社会观念和理性的建筑思想符合他对印度所抱有的雄心壮志和所设想的印度形象[43]。在印度尼西亚的苏加诺时期（1957—1965 年），现代建筑被看作是力量和现代性的象征而毫无异议地被引入；现代运动内在的排斥旧秩序的意识也被认为是适合民族独立潮流的；许多现代化的大型建筑、重要的国家级纪念性建筑同高速公路并肩地进行。这种情况在苏加诺下台后仍然继续着[44]。此外，60 年代，当许多中东国家忽然由穷国跃至举世瞩目的石油输出富国后，大量先进工业国的著名建筑师云集中东，且不说大师级的勒·柯比西埃和格罗皮厄斯（图 8-1）等人，更多的是第二代与第三代的现代建筑师，他们的作品有的直接搬用西方经验，也有的自觉地参加到探索现代性与当地地域性结合的行列中。在当时的探索中，一些本国的青年与中青年建筑师显得最为积极。他们努力发掘与接受以当地为基础的本土文化，并且认为：这些土生土长的文化不会在几百年来的、比它强大与富于侵略性的外来文化之下被作为自然屈从者而被抛弃；事实上，这种文化已经证明了自己在长期的对立和压迫下的灵活性和生存能力[45]。他们以自身的条件来审视现实，从本国的角度来重新阐释本土文化的内在力量、复杂性与个性，同时要分享当代世界的现代性。下面将举例以说明之。应该注意到的是，下面所提到的建筑师大多有很多其他的作品，这里提及的只是他们与地域性有关的方面。

图 8-1　勒·柯比西埃和格罗皮厄斯等人为第三世界国家设计的作品（c）Candilis，Woods 和 Bodinsky 在萨布兰卡设计的一座适应北非气候与当地生活方式的公寓（1952—1954 年）

探索首先从充分利用地域文化来满足现代生活要求开始。

埃及建筑师法赛（Hassan Fathy，1900—1989 年）为了要为穷人解决住宅问题，长期献

43. 见《南亚建筑文化的多元化特征》,《建筑学报》2000 年第 5 期，第 64 页，张祖刚。

44. 见《20 世纪世界建筑精品集锦》第 10 卷，“从无处到有处到更远” 第 9 页，林少伟著，张钦楠译。

45. 同上，第 7 页。

身于运用本土最廉价的材料与最简便的结构方法（日晒砖筒形拱）来建筑大量性住宅的实践与研究。他为此制定了既适合生活同时也是最经济的尺度，改良其结构与施工方法，对之进行标准化，并在组合中对隔热、通风、遮阳等等作了周密的考虑与妥善的安排。早在20世纪40年代他便成功地在埃及卢克苏尔附近建造了新古尔那村（Village of New Gournia，1945—1948年）。60年代他又在政府的支持下在哈尔加绿洲处建了新巴里斯城（New Bariz，Oasi di kharga，1964年始）。新巴里斯城规模很大，由6座卫星城组成，是埃及大规模治沙定居计划的重要项目之一。居民住宅布局为了适应当地的恶劣气候条件，通过狭小的内院来组织居住空间，住宅之间以迂回曲折的弄堂相联系。此外，在市场处还建了土法的垂直通风塔，以利通风与降温。新巴里斯城1967年因中东战争而停工，工地至今仍是原来的样子。

图8–2　在沙特阿拉伯吉达的苏里曼王宫

法赛的建筑显然具有强烈的乡土性。但这里的乡土性并非出于浪漫的怀旧或别致的形象。而是由于社会现实的需要而明智地将传统与乡土性向现代延伸。图8-2是法赛在沙特阿拉伯的学生A. 瓦赫德－厄－瓦基尔（Abdel Wahed-El-Wakil）在吉达设计的苏里曼王宫。

泰国建筑师、理论家朱姆赛依（S.Jumsai，1939年生）在西方学成回国后才强烈地感到了东西方文化的对比，并重新体会到泰国本土文化的魅力。他把这些区别总结为："广义地说，地球上只有两种文明，一种本能地以受拉材料为基础，另一种则以受压材料为基础。前者产生于与水有关的技能和求生本能，在需要时可在最少的辎重下流动"[46]。他并且感慨地把东南亚的文明称为水生文明（Water based Civilization）。的确，东南亚与南亚的早期居民均沿水而居。建筑大多为木或其他植物杆结构。结构构件轻而小，长期的改进不仅使材料性能得到充分发挥并且结构合理，构造逻辑性强并富有韵律感。由于当地气候炎热潮湿，遮阳与通风成为建筑的关键因素。窗户大多为成片的漏窗，有时在墙与屋顶挑檐之间还要留出可供通风的间隙；屋顶上面还设有利于热空气上升外逸的气窗。这种凸出于屋面的气窗使光线从侧面进入，既有利于散热与通风又不至于阳光直接射入。

斯里兰卡建筑师G. 巴瓦（Geoffrey Bawa，1919年生）设计的依那地席尔瓦住宅（Ena De Silva House，Golombo，Sri Lanka，1962年建成）是其中一个优秀而典型的实例。它

46. 见《20世纪世界建筑精品集锦》第10卷，"从无处到有处到更远"，第7页，林少伟，张钦楠译。

引申了几乎上述传统住宅所有的特点，但却是一座完全符合现代生活要求与生活情趣的住宅。特别是他一方面使居室环绕一个较大的中央内院布局，同时又在有些居室旁设置了自用的较为私密的小内院，室内与室外空间相互穿插，并时而打成一片。此外，他在室内外环境的铺地上也考虑得十分细致，有些地方粗犷、有些地方精致、有些显得古朴、有些则自然得宛若天生。这种以现代的方式来表达传统的设计意志和态度体现了巴瓦所说的："虽然历史给了很多教导，但对于现在该做些什么却没有做出全部回答"[47]。

马来西亚建筑师林倬生（Jimmy Cheok Siang Lim）的瓦联住宅（Walian House，又音译"华联住宅"，吉隆坡，1982年设计，1983—1984年建成，图8-3）与依那地席尔瓦住宅异曲同工。但它除了在通风与遮阳上充分引用了传统民居的特色外，还在水的方面用功夫，故又被称为"风水住宅"。它的中庭空间高达50英尺（15m），上有屋顶3层外还有上凸的气窗，不仅前后通风，并能左右通风。深深的挑檐使人生活在通风良好、没有日晒的宜人环境中。部分中庭筑在水池上面。水池分为两部，水面略高的是游泳池，池水经过一片斜墙像瀑布似地泻到下面的水池中。房屋的木结构不用说，十分精巧。瓦联住宅代表了当时已开始流行的极有乡土情趣的现代建筑。这种风格特别受到旅游饭店所欢迎。例如印度尼西亚的旅游胜地巴厘岛的高级旅馆大多是上有风、下有水的木结构，它们为了吸引顾客从建筑细部以至环境都做得十分精致。

受世界公认、并曾获得多个国家建筑金奖的印度建筑师柯里亚（Charles Mark Correa，1930年生）设计了许多具有深刻地域文化内涵的现代建筑。国家工艺美术馆（National Crafts Museum，Delhi，India，1975—1990年）是他较为早期的作品之一。这里系统地展出了印度历史上各个方面的约2.5万余项从乡村工艺、庙宇工艺以至杜尔巴（durbar，宫廷）工艺的展品。展馆造得十分原真，从地坪、梁柱，檐口以至墙体、门窗、漏窗无一不是按照当时、当地及特定的类型与级别来制作的。在规划与设计上特别值得提起的是整个建筑群不是以一幢幢展馆为中心，而是以一系列的由房屋所包围着的"露天空间"（open-to-sky spaces，内院）为中心的。围合于内院周围的建筑立面本身也是展品，其艺术形象与该内院要求展出的内容完全一致。至于其内部设计与规模则视展出要求而定，比较自由。这是柯里亚从自己身历那些处于印度庙宇之间的内院或通道时得到的灵感：一个从神圣的露天空间走向另一个神圣的中心的移动，这个移动的本身就是一段重要的礼仪性历

图8-3　瓦联住宅中庭剖面

47. 转摘自 *Contemporary Vernacular*, William Lim, Tan Hock Beng, 1998, p87.

程[48]。无疑地，国家工艺美术馆是一感染力很强的作品。近年来美术馆在展出内容的不断增加中，发现这样的布局还有利于美术馆在建筑上的扩建。应该注意的是，柯里亚在处理传统与现代化中有一个十分明确的理念，这就是他尊重历史文化，但坚决反对抄袭与“转移”（transfer）。他认为应该发掘历史上深层的、神话似的价值（mythic values），使之“转化”（transform）为今日之用；就是说只有在充分理解古代图像中的含义与原理后，按当代的需要对它进行重新阐释才能获得受人尊重的作品。柯里亚这种对印度古代文化的转化在他后来的许多作品中得到更为充分的体现。

日晒砖与木结构固然在阐述地域文化上有它的优势与独特效果。但当代城市生活对建筑在数量与规模上的需求却是它们所难以承担的。因而人们不得不寻求新的材料与结构方法来适应新的要求。

S.H. 埃尔旦（Sedad Hakki Elden，1908—1987 年）是土耳其在探求民族传统与现代结合中最有影响的建筑师。他从 50 年代初创造带有现代特色、然而富于乡土性的住宅中崛起，以至成为 60 年代土耳其的第二次民族建筑运动——追求“现代阿拉伯性”——的带头人之一。埃尔旦主张继承的不是王宫与清真寺特色，而是土耳其民居中有深挑檐的屋顶、厚实的底层直条形窗与模数化了的木结构特征；但是，要用现代的方法——钢筋混凝土框架结构与填充墙——表现出来。须知，中东地区的气候干热，在这里遮阳与隔热成为关键因素。因而埃尔旦的建议既符合了当地建筑的形式特点，也符合气候的要求。他的代表性作品很多，在伊斯坦布尔的社会保障大楼（Social Security Complex，Zeyrek，Istanbul，Turkey，1963—1968 年，图 8-4）被认为是土耳其“具有文脉的建筑中最优秀的先例之一。它那富于变化的形式，它的尺度，节奏以及它的比例都得自它的外观，也来自于功能和内部空间的布局”[49]。

在探索土耳其的新地域性建筑中，有与埃尔旦齐名的 T. 坎塞浮（Turgut Cansever，

图 8-4 社会保障大楼（a）从东西看建筑群全貌（b）挑檐和窗的细部

48. 转摘自 *Contemporary Vemacular*, William Lim, Tan Hock Beug, 1998, p46.
49.《20 世纪世界建筑精品集锦》第 5 卷，H-U. 汗主编，李德华译，第 117 页。

1921 年生）。他的作品虽然不多，但富于哲理性。他与 E. 叶纳（Ertur Yener）共同设计了在安卡拉的土耳其历史学会大楼（Turkish Historical Society, Ankara, Turkey, 1959—1966 年）。坎塞浮的设计目的是“使其与这一地区的文化和技术相匹配，同时与当时盛行的国际式建筑倾向相抗衡……要实现用当代的语言来表现伊斯兰的内向性和统一性的理想”[50]。房屋采用钢筋混凝土框架结构，在填充砖墙的外表贴以安卡拉红石面饰。屋内有一个三层楼高的中庭，上覆以玻璃窗。房间环绕中庭而布置，交通也在中庭四周。在太阳晒得到的中庭墙面上装有可以启闭的土耳其传统构图的橡木透风花屏，以便通风与遮阳。须知玻璃顶中庭在当时尚是新鲜事物，而木制的透风花屏又富于地域性，故此建筑深受业主与其他建筑师赞扬。

伊拉克是 20 世纪 50 年代中东地区以石油而致富中最为突出的国家。当时西方建筑师云集中东，其中有不少就在伊拉克；因此现代建筑比较活跃。1958 年七月革命之后，民族主义情绪高涨，要求复兴地域文化的热情大大地影响了建筑。当时有两位建筑师被认为是最杰出的，这就是 M. 马基亚（Mohamed Makiy, 1917 年生）和 R. 查迪吉（Rifat Chadirji, 1926 年生）。稍后又有第三位 H. 莫尼尔（Hisham Munir, 1930 年生）。他们的作品与设计思想被认为反映了现代阿拉伯的品质。马基亚以设计和建造大型清真寺而闻名。他所负责的项目大多规模很大，为了使清真寺在继承文脉和新的建造方法中取得一致而费了很多心思。其中包括对传统的拱、券与拱廊在尺度与构图上作重新阐释，并且在材料与结构中，既用了砖、石、钢筋混凝土，还局部地采用了钢结构等等。建于巴格达一个源于 9 世纪的历史场址上，并有一座 13 世纪遗留下来的密那楼（又称邦克楼）旁的是胡拉法清真寺（Al Khulafa Mosque, Baghdad, Iraq, 1961—1963 年）。由 R. 查迪吉与伊拉克咨询公司共同设计的烟草专卖公司总部（Tobacco Monopoly Headquarters, Baghdad, Iraq, 1965—1967 年，图 8-5）标志着伊拉克建筑“进入一个新的表现主义时期”[51]。查迪吉提倡地域的国际主义建筑，认为建筑必须表现材料特性，体现社会需要和现代技术。该建筑形象受伊拉克建于 8 世纪的乌海迪尔宫（Palace of Ukhaider）启发，外形为一个个垂直的砖砌圆柱体，其间点缀着垂直与狭长的券形窗。这座建筑对中东

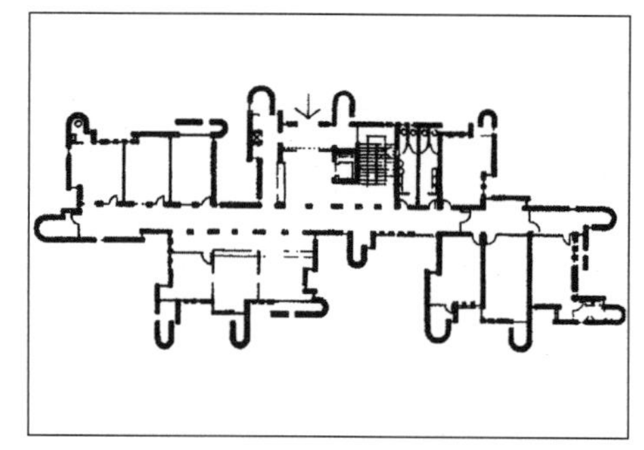

图 8-5　烟草专卖公司总部大楼（a）建筑平面图（b）局部外观

50.《20 世纪世界建筑精品集锦》第 5 卷，H-U. 汗主编，李德华译，第 99 页。
51.《20 世纪世界建筑精品集锦》第 5 卷，H-U. 汗主编，李德华译，第 121 页。

60至70年代的建筑创作很有影响。H. 莫尼尔的巴格达市市长办公楼（Mayor's office, Baghdad, Iraq, 1975—1983年）是一座位于城市中心区、前有广场和十分气派的8层高大楼。它从细部乃至环境都经过精心设计：钢筋混凝土结构，但同时采用当地的传统材料——砖与彩色釉面砖——做局部的结构与装饰；在设计中充分采用当地的各种建筑元素，如中央庭院大片的伊拉克式透风花屏、砖砌尖拱与几何图案的木装修等等。顶部向外挑出的是市长办公室与专用的庭院，院内有传统式的喷泉，此外还有餐厅与饭堂等等。市长办公楼与莫尼尔其他的作品一样，到处闪烁着设计人对融合传统要素与现代要求的关注。

在伊朗可以看到同样的受地域性启发的现代建筑。石油的收益使国家启动了一系列的建设新城和建造住房的计划。从20世纪50年代至80年代，由营造商经营的"建造—出售"事业十分兴旺，成果良莠不齐。

伊朗在此期间最杰出的建筑师是迪巴（Kamran Diba，1937年生）和阿达兰（Nadar Ardalan，1939年生）。迪巴以住房与社区建筑为主，值得提起的是由他主持的、在胡齐斯坦省的舒什塔尔新城（Shuahtar New Town，Khuzestan，Iran，1974—1980年）。这是一个规模很大的、由附近一个蔗糖厂为了安置它的雇员而建的新城，规划居民4万人。其内除了有大量住房外，还有公园、广场、林荫道、柱廊、清真寺、学校等等，但原计划要建的供市民文化生活与交往用的公共建筑则因70年代末的政治变革而没有建。布局采用了传统的内向形式，并特别注意到中东干热地带不同季节的风向与避免烈日直射等等自然因素。其中公共空间比较宽敞；住宅则室内宽舒、室外庭院仍按传统习惯比较狭窄，以形成阴影。当地人晚上有睡在内院中或屋顶平台上的习惯，因而平台周围筑有矮屏风以保证私密性。住宅采用当地生产的砖墙承重，钢筋混凝土基础和钢屋架，为了隔热带在梁与梁之间架设浅弧形的砖砌筒形拱，跨度为4m。该新城可谓"把满足当地生活方式和当地建筑与工业发展的现代需要完美地结合起来"[52]。

当代美术馆（Museum of Contemporary Art，Tehran，1967—1977年）是迪巴与阿达兰在伊朗深受西方建筑影响的时代（20世纪60与70年代巴列维王朝后期）共同设计的一座被认为是该时代标志的建筑。美术馆共有7个展廊，设计人巧妙和充分地利用基地，按着地形的坡度将房屋斜向地环绕着一个不规则的内院——雕塑庭院——而布局。建筑全部顶上采光，其形象由于有一个个水平与竖向的半筒拱状的采光筒而使人联想到L. 卡恩和塞特与此相仿时期的作品。其实这种半筒拱在伊朗并不陌生，因为伊朗传统建筑中用以捕捉风流的迎风塔有的也是这个样子的。自从80年代，伊朗由于政治变革而引起了文化变革，使美术馆在收藏与展出内容上有了很大的改变。

南亚与东南亚在探求以新的工业材料与结构方法来适应现代生活对建筑数量与质量要求的同时，还在保留其地域特色中做了许多工作。

这里要再提及印度建筑师C. 柯里亚。上面提到过他的印度国家工艺美术馆。该[53]

52.《20世纪世界建筑精品集锦》第5卷，H-U. 汗主编，李德华译，第153页。
53.《20世纪世界建筑精品集锦》第8卷，R. Mehrotra 著，申祖烈、刘铁毅译，第25页。

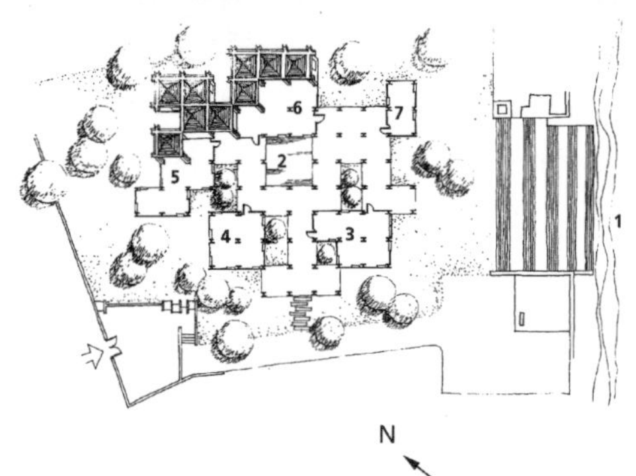

图 8-6 甘地纪念馆（a）给炎热的艾哈万达巴德带来清凉的水池（b）总平面 1- 河流；2- 水池；3- 办公；4-6 展馆；7- 会议室（c）从室内通过院子看到对面。有的展馆在柱子之间镶有大片木制百叶窗

馆的目的是要展出印度历史文化中的传统工艺，因而柯里亚一方面在规划与设计中表现了他的创造性，同时在选材与施工中则力求接近传统，以使展馆也成为一件杰出的工艺品。但柯里亚在他其他的作品中却一直在探求如何使新材料与新技术适应印度的现实生活需要与如何在风格上反映印度性。这是他自 1956 年在国外学习与工作了 10 年后，一方面带着明显的西方现代建筑倾向回国，另一方面却在东西方文化的强烈对比中，对印度本土建筑比较灵活的空间布局、不同材料的敏感运用和低造价越来越感兴趣的结果。于是在不断探索中逐渐形成了他以印度本土建筑经验为依据的既现代又地域的风格。甘地纪念馆（Gandi Smarak Sangrahalaya，Ahmedabad，India，1958—1963 年，图 8-6）是他最早引起人们注意的作品，也是印度本建筑师最先在公共建筑中体现现代地域性的作品。展览馆是甘地故居的引申，由于圣雄甘地是在这里开始他的历史性光辉历程的，这里以展出甘地的信件、照片、反映自由运动历史的文件和宣传甘地的思想为主。建筑设计巧妙地把西方现代的理性主义同甘地故居中原有的简单与朴实结合起来。一个个标准化了的展厅单元按着一定的模数自由地坐落在部分开敞、利于通风的院子周围。院子当中还有一个水池。房屋屋顶是传统民居中常见的方锥形瓦屋面，建筑四边或是开敞，或是砖墙，或是镶在柱子之间的可拉动的大片木制百叶墙。建筑为混凝土梁柱结构，处于单元之间的混凝土槽形梁既是屋梁也是雨水槽。这样的布局与结构均有利于纪念馆日后的扩建。事实上纪念馆设计的时候是同西方后来受到尊重的阿姆斯特丹的儿童之家同时期的。只是儿童之家比甘地纪念馆较早建成而已。可见柯里亚在创作中的创造性，何况这里还充分反映了印度地域的自然要求与历

史文化特点。建筑评论家的评语是“通过对历史精华的抽象应用，纪念馆体现出一种与历史相联系的当代建筑的力量。建筑中隐含的逻辑性、合理性表达出清晰、简洁和优雅的气质——这正呼应着与其相邻的甘地故居的精神[54]。

柯里亚认为对历史传统的运用应该是转化（transform）而不是转移（transfer），这一点不仅体现在这里，还以不同的着眼点与方式体现在他后来许多作品中。如在孟买的干城章嘉公寓（Kanchanjunga Apartments，Bombay，India，1970—1983 年，图 8-7）。这是一座 28 层高的高级公寓，内含 32 套不同的房型（从 3 卧至 6 卧）。每户占两层或局部两层，并有一个两层挑空的转角平台花园。房间的窗较小可免受日晒和季风雨的侵袭，但挑空平台使住户充分享受到附近孟买港的海风与海景。每户上层的房间还有小阳台向平台花园开敞。建筑技术先进，是印度第一座采用当时（20 世纪 70 年代）属于先进的钢筋混凝土滑模技术的高层建筑。外形简洁，但一个个错开的转角平台打破了高层公寓常有的千篇一律，给城市带来了全新的面貌。这幢大楼在当时“既新潮，又有印度风格”[55]。又如在新孟买贝拉普地区的低收入家庭试点住宅（Low Income Housing Scheme，Belapur，New Bombay，1986 年，图 8-8）中，柯里亚考虑的是如何在有限的土地与最低的造价中适应他们的生活要求与提高他们的生活质量。建筑有一层与两层的，独门独户，每三四或四五户成为一组，环绕着一个半开敞的内院布局。内院既有利于周围住宅的通风，同时也为这些住户在门前进行家庭手工业生产时提供场地。门前有门廊，后面有阳台，以躲避烈日与季风雨的袭击。厕所按当地人的习惯是坑位，但可用

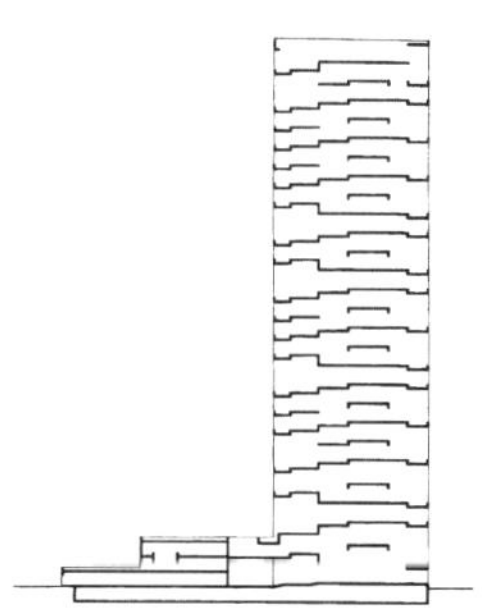

图 8-7　干城章嘉公寓（a）房屋转角的空中花园使建筑外观不寻常（b）剖面设计显然受到勒·柯布西埃影响（c）在平台花园里

图 8-8　新孟买贝拉普地区的低收入家庭试点住宅

54.《20 世纪世界建筑精品集锦》第 8 卷，R. Mehrotra 著，申祖烈、刘铁毅译，第 25 页。
55.《20 世纪世界建筑精品集锦》第 8 卷，R. Mehrotra 著，申祖烈、刘铁毅译，第 173 页。

水冲洗，并兼作洗澡间之用。旁边是有围墙的内院，也可用作洗澡或家庭杂务。砖墙承重，梁柱均为预制。设计与建造过程中常为了节约造价而对每一寸土地或每一分出檐做仔细的计算与推敲。

B. 多西（Balkrishna Doshi，1927 年生）和 R. 里瓦尔（Rai Rewal）是印度另外两位杰出的建筑师。多西是印度本国培养但深受西方影响的建筑师、城市规划师与建筑教育家。20 世纪 50 年代初，当勒·柯比西埃在印度艾哈迈达巴德工作时他开始师从勒·柯比西埃，到 50 年代中期，成为勒·柯比西埃在昌迪加尔的高级助手。当时他还经常在勒·柯比西埃的巴黎事务所工作。60 年代初，当 L. 卡恩在孟加拉的达卡主持首都建筑群时，他又协助 L. 卡恩在孟加拉的工作。他经验丰富并有许多作品，他的作品大多反映了他所说的：“我试图去了解我的人民，他们的传统生活习惯和生活哲学……[56] 以及那些把他们同环境联系起来的冷、热、风向、阳光、月光、星空、生活方式、宗教仪式、艺术、工艺……等等”[57]。班加罗尔的印度管理学院（Indian Institute of Management, Bangalore, India，1977—1985 年，图 8-9）是一个国家级的，包括有许多教室、研讨室、宿舍、教职员住宅、图书馆、咖啡厅、休息厅和其他附属设施的大型校舍。多西受印北莫卧儿皇朝时的大清真寺与印南印度教的大寺庙的影响，在学院主楼的空间布局中表达出自己对印度建筑的理解。在这个复杂的相互连接的大建筑中，体积与空间虚实交错，有如迷宫。各部分通过复杂的走廊系统联系在一起，贯穿其中的是一条南北向的交通主线。在这里，建筑并不作为处于空间中的一个实体被欣赏，只有当人们行走于其中时，才能体会到空间的丰富以及各空间层叠交融的妙处。“这无论在建筑师自己的心目中，或是在次大陆地区，都被视为一个典范”[58]。

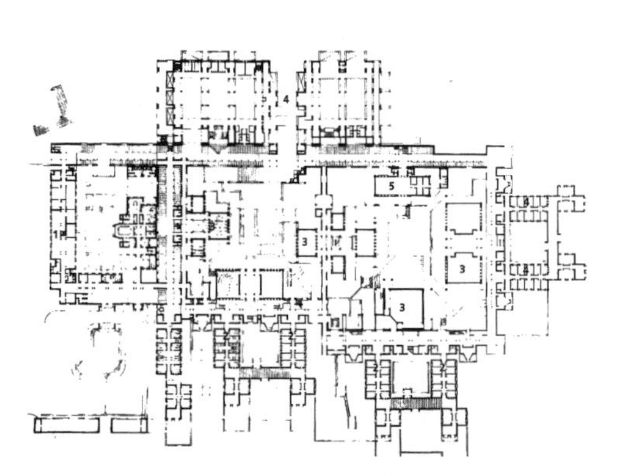

图 8-9　印度管理学院（a）学院主楼平面　1- 行政办公；2- 教员办公；3- 教室；4- 图书馆；计算机中心；（b）阳光通过上面的遮阳板而落下，使廊具有戏剧性的效果

R. 里瓦尔与他的上述前辈一样，多年来一直在刻意寻找适宜于印度的建筑语言。他的探索主要是三个方面，

56. Contemporary Architects, Muriel Emanuel, 1980, p211.

57. 同上。

58.《20 世纪世界建筑精品集锦》第 8 卷，R. Mehrotra 著，申祖烈、刘铁毅译，第 8 页。

一是关于地方材料，石、砖和混凝土的表现；二是莫卧儿王朝建筑风格形态与形式的形成；三是如何把自己从欧洲学到的经验融合到印度的建筑文脉中。他的创作基地是新德里，作品以文教建筑与居住建筑为主。他为 1982 年第九届亚运会设计的亚运村（Asian Game Village New Delhi）是他多个名作之一。亚运村是供大会运动员与来宾居住的小区，占地 14hm^2，在设计时便考虑到大会之后可以作为[54]面向社会高收入阶层的商品房。这里有 200 套独立住宅、500 套 2～4 层高的公寓，各套均有内院或露台。建筑形态以印度北部城市的称为"mohalla"的街坊为基本单元——既是组团式又相互连接成片，其中有街道、广场、公共活动场地等。区内除了中心广场外以步行为主，在小区周围设有停车场。住宅外墙采用水泥砂浆和砂石颗粒饰面，通过线条划分，看上去像天然砂石的石板墙，尺度与视感效果良好。大会之后，各组团之间装上门，调整了道路与内院，使之成为宜人的邻里单位。

孟加拉国的 M. 伊斯兰姆（Muzharul Islam）在 20 世纪 50 年代便已着手西方现代建筑同孟加拉地域点结合的尝试。伊斯兰姆是该国一位资深建筑师，在达卡建有许多建筑。60 年代初，由他出面邀请 L. 卡恩到达卡主持首都建筑群的设计时，他便表达了不仅要有地域的自然特征，还要有文化特征的愿望。他的代表作品之一，达卡大学国家公共管理学院（National Institute of Public Administration（NIPA）Building，University of Dhaka，Bangladesh，1969 年，图 8-10）表明了他从适应气候特点也发同时也获得了传统特征的设计方法。学院建筑高 3 层，钢筋混凝土框架结构，砖填充墙，结构布局与构件清晰、整齐，施工精确。3 层中，上面两层较下面两层向外突出，到顶部是悬挑很深的平顶。房屋周边留有较宽的回廊，有些公共的房间干脆没有墙，与回廊打成一片。这种像亭子似的，重视遮阳、通风与尽可能产生荫凉的建筑，从手法上说，源于南亚与东南亚的民居。当时在东南亚有与达卡大学国家公共管理学院异曲同工的马来亚大学地质馆（Geology Building，University of Malaya，Kuala Lumpur，1964 年开始设计，1968 年建成）设计人是当时的马来亚建筑师事务所。该所由三位曾留学英国、后来活跃于新加坡的林苍吉、曾文辉、林少伟建筑师组成。地质馆除逐层挑出之外，在屋顶上还装有利于下面通风的迎风管。

东南亚传统住宅的屋顶总是深挑檐的四坡或两坡顶，上铺草或木片瓦，顶上常有侧窗或上凸的气窗通风。结构是地方的竹、木或其他植物杆。墙体常用席子或漏空的栅栏，或局部开敞。在形象上，由于柱子较细，常给人以上重下轻的感觉。这种房屋在菲律宾称为 nipa，在马来亚地区称为 Kampong。随着东南亚建筑方法的现代化，钢筋混凝土与黏土砖、瓦代替了地方的原始材料，但有些与生活有关的特色，如墙体像屏风一样与在

图 8-10　达卡大学国家公共管理学院

墙与屋檐之间留有空隙，或墙面也要能透风等等被保留下来了。这使东南亚的民居建筑仍具有浓重的地域特色。在菲律宾曾多次获奖与被命名为国家艺术家的建筑师洛克辛(L. V. Locsin，1928—1994 年) 在努力寻找一种真正属于菲律宾的建筑表现时，大胆并成功地把来自 nipa 的经验转化到大型的公共建筑中。1969 年的菲律宾文化中心与 1976 年的菲律宾国家艺术中心是菲律宾不到 10 年中两座引起国际瞩目的纪念碑。前者成为马尼拉市的一道城市景观；后者比前者更具现代地域性。菲律宾国家艺术中心 (National Arts Center of the Philippines，Los Banos，Laguna，1976 年) 是一个为了培育年轻有为艺术家而建的，包括剧场、村舍、俱乐部、小演出厅、交谊厅、餐厅以及一切与之有关的服务设施的建筑群。主体建筑是剧场，内最多时可设 5000 座位，位于风光景色十分美丽的拉古那湖畔。深挑檐的钢结构大屋顶，底层基本透空，由 8 个三角形的钢筋混凝土墩柱支撑着的上重下轻的建筑形象，使人一看便会联想到当地的“nipa”与在菲律宾山区中一种屋顶是方锥形的，下面的支撑是三角形的“Hugao”。建筑内部功能十分到位,装饰属于有传统特色的地域风格,且使用了地方材料。评论家认为,洛克辛的“卓越才能在于能用菲律宾的观点来继承国际风格，使他的作品发展了一种强有力的菲律宾认同性”[59]。

新加坡郑庆顺 (Tay Kheng Soon,Akitekt Tenggara Ⅱ设计事务所负责人,1940 年生) 设计的 Chee Tong 道观(Chee Tong Temple,1987 年,图 8-11)也有一个方锥形的大屋顶。但这个顶不仅上有凸出的通风塔，并且塔的比例造得有[55]点像中国的密檐塔。塔是用镜子做的，为的是要把室外的日光折射到下面正殿的神坛上。Chee Tong 道观是新加坡华侨所建，设计人要它既有东南亚的地域特色，也要能使人联想到中国建筑。他保留了东南亚建筑底层透空的特色，但支撑的柱子比较粗，柱头逐步放大，以至街有点像斗拱；此外，整个低层显得比较结实，尺寸也比上面大，因而它不像当地的 Kampong 那样头重脚轻，而是像中国传统建筑中的台基。郑庆顺的作品很多，从低收入家庭住宅至商业、文教、娱乐、旅游建筑等等。他认为亚洲国家一般来说比较穷，人们的生活大多在应有水平之下，为此，

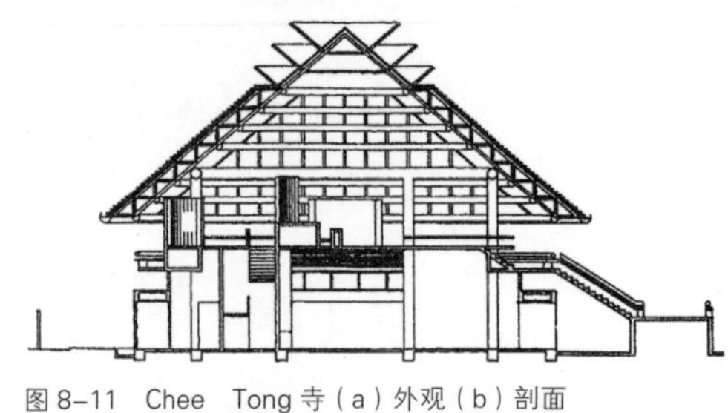

图 8-11　Chee　Tong 寺 (a) 外观 (b) 剖面

59.《20 世纪世界建筑精品集》第 10 卷，Francisco Bobby Manosa 语，第 89 页。

建筑设计必须具有经济意识，运用机智可以超越各种限制使之完善地结合，并产生意想不到的效果[60]。从20世纪60年代始他就特别关心地域特点、气候与文化，他的作品语言从传统到高技均有。新加坡技术教育学院（Inslitute of Technical Education，Bisham，Singapore，1993年）的教学楼是两座浅弧线形的4层大楼。建筑十分简单，朝内院方向的教室像传统教室那样，向着一出挑很深的外走廊开敞，教室另一外墙的外面则筑有一避免阳光与雨水入侵然而又透风的长廊。这样的处理使传统的地域性具有了十分现代与功能的特点。

再有一位建筑师也是十分值得提起的，这便是马来西亚的杨经文（Ken Yeang，T. R. Hamzah and Yeang事务所的两位负责人之一）。他对东南亚地域的"生物气候因素"（Bioclimatics）的研究与已建成的具有高技特点的实验性建筑（图8-12）已经引起了世界建筑界的重视。由于他比较年轻，他的作品大多是20世纪70年代至80年代初才问世的，放在第五章中介绍。

图8-12　杨经文设计的梅纳拉商厦

第九节　讲求个性与象征的倾向

同讲求人情化与地域性接近而又不相同的是各种讲求个性与象征的倾向。它们开始活跃于20世纪50年代末，到60年代很盛行。其动机和上述倾向一样，是对两次世界大战之间的现代建筑在建筑风格上只允许抽象的、客观的共性的反抗，故常被称为多元论。

讲求个性与象征的倾向是要使房屋与场所都要具有不同于他人的个性和特征，其标准是要使人一见之后难以忘怀。为什么建筑必须具有个性呢？赖特说："既然有各种各样的人就应有与之相应的种种不同的房屋。这些房屋的区别就应该像人们之间的区别一样"[61]。这句话在处处要突出人与人之间的差别的商品社会中是很中听的。挪威的建筑历史与建筑评论家诺伯格·舒尔茨说，这是为了人们的精神需要，因为"建筑首先是精神上的蔽所，其次才是身躯的蔽所"[62]。而英国的建筑历史与建筑评论家詹克斯（Charles Jencks）则似乎说到了它的本质：资本家为了推销他们的产品就要不断地改变其形式，即使内容基本一样的收音机与电视机亦然。可见讲求个性与象征的倾向是同偏重形式的建筑观、同突出个人的人生观、同商品推销与广告的经济效益（即把建筑作为商品、商业、

---

60. *Contemporary Asian Architects*, Hassan-Uddin khan, Taschen, 1995, p6,57.
61. *F. L. Wright on Architecture*, p5.
62. 转摘自 *Architectural Record*，1976年3月刊，第43页。

业主与设计人的广告）有关的。不过虽然如此，由于人们对建筑的要求本来就是多种多样的，各个建筑又都附有自己的特殊任务与条件，而人们又从来都是不能满足于风格上的千篇一律与毫无特色的。因此，讲求个性与象征在我们现实生活中还是需要的，它可以使人们的生活更具情趣，更为丰富；问题在于具体问题具体分析。

讲求个性与象征的倾向常把建筑设计看作为是建筑师个人的一次精彩表演。战前曾认为建筑师应有改造社会任务的勒·柯比西埃，战后变为一个讲求个性与象征的先锋。他有一段话，很能说明问题："……一个生气勃勃的人，由于受到他人在各方面的探索与发明的鞭策，正在进行一场其技艺无论在均衡、机能、准确与功效上均是无与伦比和毫不松懈的杂技演出。在紧要关头时，每人都屏静气息地等待着，着他能否在一次惊险的跳跃后抓住悬挂着的绳梢。别人不晓得他每天为此而锻炼，也不晓得他宁可为此而抛弃了千万个无所事事的悠闲日子。最为重要的是，他能否达到他的目标——系在高架上的绳梢"[63]。[56] 讲求个性与象征的倾向认为设计首先来自"灵感"，来自形式上的与众不同。被誉为"为后代人而开花"的，积极主张建筑要有强烈个性和能够明确象征的L·卡恩说："建筑师在可以接受一个有所要求的关于空间的任务前，先要考虑灵感。他应自问：一样东西能使自己杰出于其他东西的关键在于什么？当他感到其中的区别时，他就同形式联系上了，形式启发了设计"[64]。既然要与众不同，就必然会反对集体创作。小沙里宁说："伟大的建筑从来就是一个人的单独构思"[65]。鲁道夫也说："建筑是不能共同设计的，要就是他的作品，要就是我的作品"[66]。在设计方法上，赖特的一句话很有代表性，他说："我喜欢抓住一个想法，戏弄之，直至最后成为一个诗意的环境"[67]。

讲求个性与象征的倾向在建筑形式上变化多端。究其手段，大致有三：运用几何形构图的，运用抽象的象征和运用具体的象征的。主张这种倾向的人并不把自己固定在某一种手段上，也不与他人结成派，只是各显神通的努力达到自己预期的效果。

在运用几何形构图中，战后的赖特可谓是一个代表。

赖特在战前的作品——流水别墅——曾巧妙地运用垂直向与水平向的参差使房屋同环境配合得很好。战后，他倾向于"抓住"某一种几何形体作为构图的母题，然后整幢房屋环绕着它发展。由于他的任务大多比较特殊，不少作品表现为对于形式十分讲究，对于功能与经济则很不在乎。因而不少人认为他已经步入形式主义了。英国建筑史与建筑评论家班纳姆（R. Banham）对于赖特自三十年代创造他所谓的有机建筑起，至1959年他逝世前的作品的评价是："最初的20年他做出了他整个业务生命中最好的作品，最后的5年则是一些任何老年人都能想象出来的最无稽的方案"[68]。这个评语虽然比较苛刻但不是凭空而立的。

---

63. 转摘自 *History of Modern Architecture*, L. Benerolo, 1977, p717.
64. 转摘自 *Modern Movements in Architecture*, C. Jencks, 1973, p229.
65. 转摘自 *Architecture,Today and Tomorrow*, Cranston Jones, 1961.
66. 同上，p175.
67. 同上，p23.
68. *Age of the Masters*, R. Banharn, 1975, p2.

古根海姆美术馆（1941 年设计，1959 建成，见第三章第八节）是赖特所谓的抓住与戏弄某个想法的一个代表。在这里反复出现的是圆形与圆体。虽然它在功能上的一个方面——把观赏展品的通道从底层以至顶层造成一条蜿蜒连贯的斜坡道，以便这个多层展览馆的展览不致被各层的交通厅所隔断——是颇有创造性的。然而，这个创意却对另外一个更为重要的功能造成了致命伤，即地面的倾斜使挂在墙上展品看上去很别扭。

普赖斯塔楼（Price Tower，Barlesrille，Oklahoma，1953—1955 年）是赖特利用水平线、垂直线与凸出的棱角形相互穿插与交错来体现他早就设想过的“千层摩天楼”。虽然这座大楼在结构布置上有它独到之处，即把结构负荷集中在塔楼当中的 4 个竖井以及从此引申的 4 片厚墙上。但赖特以水平向来象征居住单元，以垂直向来象征办公单元的根据，与其说是联系内容还不如说出自构图的图形效果。

20 世纪 70 年代末一座轰动整个建筑学坛的建筑——美国在华盛顿的国家美术馆东馆（The East Building of the National Gallery of Art，1978 年完成，图 9-1）是一座非常有个性的成功地运用几何形体的建筑。

华裔美籍的贝聿铭（Leoh Ming Pei，1917 年生）是一位杰出的第二代建筑师，擅长于设计高层办公楼、高层公寓、研究中心与文化中心之类的建筑，并在建筑设计与建筑技术上均很有独创性。他在学生时期曾在哈佛大学受到格罗皮厄斯的亲授，并在格罗皮厄斯与布劳伊尔的影响下形成了自己的建筑观。工作后他倾向于密斯·范·德·罗，并设计了不少具有“密斯风格”的大楼，然而他并不限于钢和玻璃，而是在处理钢筋混凝土中显露了他的才能，其设计也比密斯·范·德·罗自由与实在。以后他感到

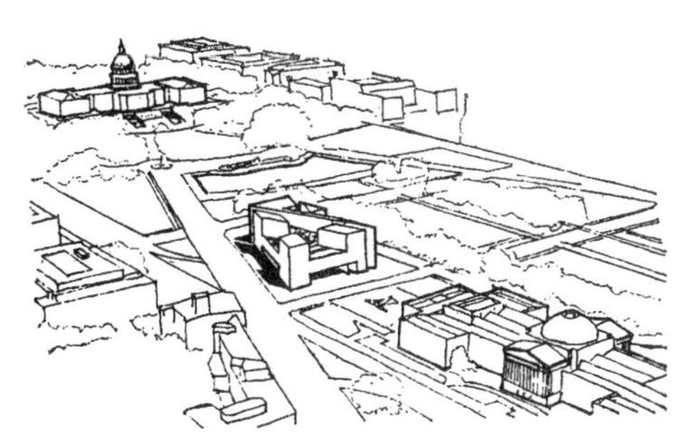

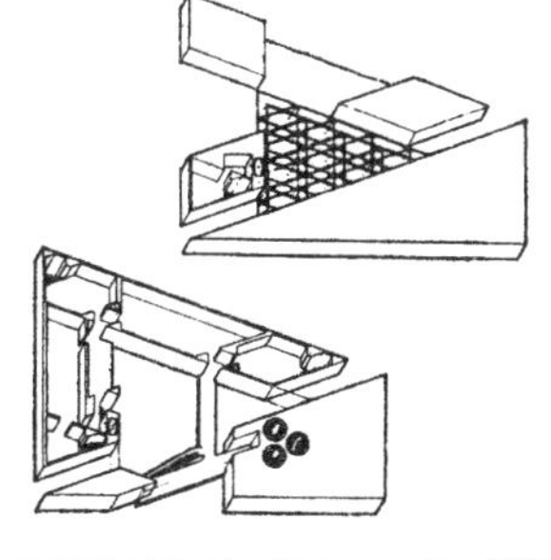

图 9-1　华盛顿国家美术馆东馆（a）鸟瞰图（b）个别层面的剖视图（c）主立面外观（d）内景

密斯·范·德·罗的纯粹是"皮与骨"的风格有点僵化，不能表达建筑所特有的容量与空间，于是他转而参考勒·柯比西埃，并对阿尔托、赖特与L.卡恩兼收并蓄，形成了自己的善于运用钢筋混凝土，独特地表现房屋的容量与空间的风格。东馆不过是他在这方面的好几个尝试之一。

东馆的造型醒目而清新，其平面主要是由两个三角形——一个等边三角形（美术展览馆部分）和一个直角三角形（视感艺术高级研究中心）——组成的。而这两个三角形并不来自灵感或随心所欲，而是来自精心地解决房屋同城市规划、同原有的邻近建筑与周围环境、特别是同建于20世纪30年代的主馆的关系中产生的。结果其形式极其新颖和大胆，而同原有的规划、建筑、环境又十分协调，可谓既突出于环境而又与之相辅相成，甚至还为之增色。无怪东馆被认为是一个成功与杰出的作品，贝聿铭也由此而得到1979年美国AIA的金质奖。须知美国对于位于首都华盛顿国会大厦周围的建筑是极其谨慎的，不轻易建造。这个方案是在1969年经过长达2年的方案比较后评选出来的。建筑师贝聿铭对于在旧城市中建造新房屋有他的理论，他说："要是你在一个原有城市中建造，特别是在城市中的古老部分中建造，你必须尊重城市的原有结构，正如织补一块衣料或挂毯一样"[69]。东馆就是[57]在这样的思想指导下进行创新的。

此外，东馆的内部也是适用的。当中的大厅展出效果与艺术效果良好，展品自由而有目的地挂在大厅的适当部位上，各层的回廊与天桥相互穿插，顶上的由多面体玻璃构架组成的顶棚和当中挂着的一件大型的动态的金属艺术品等等，在精心设计的人工与天然采光下显得变幻多端，丰富多彩。处于几个塔形部分内的展览室，其内墙与楼板都是可以变动的，灯光的设计也为不同的展品准备了多种不同的可能性。一切都考虑得十分细致，人们把它归功于设计人的专心致志以及对工作的负责和热忱。对于建筑设计，贝聿铭曾说："设计对于我来说是一个煞费苦心的缓慢过程。我认为目前人们对于形式关心过多，而对本质过问的不够。建筑是一件严肃的工作，不是流行形式。在这方面，我可是一个保守派。""生活是千变万化、多种多样的。我倾向于在生活中探索条理性，我喜欢简约而不喜欢使事情复杂化"。"我相信继承与革新。我相信建筑是反映生活的一种重要艺术。作为一个建筑师，我想要建造能与环境结合的美观的房屋，同时要能满足社会的要求"[70]。

由此可见，在追求个性与象征的倾向中运用几何形构图只不过是创作中的一种手段。在各个建筑师与各个作品中还存在着一个设计目的与思想方法问题。因此对它们的评价不能因其手段而一概而论。

在追求个性与象征中也有人是运用抽象的象征来达到目的的。

在这方面战后首开第一炮的可谓勒·柯比西埃的朗香教堂。勒·柯比西埃思想活跃，手法灵活，是一个"经常处于动态中的人"[71]。他曾是20世纪20年代的功能主义者，欧

69. *AIA Journal* 1979年6月刊中Andrew, O. Dean同贝聿铭的谈话。

70. 同上。

71. 荷兰第三代建筑师巴克马（J. Bakema）语，见*Architecture D'Aujourd'hui*，1975，180卷第VII。

洲现代建筑的先驱；他所提倡的底层透空，用细细的立柱顶着的水泥方盒子在30年代便已影响很大；40年代，他设计的马赛公寓大楼成为50年代影响很大的粗野主义倾向的前锋；50年代，他提出了一个既非功能主义，又非粗野主义的朗香教堂。无怪P. 史密森说："……你会发现他有着所有你的最好的构思，你打算下一步要做的他已经做了"[72]。

朗香教堂（Notre-Dame-du-Haut，Ronchamp，1950—1953年，图9-2）坐落在孚日（Vosges）山区的一座小山顶上，周围是河谷和山脉。基地上原来的教堂据说曾显过圣，故这里向来是附近天主教徒进香祈祷的场所。原来教堂在第二次世界大战中毁掉了。勒·柯比西埃设计的这个教堂规模很小，内部的主要空间长约25米，宽约13米，连站带坐只能容纳200来人。在宗教节日大批香客来到的时候，就在教堂外边举行宗教仪式。勒·柯比西埃曾为教堂的设计费了许多心思。据说他多次在清晨与傍晚时站在废墟上吸着烟斗，久久地凝视着周围的环境与自然景色，然后构思了这么一座形体独特的建筑。这里没有十字架，也没有钟楼，平面很特殊，墙体几乎全是弯曲的。入口的一面墙还是倾斜的，上面有一些大大小小，如同堡垒上的射击孔似的窗洞。教堂上面有一个突出的大屋顶，用两层钢筋混凝土薄板构成，两层之间最大的距离达2.26米，在边缘处两层薄板会合起来，向上翻起。整个屋面自东向西倾斜、最西头有一根伸出的混凝土管子，让雨水泄落到下面一个蓄水池里。教堂内部，在主要空间的周围有3个小龛，每个的上部向上拔起呈塔状。塔身像半根从中剖开的圆柱，伸出于屋顶之上。教堂的墙是用原来建筑的石块砌成的承重墙，外表白色粗糙。屋顶部分保持混凝土的原色，在东面和南面，屋顶和墙的交接处留着一道可进光线的窄缝。朗香教堂的各个立面形象差别很大，如果只看到它的某个立面，很难料想其他各面的模样。教堂的主要入口缩在那面倾斜的南墙和一个塔体的折缝之间，门是金属板做的，只有一扇，门轴居中，旋转90°时，人可从两旁进出。门扇的正面画着勒·柯比西埃的一幅抽象画。总之，整个设计是超乎常人所料想的。尽管设计人为[58]它的形式提出了许多功能依据，但是人们大多把它当作一件雕塑品、一件"塑性造型"的艺术品来看待。人们初次看到它时可能会说不出它究竟是一幢什么房屋，但是随着对它的了解，晓得它是一座处于一个偏僻山区中的、带有宗教传说的小教堂后，或亲临其境参观过其中的宗教活动的人，就会越来越领会到这的确是

图9-2　朗香教堂

72. 转摘自 *Modern Movements in Architecture*，C. Jencks, 1973, p259.

一座宗教气氛极其浓厚，能同其中的宗教活动融为一体的教堂。勒·柯比西埃在此运用了许多不寻常的象征性手法：卷曲的南墙东端挺拔上升，有如指向上天；房屋沉重而封闭，暗示它是一个安全的庇护所；东面长廊开敞，意味着对广大朝圣者的欢迎；墙体的倾斜、窗户的大小不一、室内光源的神秘感与光线的暗淡、墙面的弯曲与棚顶的下坠等等，都容易使人失去衡量大小、方向、水平与垂直的判断。这对于那些精神上本来就浮游于世外的信徒来说，起着加强他们的“唯神忘我”的作用。教堂本来就是一个宣传宗教、吸引信徒与加强他们信仰的场所。从这方面来说，朗香教堂可以说是成功的。

柏林的爱乐音乐厅（Philharmonie Hall，Berlin，1956—1963 年，图 9-3）被评为战后最成功的作品之一。设计人沙龙（Hans Scharoun，1893—1972 年）是一位资格很老的第一代建筑师。

爱乐音乐厅的形式独特。沙龙的意图是要把它设计成为一座“里面充满音乐”的“音乐的容器”。其设计方法是紧扣“音乐在其中”的基本思想，处处尝试“把音乐与空间凝结于三向度的形体之中”[73]。为了[59]“音乐在其中”，它的外墙像张在共鸣箱外的薄壁一样，使房屋看上去像一件大乐器；为了“音乐在其中”，观众环绕着乐池而坐，观众与奏乐者位置的接近加强了观众与奏乐者的思想交流；为了“音乐在其中”，休息厅环绕着观众厅——演奏厅——而布局，不仅使用方便还有利于维持演出与休息之间的感情联系。总而言之，爱乐音乐厅在造型上的所谓象征不仅仅是形式上的，而是有具体内容的。此外，它的休息厅布局自由，空间变幻多端，使人一眼之下难以捉摸，并经常能有所发现。观众厅在音响与灯光等技术处理上也是成功的。它把演出放在中间的总体布局，以及把听众席划分为几个区，可按演出时音质的要求与观众数量多少来分区开放等等，使它成为此种类型的典型例子。

沙龙原是 20 世纪 20 年代欧洲现代建筑派的主要成员。曾同格罗皮厄斯合作过，又是哈林提出的讲究功能、技术、经济，然而形式上具有表现主义特征的德国有机建筑的信徒。柏林爱乐音乐厅的构思可谓这种思想长期酝酿的结果。沙龙是一个民族主义者。希特勒白色恐怖时，他虽然很不得志，却坚持留在祖国。战后成为西德最享盛名的建筑

图 9-3　柏林的爱乐音乐厅（a）外观（b）观众厅

73. *Meaning in Western Architecture*, Norberg-Schulz, 1977, p412, p413.

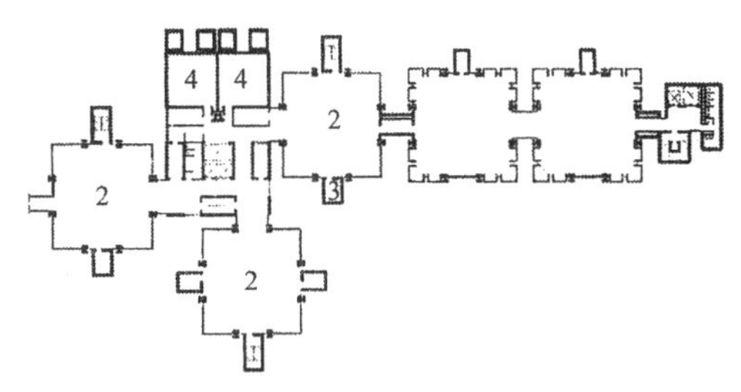

图 9-4　理查德医学研究楼（a）外观（b）平面图

师。他把人们对他的赞扬归功于德意志的民族性与现代化，提倡创造具有德国民族特征的现代建筑。他说："我们的作品是我们的热血的美梦，是由千百万的人类伙伴的血复合而成的。我们的血是我们时代的血，具有表现我们时代的可能性"[74]。

理查德医学研究楼（Richard Medical Research Building，费城，1958—1960 年，图 9-4）是另外一幢成功地运用了抽象的象征手法的建筑。设计人 L. 卡恩从年龄（1901—1974 年）来说可属于第一代建筑师，但他的第一个成名作——耶鲁大学美术馆问世时，他年已 50 有余了。因而他的学生称他是"为后人而开花的橄榄树"[75]。但他真正被广泛加以注意的作品是宾夕法尼亚大学里的理查德医学研究楼。

研究楼的布局很别致，由一幢幢体量不大的塔式房屋组成。由于这里的研究主要是生物学上的，时而会放出一些有气味的气体，L. 卡恩在此采用了既要分组，又要联系方便，并要使气体便于排出的按小组分层与分楼的方法。塔楼的布局采用了"可发展图形"，即要为日后的扩建准备条件。事实上，1958 年初建时只建了 3 幢，后来才发展到现今 7 幢。

关于理查德医学研究楼的建筑风格，有人因其外形特征来自对服务性设施（交通与排气管道）的暴露，把它称为粗野主义。也有人认为，虽然它的形式直率地反映了它的服务性功能，但是造型上的推敲，使一组组平地而起的塔楼显得刚劲而挺拔，不仅毫无粗野之感，反而具有古典建筑似的典雅之风，于是把它称为"多元论"（指能综合考虑多方面建筑要素的）建筑。美国的建筑史与建筑评论家斯卡利（Vincent Scully）还特别指出："房屋的实体同阳光的明暗交织在一起，给人以不可磨灭的印象"[76]。可见，研究楼的造型效果是成功的。

卡恩认为设计的关键在于灵感，灵感产生形式，形式启发设计。但是卡恩所谓的灵感不是凭空而来的，而是通过对任务的了解，即只有了解了这个任务不同于其他任务的区别时，才会有灵感，才会联系到形式，才会启发设计。卡恩所以重视对任务的了

74. 转摘自 *Modern Movements in Architecture*, C. Jencks, 1973, p64.
75. *Louis Kahn*, Vincent Scully.
76. *Louis Kahn*, Vincent Scully, p44.

解，因为他认为“设计总是有条件的”[77]，不是随心所欲的。所谓了解，他说：“建筑在其表面化之前就已被其所处的场所和当时的技术所限定了。建筑师的工作便是捕捉这种灵感。”“我想，我是把思维与感情联在一起”[78]。L. 卡恩还十分善于利用条件，譬如说，在建筑造型上，他提倡注意利用阳光。他说：“应该重新使阳光成为建筑造型中的一个重要因素，因为它是‘万物的赋予者’”[79]，又说：“要做一个方形的房间就应给它以无论在什么情况下均能揭露它本来是方形的亮光”[80]，理查德医学研究楼的造型效果，说明 L. 卡恩既在设计前抓住了这所房屋的内容特点，把它成功地反映在造型上，并在设计时把阳光可能在此产生的光影效果充分估计进去。

加泰罗尼亚的当代艺术研究中心[60]（Center for the Study of Contemporary Joan Miro’s Foundation，加泰罗尼亚，西班牙，1976 年，图 9-5）是另一座以暴露服务性设施——展览室上面的天窗——来获得个性与象征性的建筑。设计人塞尔特是一位第二代的建筑师。他曾在勒·柯比西埃处工作过，后继格罗皮厄斯任哈佛大学建筑系主任与设计研究院主任。他同当代艺术研究中心的建立人，画家兼雕塑家米罗（J. Miro）同为加泰罗尼人，被邀负责此设计。

当代艺术研究中心包括有各种展览室，一个大会堂、书店、办公室和几个既可展览也是休息用的院子。院子使室内外空间相间，并在展览中起着陪衬展品的作用。艺术研究中心造型简单，除了纵横布置的富有象征性的天窗外，在朴素的粉墙上重点地点缀了些小券，颇富西班牙的地方特色。

在讲求个性与象征中运用具体的象征手段的可举小沙里宁在纽约肯尼迪航空港设计的环球航空公司候机楼和乌特松在澳大利亚设计的悉尼歌剧院。

小沙里宁是一位手法高妙的建筑师，善于设计各种各样风格的建筑。但环球航空公

图 9-5　当代艺术研究中心（a）内院（b）展览廊室内

77. L. 卡恩在 CIAM 1959 年的奥特洛（Otterlo）会议中的讲话。
78. 同上。
79. *Architecture D’Aujourd’hui*, vol. 152, p13.
80. 同上。

司候机楼（TWA Terminal，Kennedy Airport，1956—1962 年，图 9-6）那样的具体象征——像一只展翅欲飞的大鸟——不论是他本人或是在现代建筑中均是罕见的。由于它的设计与施工都极其精心，故既为业主也为他本人做了一次有效的广告。但是这里虽然采用了新技术（四片薄壳），却需要大量的手工劳动，因为技术在这里主要是为形式服务的。它具体地体现了小沙里宁的一句话："唯一使我感兴趣的就是作为艺术的建筑。这是我所追求的。我希望我的有些房屋会具有不朽的真理。我坦白地承认，我希望在建筑历史中会有我的一个地位"[81]。不过，尽管是这样，小沙里宁不喜欢别人说 TWA 候机楼像鸟，他总说这是合乎最新的功能与技术要求的结果。可见小沙里宁在设计理念上仍然要把自己归在现代建筑派的体系内。

图 9-6 肯尼迪机场环球航空公司候机楼外观

图 9-7 耶鲁大学冰球馆

图 9-8 圣路易斯大券门

事实上小沙里宁这段时期的作品都在尝试运用新技术来达到他所追求的个性与象征。从小深受家庭——建筑师父亲、雕刻家母亲——影响的他对建筑造型特别敏感，不仅重视而且精心追求。1958 年他为耶鲁大学设计的冰球馆(David lngalls Hockey Rink in Yale University，图 9-7）的屋顶与馆身的曲线便是受冰球在冰上滑行所启发的。1959 年他为圣路易斯的杰斐逊公园设计的国土扩展纪念碑（Jefferson National Expansion Memorial，图 9-8）是一巨型的高约 200m 的抛物线形券——大券门（Gateway Arch）——以此来象征圣路易斯是美国国土从东向西、向南与向北发展的门户[82]。小沙里宁的作品当时虽未受到建筑学术界的普遍认可，却广受社会的欢迎。可惜他英年早逝，去世时只 51 岁。十余年后，当后现代主义兴起时，建筑历史与评论家詹克斯把他列为后现代主义的先驱之一，同时，他对建筑文化多元论的贡献也受到了公议。

悉尼歌剧院（Sydney Opera，1957 年设计，1973 建成，图 9-9）是一幢"是非诸多"

---

81. 转摘自 *Modern Movements in Architecture*, C. Jencks, 1973, p197.
82. 美国独立后的国土最初 20 余年只拥有东部的几个州。直至 1803 年，杰斐逊下决心从法国人手中买下路易斯安娜地区后，以密西西比河畔的圣路易斯为根据地向西、北、南扩展。

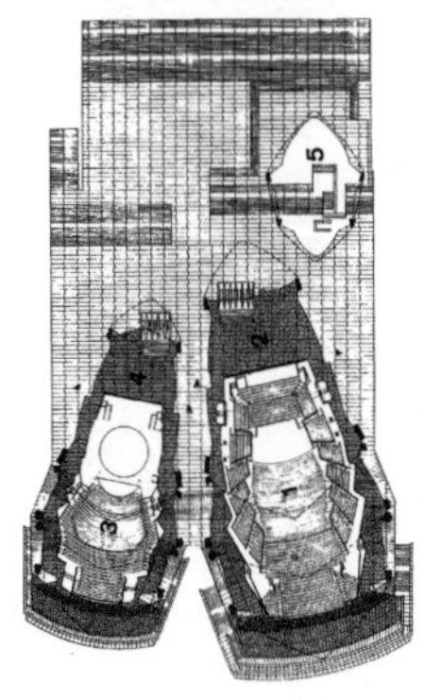

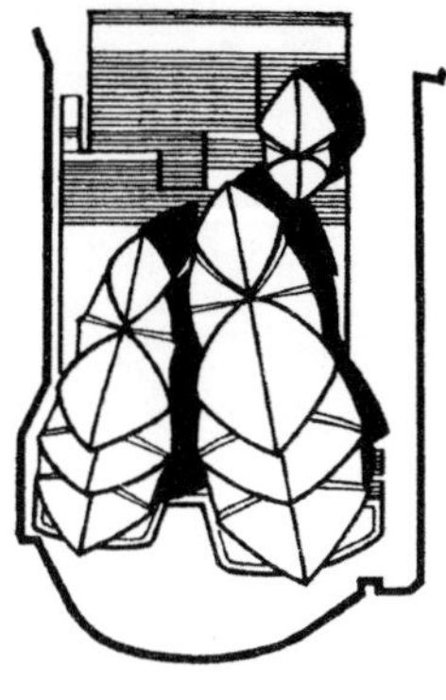

图 9-9　悉尼歌剧院（a）远眺（b）平面图（c）屋顶平面图

的建筑。当时，悉尼的市民一直希望能有一幢其建筑水平可与澳大利亚音乐的国际水平相匹配的音乐厅与歌剧院。1956 年，年轻的丹麦建筑师乌特松以他丰富的想象力把选址于贝尼朗岛（Bennelong）上的歌剧院设计得像一艘迎风而驰的帆船一样，赢得了国际方案竞赛的头奖。此后由于澳大利亚的政客一直把歌剧院作为他们政治竞选的资本，不等设计完成便破土动工，于是以后问题层出不穷，以至建造了十多年，造价也超出了预算的十多倍（最后结算为 10 亿零 200 万美元）。这些问题其实不应责怪道建筑师头上，因为这本来就是一个竞赛上的方案，是概念性的并不成熟。

悉尼歌剧院名为歌剧院，其实是以两个演出大厅为中心的多功能综合体（图 9-9b）。一个最大的演出厅是音乐厅，其次是歌剧院，另外还有两个大排演厅以及许多小排演厅，一个多功能的接待大厅，一个展览馆，两个餐厅和一个出售纪念品的小商店，外面是濒临海湾的公园。现在这里已成为悉尼市民的文娱中心。

歌剧院由钢筋混凝土结构把各部门组织在一起。它的外形是一个上有 3 组尖拱形屋面系统的大平台：一组覆盖着音乐厅，一组覆盖着歌剧院，另一组覆盖着贝尼朗餐厅。这些屋顶看起来像壳体结构，实质不是，而是由许多钢筋混凝土的券肋组成的。乌特松原意是用薄壳，但由于结构复杂，且壳体结构在应付外来冲击时，安全性相对来说较差，故未能实现。虽然现在的屋面看上去比原设计厚重，但已够吸引人了。人们把它比作鼓了风的帆，把歌剧院比作一艘乘风破浪的大帆船。对于这样的比喻，乌特松是高兴的。大平台占地 1.82hm^2，除了上述三个部分外，其他内容都组织在大平台下面。平台前面的宽度达 90m 多，是当今世界上最宽的台阶之一。在歌剧院落成的开幕典礼中，英国女皇在此剪彩。

现在悉尼歌剧院无论从哪个角度来看都很有特点，已成为悉尼市的标志。对于它的评价，各种看法都有。有人认为它的结构不合理、造价浪费，形式与内容表里不一，是个失败的标本；有人则认为从现在的效果来说，在这么一个环境与地形中，似乎什么形式都没有现在的那么成功与富于吸引力。讲求个性与象征的倾向是经常会引起不同意见的争论的。但自 70 年代末，当反对现代主义千篇一律的蜚声四起时，这些建筑不仅得到平反，并被认为是后现代的先声。

从上述可见，多元论倾向主要是一种设计方法而不是一种格式。其基本精神是建筑可以有多种目的和多种方法而不是一种目的或一种方法，设计人不是预先把自己的思想固定在某些原则或某种格式上，而是按着对任务性质与环境特性的理解来产生能适应多种要求而又内在统一的建筑。当然，理论是这样说，实例也有，不过正如任何倾向均有名实相符与名实不一的作品一样，不是所有自称多元论的建筑都是这样的，也不能说不称为多元论的建筑就只管物质不管精神或只管精神不管物质。建筑是复杂的，不同的人对于建筑有不同的要求，相同的人也会因条件的不同而改变方法。此外，人们对于不同的类型在标准掌握上也会有所不同。例如在战后恢复时期的住房建设中，不少人认为两次世界大战之间的理性主义经验很适用；但随着社会生产与生活水平的提高，就会感到它过于单调与枯燥，就会产生各种改良的或另觅途径的方法。因而，各种倾向均有它产生的原因，也有它存在的理由，否则就不会汇合而成流了。

（本文是高校建筑学专业指导委员会规划推荐教材《外国近现代建筑史》第二版（2004年）第五章的内容，第一次发表在《世界建筑》1982年第6期，题为“五、六十年代的西方建筑思潮”，之后又发表在高校建筑学教材《外国近现代建筑史》（1982年）第五章的第五节。）

1955 年与学生参观新建成的中苏友好大厦

1950 年代中期在文远楼教室给学生上课

1950 年代中期与吴景祥（左一）、冯纪忠（左二）、谭垣（左三）在一起

1950 年代在文远楼中举行教学研讨会。罗小未（右二）、陈荣犀（中，女）、曹习琴（右三）、张德龙（右六）

1959 年与梁思成先生及同济学生在教工俱乐部座谈

1965 年和建筑系教师在杭州带学生毕业设计时参观兴安江水库（左一陈从周、左三罗小未、左五谭垣）

建筑历史教学与史学思考

《外国建筑历史图说》（古代—十八世纪）

编者按：《外国建筑历史图说》（古代—十八世纪）一书由罗小未和蔡琬英编写。该书是在同济大学建筑系 30 多年外国建筑历史教学和教材建设的基础上编撰完成。参加编写工作的还有建筑系的陈婉、王秉铨、路秉杰、李涛等老师。全书内容涵盖欧洲、美洲、亚洲、非洲地区的历史建筑，包括了自原始社会起历经古代、中世纪、资本主义萌芽、直至十八世纪各个时期的典型实例，对外国建筑历史的发展进行了系统的梳理和介绍，资料丰富，图文并茂，简明扼要。该书自 1986 年由同济大学出版社出版以来，已经重印 23 次，发行量为二十余万册，在国内建筑院校的外国建筑历史教学方面发挥了长期而重要的作用。

下文为书中部分内容节选。

《外国建筑历史图说》封面

罗小未与蔡琬英（1981 年）

3.6 欧洲的文艺复兴、巴罗克与古典主义建筑（15—19世纪）

文艺复兴（**Renaissance**）、巴罗克（**Baroque**）和古典主义（**Classicism**）是15—19世纪先后、时而又并行地流行于欧洲各国的建筑风格。其中文艺复兴与巴罗克源于意大利，古典主义源于法国。也有人广义地把它们三者统称为文艺复兴建筑。

自从14世纪末，西欧一些国家由于耕种与手工业技术的进步，社会劳动分工日益深化，城市商品生产大为发展，资本主义也较快地发展了起来。资本主义的萌芽产生了新的阶级——资产阶级和与之相应的无产阶级。资产阶级为了动摇封建统治和确立自己的社会地位，在上层建筑领域里掀起了“**文艺复兴运动**”，即借助于古典文化来反对封建文化和建立自己的文化。这个运动的思想基础是“**人文主义**”。“人文主义”从资产阶级的利益出发，反对中世纪的禁欲主义和教会统治一切的宗教观，提倡资产阶级的尊重人和以人为中心的世界观。在它的影响下，自然科学在摆脱神学和经院哲学的束缚中有了很大的发展；在政治上则掀起了各国人民反对封建割据、实现民族统一国家的要求。文艺复兴建筑就是在这样的社会、经济与文化背景下产生的。

资本主义萌芽使城市建筑由于城市生活的变化而发生了很大的变化。随着资产阶级的上升，**世俗建筑**成为主要的建筑活动：资产阶级的府邸和象征城市与城市经济的市政厅、行会大厦、广场与钟塔等层出不穷；在那些建立了中央集权的国家中宫庭建筑也大大地发展了起来。但是，更主要的是文艺复兴运动赋予了这些建筑以一种新的不同于以往的面貌——**文艺复兴建筑风格**。它在反封建、倡理性的人文主义思想指导下，提倡复兴古罗马的建筑风格，以之取代象征神权的哥特风格。于是古典柱式再度成为建筑造型的构图主题；同时为了追求所谓合乎理性的稳定感，半圆形券、厚实墙、圆形穹窿、水平向的厚檐也被用来同哥特风格中的尖券、尖塔、垂直向上的束柱、飞扶壁与小尖塔等对抗。在建筑轮廓上文艺复兴讲究整齐、统一与条理性，而不像哥特风格那样参差不齐、富于自发性与高低强烈对比。

文艺复兴建筑风格最初形成于15世纪意大利的**佛罗伦萨**（**早期**：图3·6·2—13）；16世纪起传遍意大利并以罗马为中心（**盛期**：图3·6·14—42），同时开始传入欧洲其他国家。17世纪起，意大利因欧洲经济重心西移而衰退，只有罗马因教会拥有从大半个欧洲收取信徒贡赋的权利而依然富足。这时在意大利半岛中开始了两种风格的并存：一是以意大利北部**威尼斯**、**维琴察**等地为中心的文艺复兴余波（**后期**：图3·6·43—47）；另一是由罗马教庭中的耶稣教会所掀起的**巴罗克风格**。

3·6·1

巴罗克风格（图3·6·48—3·6·62）从形式上看是文艺复兴的支流与变形，但其思想出发点却与人文主义截然不同。其开始的目的

3·6·2

是要在教堂中制造神秘迷惘同时又要标榜教庭富有的珠光宝气的气氛。它善于运用矫揉造作的手法来产生特殊效果：如利用透视的幻觉与增加层次来夸大距离之深远或探前；采用波浪形曲线与曲面，断折的檐部与山花，柱子的疏密排列来助长立面与空间的凹凸起伏和运动感；如运用光影变化，形体的不稳定组合来产生虚幻与动荡的气氛等等。此外，堆砌装饰和喜用大面积的壁画与姿态做作的雕像来制造脱离现实的感觉等等也是它的特点，“巴罗克”这个词的原意是歪扭的珍珠，后来的人把这时期的这种风格称为巴罗克是以示贬义。但由于它讲究视感效果，为研究建筑设计手法开辟了新领域，故对后来影响颇大，特别在王宫府邸中更为突出。

17世纪，与意大利后期文艺复兴、巴罗克同时并进的有**法国古典主义风格**（图3·6·66—80）。法国自16世纪起便致力于国家的统一，在建筑风格上逐渐脱离哥特传统走向文艺复兴。到17世纪中叶法国成为欧洲最强大的中央集权王国。国王为了巩固君主专制，竭力标榜绝对君权与鼓吹唯理主义，把君主制说成是“普遍与永恒的理性”的体现，并在宫庭中提倡能象征中央集权的有组织、有秩序的古典主义文化。古典主义建筑风格排斥民族传统与地方特点，崇尚古典柱式，强调柱式必须恪守古典（古罗马）规范。它在总体布局、建筑平面与立面造型中强调轴线对称、主从关系、突出中心和规则的几何形体，并提倡富于统一性与稳定感的横三段和纵三段的构图手法。古典主义强调外形的端庄与雄伟，内部则尽奢侈与豪华的能事，在空间效果与装饰上常有强烈的巴罗克特征。这种风格甚为欧洲各先后走向君主制的国家所欢迎。

18世纪上半叶在法国宫庭的室内装饰中又流行了一种称为**洛可可**的装饰风格（3·6·81—84）。这种风格脂粉味很浓，是同路易十五时期经常由贵夫人主持宫庭活动分不开的。

这时期在建筑界中还有一件大事，就是建筑师的产生。他们原是一些手艺高超与善于体现业主意图的手工业匠人。城市建筑活动的越来越频繁使他们从匠人的队伍中分化出来成为专门主持设计与建造的建筑师。16世纪中叶意大利开始设有包括研究建筑形式的“绘画学院”；17世纪上半叶法国又设立了专为君主专制服务的法兰西学院，建筑师的队伍逐渐扩大，在建筑学院里古罗马维特鲁威的《建筑十书》（公元前27年），文艺复兴初期阿尔伯蒂的《论建筑》（1485年），文艺复兴后期维尼奥拉的《建筑五柱式》

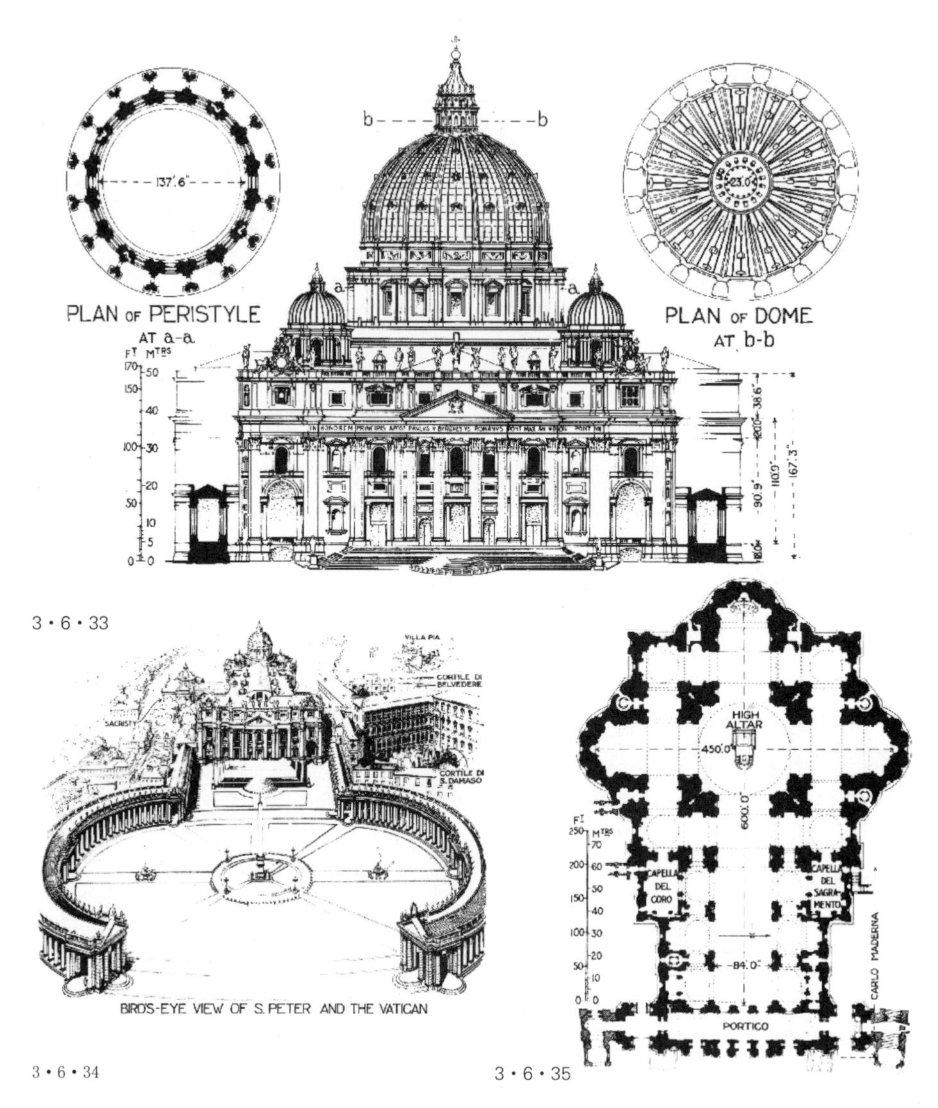

3·6·33

3·6·34

3·6·35

（1562年）和帕拉弟奥的《建筑四书》（1570年）等等是学生的必读课本。

3·6·33—39

罗马　圣彼得主教堂（**S. Peter**，1506-1626年）**意大利文艺复兴盛期**的杰出代表，世界最大的天主教堂，梵蒂冈的教廷教堂。许多著名建筑师和艺术家曾参与设计与施工，历时120年建成。平面拉丁十字形（图3·6·35），外部共长213.4米，翼部端长137米。**大穹窿**内径41.9米，从上面采光塔顶上十字架顶端到地面为137.7米，是原罗马城的最高点。内部墙面用各色大理石、壁画、雕刻等装饰（图3·6·37），富丽堂皇。穹窿为夹层，内层上有藻井形的天花，下面是神亭。外墙面是花岗石的、以大柱式的壁柱作装饰（图3·6·33）。前面的广场（图3·6·34，38）最后是由伯尼尼（**Giovanni Lorenzo Bernini**，1598—1680）设计的，建于1655—1667年，由一个梯形与一长圆形广场复合而成，是巴罗克式广场的代表。

《外国近现代建筑史》(第二版)序

本书是我国高等学校建筑学专业、城市规划专业及相关专业的教材和一切对建筑感兴趣的所有人员学习与工作的参考书。它是一本历史,其最终的目的是引导读者正确认识和理解建筑与建筑学的发展过程,从而使建筑历史精华体现在今日时空之中。

建筑历史主要是建筑文化史。"文化"按《辞海》的解释,是人类在社会实践过程中所获得的物质与精神的生产能力和所创造的物质与精神财富的总和。建筑文化就是这些能力与财富在建筑领域上的反映。作为一种历史现象,建筑文化和其他文化一样,有历史上的继承性与革新性,在阶级社会中又有阶级性,此外还有民族性与地域性;不同时期、不同民族与不同地域的建筑又形成了建筑文化的多样性;而以上一切又与一定社会的政治、经济和其他文化密切关联。然而,建筑文化与其他文化相比却更为多元,其异质共存的情况无处不在。简单地说:它是一个人为环境,但与自然密切相关;它既是人们日常生活的场所,又常常兼作某个群体的精神象征,有时还是商品;它是物质生产、又是精神创造;它是技术,又是艺术。由于有人就有建筑,而建筑是需要人力物力来实现的,因而它既有服务于社会的任务,又往往会受社会权势所左右……建筑的多元本质使建筑难以用简单的言语来概括之,同时又使建筑的发展与变化相对其他文化,具有其自身的特殊性和一定的自主性。

罗小未教授主编的《外国近现代建筑史》

建筑历史是人们认识与了解建筑与建筑学最有效的知识途径。古人有谓,欲知其人,观其行、察其言;虽然这些言行是发生于彼时彼地的往事,但它们对说明该人的本质还是十分有效的。现代著名哲学家和历史学家克罗齐和科林伍德提倡分析和批判的历史哲学[1]。科林伍德指出，历史事件并非仅仅是现象、研究历史不仅仅是观察对象，而是必须看透它，辨析出其中的思想与心理活动，才能发现各种文化与文明的重要模式与动态；历史其实是思想史。须知历史过程是由人的行为构成的，而人的行动本质是历史与社会上不同人的生存理想与客观现实相互作用的结果。因此，将历史事件重新置放在当时的社会背景与各种理想与现实的矛盾之中，透过历史事件的表象去辨析其背后的思想活动，就显得十分重要了。诚然，奠基于这些思想活动上的经验与答案也很重要，但由于时空的变迁，过去的经验不一定能解决今日的问题；不过处于各种矛盾之中的思想活动、思想方式与价值取向却是值得研讨的，并会很有启发。建筑本来就是人为之物，这种分析和批判的历史哲学无论对研究或学习建筑历史的人都很有裨益。

本书尽可能客观地反映国外自 18 世纪中叶工业革命至今两百余年来建筑历史与文化的重大事件与发展概况。由于时间与空间跨度较大，具体内容体现在下面六个方面：1.18 世纪下半叶—19 世纪下半叶欧洲与美国的建筑；2.19 世纪下半叶—20 世纪初对新建筑的探求；3. 新建筑运动的高潮——现代建筑派及其代表人物；4. 第二次世界大战后的城市规划与建筑活动；5. 第二次世界大战后 40—70 年代的建筑思潮——现代建筑派的普及与发展；6. 现代主义之后的建筑思潮。历史从来都不可能展现全部史实。这里尽可能列入能够反映建筑与建筑学的本质、多样性与多元性的历史事件，特别是能反映隐藏在丰富的历史现象后面的思想内容和思想意识。为此，本书虽然是在 1982 年的《外国近现代建筑史》基础上重新编写的，但在对原稿作必要的修正与补充之外，还大大地充实了有利于分析和批判的新内容。现今的分量几乎是原来的一倍。例如第六章，其中文字十余万、图片百余帧就是全新的；第五章还增加了第三世界国家的内容。正文后面还附有比较详细的索引，不仅便于读者查找，对有心的读者来说，可能还是一份有用的资料。

最后还有一个说明。由于目前国内对国外建筑师名字的音译不统一，各译各的，虽然都力求确切，但有时仍使人摸不着头脑。为此，本书尽可能采用或参考曾经在音译中做过认真及细致工作的《简明不列颠百科全书》中译本中的译名。虽然该书的译名有的与我们建筑界惯用的不完全一致，须知，有些姓氏不仅建筑界中有，其他领域也有，可能更为通行。为了取得一致，促进统一，还是采用了该书的译名。

本书的编写人除了 1982 年版本分属四所大学的六位老师之外，又增加了三位年轻的老师。具体分工如下：

第一章的第一、二、三节，第二章全章，第四章第一节中的五和第三节中的一、二由东南大学的刘先觉负责；

第一章的第四节和第四章的第二节由天津大学的沈玉麟负责；

---

1. 克罗齐（B. Croce，1866—1943），意大利人，著有《历史学的理论与实践》（1921 年出版）；科林伍德（R. G. Collingwood，1889—1943），英国人，著有《历史的观念》（1946 年出版）。两者均为现代著名的哲学家、历史学家，提倡分析和批判的历史哲学。

第三章的第一节至第八节由清华大学的吴焕加负责；

第三章的第九节、第四章第一节中的一、二、三、四和第五章全章由同济大学的罗小未负责；第四章第一节中的六由同济大学陈琬与罗小未负责，第四章第三节中的三由同济大学蔡婉英与罗小未负责；

第六章的第一节至第六节由同济大学的卢永毅负责，第七节由同济大学彭怒与卢永毅负责，第八节由同济大学李翔宁与卢永毅负责。

此外在工作过程中我们还得到不少学生如周磊、孙彦青、李将、王颖、李燕宁等的协助，李将还在协助编制索引中费了很多心。对他们的努力，我在此表示衷心的感谢。

由于时间与水平的关系，本书还存在很多纰漏，望读者原谅。

（本文原为《外国近现代建筑史》（第二版）序，中国建筑工业出版社 2004）

谈同济西方建筑史教学的路程

（以下“罗”指罗小未，“卢”指卢永毅）

卢：这期《时代建筑》选择了“同济的建筑之路”这个主题，约我做一篇对同济前辈的访谈。我曾是您的学生，知道您在同济工作的50多年里对于西方建筑历史与理论教学付出的心血和建树的成就，也深知这方面的教学与研究对中国建筑界的广泛影响。我觉得我很应该做这个访谈。

学习历史喜欢追根溯源。知道您开始是在上海圣约翰大学学习建筑的，您的教学生涯也从那时开始，而约大建筑系与同济建筑系又有众所周知的渊源关系，所以就从约大开始吧。

罗：我们那时在圣约翰大学，对西方建筑史很不重视，是一个匈牙利老师在教，名字叫Hajek。他的历史课被排在礼拜六下午，老实说到礼拜六下午大家都心不在焉了。那时我没想到过自己以后也会教历史。

卢：您说当时这个不重视是对西方建筑史不重视，还是对建筑史整个不重视？

罗：整个不重视。那时约大还没有中国建筑史课，只有西方建筑史。建筑课里讲的都是Modern Architecture。年轻人非常向往系主任黄作燊所讲的那一套。他那时就已经讲四个大师了。当时没多少人知道毕加索，他就专门开了一个毕加索的讲座。还有现代音乐，讲Mahler、德彪西。听说Mahler的夫人后来就是格罗皮乌斯的夫人。

卢：这样可以说黄作燊受现代建筑运动，尤其是他的老师格罗皮乌斯的影响非常大。因为讲到教学不重视历史课，我马上联想到当时包豪斯也没有历史课，而且是公开反对教历史的。那么，Hajek讲课有教材吗？

罗：没教材，他也不叫我们看书。上课就在黑板上

图1 1940年代

画很多图，画得非常细。其实他讲的是历史建筑，不是建筑史。

当时没有中文的建筑历史课本。唯一看到的是一本丰子恺的《西洋建筑史》，薄薄的就二三十页，半个小时就看完啦！书里的建筑主要是金字塔，希腊神庙，古罗马建筑与哥特教堂等等。当然我后来就知道了，他们那些人啊，自己有很丰富的建筑历史知识，包括黄作燊，欧洲很多地方他都去过，亲眼看见过。但是，他们坚持的是，不要被历史的知识框住，要创新。但是，对于没有建筑历史知识的学生来说，就不应该单是创新这个事了。

图 2　1956 年给学生上课

卢：所以，他是认为当时的建筑教学中不应该多讲历史，这与学院派教学传统完全不同。

罗：那时约大建筑系对选择什么人担任教学也很挑剔，所以自 42 年成立后的前几年大概只有黄作燊一位专职老师。但他请了很多老师来上课，基本是他在英国和美国留学时的志同道合者，其中不少外国人，像 Richard Paulick，还有教构造的 A. J. Brandt，还有王大闳、郑观宣、钟耀华等，都是黄在英国 AA 与美国哈佛的同学，大多是格罗皮乌斯的学生。

约大建筑系在当时的确被认为是另类，教学气氛非常活跃，老师和学生常常一起搞活动，像一个大家庭一样，经常办展览、演出和搞体育活动。演出都是自己编剧、自己搞舞美。

不过人们常说约大的建筑是现代派，事实上黄作燊说“现代建筑”（Modern Architecture）已经过去了，应该提的是新建筑。新建筑永远是进步的，每个时候有每个时候的新的建筑，新建筑永远是在变化的，我们要做的是新建筑。

卢：看来黄先生领会现代建筑是很深层的，关键的不是风格，而是“时代精神”，这是西方现代建筑运动本质的思想。

罗：实际上就是“与时俱进”啊！

卢：知道后来陈从周先生也来上课了，他讲的是中国建筑史。也是黄作燊请他来的吗？

罗：对，他是 50 年来的。陈从周先生是自学成才的，他自学中国建筑文献很有心得，后来就教中国建筑史了。

卢：您那时听过他的课吗？您何时开始在约大任教的？

罗：没有。我 48 年就毕业了，51 年回到约大教书。49 年新中国成立后，约大的师资力量有很大的改变，外国教师都离开了，黄的中国朋友里也有不少离开的。好在他在 47、48 年就把李德华、王吉螽、翁致祥等留下来了。新中国成立后他又招一批人，我就是那时候进去的。当时李滢从国外回来了，还有白德懋、樊书培等等，但后来李、白、樊都去北京了。Hajek 走了以后，西方建筑史就没人教了，黄作燊就叫我顶上。

卢：所以实际上您来同济之前就已经教这门课了。那时候您有教材吗？开始接触弗莱彻的那本书了吗？

罗：那时我就捧了一本弗莱彻的书来教的，不单是我，别的学校都是这样。我那时候就认为建筑历史是不会受欢迎的，但自己却越教越有兴趣，所以我就一直想把课讲好。我教了半年以后，李滢回来了，她给了我一本 N.Pevsner 的 *An Outline of European Architecture*（1943 年出）。这本书对我影响很大。我一看就觉得了，建筑史不同于历史建筑。弗莱彻的书是前面讲背景，但不直接联系到建筑，后面就是建筑实例。而 Pevsner 的那种方式我非常喜欢。他讲的是建筑历史，你可以从历史看到实例，从实例看到历史，密切相关。所以我为什么后来说我当时讲的建筑历史可能和其他学校的不大一样。

卢：那么，您 51 年教西方建筑史的时候，其他院校呢？

罗：从来没跟他们联系过。我们（指约大）从来不跟别人联系，自己干自己的。52 年院系调整后才开始联系。那就出现了"建筑史是什么"的问题了，这个问题一直让我很困惑。

卢：52 年院系调整后，同济建筑系的人才来源是很丰富的，有冯纪忠、黄作桑、吴景祥、谭垣、黄家骅等等。他们中许多都是受过西方建筑教育的，有些在外国还待了很长的时间，他们对你的教学有影响吗？

罗：到了同济以后发现图书馆的建筑历史书要比约大的多，这对我很大帮助。再有，就是你提起的这些老师都对我有很大的帮助。因为我教的内容都是从书本上来的，从来没看过实物，很缺乏感性认识。所以我总是找那些这方面比较理解的人请教。

首先找的是王家骅，因为听说他已经教过好几年的西方建筑史。以后我找得最多的是黄作桑和冯纪忠。黄作桑总是旁敲侧击地给我一些启发，冯纪忠会很热烈地与我讨论问题。

当时，我在学习中觉得应该对建筑历史的一些术语要搞得很清楚，对建筑的各种现象要有识别能力，要识别就必定要了解、要比较，然后才能辨别。有一次我就和冯纪忠讨论什么叫 Classical Architecture，什么叫 Renaissance，什么叫作 Classicism，然后又有个 Classical Revival，这些概念我都不很清楚。我们谈到卢浮宫东翼，我说大家都说它是 classicism，冯先生当时没说什么。结果第二天一早啊，冯先生上班，下了车后不到同济校园，而是跑到同济新村我家里来了。他专门跟我说，其实这个 Classicism 已经带有 Baroque 了。他说在意大利是 Baroque，而法国的古典主义实际上已经接受了 Baroque 的一些东西。你看，这种事情只要有人帮你这么一点啦，你就通了。

卢：那还是 50 年代的事？

罗：我估计是 50 年代中。所以有人问，你出国要到 80 年代，……你怎么坚持（教西方建筑史）那么久？我觉得一个就是看书，还有一个就是请教了。我刚好就是有这么一些老师可以请教。那些老师对我帮助很大。

卢：当时系里还有个罗维东，他是密斯的学生，对您的教学有影响吗？

罗：他不仅曾是密斯的学生，还在密斯的事务所工作过。56年他到同济来后，在师生间掀起了对密斯的很大兴趣。因此我想到建筑史应该有近现代的内容，于是开设了西方近现代建筑史课。过去各个大学都只有古代建筑史，我估计我们同济是第一个正式开设西方近现代建筑史课的。

图3　1959年与梁思成及学生座谈

卢：那您讲讲那时教学的一些具体情况吧。

罗：我先讲讲教学方法上我赞成什么。首先我觉得，讲建筑历史要有很丰富的图像，要是没有图片的话没办法讲明白。所以我一方面给学生发用珂罗版制作的活页图片，同时在课堂上放幻灯片。我们同济可能是最早用135幻灯片的。我记得50年代刘敦桢先生到我们学校来时，他一看到我们的幻灯片，很欣赏。他说他们做的还是玻璃的幻灯片。

卢：那么教材呢？

罗：大概在53、54年就有了，开始是油印的。50年代我写的教材就有好几个版本。一两年就要写一份教材。同样地，我对图像十分重视。61年出版的《外国建筑史参考图集——近现代资本主义国家建筑史附册》是我们国家第一本关于西方近现代建筑史的教材。63年出版的《外国建筑史参考图集——原始、古代、中世纪、资本主义萌芽时期建筑史部分》的图片比较齐全，这两本书都是我们长期的活页图片积累而成的。编写过程中，我的助教陈婉、王秉铨对我的帮助很大。

在1956年左右，来了梁友松，他是梁思成的研究生，很有才华，学的是西方建筑史，但中国建筑史也很好。那时候我们就让他教西方近现代。但是，他只教了一两个学期，最多一年，就被划为右派了，听说清华来信通知同济的。他当时很活跃，跟学生一起搞了一个"我们要现代建筑"小组，很受学生欢迎。批判他的时候，开了很多会，当然就免不了要批评西方建筑史了。

卢：1957年以后发生了这么多的事情，您是否觉得要当心了？那么您觉得在教书的过程中要当心的有那几点？

罗：其实自到了同济后我就一直觉得像我们这样没有老师教的，不是正统出来的，既要补建筑的知识，还要补哲学的知识。因此我就自学马列主义，特别是历史唯物主义。还特别学上层建筑与经济基础的关系。再有就是黑格尔的和普列汉诺夫的书以及其他一些美学的书。我觉得就算我了解了一些史实，但我不会批判（当时很强调对外国的东西要批判），因此我尽量学习。我觉得黑格尔对我的帮助是非常大的。例如他提出的任何事情都有产生，发展和衰落的过程，给了我一个历史是变迁的、任何事情都要放在一定的时间和空间里面去看的基本观点。

卢：那这对您教历史课的影响是非常大的。

罗：是的。其实我那时基本上是自学过来的，没有老师，也不像现在那样有很多书。没有人向我提出要求，也没有人审查我批评我，我只能学一步走一步。

在这几年当中，困惑我最大的是建筑史到底是什么的问题，因为那时候我经历过几个对我压力很大的观点。

50年代中，有一次我们到兄弟院校访问时，有一位老师很郑重地提出来，我们必须用阶级斗争的观点来看建筑。这其实是无可非议的，但是他接着说，有人在形容埃及大金字塔时，喜欢说白颜色的金字塔在黄色的沙漠里、蔚蓝色的天空下显得很美，他说这是什么阶级感情。他说，应该想到的是，建造金字塔时有很多很多的奴隶死在里面，因而我们看到金字塔时应该看到的是一个血淋淋的金字塔，怎么能说它美呢？我听到这些话，一方面感到很恐慌（因为是个政治问题），另外感到很困惑。后来我总算从《共产党宣言》里看到，马克思、恩格斯也在赞扬古代罗马建筑的成就，我舒了一口气。

另外一个问题也给了我一定的压力，这就是，我们学校有位年轻教师提出说，建筑历史是社会发展史的注解，所以我们应该按照社会发展史的顺序来看待建筑史，并且用建筑历史来注释社会发展史。那么我就想，建筑历史应该要反映建筑自身的发展规律，假如只用它来解释原始社会如何进入奴隶社会，奴隶社会又如何进入封建社会，那么建筑自身的许多内容以及建筑自身的发展规律又到哪里去了呢？

有一次，一位国内很受尊敬的资深教授来访问我们，当我们问到如何在教建筑历史中贯彻批判地继承的时候，他说，其实你们教建筑历史，只要让学生掌握100个例子就好了。那么学生在设计广场的时候，脑子里马上就有四五个广场跳出来，设计市政厅的时候，马上又有几个市政厅的实例跳出来……他说这样就可以了。我想，这好像是历史建筑，而不是建筑历史了。

还有，大约58年的时候，一位真心地跟我说，我们中国每一次推动历史进步的都是农民斗争，斗争后就改朝换代，那你能不能从农民斗争的角度来讲一讲建筑史？大概在60年代初期，有一位兄弟院校的教师写了一些批判性的文章，比如批判勒·柯比西耶的“住宅是居住的机器”和莱特的古根海姆美术馆。我们系里又一位好心的总支书拿着文章来很诚恳地对我这样说，你看，这些文章都登在大报上了，你教了几十年的建筑史，怎么就写不出这样的文章来呢？当时我真是纳闷了，我到底怎么了，怎么就写不出来这样的文章来啊！

这些事情都使我很困惑，而且思想压力很大，认为自己可能真的是有问题了。所以我就一直在想，建筑史到底是什么？后来我就想，其实建筑历史是最好的理解建筑的东西。就如我们想知道一个人是什么样的人，就常常从他的身世和他过去做过的事情去了解他。所以，建筑史就是建筑本身的历史。那建筑是什么呢？

其实建筑是一种文化现象，它和绘画、雕塑是不一样的，它是人们生活的载体，它还要用工程技术来实现的，它的形象不仅要美观，还要能表达意义。

图 4　1959 年与杨廷宝及学生座谈

那么我们又是如何针对学生的需要来教建筑历史呢？须知，每个社会以及每个社会中不同的人群对建筑都有他一定的要求，而每个时代、每个社会又存在着不同的物质技术条件，建筑历史告诉我们，每个时代都有这样的一批人——我们今天所说的建筑师、工程师。他们充分利用、而且是创造性地利用与他们相应时代的物质技术条件，来达到和满足社会对建筑的物质与精神需要。因此，建筑是文化史，是思想史。所以，血淋淋的金字塔你可以提，但是最重要的是要让学生了解这个金字塔来自什么样的观念，又是如何建造的。

卢：从 50 年代后期一直到“文革”结束，我们国家经历了许多不平凡的历史时期，尤其是一系列政治运动。那么，西方建筑史教学有什么遭遇呢？

罗：“文革”我被批斗、隔离，那时叫我“洋门女将”，资产阶级的孝子贤孙，帝国主义的走狗，国际间谍，与党争夺接班人……课当然是不能上了。隔离了八个月之后回到学校，重点做文远楼的清洁工作教研室的后勤工作。但是，当时我每天八小时一个人待在教研室的时候，倒给了我一个看外文杂志的机会，如 *Architecture Record*，*Architecture Review*，*Architecture Forum* 等等，我每期都看，而且看得非常仔细，使我有可能跟踪了当时国外建筑发展的情况，把缺的东西补回来了。

卢：改革开放后，我们国家的形势发生了极大的变化，从闭关自守到向世界打开大门走向现代化建设，从这一点上看，我们西方建筑历史的教学开始了一个全新的历史时期。您是改革开放后最早去国外进行访问交流的建筑界学者之一，率先将西方战后以及当代的各种建筑思潮与倾向介绍近来，并直接参与了《外国近现代建筑史》教材的建设，这一切对教育界甚至对中国建筑界产生了很大影响。

罗：70 年代末期国家开始搞教材建设。那时，全国教外国建筑史的主要教师陈志华、吴焕加、刘先觉、沈玉麟、张似赞和马秀之等先生到上海来，讨论教材的事。当时大家都同意陈志华负责外国古代史的编写，《外国近现代建筑史》由四个学校合作编写，我当召集人与负责统稿工作。那时候和蔡婉英每天都要做到很晚。交稿后我就出国了，后来的校对工作都是蔡婉英完成的，所以我说蔡婉英帮我很多忙。

卢：就是说，您是写完这些思潮、甚至简要地提到“后现代”以后，才第一次出国的。

罗：是的。现在还得感谢那时一个人在教研室看书的经历。我出国是 80 年 9 月份，先到圣路易斯的华盛顿大学访问。我的导师是 Udo Kultermann，他后来成为该校的终身教授。

我感到最幸运的是，我把我的教材提纲拿给他时，他很认真地看了以后说，可以这样写，我一下子就放心了。第二个比较幸运的是，回来后看到我们国内建筑界对外国建筑发展很感兴趣，热情很高。我先后被请到在哈尔滨、重庆、西安、杭州的兄弟院校去讲课，反映都很好。

卢：80 年代初我在浙大学习，您来做的讲座给我极深的印象，那时看到您放的幻灯就觉得还有这么蓝的天和这么美的建筑。

罗：之后我有八个月在 MIT 的 Stanford Anderson 那里，他对我帮助也很大。同时，我还到美国的好几个大学去讲过课，如 MIT，Harvard，Columbia University 等等。我还结识了不同国家的许多学者，很高兴的是，他们后来都成了我的朋友。

卢：您那时访问了许多建筑师，我们都知道最有意思的是访问文丘里。

罗：是的。文丘里人很好，我认识他后，有一次，他热情地在他生日的那天邀请我和关肇邺一起到费城他家里去。我们先到他的 Office，看到他办公室同仁送给他一个很滑稽的 Postmodern 蛋糕。下午，他事务所里的一个人带我们去看他在费城的作品，包括他母亲的住宅。他妈妈当时已经不在了，是宾大一个地理学教授住在里面。教授说，这是一个很有名的建筑师设计的房子，所以他全力保护它，连墙上挂的画他都没动，这种保护办法给了我很深的印象。

卢：后来您问他是不是 Postmodern 之父，他说不是?

罗：他否认了自己是一个后现代建筑师，只说我是一个现代建筑师。当时我怕回去后说不清，就马上把这句话录下来了。

回来后我发现有不少人在批判“后现代”建筑。好在我在美国时就争取访问了几位后现代的建筑师，如 Graves，Stern，Eissenman 和 Hejduk 等，我就认为，后现代的出现是时代的必然性。

卢：后现代建筑思潮似乎直接对我们的思想和实践很有影响，那么您现在回过头来看国内的这种情况有什么感受？您觉得去接受他们的理论到指导实践，是不是会出现肤浅的作为或者甚至是一种误解。

罗：我认为 Post-modern 有很大的功劳，确实使得大家脑子开窍了，脱离了现代主义教条的羁绊。我觉得它的理论比它做出来的作品要好。现在，误解肯定是有的，因为任何一个事都有前因后果的，后面发生的总是在前面的事情内部孕育过来的，现在有些人连 Modern Architecture 都没有理解，他如何理解后现代呢？所以我一直说后现代是时代与社会发展的必然性，我赞成对待思潮和对待历史一样要用变化的眼光来看它。

我觉得你越搞历史，就越会客观地看待事情。比如学生问你，到底是格罗皮乌斯好呢还是莱特好？你能说吗？其实，你要看在什么情况才能说。他们使命不一样，莱特要提高中产阶级的生活品质，从城里搬出来，去接触自然，格罗皮乌

图 5　与学生伍江、支文军在教研室（1984 年）

斯却想要解决城里人一些非常基本的生活问题。两个人客观使命不一样。

所以学生要问我该走哪条路，我跟他有这么一些路，但这是人家的路，人家是这么走过来的，我们的路就要我们自己走出来。

卢：讲到理论，“文革”之前，国内还没有什么真正的外国理论书翻译过来。80 年代组织出版了一套西方建筑理论译丛，汪坦先生是主编，您和刘开济是副主编。这套书的出版应该是有划时代意义的。

罗：“文革”之前是没办法做啊！提到这套译丛，主要还是应该归功于汪坦先生。从提出方案、策划内容一直到最后的审稿都是他亲历亲为的。

卢：您在国外也接触一些理论家的吧！

罗：是的。那就是像 Joseph Rykwert，Kenneth Frampton 和 Stanford Anderson。他们都是大理论家，但他们的理论都不一样，这说明研究建筑史道路很宽广，有很多角度。比如 Rykwert，他是用极其精密的考据和研究来维护西方建筑理论传统的精华。这对中国人来说，可以用这样的态度来研究自己的东西，但你永远没有办法研究别人的东西做得如此深透。Frampton 特别精于对建筑与文化的纵向联系和横向联系。事实上历史上有许多事情好像是过去了，被湮没了，但后来又会以另外一种形式出现，Frampton 就特别善于挖掘这些事情，特别是思想上的渊源与线索。这对我在理论上的启发很大。

那么 Stanford 呢，他有很多研究是将建筑现象和行为联系在一起，这对认识建筑与人的关系上是比较透彻的。当然他也写人物，像 Peter Behrens，Shinkel，等等，写得非常深入细致，但是像我这样一个主要对学生进行入门教育的教师来说，我觉得和他们差得很远。建筑历史是门很复杂的课，要编一本教材是个很大的工程。

现在我们20年修编一次，现在事物变化很快，我希望10年后，伍江和你能够再重新编写。

卢：那么，最后一个问题吧。经过多年努力，《外国近现代建筑史》教材增补版终于出来了。作为主编，对这本20多年前的书做修编增补，您觉得增加的最重要的一些东西是什么？

罗：首先我不可能、也不打算推翻第一版的东西，我能保留的就尽量保留，但应该增加的内容就尽量增加。比如第六章，我很高兴地找到你写。除了第六章，我们还增加了许多东西，比如沈玉麟先生增加了许多内容，刘先觉先生也做了增补。

在我负责的部分，主要增加两个内容，一个是现代主义如何转到第二次世界大战后既讲物质功能又讲精神功能的各种思潮（第五章第一节），另一个就是增加了第三世界的内容。前者主要参考Frampton《现代建筑：一部批判的历史》，它帮助我把第二次世界大战以前的现代建筑和二次大战以后的现代建筑区别开了。后者我要感谢建筑学会出的那本《20世纪世界建筑精品集锦》，由于我有机会参加了那本书而得益不少。

再有，我在这一版的前言中明确地提出了我曾想了很久而不敢说的话——建筑历史是建筑文化史，建筑思想史。

这里我想到了一个问题，建筑历史是个复杂的学科，编写历史教材是个巨大的工程。现在我们20年修编一次，但事物变化越来越快，可能不到10年，你们就要重新编了。我希望伍江和你能带头把工作继续下去。

卢：那您觉得还有什么遗憾的地方吗？

罗：我觉得有些章节还缺乏思想性，讲了是什么，没有讲为什么。这就不太符合我所认为的建筑历史应该是建筑文化史和建筑思想史的理念了。

卢：谢谢您接受采访，并为我们后辈提供了这么多有价值的历史信息、教学经验和建筑思想。

（本文原载于《时代建筑》，2007年第3期）

《建筑理论的多维视野》序

上世纪七十年代末八十年代初，同济大学进入改革开放的年代，建筑教学开始走上正轨，长期处于政治批判漩涡中的外国建筑历史课程也得到了恢复，并受到一定的鼓励。这对我这个长期教授西方建筑历史的教师来说，是教学生涯与学术生命的一个新生，不仅是建筑思想开始从长期禁锢、心有余悸的状态中走出来，而且还获得了前往欧美国家访问的机会，能够亲身体验那些曾是那么“熟悉”却又无法谋面的著名建筑作品，甚至还在学术活动中结识了一些著名建筑师和历史理论家。

亲历国外访问考察收获很大，当时最触动我的不仅是发达国家中引领世界建筑设计潮流的作品，更吸引我的是，战后建筑学术流派的缤纷呈现、思想活跃，连第三世界的非洲也在探索自己的现代建筑，理论学说的多元态势让人深感其学科的包罗万象和发展活力。于是我如饥似渴地抓住每个可以考察体验的机会，并立下了回国后要把自己的心得向学校学生与社会汇报的决心，以使广大学子了解发达国家建筑发展的进程，这对活跃国内的建筑思想和创作也是很有必要的。事实上，当时有机会了解西方建筑的兄弟院校学者也在做同样的努力。

回来后,我第一次向学校汇报的题目是“美国大学建筑教育考察”。当时(1981 年秋)系里十分重视，不仅是领导，几乎所有的教师都参加了，连校部也来了人。我大受鼓舞，接着便一口气整理了八个面对师生的课余讲座，内容有，西方第一代、第二代与第三代的建筑师与他们的主要作品，关于高层与大空间建筑的发展，关于一些我以前没有注意到的城市广场、城市雕塑、购物街与购物中心的介绍，以及一些新的建筑技术，如充气建筑、建筑中的太阳能利用等等。当时协助我工作的是蔡婉英副教授，我们把这些讲座称为“八讲”。

随着建筑系研究生数目的日渐增加，面对年轻人迫切关注世界建筑发展动向和积极学习理论的热情，我萌发了一个想法：要为研究生开设一门较为深入地了解西方现、当代建筑思潮和建筑理论动态的课程，希望通过对西方建筑思想与实践的深度学习，引导他们对我国自己的建筑，以至对世界建筑发展的进程的关注与思考。这样，从1983年起，就建立了以西方现、当代建筑及其理论为基础的、称为“建筑历史与理论”的课程，最初是选修课，后来成为全学院研究生的一门必修课。

课程安排一开始就采用了一种灵活开放的方式，以一系列专题讲座形式进行，内容上有一定深度，而主题又可以按需要不断地补充、丰富或更换。如，八十年代中期，国内对西方战后现代建筑的发展和后现代主义的出现过程十分关注，课程便围绕这个线索展开，添加了“从萨伏依别墅到朗香教堂”、“Less is more 和 Less is bore”以及“建筑的情与理”等课题；八十年代后期，西方战后各种建筑理论不断进入国内，课程因此引入更多的理论学习，增加了“建筑形态学”和“建筑符号学”等课题；九十年代初，我的博士研究生郑时龄、伍江、卢永毅以及博士后常青在结束学业后，都进入建筑历史与理论的教学工作，我便请他们以每人负责一个专题讲座的方式参与到这门西方现、当代建筑理论的研究生课程中。于是人多力量大，课程更加丰富了，扩展到“建筑现象学”（郑时龄）、“建筑类型学”（伍江）、建筑文化人类学（常青）、建筑环境行为学（卢永毅）以及“建筑评论”（郑时龄）等内容，“建筑评论”后来成了一门独立的课程。同时，学院的对外交流也越来越多，我自己结识的一些国内外著名学者与借助上海建筑学会、中国建筑学会、学校与学院对外交流之便而邀请来的学者，相继为我们的学生做学术报告。有些报告的轰动效应出乎我的意料，如国内有汪坦教授、刘开济总建筑师，国外有贝聿铭、Charles Correa、Kenneth Frampton、Joseph Rykwert、Robert Venturi、Charles Jencks 等等，报告常因听众太多而不得不数易讲堂，学生的视野也因这些外来的讲座而更加拓展了。

1995年，我退休了，这个课程就由伍江主持，2003年起课程又转为卢永毅主持。他们仍然延续这样一种开放态度和多维视野来组织教学，而关注的理论话题更上一层楼。如今，我很高兴地看到，这门课程在日益国际化的教学环境中越加显现其意义和作用，我也很高兴地看到，国内外各方学者进入课堂的渠道也越来越宽广了，其中既有相识多年的国际知名专家，更有思想活跃的各方中青年学者。我还知道，现在的课堂已经不是当时十几人或几十人的场所，而是近200人的大讲坛了。

综观十多年来多维视野下的建筑理论教学，不仅使学生的视野开阔了，思想深刻了，辨别与比较的能力加强了，还使他们看到眼前的道路更宽广，对今后在业务上如何继续前进，由于具有更多可供判断的参考而更心中有数了。这不是任何个人的功劳，而是知识与教育的力量与成果。

多年前，我就想把课程的丰富内容集结出版，以让同学有一个继续深入学习的途径。因为种种原因，这件事一直没有做成。现在，经过多年积累和发展，在卢永毅及其助手近两年的努力下，这部反映课程内容的文集《建筑理论的多维视野》与读者见面了。文集的特点在于提供了关于当代西方建筑理论的多个话题，并展开了相当深入的讨论，使关心建筑理论的读者可以体会一种理论探讨如何进行，而这些理论探讨的背后又如何体现对当代建筑发展的价值关怀。特别值得关注的是，部分主题直接关联中国问题与思考中国建筑的现代化进程，这从某种程度上表明了我们学习西方建筑理论的根本意图，即，以西方经验关照自身的发展。

这本文集并不在于要建立一个明确的理论架构，也并不在于要树立某些权威的建筑主张。它更关注多维视野和多元思想的呈现，表明一种开放的态度，是一个活跃的学术讲坛。我想当代建筑的发展方式正是如此，而开放和兼容也正是同济一贯保持的学术风格。

2008 年 12 月 1 日于同济绿园

（本文原载于《建筑理论的多维视野》，卢永毅编著，中国建筑工业出版社，2009）

《弗莱彻建筑史》中译本序

翘首以待了数年，由郑时龄教授领衔、组织翻译的《弗莱彻建筑史》中译本终于问世了，我感到十分高兴。《弗莱彻建筑史》是一本内容丰富、资料翔实、运用了史学的科学分析方法并附有精美照片与细致线图的史书，曾是英国首屈一指的权威著作和建筑学界首选的教材与参考书，并被翻译成多种外文。它在英语国家中，如在美国的“常春藤”大学建筑系中享有与在英国同等重要的位置。20世纪20年代当我国第一代建筑师与学者从海外归来建立建筑学专业时，西洋建筑史是建筑学的必修课，此书则是教学的主要参考书。几十年来，它曾多次被学者与出版社提出要翻译成中文，但始终因其工作量太大而没有实现。期间虽有过一些以此为依据的翻译出版，如中国建筑工业出版社、国内学者王瑞珠先生和天津的沈理源教授等等，但并非全书。现在郑时龄教授与知识产权出版社不畏艰辛，知难而上，总算把这个巨大的工程啃下来了。这将大大有利于广大建筑学人的学习与参考，也是对我国第一辈建筑学者的致敬。

据记载，第一本具有明确时空概念与自成体系的建筑史书被公认为是16世纪中叶意大利画家、建筑师与作家瓦萨里（Giorgio Vasari，1511—1574）所著的《意大利杰出建筑师、画家和雕刻家传记》（*Le vite de più eccellenti architettori*，*pittori e scultori italiani*）。这本书的出现并非偶然，它是当时瓦萨里与它的同行在学术讨论时所表现出来的对历史的兴趣与瓦萨里本人用了五、六年的时间收集资料，又用了近十年才精心撰写出来的成果。该书在1550年出版后引起了意大利国内外广大读者的兴趣，影响甚大。此后，在意大利、法国与德国相继出现了不少记载兼评论历史上某个城市、某个地区或某个时段的建筑、艺术作品以及它们作者的史书。这些书籍大大拓宽了人们的知识与想象空间，很受欢迎。1568年瓦萨里在再版《传记》时，把书名上的“建筑师”与“画家”

在次序上对调了一下，这在当时不足为奇。因为意大利自文艺复兴时期便把绘画、雕刻与建筑视为艺术上不可分割的三姐妹，建筑师往往兼是画家与雕刻家，人们在谈论建筑时就如谈论绘画与雕刻一样，建筑史也理所当然地从属于艺术史了。这种情况直到 18 世纪中，随着建筑不同于其他艺术的个性越来越不容忽视，才逐渐被区分出来。

在艺术史两百余年的发展中，有一个不能不提及的人物，这就是德国的考古学家、艺术史家温克尔曼（Johann Winckelmann，1717—1768）。温克尔曼有许多著作，影响最大的是一篇论文《希腊绘画、雕塑沉思录》（*Gedanken über die Nachahmung der Griechischen Werke in der Malerie und Bildhauerkunst*，1755），和一本书《古代艺术史》（*Geschichte der Kunst des Altertums*，1764）。前者运用考古学据实地阐明了应该是希腊，而不是当时人们所认为的罗马，才是古代艺术典范的发源地；后者为艺术史的研究打下了不朽的科学基础。这就是温克尔曼总结了他数十年来关于艺术的表现及其变化的讨论与研究后，明确地在 1764 年正式出版的《古代艺术史》中指出，艺术的表现不是一成不变的，它就如植物等有机体一样，有它萌芽、成长、茂盛与衰亡的生物周期，在此过程中还要受到它所生长的气候、水土等环境的影响。当时与温克尔曼相仿时代的法国伟大作家伏尔泰（Voltaire，1694—1778）也提出过类似的观点，不过伏尔泰指的是社会历史，而温克尔曼指的是艺术史。并指出，艺术史应把一种艺术传统的形成、成长、变化、衰落同它所从属于的民族历史中各个阶段的社会经济、文化与历史背景并列起来研究，探求它在表现与变化中的特征及其之所以然，并且声称这些研究必须尽可能地取材于从古代幸存下来的作品。于是温克尔曼不仅奠定了艺术史研究的科学基础，并排除了各种机械与想当然地把主观推断出来的片面知识称为艺术史的可能性。由于这样的研究方法使读者不至于沉湎于对过去的忆想而是有利于揭示事物的本质及其发展规律，1805 年温克尔曼去世卅余年后，德国大文豪哥德（1749—1832）在一篇纪念温克尔曼的称为“温克尔曼与他的世纪”（*Winckelmann und sein Jahrhundert*）的文章中把温克尔曼与哥伦布并论说，温克尔曼虽没有发现新世界，但他预示了新时代的来临，读他的文章时不感到新奇，但读后却成为具有新颖见识的人。这就点明了科学的艺术史研究方法的意义。

数百年来涉及建筑的史书不胜其数。各书在内容范围、立意、结构体系、着眼点、脉络、取材、编排……等等各有特点。本来每个人在重新叙述一件往事时就会带有这样或那样的偏见。何况，任何史书都是在一定的时代与历史背景下完成的，其观点必然会与当时的社会和文化观点并行，因而不仅会有个人局限性，还会有时代与社会的局限性。综观下来，凡是史料属实。能科学地反映事物本质与发展规律的就有它存在与受欢迎的理由。从这方面看，《弗莱彻建筑史》是比较好与成功的。

1896 年，英国人班尼斯特·弗莱彻教授和他后被封为爵士的儿子班尼斯特·弗赖特·弗莱彻（Banister Flight Fletcher，1866—1953）联合署名出版名为《运用比较方法的建筑史》（*A History of Architecture on the Comparative Method*），简称《比较建筑史》（*Comparative Architecture*），而后在 1961 年又被改为《弗莱彻爵士的建筑史》（*Sir*

Banister Fletcher's A History of Architecture）继续编纂出版，至今已有一百多年。该书的立意是要通过历史上有代表性的建筑实例清楚地说明各个国家在不同时期中建筑风格的特征，以及形成与影响它们发展与变化的诸如地理、地质、气候、宗教、社会与历史背景，并运用比较的方法，即将每种风格在平面、墙体、门窗、屋顶、柱子、线脚与装饰方面的表现与其他风格进行比较，以明确它们的同异来加深对风格特征及其源流的认识。须知，当时的英国与西欧国家的建筑创作正陷于激烈的、就如弗莱彻父子所谓的“风格之战”中。

自从18世纪末考古学与植物分类学的深入人心与近代城市对新型的公共建筑，如博物馆、图书馆、法院、医院、商场等的大量需求，使人们不能满足于“已经系统化了的”古典主义，而是以能寻根问底地深入到各个历史时期与地方风格细节为荣的各种复古主义与折衷主义。《弗莱彻建筑史》不仅以生动的文字并以丰富的图片适应了这些要求。特别是一些按比例或附有尺寸的线图，不仅补充说明了文字的不足，并使人能窥视和感悟到风格以外的历史与人文内容。它们共同使无论是专业或非专业的读者均有大开眼界、增长知识和得益匪浅之感；对于建筑师与建筑学的学生来说，《弗莱彻建筑史》俨然一本建筑风格的百科全书，富于想象力的可以从中汲取灵感，缺乏想象力的可以照抄不误，以至风靡建筑界，人手一册。这种热烈程度直到上世纪三、四十年代，随着现代建筑思潮逐渐取代复古主义和折衷主义才逐渐降温。但《弗莱彻建筑史》内容的丰富与资料的翔实使它至今仍不愧是一本良好的建筑历史参考书。

《弗莱彻建筑史》的成就是和作者在编纂与成书中始终坚持认真与负责的态度分不开的。1896年《弗莱彻建筑史》虽已问世，但弗莱彻父子对建筑历史的研究始终没有间歇，而是马不停蹄地继续对内容进行调查、核实、修改与补充，以至在当年便出了修订版（第二版），紧接着在1897年又出了第三版。1901年弗莱彻教授已经去世，由他的儿子B.F.弗莱彻署名出版的第四版比第三版在内容上扩大了约15%，增加了东方印度、中国、日本与撒拉森地区的建筑简介，并开始增加了线条插图。以后B. F. 弗莱彻一直负责继续编纂与出版直到他去世的前一年，1954年的第十六版为止。如将第一版与第十六版相比，内容不知增加了多少倍。例如第一版是293页、插图159帧，但第十六版超过了1000页、插图4000余帧，此外还附有各种利于阅读的图表、参考书目等等。弗莱彻父子很早便有要把《弗莱彻建筑史》打造成一件“像国家传统似的可以流传给后世的遗产”。为此，B. F. 弗莱彻爵士设立了一个基金会，在遗嘱中“指定不列颠皇家建筑师学会与伦敦大学同为基金的代管人；《建筑史》的版权是基金的主要资产之一；基金的收入由上述两个单位分配，专用于如遗嘱所述的能推动建筑教学和建筑欣赏有关的各种用途”。在基金会的主持下《运用比较方法的建筑史》更名为《弗莱彻爵士的建筑史》，由基金会特聘的专家继续编纂下去。1961年第十七版的主编是R. A. 科丁利教授（R. A. Cordingley）；1975年第十八版的主编是詹姆斯·帕姆斯教授（James Palmes）；1987年第十九版的主编是J. 马斯格罗夫教授（John Musgrove）；1996年第二十版的主编是D. 克鲁克香克教授（Dan Cruickshank），此年刚好是该书问世的100周年。各位主编均沿袭了前人在编纂与成书上的认真与负责态度，但时代不同了，在内容、体系、分类与篇幅上均有所改变。因而在谈论所谓《弗莱彻建筑史》时，不能一概而论，因为事实上它一直是在或多或少地变化着的，反映了建筑史书在不同时期中与时代要求的平行与并进。

《弗莱彻建筑史》有没有缺点或遗憾呢？应该说是有。这就是我国建筑界曾多次批判它是“欧洲中心论”的问题，具体地说就是存在于从第四版至第十六版中的把欧洲历史上的风格称为“历史风格”（historical styles）和把东方历史上的风格称为“非历史风格”（non-historical styles）以及一幅形象地说明这个问题的称为“建筑之树”的图画。近年来有人认为这些批判反映了我国对该书的误解和出于建筑文化观念的落后之故。这里并不想评论这些批判的是非，但既然要讨论这本书就不能避讳这个问题。事情的经过是，本来《弗莱彻建筑史》从第一版至第三版的内容范围只有欧洲建筑史。到第四版，作者认为“假如我们仅仅回顾那些与我们有关的、先进的，我们称之为历史上的风格，而不去领会那些独立于西方艺术之外和对之毫无影响的诸如印度、中国、日本、中美洲和撒拉森人的，我们称之为非历史上的风格的话，这本要成为世界历史的书就会是不完整的”。（转引自第十六版第二部分的“介绍”在第二十版的前言中也出现过类似的话，文中有注说明来自第四版的前言）。于是 B.F 弗莱彻在第四版中增加了东方建筑，并在体系上将全书分为两大部分：第一部分是前面三版的内容，称为“历史上的风格”，第二部分的内容是东方建筑，则称之为“非历史上的风格”。两部分篇幅悬殊，即使在第十六版中，后者约为前者的 8%。弗莱彻能看到欧洲以外的世界，这是一个进步。虽然这个进步并非他的首创。数十年前英国人建筑史家 J. 弗格森（James Fergusson，1808—1886）受到当时流入英国的关于英属殖民地印度的报告启发，经过到印度和中国考察后在他的《建筑历史》（*History of Architecture*，1865—1867）后面增加了关于东方建筑的第三册，并颇受欢迎。那么《弗莱彻建筑史》的问题究竟出现在哪里呢？主要在于他把“历史上的风格”，这个没有说明时代和地方的通用名词专用与等同于“欧洲历史上的风格”，而不属于欧洲的风格不是直截了当地说明是什么时代与地方的风格，而是称之为“非历史上的风格”，这种用词上的混乱显然使人不解。

此外，弗莱彻在前面提及的“介绍”中还表示了他对东方建筑的意见。他说：“东方艺术所呈现的特征对于欧洲人来说是不习惯并常会感到不愉快或出乎意料地奇怪的……，面对着这么许多对我们来说近乎怪诞的形式时，我们应该理解到东西方的差异在东方建筑中由于宗教信仰与社会习惯而被强调了。”的确，人们在看到世界和能说明世界之间是有历史过程的。而 19 世纪末、20 世纪初正是“日不落”的大英帝国的维多利亚时期，这时期的英国在世界上的政治、经济与文化均居于优势。他们认为自己的卓越地位源于文明的优越，乃至于种族的优越。于是有了诸如“白人的责任”（英国著名小说家、诗人吉卜林 Rudyard Kipling，1865—1936，发表于 1899 年的诗歌）之类的宣扬帝国主义掠夺与统治殖民地有理的作品。英国历史学家汤因比（Arnold J.Toynbee，1889—1975）在描述 19 世纪末他的同胞，英国中产阶级的世界观时就说：这些人沉醉在帝国的节节胜利中以致幻想历史将从此凝结不前，“他们有一切理由为历史这种结束所赐予他们的永久幸福而庆贺……西欧其他国家的中产阶级也同样具有这种幻觉”（转引自《全球通史》A Global History 第 19 章，第四节，作者〈美〉斯塔夫里阿诺斯 L. S. Stavrianos，译者吴象婴、梁赤民，1999 年）。

从这方面看，当时的西欧人，特别是英国人，以自我为中心，自我为标准看待世界的情况并非个别的。因而弗莱彻的“历史上”与“非历史上”的逻辑混乱与对东方建筑的偏见可能不是他个人的，而是时代与社会局限性所然。然而弗莱彻居然把这个说法与态度坚持到 20 世纪五十年代，这就真是一个遗憾了。须知自从 1917 年，德国人哲学家、历史学家施本格勒（Oswald Spengler，1880—1936）郑重地提出了应该看到除了西方文明之外，世界上还存在着许多其他的伟大文明，而文明就如任何有机体一样，均有其发生、成长、破坏、崩解、死亡或僵化等等不能逾越的生命期。接着提出了骇人听闻的西方文明正如历史上的古代文明一样走向灭亡的“西方没落论”（The Decline of the West，1917）。这里姑且不论这个论点的是非。但它说明了一个问题，即西欧人一直以为自己的文化独一无二和永世常青的幻想受到了挑战。在此之后数年，汤因比赞成与坚持了施本格勒关于世界上除了西方文明之外还同时存在着许多与之平行的其他伟大文明的观点，但反对施本格勒的宿命论，认为一种文明的灭亡是可以通过某种明智的及时措施来防止的。

历史学家的任务就是要以“自由主义”的态度，即把自己从各种不合理的成规与传统偏见中解放出来，以历史事实为例来说明各种文明兴衰的原因。20 世纪 30 年代，美国人类学家鲁思·本尼迪克（Ruth Benedict，1887—1948）更进一步提出反对种族歧视，提倡平等对待各民族的文化。她认为各种文化都是人类行为可能性的不同选择，都有自己的价值取向与同其所属社会相适的能力，它们之间不存在文与野、先进与落后和等级上的优与劣之别，提倡文化的“相对主义”；并认为人们应根据各种文化发生的来龙去脉来评论文化现象；主张各种文化的交流、交融和相互理解。上述种种比较客观的关于如何对待世界上各族文化的理论提出后，即引起各国文化界的热烈讨论。然而弗莱彻对此似乎无动于衷，以至他在 1954 年的第十六版中仍原封不动地保留了他在半个世纪前的观点与态度。弗莱彻去世后，1961 年由科丁利主编的第十七版虽是几个版本中改动得最少的，但在体系上却作了一个十分明显的改动，这就是把第一部的名称改为“古代建筑及其在西方的继续”，第二部的名称改为“东方建筑”，并删除了那些陈词滥调。当时能够做出这些改变是需要勇气的。因为在弗莱彻爵士以后的历任主编都有一个共同的顾虑，这就是“究竟可以允许从原来作者的意图走出多远”（引自第二十版前言）。要“走出”的原因很清楚，史书的编纂必定与当时社会的要求和文化观点并行的，编纂史书的人总是努力按着他们认为正确的去做。自从第十七版开始了这个重要的改动后；第十八版改动了全书的结构，同时为了避免内容上的重复取消了房屋各组成部件在风格上的比较；第十九版与第二十版再次改动了全书的结构并大量增加欧洲以外的各国和 20 世纪现代建筑的内容；以至《弗莱彻建筑史》至今仍不愧为一本良好的参考书。

当郑时龄教授邀请我为他的《弗莱彻建筑史》中译本作序时，我原想只要简单地说一下我对该书的感想便得。怎知提起笔来不禁思绪万千，毕竟我和该书打交道已有六十余年。冷静下来才整理出这篇言犹未尽的长篇大论。可以这样说我不仅从该书获得了许多建筑历史知识，并从它成书与改版的前前后后体会到不少编纂史书的道理。抱歉浪费了读者很多时间，不妥之处，敬请指教。

2010年4月

（本文原载于《弗莱彻建筑史》，（英）丹·克鲁克香克 著，郑时龄、支文军、卢永毅 、李德华、吴骥良 译，知识产权出版社，2011）

文化革命运动结束后在南京参加第一次建筑教学会议（由左至右：罗小未、哈雄文、冯纪忠、梅季魁、路秉杰）

1985 年学院牛年迎新会中与学生们（左三钱锋、右四支文军、右三伍江、右一鲁晨海）

1985 年学院牛年迎新会中与汪定曾（左四）、龙永龄（左一）、刘仲（左二）、吴庐生（右四）、吕慧珍（右二）等教师

1986 年建筑与城市规划学院成立。前排教师从左至右分别为王英奎、董鉴鸿、戴复东、罗小未、陶松龄、刘佐鸿、陈光贤、刘云；后排教师从左至右分别付信祁、吴一清、王秋野、黄家骅、庄秉权、唐云祥、冯纪忠、吴景祥、谭垣、金经昌、樊明体、朱膺。

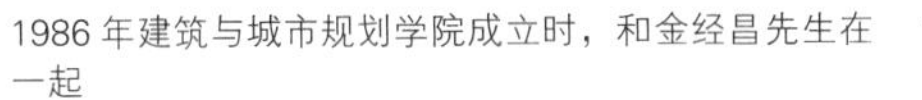
1986 年建筑与城市规划学院成立时，和金经昌先生在一起

1986 年学院成立时题字

1987 年学校 80 周年庆祝活动中（前排从左二至右：罗小未、李德华、冯纪忠、赵秀恒、刘云；二排左二王吉鑫）

1987 年学校 80 周年庆祝活动中与翁致祥（左一）、吴景祥（左二）、谭垣（右一）

1987 年学校 80 周年庆祝活动中与蔡琬英老师

学校 80 周年庆祝活动中（左二朱膺、左四张季衡、左五樊明体、左六江景波、左七朱膺、右一罗小未）

建筑历史与建筑创作的多维视角

运用符号分析学，“阅读”非洲当代的城市

看到这个题目的人可能会想：“阅读”，为什么用“阅读”这两个字呢？去年初秋，当我接到阿卡·汗建筑奖委员会寄给我的邀请信，请我去参加他们主办的第七次国际学术讨论会——“阅读非洲当代的城市”时，我就是这么想的。

讨论会概况

讨论会于 1982 年 11 月 2 日—6 日在非洲西海岸塞内加尔共和国的首都达喀尔举行（图 1）。出席者有来自塞内加尔、尼日利亚、毛里塔尼亚、阿尔巴尼亚、埃及等 13 个非洲国家和法国、美国、巴基斯坦、土耳其、英国、伊拉克、印度、意大利、西班牙、马来西亚、中国等共 20 余个国家的 60 余位建筑师、规划师、社会学家和经济学家。阿卡·汗建筑奖委员会主席阿卡·汗殿下和他的夫人沙利玛公主参加了讨论会。塞内加尔共和国总统参加了开幕式并致辞。共和国的城建部部长曾参加讨论会，并在闭幕式中致辞。

讨论会有十多个专题发言，分属五个方面：一、萨赫勒地区（北非洲中部处于沙漠与南部热带丛林中间的地带）的城市传统和历史；二、达喀尔的城市空间——尝试全面阅读一下；三、达喀尔的城市周围；四、西非的城市空间；五、建筑业务在非洲的问题。不少发言均辅以幻灯，有些还有电影。由于阿卡·汗建筑奖学术讨论会的宗旨，正如它的主席阿卡·汗殿下所说，在于探求一种或多种生气勃勃的、能改善伊斯兰国家贫民的人为环境和能反映他们的民族、地方与伊斯兰特征的建筑。故讨论会与参观的全部内容都是环绕着这个主题进行的。

图 1　达喀尔的国际会议中心，讨论会的开幕式在这里举行

塞内加尔的首都达喀尔是一个非常美丽的现代化城市。当我下了飞机，

乘上驶向市区的汽车时，绿树成荫的公路一旁是美丽的海滨，另一边是点缀在绿化丛中的高级别墅。11 月是达喀尔的好季节，一路微风拂面，使人颇有处在西方发达国家中的风景区之感。到了市区，市中心广场周围是高楼大厦，马路整洁。旁边的大街小巷是具有西方小城镇风味的低层建筑。我们歇宿的旅馆是一座拥有总统级套间的足以与西方第一流饭店媲美的十多层高的大厦。的确，一切都使我出乎意料。但是，第二天，当我们到城郊去参观时，所看到的却是另外一个完全不同的世界。无怪建筑奖委员会在开幕的那天就指出，要实现西非穆斯林生活环境的改善，将是一个长期与艰巨的任务，而要承担这个任务首先要像一个虚心的学生那样认真“阅读”它的现状。

“阅读”与“符号”

对于这次会议的主题，邀请信是这样说的：“讨论会的中心，‘阅读非洲当代的城市’，是要说明由文学著作的符号分析学（Semiotic analysis）所发展起来的一套方法，也有可能用来作为了解人为环境的工具。要是确能如此，那么建筑作品，即如文学作品那样，为了要衡量它们的全面特征，就会牵涉到一种由具有含义的符号（Sign）所组成的语言；城市空间的不同形态也很可能会要求特定的‘阅读’或译解。这成为当前了解当代非洲城市所亟须解决的问题。”

什么叫作符号分析学呢？我一方面从书本上找，同时又请教了几位老专家和比较博学的建筑师。这是目前在科学、哲学与医学中比较流行的一种研究事物所表现出来的现象和这些现象又如何反过来说明该事物内涵的关系的学说。事实上，任何事物只要是具形、具声、具嗅、具味、可触摸的，或者换一句话说，能被人的感官所感知的，这些可感应性就是一种信息，既是信息就有一定的能传递该信息的符号。当然，作为一种学说，必定有它许多专用的名词、深奥的道理和研究方法。但是阿卡·汗建筑奖讨论会并不是抽象地或学究式地去研究符号学的问题。而是运用它的基本原理来促使我们有意识地认真地观察城市与建筑，抓住它们所表现出来的现象——符号，探求这些符号所代表的信息，并通过这些符号来追踪和了解形成该特定符号的原因；从而，在规划、设计与建造人为环境时，又应有意识地和创造性地运用一些符号来反映与传递它们不同于其他城市与建筑的特征。总的来说，这里所谈的建筑符号学同过去我们常谈的建筑形式与内容的关系，或现在国外流行的一个时髦词汇——“形式语言”是类似的。但形式与内容或“形式语言”所涉及的方面，顾名思义，是建筑的形式问题（除非加以说明），即通过视觉来感知的视觉符号。而符号学则既包括形式还有其他一切可被感知的方面。

既然有符号就有“阅读”与译解符号的问题。讨论会中不少人指出：人们要阅读一篇文章，首先要认识组成文章的词汇与句法，而其最基本的问题又在于能否认识组成这些词汇的字母——基本符号。你对这些字母、词汇与句法掌握得越多，你能了解得也越多。那么，什么是组成城市与建筑的基本符号呢？会中大家一致认为这就是形成它们的社会、经济、政治、地方气候与材料和思想、文化、情绪等等。只有学习了这些符号，才能理解由这些符号所形成的城市与建筑。

“阅读”，再“阅读”

会中，我们运用上述符号学的方法“阅读”了好几个城镇、居民点与建筑。从我来说，这的确是一次很好的学习机会。下面是几次给我印象深刻的“阅读”与“再阅读”。

上面说过，达喀尔市区的美丽是那么的使我出乎意料，但是一出了城市，城郊的荒凉又使我诧异。这里是一片一望无际的沙土平原。有些是种花生、小米和高粱的田地，但大多是尚未开垦的荒芜。平原上极目之下是几棵长不大的树。一问，原来这里缺水严重，水是宝贝，达喀尔市区里成荫的绿树是靠人工灌溉的。城乡的差别促使我要“阅读”一下形成这些现象的基本符号。

早在远古的时候，处于萨赫勒地区的塞内加尔就已经有居民了。11 世纪时伊斯兰教传入塞内加尔，成为当地土著的主要宗教。14 ～ 16 世纪，塞内加尔先后成为在它东部的马里帝国和桑海帝国的一部分。15 世纪，葡萄牙从西海岸入侵，自此 400 余年，塞内加尔一直是欧洲冒险家到非洲掠夺皮革、树胶、黄金与奴隶的集散地。其中 1817 年法国正式取代了葡萄牙的统治，把首都从西海岸北部的圣路易斯迁到中部的达喀尔。直到 1960 年塞内加尔宣告独立，才再变成为非洲人自己的国家。塞内加尔至今仍是一个农业国，燥热的半沙漠地带，使它粮食尚不能自给。目前塞内加尔约有 540 万人，其中 70%～ 75%分布在农村，以种植花生为主，附有小量——20%～ 25%——的小米与高粱之类的粮食作物。塞内加尔是一个多民族的国家。法语仍然是它的官方语言。广大人民除了知识分子能讲法语之外，还是分别讲他们各自的民族语言。伊斯兰教仍然是当地的主要宗教，约占全国人口的 90%多。此外是天主教（主要是在城市）与小量的泛灵论者。长期的殖民统治使塞内加尔至今仍是白人高于黑人，阶级差别、城乡差别、脑力劳动与体力劳动的差别还是很尖锐。

在荒凉的郊区远处隐隐约约可以看到一个树丛。对，这是村庄。树在萨赫勒地区是有人居住的标志。人们爱它，一天的生活很大部分都在一种长得很大的叫包奥波布（Baobop）的树荫下度过的。它们调节了萨赫勒地区居民点的小气候。农民的住宅，有些还停留在我们学习古代原始社会建筑史中看到的那种用植物杆茎和茅草搭起来的，墙与顶不分的馒头形窝棚。比较好的是高粱杆墙、四披茅草顶的方形房屋。我们参观了一个比较典型的村庄(图 2)。村子在树荫之下，只有稀稀落落的几户人家。每家至少有

图 2　达喀尔近郊的农村住宅

图3　达喀尔近郊璧基因安置区中的一住宅。当中的主楼是鲜艳的棕红色，右边水泥砂浆粉刷的土台下面是化粪池

图4　达喀尔近郊马利卡的达阿拉贫童住宿学校

两幢房屋，一幢是男户主住的，另一幢是他的妻子们与子女住的，因为伊斯兰教是多妻制的。室内除了床之外就是瓶瓶罐罐，似乎并没有什么其他家具。房子周围是一近乎圆形的园子，园子里除了一、二棵包奥波布外光秃秃的，外圈是用高粱秆搭起来的矮墙。

在达喀尔市区中有不少的低标准住宅，但没有看到贫民窟。贫民住在哪里呢？是在城市外围吗？也不是，是被迁到离它十多里外的安置区去了。

璧基因（Pikine，图3、图4）是位于达喀尔东北的一个安置区，始建于1952年。凡是市民在市区中经济上不能立足的就被迫或被“鼓励”迁到这里定居。自从塞内加尔独立后，经政府的关心，近10多年来有了很大的发展。目前已从刚建立时的几千个居民发展到10余万人。璧基因共分7个区，其布局类似现代化的居住区，区内外有比较规整的不同等级的道路。居民到了璧基因后，可以免费领得一块份地。但房屋是要自己建的，故现在还有不少用旧木箱板、油毛毡零料、瓦楞铁皮建成的“临时”房屋，但是有条件的则在城建部门的指导下，建造起一种用砂与水泥制成的砌块砌成的房屋。砂在此遍地皆是，砌块是居民平时陆陆续续地自己打的，累积到一定的数量就把房子建造起来。水仍然是这里的大问题。有些人已在家里装上自来水，甚至还有化粪池（见图3）。但这毕竟是少数，大多数居民要到公共的供水处取水，有些远的要走一、二公里。假如把那些建造得好的住宅同城市贫民窟或附近农村的窝棚或茅屋相比，那应该就是好得不知多少了。但是璧基因的最大问题是直到现在能有固定收入的家庭只占全数的三分之一。居民埋怨，过去他们聚居在城市外围时，环境虽不卫生，但还可溜到城市里去打零工。现在每进一次城，单程车资就要5个法国法郎（相当于人民币1.4元）。只有那些在此出生的第二、第三代人，从小在此进学校，在此生活，似乎已经接受了这里的现实，把这里当作自己的家乡了。

怎样来评价璧基因呢？从致力于这里的工作的规划师、建筑师与市政工作者来说，应该说是很有成绩的。但一个居民点反映出来的问题往往是社会问题，真正要璧基因成为一个他们所希望达到的“城市中的城市”，看来要等到居民的就业问题得到解决时才能实现。

在达喀尔近郊的达阿拉贫童住宿学校是一所收容流落街头的儿童，并给他们接受正常教育的学校（图 4、图 5）。学校建筑是 1981 年阿卡·汗建筑奖获奖者之一——农业培训中心（见本学报 1981 年第 8 期）——的那种建筑体系[1]的又一次尝试。当我看到那些前后、高低重叠的筒形拱顶、内部虚实相映、变化多端、既遮阳又通风的室内空间时，不禁赞叹设计人的创作水平。但是正如 1981 年在北京会议时就有议论说：虽然它运用的是当地的材料与劳动力，但是当地人并没有感到这是他们自己的建筑。因为当地的建筑并不是这样的。这次我在参观与讨论时，特别“阅读”与思考了这个问题。当地的传统民居是高粱秆墙与四披的茅草顶。的确，从高粱秆墙与茅草顶到用砂和水泥建造起来的筒形拱顶体系似乎没有什么联系。即没有什么在建筑发展上的连续性。但是据设计人（在联合国教科文组织资助下的 BREDA 工作组）说，他们所致力于解决的是两个方面：一是传统性与乡土性；另一是现代化。由此看来，高粱秆墙与茅草顶虽是萨赫勒地区几千年来的传统，但显然不是现代化的。须知现代化不仅仅是指新材料与新技术，更主要的是对现代生活的适应。而这些高粱秆墙与茅草顶的房屋是不能适应现代生活所要求的那种要能容纳比较多的人，要比较坚固和耐久，要明朗与易于清洁，既遮阳又通风的，诸如学校之类的公共建筑。过去，农村里的儿童学习读经都是在树荫之下或房屋之间的夹弄中进行的。现在他们需要的是一个良好的、能正常学习的人为环境。故缺乏发展连续性的问题在这里首先不是建筑而是生活本身。因而问题是在适应新要求中，当传统性、乡土性同现代化有矛盾时该怎么办？看来总不应拘泥于前者吧？况且这里的所谓缺乏传统性，主要还是指形式上的。假如运用会议中的建筑符号学观点来看，这个体系所用的材料是当地的，其建筑方法能为当地人自己施工，造价又比较合理，并在使用与美观上均能满足要求。既然如此，它虽不是传统的，但不是已具有符合于实际的地方性了吗？

图 5　达阿拉贫童住宿学校的扶壁与滴水

在毛里塔尼亚的罗索，由 ADUA（一个受外界资助的专门研究与发展非洲的地方建筑与城市的组织）为毛里塔尼亚解放了的奴隶安置区提供的住宅方案，既有类似上面所提到的达阿拉贫童住宿学校所遇到的问题，也有像壁基因安置区中的社会问题。而我自己在认识这个方案与发展计划中也有一个反复“阅读”与再“阅读”的问题。

住在这里的解放了的奴隶大多很穷。他们之中有些当了农民，有些外出打工，也

1. 墙由就地预制的砂和水泥砖块砌成。屋顶是短跨的筒形拱。拱顶仅厚 4 厘米。施工时，先在拱模上铺草席，再抹水泥砂浆。在两层砂浆之间铺以钢丝网加固。干后拆模，去掉草席即成。这次我们也参观了这个农业培训中心，实物效果不错。达阿拉贫童住宿学校的拱跨比农业培训中心大。大的约为 6 ~ 7 米。拱顶在起拱处有一条钢筋拉杆。

图 6　采用 ADUA 方案建造起来的住宅

图 7　ADUA 方案的另一种形式

有不少是没有职业只靠养几只羊过日子的。他们本来都住在一些用废料搭起来的棚屋或帐篷中。(ADUA 研究了当地的社会与地方特点，为他们提供了一种利用当地材料并可用自己的劳动力来建造的住宅。当我最初看到 ADUA 在讨论会中介绍他们的方案与计划时，我完全被他们的深入调查研究与所介绍的样板住宅的创作水平所吸引。这是一个由一个个标准单元所组成的住宅建筑群。标准单元是用砂和水泥制成的砖块砌成的，除了门窗之外，完全不用木料。平面呈正方形，边长约 3 米左右，四面墙是 4 个砖券，上面覆以砖穹窿。由于尺度不大，居民完全可以自己施工。在样板住宅中，穹窿顶上的正中，还有一个装有窗户的圆形采光口。后来，他们说，由于密封需要一些技术，故在推广中已不用了。何况四面的券洞既可自由地与旁边的单元相接，也可以自由开设窗户。吸引我的还有它的外形。白色的一个个高低起伏的小穹窿使我感到很有民族性、地方性与伊斯兰特征。介绍毕，会中有人赞扬，有人提出异议。赞扬的和我所想的差不多。异议的主要是两个方面：一是当地的居民穷得很，要改变的是他们的基本卫生条件，如自来水、下水道，目前还谈不到房屋的问题，另一是这些东西不是非洲的，虽是伊斯兰的，但它是中东的伊斯兰的。听到了这些意见，我觉得自己本来的想法的确有片面与笼统之处，于是怀疑了自己的看法。

到了现场一看，按这个方案建造起来的房屋已经不少了(图 6、图 7)。在有些区已达到半数或半数以上，有些区中约占四分之一或三分之一。于是我想，假如不合适，怎么会被接受呢？再说，这些住宅的居住水平不是比以前提高了吗？于是我又保留了原来的看法。

但是，这里的确不是完全没有问题的。当地的居民(那些住在简陋房屋中的人不用说)整天都喜欢席地而坐地生活在屋旁的帐篷里。即使是那些建了新房子的也是如此。问他们为何如此，他们说是这里好。估计这是他们过惯了户外生活，嫌室内太封闭之故。再说那天中午，我们在他们用来集会与举行宴会的大帐篷里用膳的时候，只见上面是五颜六色的花布，下面是彩色缤纷的羊毛地毯和靠垫，我感到在这样的环境中进餐，确是别有一番风味。故这里存在着一个生活习惯的问题。我想，既然如此，为什么要费那么多功夫去建造新房子呢？回答大致有三种：一种是凡是愿意建造这种房子的人，ADUA 可以免费发给他们水泥。手续是把他们现有的资产——羊或首饰——作为保证，建成后归还。二是这种房子在雨季时（一年约有两个月）是很好的。三是这种房子现在已成为该地区一种说明房主已经拥有资产，收入已经不错了的标志。而这个标志是这里的人所共同渴望的。经过这些反复“阅读”，我思想上产生了两个问题：一是他们现在不喜欢，将来会不会喜欢？亦即人们的生活习惯会不会随着条件的改变而改变？另一是在事物的发展中人为的因素会起多大作用与如何评价人为因素？而这些问题除非是经过更深入和长期的调查与研究，否则是很难得出正确的答案的。

图 8　在齐金绍尔的一个具有现代化设施而采用民间传统建筑风格的高级旅馆

总的来说，凡是牵涉到大量性的、低标准的建设时，问题就会比较复杂。因为它总是同社会问题扭在一起。而高级的、特殊的，相时来说就比较简单了。因为后者主要是设计与建造水平的问题。在这次会议中，我们前后住过三个旅馆，并在两个旅馆里歇息。这些都是以白人游客为主的高级旅游旅馆，它们的风格都是地方风味十足的。如在圣路易斯城（葡萄牙人统治时的首都）的子午旅馆，建筑是西班牙式的；在南方齐金绍尔的旅馆（图 8），则完全采用当地泥墙草顶的民居方式。它们也给了我深刻的印象。

结束语

在告别宴会时，阿卡·汗殿下问我这次会议的感想，我说我在这次会议中学到了很多东西。他很谦虚地说：正如我去年在北京时也学到了很多东西一样。我认为自己在这次会议中学到了很多东西这句话是由衷的。因为会议中所谈到的与启发我思考到的问题，并不是非洲和伊斯兰世界所独有的，而是对一切发展中国家来说，都是有些类似并富于启发性的问题。

（本文原载于《建筑学报》，1983 年第 5 期）

中国古代的空间概念与建筑美学

在建筑创作中，关于传统的继承与革新可以有不同的切入点。有人主张符号学的方法，也有人认为类型学的方法比符号学方法更为深入。其实对所有文化中最包罗万象的建筑文化来说，可以按任务性质与要求的不同采用或兼用不同的方法。本文提出是否可以从哲学上去寻找？瑞士心理学家荣格（C.G. Jung）认为，无论我们主观上承认与否，我们祖先与各个世代所积累起来的经验仍潜在于我们的记忆痕迹库中，并不时地影响着我们。本文试图以文化人类学的观点与方法从我国古人的空间概念中重新发现那些不时在影响着中国各种空间艺术、特别是建筑艺术的潜在记忆；企图从此透视出一条我国建筑中的民族性线索。这不过是一个初次的尝试，如能深入研究或再试从不同的角度与方向来探讨是有可能找出更多的线索与途径的。

不同时代与社会的文化、哲学、思维方法与心理特征形成了人们不同的空间概念。我国古代人们对于空间的意识完全不同于今天我们或西方人所认为的——空间即处于物质元素之间的空隙——概念：而是一种位于更高层次的关于宇宙、自然界、社会与人生的意念。这种意念深深地影响着中国古代人们的生活方式、审美意识以及艺术表现使之与外国及西方文化形成对照。因而深入了解中国古代人的空间概念不仅有助于欣赏与理解我国灿烂的传统艺术以及作为空间艺术之一的建筑；并可在科学态度的指导下，通过历史反省而开拓视野、活跃思想，为振兴中华文化提供有价值的理论依据。

古代的宇宙观——空间观

什么是宇宙？宇宙是天地万物之总称。东汉高诱对西汉《淮南子原道训》中提到“宇宙”的解释是：“四方上下曰宇，古往今来曰宙，以喻天地”，可见宇宙是一概括了天、地以及万物的时与空的综合体。尽管我国古代有多种哲学思想和流派，但只要认真地审视各派的基本哲学观就会惊奇地发现它们在对待宇宙与空间上是多么的相似。虽然它们使用了不同的哲学语言，但其核心是一致的。那就是：宇宙是两个对立力量和谐而又动

态的共存的统一体，他们相互依存、相互作用、相互促进与相互转化。（图 1）

早在殷周时代（公元前 11 世纪至前 771 年），中国哲学家就在《易经》中把“变”看作是宇宙的普遍规律。他们从自然现象的日光向背、昼夜递承中建立了“一阴一阳谓之道”的阴阳学说，认为世上万物来源于变化，而变化是对立的阴阳两极相互作用的结果。《易传》说：“是故易有太极，是生两仪”，“刚柔相推，变在其中”，“变动不居，周流六虚，上下无常，相柔相易，不可为典要，唯变所适”；《老子》说：“阴阳合德，而刚柔合体”。意即万物万象都存在于两种对立力量的相互作用、连接、转化、渗透、融合或统一之中。然而，这种统一是对立的统一、变化的统一，故具有无限的运动性，周而复始，所以《周易》应用“—”“- -”两种符号的组合来表示两种对立的力量。并根据自然中天、地、雷、风、水、火、山、泽等不同的阴阳对立、变化统一规律构成了八卦（图 2），值此来解释宇宙万物生成毁亡的变化，虚实有无的结构，刚柔动静的状态，并进一步引申到对社会、人生和历史变迁的解释。这种事物对立两极的相互作用、相互渗透、相互转化和谐共存的学说，正好构成了中国空间概念最根本的哲学范畴以至美学思想[1]。

图 1　太极图，也叫阴阳图。表示宇宙阴阳两种对立力量（用黑白两色表示）的共存，同时又相互作用、相互转化着（由具有动态感的曲线表示）。阴阳两极不是机械限定的，而是辩证的（以黑中有白、白中有黑表示）

图 2　上有八卦图的罗盘仪

由于古人的哲学形成于对自然现象的观察与分析，当这种哲学方法被应用到分析其他事物时就时常会出现把分析对象看作为是一个小宇宙的特点。

例如在对待人体上，古人以“阴阳”“五行”的木、火、土、金、水来比喻人的肝、心、脾、肺、肾，认为人的健康与疾病源于“五行”的是否平衡。对于作为空间的一种形式而存在的建筑就更甚了。高诱对《淮南子·览冥训》中：“凤凰之翔至德也……而燕雀佼（骄）之，以为不能与之争于宇宙之间”的“宇宙”两字注曰：“宇，屋檐也；宙，栋梁也”，可见古人把房屋等同于宇宙。再看，也是在这篇文中，在谈到女娲炼五色石以补苍天时说“断鳌足以立四极”，“极”即房屋的正梁，这说明女娲氏补天即如修补房屋一样。可见古人的宇宙观和建筑观是相通的。因而无论是把建筑围合成一个以人为中心的小天地（图 3）或把建筑开向大自然使人成为自然中的一部分（图 4）都闪烁着古人的天人合一与时空变换的宇宙观。

1. 关于《周易》与美学的论述，王振复教授有甚为经典、深入与细致的研究。建议参考《周易的美学智慧》（1991.12 湖南出版社出版）和“建筑即宇宙”（《文汇报》9907“笔会”）。

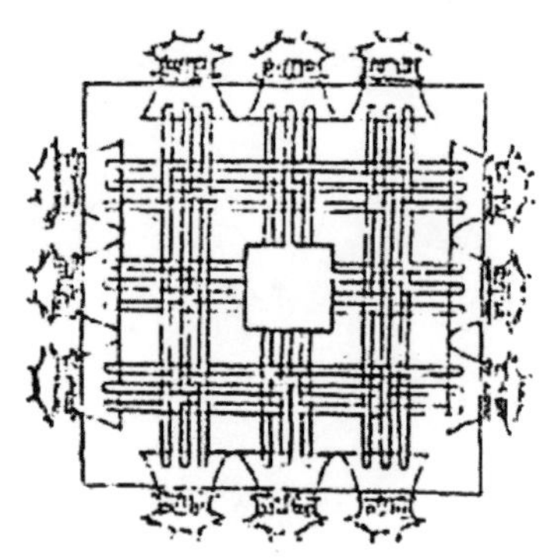

图3 《三礼图》中的周王城图

图4 开向自然、前面是茫茫的湖水，反映了“天人合一”的建筑

“儒道相补”与空间艺术形态的兼容

历史悠久的中国具有众多的哲学流派，但它们有些基本观点能兼容共存。

始于先秦的道家对宇宙空间进行了深入的描绘。认为空间不是事物实体的属性，但存在于万物之中；空间是看不见摸不着的、无规定性的“无”同具有一定形态的实体事物的“有”相互共存与作用着、连续运动着的统一体。这里的“有”与“无”其实是上述阴阳共存对立、变化、统一在空间范畴的进一步发展。道家创始人老子曰：“万物负阴而抱阳，冲气以为和”，“有无相生，难易相成，长短相形，高下相盈，音声相和，前后相随，恒也。”(《道德经》)。可见“有”和“无”这两个对立力量的和谐而又动态的共存，它们的相互渗透，相互转化，周而复始永不停息的规律就是老子所谓的“独立而不改，周行而不殆，无经而不复”的“道”(《老子》)。

另一位伟大哲学家孔子是儒家学说的奠基人。他继承了《易经》的学说，把它作为儒家的重要经典著作，曾被疑为《易经》的作者。

孔子承认事物的变化，认为隐藏在事物后面的那不为人所看见的力量是事物发展的原因。孔子也讲“道”，但他的道是“中庸”。他认为对于任何事物的两个对立面，上与下、左与右如果只顾其一都是错误的，主张“过犹不及”(《论语·先进》)、“无可无不可”(《论语·微子》)的中立而不倚的思想，并赞叹地说：“中庸之为德也，其至矣乎？”(《论语·雍也》)。孔子的哲学是入世的，认为“道”是成功之本，提倡“执其两端，用其中于民”(《礼记·中庸》)。

佛教自公元67年传入中国后，不久就圆满地同中国文化进行了同化，成为中国文化的一个重要组成部分。其原因之一就在于它们具有与上二者共同的空间意识。佛教强调：“色不异空，空不异色、色即是空，空即是色”(《般若心经》)。“空”在佛教中并不意味着一无所有，而是指宇宙中那个同人们感觉器官能够感知的“色”相对、不能为人们感觉器官所感知与认识的另一方面而言的。“空”与“色”的对等隐喻着物质世界与非物质精神的共存与相互转化。佛教教义中的因果、轮回都强调相互对立的两极在更高层次的时空结构中相互转化，不仅考虑到今世，还要考虑到前世与来世。

所以空间在中国不论是从宗教的精神世界到自然界的物质世界都把它看作是两个相互对立力量和谐共存的动态的统一体。阴阳，有无，虚实，大小，左右，色空，刚柔……等等对立的力量，始终处于一个互相对峙、渗透、转化，周而复始、无限运动的关系之中。正是这个独特的空间意识，使中国的空间概念具有不可度量性，相对性，模糊性，广含性和无限性。它只有通过人们的体验沉思，通过人们的审美感受“游心太玄”，方能领悟其真谛，达到与宇宙同一的最高境界。

正是这种根源于同一自然观而发展起来的空间价值观，使得不同的哲学体系能在我国共存与和谐发展，并在漫长的历史长河中能够相互理解，相互补充。它们之间的区别则在于各自从不同的社会层次，不同的角度，不同的方式对宇宙社会、人生进行解释。

以孔子为代表的儒家学说，强调宇宙中两个对立力量中的“阳”的创造力，着重于对“有”的定性、定位和对其特性的发挥，即要建立一个有秩序的能使人们和谐共处和共同生活的哲学。为了使这种哲学能够在社会中得以实现，孔子制定了一套“礼”的伦理规范，以此引导“有序”的思考与行为；并制定“乐”的理论，通过“心物感应”使“礼”如同心出。这种特性反映在儒家的行为与审美观上，就是任何事物都要有它确定的位置、形态、尺度和序列，不能逾规。而这一切又应随着该事物社会地位的改变而变化，也就是说，不是千篇一律永恒不变的。

以老、庄为代表的道家哲学，则着重于对立事物中“阴”的融合力，强调“无”之功能。它们把“无为而自然”作为人生哲学。主张酷爱自然，反对一切人为的清规戒律，要在自然的无限空间中得以自我心灵的抒发和满足。这种“无为”渗透在艺术中则表现为“神与物游，思与境谐”的审美意识。

佛教，作为一种宗教哲学，在出世这点上较为接近道家。佛教认为一个人的存在是一连串“业”（因果）的报应，只有了解或自觉到个人与“宇宙的心”的同一“涅槃”，才能超脱无限的生死轮回。因而强调“虚空”的、幻境般的审美意识。

因此儒道两家一方面由于把“阴”与“阳”两个范畴的含义发挥到了极致而形成鲜明对照；同时也由于儒道两家在对于事物对立两极的对待、变化、统一规律中具有共同的认识，故能相互补充。“正是这种儒道相补”形成了中国文化艺术在形式上相对稳定但在内容上却是多元与多价的特征。

例如中国文艺往往在形式上倾向于收纳与凝练于一定的格式、规范、律令之中，即如诗词的格律、绘画的皴法、戏曲的程式等等。但在内容上却善于以无限想象力的象征、炽热而浪漫的感情抒发、独特个性的追求与表达来创造出各种出世或入世、歌颂权势或超凡脱俗、重理或偏情的宽广题材。如果说格式、规范、律令反映的是儒家的“有序”，或浪漫的感情抒发反映的是道家的“神与物游”的话，那么正是两者的结合积淀了中国文艺丰富多彩的特色。

又如在中国的绘画史中，自从东晋顾恺之提出了传神论之后就一直存在着写实派与写意派，或称之为“形似”与“神似”之争。写实派强调形象的真实描绘，但求气韵

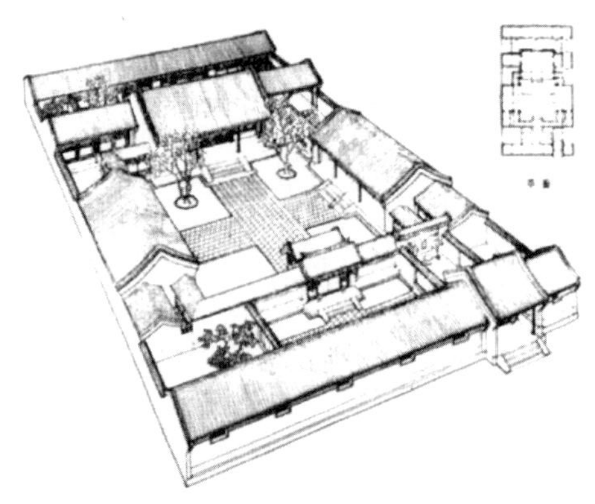

图5　在北京典型的四合院中，一家之主住在主庭院的正屋，其他人按“礼”的次序分别住在左右前后各屋中。

图6　“有序”的四合院同“自然”的园林共存使生活更为丰富

生动；写意派强调表现对象的内在精神与气质，借外物之形以抒发胸中之浩气。其实无论那一派在争论中似一时占优势，但从来没有就此把另一派驳得永不翻身。因为其所以会争论得起来的前提就在于两派都认识到事物均存在着形与神、象与意的两个方面；以及在现实生活中，人们确实既欣赏工笔画也欣赏写意画之故，因而两者是相依相生的。

“儒道相补”形成了中国建筑形态的兼容与多样化。例如在中国的院落式建筑中，无论是住宅、宫殿、庙宇，有不少是严谨地将空间沿着一条中轴而布局的（图5）。在布局中明显地反映了“礼”的尊与卑、主与从、男与女、外与内的社会秩序。而在园林设计中则自由活泼，处处以“师法自然”、“再现自然”为目标。有趣的是不少住宅与庙宇都在严谨布局的堂屋前、后或旁边布置了大小不一的“江流天地外，山色有无中”的园或院（图6）。反映了人们的生活内容与情趣由于“儒道相补”而呈现的多样化。

有无相生，难易相成，长短相形，高下相盈，音声相和，前后相随，恒也。

今天，每当人们谈到空间，就喜欢引用老子一段名言：“三十辐共一毂，当其无，有车之用。埏埴以为器，当其无，有器之用。凿户牖以为室，当其无，有室之用。故有之以为利，无之以为用”（《道德经》）。以此来证实“无”在器与室中的价值。现代建筑大师 F. L. Wright 便是积极宣传此语的人，并说“建筑的本质（reality）不在于其四面墙与屋顶。而在于其内在的空间（space within）”[2]，还把这句话镌刻在他的西塔里埃森中。其实老子这句话具有比空间的价值在于其空之外更深刻的哲学思想。须知，在老子的哲学中“有”与“无”代表着宇宙中相对立的实体和非实体存在的两个方面，而这两方面是相互依存的。任何事物都不能只有“有”而没有“无”，或只有“无”而没有“有”，否则便失去了它的功能本质，即器之所以为器、室之所以为室的本质了。王弼对老子这段话注得很好，他说：“有之所以有利，皆赖无以为用也”，一下便点出了“有”与“无”相互依存的关系。因而老子这段话并不想说“无”在容器中比“有”更有意义，而是借用人们对普通容器的常识来说明“有”与“无”的共存、相依与相生。因此，“有无相生”

2. F. L. Wright，*The Future of Architecture*，p226.

可谓中国空间概念的核心，它强烈地影响着中国传统的艺术观。

例如中国画重视画面的虚实与疏密布置，要求“虚实相生，无画处皆成妙境”。唐张彦远在谈“画体”时也说：“草木敷荣，不待丹碌之采，云雪飘飏，不待铅粉而白”。这正是哲学上的“有无相生”在绘画艺术上的表现。同样地，这种心灵上的空间意识也反映在中国诗词与戏曲艺术之中。著名诗人白居易在《琵琶行》中描写琵琶女拨弦述说不幸身世时幽咽悲切以至声歇，写下了“此时无声胜有声”的绝句。苏东坡在一次论诗中说过：“欲令诗语妙，无厌空且静。静故了群动，空故纳万境”。这都说明了中国文人善于通过形神、象意、虚实、有无、动静的相依相生来表达和创造出种种可意会而不可言传的感情、情趣、韵味与意境，可谓“不著一字、尽得风流”。再如，在中国的传统戏剧中，往往只有几个演员和极简单的道具，通过夸张的戏剧语言展现了无限的宇宙空间：“三五步行遍天下，六七人雄会万师”。让观众神游在这戏剧的意境中，使之“看过数日，而犹觉声音在耳，情形在目”[3]。充分体现了中国空间意识对传统艺术创作所起的重要作用。

图7 “有无相生”之一——粉墙花影

图8 “有无相生”之二——漏窗映射

在建筑中，正是“有无相生”使中国的建筑艺术达到了不同凡响。

江南建筑的粉墙花影与漏窗映射，不仅使平板的墙面丰富多彩并使咫尺园、廊由此而生辉（图7，8，9）。在房屋密集的庭院中，房基之间由于檐密而形成的“夹巷借天”不仅是阳光与空气的来源，更是地窄而心不窄，思想由此而逸飞天边（图10）。至于中国建筑为何有飞檐，这始终是一个谜。如果一定

图9 “有无相生”之三——虚实映影

图10 “有无相生”之四——“夹巷借天”

3. 李渔《闲情偶寄·词曲部》

要理性地究其实用功能或构造原因，这并不难找。但是，为什么一定要这样地起翘呢（图 11）？这大概除了美学或心理的原因外就很难说别的什么了。唐朝杜牧在《阿房宫赋》中在描写阿房宫的“五步一楼、十步一阁”时，用了“……檐牙高啄……勾心斗角”来形容它们。此外，中国宝塔的层层重檐，在建筑轮廓同天际所形成的犬牙交错中（图 12），使中国的宝塔成为世界建筑珍贵的特色之一。而这些成果不都来自“有无相生”吗？

然而更实际地体现“有无相生”的是中国传统建筑把空间、功能与构造统一起来的空间组织方式，这也是中国建筑除了形式、结构、材料之外区别于西方传统建筑的最大特点。

西方传统建筑多是砖石结构，形体盒子形，组合方式正像亚里士多德所说：是由零散的元素结合而成的一个整体。因而建筑内部空间要求越多，建筑的体量也就越大。在这些建筑中室内空间与室外的自然空间相对独立；其形式着重于建筑形体各部比例在“数”上的和谐以及建筑实体的形式感。而中国的传统是木结构建筑。建筑空间的基本单位是由两品构架围合而成的“间”（开间，图 13），再由数个“间”连立而成“幢”（图 14）。“间”的宽、狭与高、低可按使用要求结合材料的大小而定。“间”多了，“幢”就

图 11 “有无相生”之五——“五步一楼、十步一阁……檐牙高啄……勾心斗角”

图 12 塔的轮廓同天际犬牙交错、相辅相成

图 13 由两榀构架围合而成的“间”是中国传统建筑的基本单元

长了，为了便利生活与因地制宜，于是把“幢”适当切断，将之组合成庭院（图15）。这个由几幢建筑围合而成的“中空”的庭院是中国传统建筑的精华，无论在皇宫、庙宇或一般的住宅中都是人们主要活动中心之一。它既是室内生活向室外的延伸，又是室外生活引向室内的前奏，还使房屋得以采光和通风。正如间的大小与数量是由房主的物质、精神需要与经济能力来决定的一样，庭院的大小与形状也是根据上述需要以及气候、地形等因素来决定的。由于围舍庭院的基本单元是“间”，因而“间”与庭院有着相互影响与相互制约的“有无相生”的关系。当一个庭院不能解决所需求的“间”时就需要再设置庭院。于是庭院成为比“间”和由“间”组成的“幢”在较高层次上的基本单位。当一个个庭院沿着一条轴线而布置时，每进入一个庭院就称为一“进”。在我国的传统建筑中，大型建筑并不意味着拥有无数房间的庞然大物，而是一系列的虚实相间的庭院和由“间”组成的“幢”和沿着某种轴线关系而组成的层层渐“进”的建筑群（图16，图18）。在这里既要设计它的实也要设计它的虚。这种虚实相间的层层渐进，不仅充分体现了中国空间概念的“有无相生”，且在组合中由于作为基本单元的“间”较小，可按需求灵活地调整它的大小高低，故在形体上可以形成极其丰富与变化多端的“长短相形”、“高下相盈”、“前后相随”。这些特点在古代壁画与今日尚存的故宫建筑群中充分显示（图16—图18）。

图14　这是一“幢”五开间的唐代佛殿。“间”的宽狭高低可按使用要求结合材料的长短来制定。

图15　处于实体的“幢”与“幢”之间的虚的庭院

图16　中国建筑空间组合在大小高低中的灵活性有利于组成仰俯咸宜的“长短相形，高下相盈……前后相随”。图为敦煌莫高窟壁画中的唐代寺庙。

由于古人的宇宙观既含空间又含时间（“四方上下曰宇，古往今来曰宙”），因而在建筑与一切人为环境的美学上还特别讲究人在其中活动时的动态的步移景异。步移景异的实例，特别在园林设计中，实在太多了。例如随着游园路线而设置的对比统一先收后

图 17 “长短相形，高下相盈……前后相随”普遍反映在各类建筑中。图中所示是山西永乐宫壁画中的建筑：上左为寺院，上中为住宅，上右为园林，下左为私塾，下中为旅社，下右为酒店。

图 18 北京故宫所展示的空间序列上的起、承、转、合令人回味无穷。图为沿主轴的布局

放、先隐后现、先降后升等等用以突出主题或加强效果的手法，说明“前后相随”不仅有静观上的还有动观上的。

无往不复，周行而不殆

如果我们把“有无相生”作为中国空间概念的核心，那么变化就是它的基础。只有变化才能使得时间、空间构成一个统一体并互相依存。对于这个思想庄子表达得非常清楚。他说：“井蛙不可以语于海者，拘于虚也；夏虫不可以语于冰者，笃于时也”[4]。这种时空意识使古人一直在追求一种能从更高层次和视点来理解事物的方法。

“无往不复”（《易经》），“周行而不殆”（《老子》），就是以动态的眼光看到事物的循环不息、周而复始。《易传》云“古者包牺氏之王天下也，仰则观象于天，俯则观法于地，观鸟兽之文与地之宜，近取诸身，远取诸物”。从公元前五世纪战国铜器上所刻的形象可以看出那时已是高台建筑兴盛，以满足人们登高远眺的观赏方式。同时这种空间意识也深深地影响着中国山水诗、画和建筑园林艺术。“仰”“俯”两字常出现在中国的诗词中。曹植诗“俯降千仞，仰登无阻”，李白的一句“举头望明月，低头思故乡”，把多少读者带入无限情意之中。画家们更是追求“俯仰自得，游心太玄”的艺术意趣，应用了不同于西方定点透视的散点透视来表达这种意境。事实上定点透视早在公元五世纪就由南朝画家宗炳创造使用，但这种定点透视画法，非但没有得到推广运用反而被淘汰了。其原因不仅是由于它不合乎中国的传统观赏方式，更重要的可能是它不适合中国艺术表现空间概念的要求。而由中国画家广泛应用的散点透视，随着欣赏者视点在画面上下环视，使之随着时间延续而在无限的意象空间中环游，达到神与物游，思与境谐的境界，这就是为什么中国画被称为“无声的诗”。

4.《庄子·秋火》，虚——空间。

中国传统建筑由于它的虚实相间、层层渐进，又由于它的墙体是不承重的，可以开敞也可以是幕墙，到处可见的是今日人们乐于称道的隔而不断的流动空间。环游于这些“庭院深深深几许”[5]中，可以见到的是“砖墙留夹，可通不断房廊”(《园冶·装折》)。当前面真是墙时，又是“出幕若分别院，连墙假越深斋”(《园冶·装折》)。总而言之，在室内外连通、此院与彼院相连中，不仅“深奥曲折，通前达后……生出幻境也”(《园冶·厅堂基》)，并且无往不复，周行而不殆。

北京故宫（图18）是中国建筑群空间组合的典范，它除了具有上述特色外，其布局序列上的起、承、转、合，使人拍案叫绝。李约瑟曾对北京故宫做出这样的评述“……中国的观念（在此）显示出极为微妙和千变万化；它注入了一种融汇的趣味。整条轴线的长度并不是立刻显现的，而且视觉上的成功并没有依靠任何尺度上的夸张。布局程序的安排很多时间都能引起参观者不断地回味，置身于南京明孝陵以及十五世纪北京的天坛和祈年殿都会有这种感受。中国建筑这种伟大的总体布局早已达到它的最高水平，将深沉的对自然的谦恭的情怀与崇高的诗意组合起来，形成任何文化都未能超越的有机的图案”[6]。这确实道破了中国建筑艺术的天机。

同样，中国古典园林作为一门综合艺术，更使古代独特的空间意识和审美观念得以充分发挥。

古典园林艺术的特点是在“城市山林，壶中天地，人世之外别开幻境”中“仰观宇宙之大，俯察品类之盛”，使人们在有限的园林中领略无限的空间，从而窥见整个宇宙、历史和人生的奥秘。它充分发挥了中国空间概念中关于对立面之间的对峙性、变易性和无限性，并通过有与无、实与虚、形与神、屏与借、对与隔、动与静、大与小、高与低、直与曲等园林空间的组织，创造出无限的艺术意境。使得“修竹数竿，石笋数尺”而“风中雨中有声，日中月中有影，诗中酒中有情，闲中闷中有伴”[7]。从观赏落霞孤鹜、秋水长天而进入“天高地回，觉宇宙之无穷；兴尽悲来，识盈虚之有数”[8]的幻境；从“衔远山、吞长江、浩浩荡荡，横无际涯”的意境中升华为“先天下之忧而忧，后天下之乐而乐”[9]的崇高人生观。这就是中国传统艺

图19　苏州留园的石林小院体现了空间的“无往不复”和“周行而不殆”。这里正如《园冶》所说：“砖墙留夹，可通不断廊房”。左为石林小院当中的石林（略），右为环游小院与观赏石林的多种可能路线。

5. 欧阳修《蝶恋花·词九》
6. Joseph Needham，Science & Civilization in China，Vol.IV：3. Cambridge University Press，p77.
7.《题画竹石》，《郑板桥集》
8. 王勃《滕王阁序》
9. 范仲淹《岳阳楼记》

术所追求的最高境界，从有限到无限，再由无限而归之于有限，达于自我的感情、思绪、意趣的抒发。

在上述的意念指导下，中国古典园林力求在有限的基地上创造无限的境界，并在空间布局上力求无往不复，周而复始。它们往往是几间小舍与浮廊的巧妙组合，在“杨柳堆烟，帘幕无重数”中，此景于彼景相连，并在步移景异中，空间无尽，意趣无穷（图19-2）。

今日我们在研究对传统的继承与革新中，我们认为应费更多力气从哲学上的深层去寻找。庄子曾说：“视而可见者，形与色也；听而可闻者，名同声也。悲夫！世人以形色名声足以得彼之情！夫形色名声，果不足以得彼之情，则知者不言，言者不知，而世岂识之哉”？（《天道》）。这里明确地说明了表层文化与深层文化的关系。此外，除了表层文化不足以说明深层文化之外，任何思想只要一落实为形、色、名、声就必然具有彼人、彼时、彼地的局限性。而符号学或类型学多少还是属于表层文化方面的。为此，应该研究的是形成传统的哲学思想，重新发现它们的合理内核与价值，以便作为我们在此时此地，进行创作的参考。

（此文为作者在国外讲学的系列讲座之一。原为英文，1986 年首次载于意大利 *Space and Society* 国际建筑杂志总第 34 期，同年改写为中文，载于《时代建筑》季刊 8602 期。1993 年香港大学 *Portfolio* 学报予以全文（英文）转载；1996《规划师》也以全文（中文）转载。每次讲学与转载前作者均作些补充或修改。第二作者：张家骥、王恺（1986）；部分插图引自《中国古代建筑史》、《苏州旧住宅参考图集》、《新建筑》1984 年第 1 期。）

建筑评论

评论是建筑理论的重要组成部分，是建筑活动的自律机制之一。我们提倡开展广泛而有效的建筑评论。

一、评论的定义及建筑评论的意义

（1）什么是评论？

“评论”一词，英文叫“Criticism”又译为“批评”，人们通常将其理解为“找出错误”或“作出判决”。这样的理解是有些偏颇的。实际上，“Criticism”来源于古希腊词“Krinein”，它的含义是分离，筛选、区别、鉴定。[1]因此，更为确切地说，评论应当是一种判断、区别和评价，它可以是正面的，也可以是反面的，既可以表示赞成喜爱，也可以表示反对批评。

（2）评论的来源

评论并不仅仅是评论家的事，它的来源有多种渠道，见诸于专业刊物上的专家评论只是其中一小部分。

最大量出现的是广大群众的即兴评论。建筑是生活的艺术，广大使用者生活于建筑中，对建筑环境感受最深。尽管他们的评论多是即兴式且非专业化，但对建筑师来说，是极有参考价值的。

业主或领导也是评论的重要来源。他们是建筑的投资者，大权在握，他们的意见也就举足轻重了。建筑师都希望遇到懂行的业主、开明的领导，所以现在很提倡“教育业主”（Educating Client）。建筑历史实际上也是一种评论。因为当历史学家有选择性地介绍各个时代的重要作品，向我们指出值得注意和值得研究的是什么，其意义何在时，他的倾向性，他的观点是非常鲜明的，绝不是纯粹地纪实，所以历史学家是另一类评论家。

教师在向学生传授建筑知识，给学生评改图时，就是在表述自己的观点。建筑师们相互磋商，审定方案，实际上也是在“评”和在“论”。

---

1. Wayne Attoe，*Architecture and Critical Imagination*，John Wiley & Sons，Ltd. 1978, p4.

评论可以是口头上的，也可以诉诸于文字，甚至图片、电视新闻也不失为一种有效的评论方式。在报纸和专业性刊物上发表专业评论，在国外已相当流行；还有以评论为职业的专门评论家。在西方如美国，许多发行广泛的报纸都有专职建筑评论员，足见其广泛与热烈的程度。相形之下，我国的建筑评论是很不发达的。

（3）评论的意义和作用

从评论的定义来看,评论不是“最后审判”。既然评论来自多方面,便难免莫衷一是。一致称好的建筑几乎是没有的。明了这一点，建筑师就应当能够从容，客观地对待评论，而不将其视为负担。

评论最根本的作用在于帮助建筑师打开思路,因此对于评论,建筑师完全可以“听”而不“从”。这样看来，建筑评论岂不是“轻于鸿毛”？并非如此。评论在某些情况下也会“重似千斤”。在我国“长官意志”尚很占上风的时候，领导的一句话，往往会定夺一幢建筑、一个城市的方向。否定一种创作理想，甚至影响一个建筑师的事业发展。北京的命运便是一个早为人知的例子。当初，梁思成先生曾提出保留旧城，在京西建造新城，长安街如同一根巨大的扁担，把它们挑在大地的肩上：一头是现代中国的政治心脏,一头是古老中国的城市博物馆。可是,对于刚刚登上天安门城楼上的政治家而言,“破除一个旧北京，建设一个新北京的”却是革命的雄心大志。于是，旧北京不仅要被改建成为政治和文化中心，还应成为巨大的工业基地。规模也绝不能小，人口要超过500万……。

在国外，某些评论家所起的作用，并不亚于我们的领导。他们往往起着方向性的作用。现代建筑运动之成长、扩展,离不开诸如吉迪安（S.Giedion）,理查德（J.M.Richards）和约克（F.R.S.York）等为其喉舌。后现代主义之成为气候,也得益于詹克斯（C.Jencks）、哥德伯格（P.Goldberger）等评论家的大肆渲染。文丘里在向现代主义挑战时，他对将要发生些什么还是混沌不清、模棱两可的，更没有想到“后现代”一词。然而舆论界却对之大加评论，并将“后现代主义奠基者”的桂冠戴在他头上，使他成了建筑界的明星。说后现代是舆论鼓吹起来的运动，确实也不过分。虽然舆论的成功并非凭空而至，只有敏感地反映或近似正确地预告了社会上相当一部分人的共同意向的舆论才会举足轻重。此外，建筑师的知名度很大程度上也得益于评论。大量评论通过各种专业杂志、日报、周报、广播、电视广为传播，无论是褒是贬，都给建筑师带来了“幸运”，使他们成为建筑界的明星。就像歌星、影星的成名离不开舆论的抬举一样。但成名之后能否经得起时间的考验就要看他们自己了。

尽管评论会有这样或那样的“副作用”，但重要的是，健康的评论有着很大的积极意义。英国自然科学与社会学家波普尔爵士说：“只有通过评论，学识才能进展”。[2]

建筑事业的开展离不开正常、有效的评论，因为评论是理论与实际、建筑师与社会以及建筑师同行之间联系的纽带。

---

2. Bryan Magee, *Popper*, 前言 William Collins Sons & Co Ltd. 1975.

建筑理论水平的提高，离不开严肃而热烈的辩论。只有在辩论中，才能逐步澄清思想，提高对建筑的本质、特征及其发展规律的认识。一言堂，万马齐喑的局面只会使理论陷于僵化。

同样，建筑创作思想的活跃与繁荣，也需要评论来碰撞思想和灵感的火花。评论更能促使建筑师对自己的创作进行反思，提高创作的自觉性，从而建立自己的创作哲学。

评论无疑也是"公众参与"的一个有效方式。因为现代城市和建筑的机制日趋复杂，同时又要求体现一定地区内人们的共同意愿，评论就成了使专家和领导决策更为合理的科学参与机制。

生前被认为是美国第一流的文艺评论家威尔逊（Edmund Wilson，1895—1972）的一句名言"我们要善于把优从劣中区别出来，把一流从二流中区别出来"。这句话对建筑评论或任何事物的评论同等有用。

（4）建筑评论的地位。

评论作为建筑理论的一个组成部分，理应有它独立的地位；但在很长的时期内并未引起建筑界的充分重视。与建筑理论系统内其他部门相比，还很少有人将其从理论的高度加以总结。有些理论家如司各特（G.Scott）、塔非里（M.Tafuri）、科林斯（P.Collins）等人虽谈评论，但对评论是怎么一回事并没有展开。

与建筑界的情形相对照的是，西方文艺评论在近一个世纪却空前繁荣。评论不再处于完全依附于文艺创作的从属地位，而具有了相当的独立性，成为文艺创作活动的重要组成部分，并反过来在相当大的程度上影响着文艺创作。建筑评论在近二十多年来也日趋广泛和热烈，无论专业人员或广大民众都投以极大热情。正如美国评论家布鲁格曼（R.Bruegman）所指出的那样："建筑似乎已引起了只有视觉艺术中的绘画和雕塑所曾激起过的广泛的讨论。……格雷夫斯和约翰逊已如同任何在世的美国艺术家一样，名声显赫。"

但在我国，建筑评论却一直不曾活跃。究其原因，一是评论者主观上有顾虑，怕得罪人；被评论者往往也精神紧张，怕伤了体面或被"一棍子打死"，于是大家相安无事。另外也有历史上的原因，学术上的争议曾被等同于政治上的争论，生死攸关，于是谁也不敢妄加评论。近年来这种情况有所改进，例如对香山饭店、阙里宾舍的评论就是极其热烈，畅所欲言的，并且已经从评论建筑本身进一步引申到对建筑发展方向的反思。

因此，要繁荣我国的建筑评论，首先要对评论有一个正确全面的理解。评论是学术争鸣而非政治斗争，是区别辩明，而非最终审判。评论是建筑活动的组成部分，是繁荣创作的重要手段。

二、评论的标准

评论仿佛很难有统一的标准。建筑包含的因素太多了：功能的、技术的、艺术的、环境的……作为评论便很难照顾周全。在今天多元化的时代里，要找到标准就更为困难了。而从评论的来源上看，它几乎可以来自各个层次的人群，他们的认识水平也不可能是相同的。

G. 司各特在 1914 年所著的《人文主义的建筑》一书中，就曾谈到这个问题。他说评论曾经有两种方式，一种是没有一定标准的，可以用技术的标准去评价这幢建筑，用艺术的标准去衡量另一建筑，又用功能或道德的倾向去鉴定第三幢建筑。因为对建筑的需要以及建筑本身的发展本来就是多方面的。[3]

另一种是预先制定一些鉴赏的标准，如“忠实于结构”、“反映高尚的文化生活”等。即使是这样，标准还是很宽泛的。比如对“高尚的文化生活”，各人的理解就很不一样。

M. 塔非里则认为，评论不承认预先制定的褒和贬。评论应当和建筑一样，连续自我改革以寻找新的参数。塔非里又强调说，这并不是宣扬相对主义或意味着不需要判断，但由于我们面对的是一个前所未有的复杂现实——艺术已超越了以往的常规，超越了千百年来的美学规范，在这种情况下，要对现代艺术作出评论，便也不可以囿于某些先验的哲学思辩。只有同不断出现的新问题的直接经验做大胆交往，才能产生真正的评论。[4]

P. 约翰逊（P.Johnson）则明白无误地宣称评论根本没有标准可言。他多次声明:“准则是没有的，只有事实。没有程式，只有偏爱。必须遵循的规则是没有的，只有选择。”各人自有一套评价标准，即所谓“偏爱”（bias），这正是评论得以做出的依据。

那么评论究竟有没有标准呢？

应该说，以上三人的观点各有道理。我们认为，评论是有一定标准的，但无固定标准。实践证明，人们总是按着他对建筑本质与特征的认识来辩别、按自己对建筑的价值观来鉴定的。但人们的认识与价值观是随着时间空间而变化并受到自身修养的影响的。因而评论就不可避免地带着时代性、社会性和个人局限性。

（1）不同时代有不同的标准。

每个时代的人都会在自己的文化积淀和相互传播中形成一定数量的共同心态、思想和愿望，对建筑也会有某些共同的价值观。回顾历史，我们看到，建筑确实如塔非里所说，是在不断地自我改革中寻找新的参数。

维特鲁威从建筑的本质与特征出发，提出实用、坚固和美观，认为良好的建筑正是这三要素的完美结合。文艺复兴时代的阿尔伯蒂重申了这样的价值观。

18、19 世纪，形式和艺术性被作为主宰建筑的主要因素。拉斯金（John Ruskine，1819—1900）在 1849 年说出了这个时代普遍的“偏爱”:“装饰是使房屋成为建筑的主要因素。”[5] 这时人们对建筑的注意集中于装饰，评论也多离不开围绕着美和艺术性展开，离不开装饰。但本世纪之初，1908 年鲁斯（A.Loos）在歌颂大自然美与批判社会上的富人耗费大量人力与物力于奢侈豪华而格调不高的装饰上时，却呐喊了震撼人心的《装饰与罪恶》的呼声。

---

3. Geoffery Scott，*Architecture of Humanism*，前言，Peter Smith, Gloucester, Mass.
4. M.Tafuri, *Theories and History of Architecture*, 前言，Canada Publishing Limited, 1980.
5. J. Ruskin《建筑的七盏明灯》,1849 年出版。

柯布西耶的名言“住宅是居住的机器”，表达了 20 世纪初现代派的建筑价值观。高效率、大量生产、工业化、充分满足人的生理与物理要求如机器般光洁齐整，是当时较为普遍的评价标准。

大谈空间，是五十年代左右的时髦。空间作为建筑的精华在这时被建筑界认知。赛维（Bruno Zevi）说：“抓住空间，这是理解建筑的关键”。[6] 当时的评论，充斥着“空间序列”、“空间感受”、“流动空间”、“空间渗透”、“空间效果”之类的词语。

近一二十年人们在讨论建筑生产与建筑是为人中强调后者，在讨论建筑的物质功能与精神功能时偏重精神功能，在讨论技术文明与人文文化时强调人文文化，在讨论建筑形式美与艺术效果时偏重艺术感受，这正是前一段时期的矫枉过正。

（2）相同的时空对不同建筑也会有不同的标准。

建筑是复杂的，诚如司各特所说，建筑的“发展是由于实际需要”，而人的需要又是多层次并日趋多样化，不同的人有不同的需要，同一个人在不同的时候要求也不同。比如说，格罗皮乌斯设计的西门子住宅（Siemensstadt Housing，Berlin，1930 年）和莱特设计的流水别墅（1935 年），就不能用同一个标准去评价。前者是德国在战后复兴时期的大量性住宅，注重经济实用，后者是美国富豪的别墅，生活情趣和艺术要求居于首位，而无经济上的限制。

所以，相同的时空对不同的建筑也会有不同的标准。这就是司各特所说的，时而联系科学，时而艺术，时而生活。

（3）相同的时空对同一建筑也会有不同标准。

由于各人的地位、经历、修养各不相同，导致产生不同的价值观。例如对悉尼歌剧院的评价，大多数人赞它与环境配合，相得益彰，如海湾中的洁白风帆美丽感人，堪称悉尼的标志。但也有人说它造价高，施工旷日持久，内部功能与外部造型脱节，是“臭名昭著”的建筑。C. 詹克斯则以语言性为评价准则，称它是具有丰富隐喻的建筑。

三、建筑评论的模式

为了更深入地了解评论，更自觉地运用评论这个工具，总结和归纳类型和方法是非常必要的。就评论本身而言，文学评论、艺术评论显然比建筑评论成熟得多。不仅广泛，而且对其方法、模式早已有人做过研究和总结，而建筑评论在这方面就显得较为薄弱。既是评论，它们就有相通之处，因此我们不妨从参考与分析文艺与艺术批评的模式中探讨建筑评论的模式。

（1）从评论的观点与内容来看。

从评论的观点与内容来看，在文艺评论中较为全面清晰且有权威性的应首推美国人魏伯·司各特的“西方文艺批评的五种模式”[7]。这五种模式分别是：

6. 赛维《建筑空间论》张似赞译。《建筑师》2—9 期。

7. 魏伯·司各特：《西方文艺批评的五种模式》，蓝仁哲译，重庆出版社，1983 年。

A. 道德批评模式——从文学与道德观念进行评论，在本世纪 20 年代最为活跃。其特点是视文学为人生，重视文学作用于人的根本目的以及它在形成人的观念和态度中的影响。强调创作的循规蹈矩、自我克制和遵纪守法。

B. 心理批评模式——从文学与心理学理论进行评论，是本世纪最受重视的一种模式。这种批评运用弗洛依德（Freud）等心理分析学家的理论来分析作家的创作动机，剖析作家塑造的人物以及他们的心态结构与表现。

C. 社会批评模式——从文学与社会观念进行评论。这种批评认为文艺与社会之间存在着紧密的关系，文艺不是凭空创造也不是个人的成果，而是特定时代的产物，作家作为社会中一个能够发言的成员而对社会产生影响。

D. 形式主义批评模式——从文学与美学结构进行评论。强调作品是一个独立的整体而避开个人和社会的因素，集中分析作品本身的文风、结构、语言和词汇特色。

E. 原型批评模式——用神话的眼光看文学。这种模式产生较晚，其依据是荣格的集体意识理论。它确信现代人身上仍然不自觉地保留着古代神话中的原始意识。评论试图从作品中发现与破译潜在其中的某种神话意识的含义或象征。

艺术评论家艾贝尔（Walter Abell）1966 年在《迈向批评的综合领域》（*Toward a unified field in critical studies*）[8] 中，也提出了与上述五种大体相当的六种批评传统：

A. 强调作品的主题和原型材料作为了解作品的基础。

B. 强调作者的创造个性作为了解作品的基础，即传记式的评论。

C. 强调文化和环境的作用，认为这些是艺术形式的来源，即历史决定论式的评论。

D. 强调材料、技术、功能等物质因素是决定艺术形式的主要因素，所谓美学上的物质决定论。

E. 联系到时代或人种，将艺术形式解释为来源于生理上的“艺术冲动”。

F. 纯视觉方面的解释，将艺术归结为线条、色彩、体积等的组合。

也有些评论家把评论归结为作者论、本文论和读者论三个方面。[9]

参照上述文艺与艺术批评的模式，我们发现从评论的观点和内容来考察，建筑评论也可以分为类似的五种模式：

A. 建筑目的与任务模式，相当于文艺评论中的道德批评。建筑作为一个人为环境是为了人的物质与精神要求而建的，也应有侧重于道德是非上的评论。即着重于功能、美、经济和技术合理以及它们对人的现实生活的积极作用。此外创作是否结合实际还是随心所欲也应得到正确的评价。例如：

——对帕提农神庙的主要评价也许是它耗费成本之大不是你所能想象的，也许是它对当时雅典市民在精神上的激励。它曾使建筑师陷入种种困难，也曾使人间精神振奋。有些史学家说：帕提农促使雅典的衰落。倘若如此，那该怎样评论？

---

8. 收于 *Aesthetics and Criticism in Art Education* 中。Rund McNally，Chicago，1966。

9. 林岗《符号、心理、文学》，花城出版社，1986。支文军《建筑评论的歧义现象》，《时代建筑》1989 年 1 期。

——也有人说美丽的泰姬·玛哈尔陵，促进了莫卧儿王朝的衰落。这所特制的镶满宝石的盒子，花费惊人。而这些财力与物力本可以为国家的繁荣做更多的事情。当人们考虑到它的真正成本时，它还有那么美丽吗？

——如果你了解穹窿建筑，你就会欣赏它。如果你了解棚屋，你也会欣赏它。相反，某些花了大量资金以及外部装饰过多的房屋就像穿过多装饰衣服的人一样并不美。[10]

B. 设计人的创作思想与方法模式，相当于文艺批评中的心理批评。在建筑评论中，也应有一类评论着重于分析设计人的创造性、灵感、心态以及他在把这些内蕴进行外化时的构思与手法。

若要对建筑作出比较正确的评价就应对这方面进行研究，以揭示设计人与其作品间的必然联系。例如：

——柯布西耶为什么会由 20 年代的纯粹主义转变为后来的粗野主义，甚至像朗香教堂那样隐喻性极强的作品？有人说这与他在三十年代初的北非与南美之行有很大关系，那里原始纯朴的地方民间建筑给了他许多灵感。

——L. 康可以说是一位哲学味道极浓厚的建筑师，从 1930 年到 1940 这十年间，他思索比动手创作多。到 1950 年开始在大学教建筑，那时还没有做什么工程。有人说这几十年的“思考”和“等待”是使他后来并成为一位建筑大师的起点。

C. 社会性、时代性模式，相当于文艺批评的社会批评，但其影响与涉及范围较文艺与艺术广泛。建筑的建成非单个人的力所能及，建成后它的存在也非任何人主观上可以把它抹杀掉的，因而它的形成、作用与影响同它处在的时间与空间密切相关。这种模式强调建筑对时代精神与社会实际的反映与促进，承认科学发展、生产方式与生产关系的改变是建筑发展的根本动力。例如：

——“建筑就是经济制度和社会制度的自传”。[11]

——中世纪建筑的基础是乡村农业经济，是集体分红制和行会制，是防御的实际需要。……

——在西方，如果没有现代数学关于时间和空间这两种存在会聚（Convergence）的见解，如果没有爱因斯坦在同时性概念上的贡献，那么，立体派、新造型主义、构成主义、未来主义和他们派生的各派就不会产生了，那也就不会出现柯布西耶萨伏伊别墅那样，把房子支在柱子上的做法，柯布西耶也不会把建筑物的四个立面作得一样以消除正、侧、背面的不同。

D. 设计方法与手法模式，相当于文艺批评的形式主义模式。把设计方法与手法中具有共同规律的方面独立出来进行评论。例如方法中先解决什么、后解决什么或必须各方面综合解决；或把建筑造型与空间组合手法中的形式美规律与人们的审美习惯进行评析。目的是通过比较分析的方法提高鉴赏者的鉴赏能力与设计人在方法与手法上的自觉性。例如：

---

10. 威廉·韦恩·高迪尔《建筑和人——如何欣赏和体验建筑》。马秀之译，载《南方建筑》。

11. 赛维《建筑空间论》张似赞译。《建筑师》2—9 期。

——柯布西耶说，平面是由内到外开始的，外部是内部的结果……。L. 康说，设计的关键在于灵感，灵感产生形式，形式启发设计，但灵感来自对任务的了解。……奥尔托说，假如建筑可以按部就班地进行，即先从经济和技术开始，然后再满足其他较为复杂的人情要求的话，那么纯粹是技术的功能主义，是可以被接受的，但这种可能性并不存在。建筑不仅要满足人们的一切活动，它的形成也必须是各方面同时并进的……。[12]

——巴塞罗那展览馆向前突出的主室与左侧延伸出去的平滑墙面在重量感上是相同的，由此产生了一种不对称的均衡美。流水别墅二楼上的平台并不对准一楼正中，但是那宽大的雨篷和烟囱的垂直线条统一并平衡了整个体量。

——华盛顿美术馆东馆的大实大虚处理给人一种强烈的雕塑美。的确，它与门前陈列的莫尔（H.Moore）的雕塑具有异曲同工之妙，相得益彰。

E. 关联性与文化心理模式，相当于文化评论中的原型批评，但较之面广。建筑作为一种存在既有它在纵向上同历史传统与地方习惯的关联，也有它在横向上同基地和左邻右舍的关联。它们既表现在肉眼能见的布局方式、形式特点、选材与结构方式上，也可以是意在不言中。评论有利于揭示建筑的深层文化基础，用语言学和对隐喻的破译来寻找其隐藏在表面形式中的深层文化活力，以使文化继承从低级以至高级，由不自觉变成自觉。例如：

——我国传统的建筑艺术是极其丰富多彩的，加上各地风俗习惯、自然条件各有不同，更形成了各种富有特色的建筑艺术，是我们中华民族文化宝库中一份无价之宝。

——我国山林佛寺的结构章法：起承转合。[13]

——我们应当去理解这些古建筑背后的思想。它们是有关生命、宇宙和现实的思考——神话……

——在印度，曼陀罗的主题在艺术品、舞蹈、建筑中一再出现。曼陀罗图案有九个部分，它的基本思想是把建筑比作整个宇宙，在中间往往是一块空旷庭院，什么也没有，却是一切力量的源泉。[14]

——事物对立两极的相互作用、相互渗透、相互转化而和谐共存的阴阳学说，正是构成了中国空间概念最根本的哲学依据。[15]

（2）从评论的写作文体来看。

也有不少评论家，从评论的技巧或文体上总结评论的模式。

如斯蒂芬森（S.S.Stephenson）在《评论的技巧》[16] 一文中，提出如下四种模式：

描述（description）；

解释（interpretation）；

---

12. 转摘自《外国近现代建筑史》，第 79、289、271 页。中国建筑工业出版社（1982 年）。

13. 王路，《起·承·转·合》，载《建筑师》第 29 期。

14.〔印〕查尔斯·柯利亚，《神话与建筑》，《建筑学报》1988 年第 5 期。

15. 罗小未，*Chinese Conception of space*，载 *Space & Society*，第 34 期。

16. *The Craft of Critic*，Books for Libraries，Freeport，1969.

分析（analysis）；

评价（value）。

从评论的深度上看，它们是处于不同层次上的。描述多用于介绍性的评论，快捷，方便，且忠于“事实”和感觉，但仅仅说出印象而不再深入。

分析和解释则着重于进一步的剖析，而不停留于表面。在这个过程中，评论者的观点，好恶呈现于读者（听者）面前，有理有据。

评价则要观点鲜明地指出作品的独特价值。

另一位评论家 M. 李普曼（M.Lipman）在《艺术中发生的是什么》[17] 中，也提出过类似的六种模式：

鉴定（identification）；

说明（explanation）；

描述（description）；

解释（interpretation）；

分析（explication）；

评价（evaluation）。

显然评论的文体可以不拘一格，但应当注意的是评论毕竟不同于介绍，总应当给人一些启发、一些探究，所以无论用哪种文体，它都应当导致区别、辩明与鉴定。

（3）从评论者自身对作品的介入程度来看，也有三个类型。

第一类是运用一定标准的评论。首先，评论者有一个他以为真理的标准，这种标准在一定范围内是被公认的（社会共同的建筑价值观）。例如一度认为是绝对的“形式遵从功能”，“少就是多”等等。符合“标准”便是好，否则不好或不理想。

第二类是鼓动式评论。它最大的特点是强烈的个人化倾向的感情色彩。评论者并不倚靠被其他人承认的“标准”，而是要将他自己的观点以最有说服力的方式传达给别人，以唤起人们在感受建筑环境时与他类似的体验。

第三类是单纯描述型的，忠实于事实而避免感情色彩。或描述对象，或描述设计者的生平事迹，或介绍与设计建造过程有关的背景材料。其基本假设是：了解事实是理解作品的开始。

模式不过是评论的一个方面，即如何着手的方面。它只有同评论的标准结合起来才能成为评论。

四、繁荣我国的建筑评论

评论是提高建筑理论和创作水平必要手段，也是社会与建筑界沟通的重要途径，专家的评论还是启迪群众和业主（领导），使他们了解建筑和建筑师工作的有效方式，

---

17. “*What happens in Art*” pp132-34, Appleton-Century-Crofts, N. Y., 1967.

图 1　1980 年代在文远楼讲课

我们提倡广泛开展建筑评论。

要打破目前评论不得力的状况，可能还需要一些时间，我们首先要克服评论者的顾虑和被评者的紧张，我们也寄希望于改革，彻底改变领导一言堂的局面。在大量介绍国外建筑实践的同时，也可以适当“引进”一些评论，以开阔眼界。

我们相信，通过我们自身的努力，借助于改革的春风，真正百家争鸣的局面就会到来。

（本文原载于《建筑学报》1989 年第 8 期，第二作者：张晨）

社会变革与建筑创作的变革

每一件事物之所以存在，必然有它的客观需要和理由。Ecole des Beaux Arts——巴黎美术学院（这儿是指19世纪的学院派）的存在、发展以及变化是适应社会需要、是符合那个特定时期的需要的。任何违反历史发展规律的东西是无法生存的。为什么学院派后来自己也要变革呢？这要从工业革命对建筑的影响谈起。

工业革命给建筑带来了两个方面的影响：首先是在条件上，为建筑提供了采用新结构、新材料、新设备的可能性；再者，就是对建筑提出了新的要求。在此之前，建筑师主要是为满足王公贵族的虚荣心与生活需要而设计。随着工业革命的深化、商品生产与市场的无限扩大，破产农民的大量涌入城市为城市带来了许多前所未有的复杂问题。建筑作为城市的重要组成部分随之而问题重重。德国的包豪斯（Bauhaus）就是为了适应工业社会在第一次世界大战后欧洲国家的需要而产生的；法国的勒·柯布西埃（Le Corbusier）在1923年提出的“建筑也是革命”，也是因为看到社会上较多的人，特别是他所同情的知识分子、技工、职员等缺乏住房而提出的。诚然，柯布西埃把社会革命的原因说成是由于住房缺乏，这是片面的。但他们那种带有乌托邦的见解说明这些建筑师的视野已从光顾他们的业主扩大到社会上的需求，从个别的建筑扩大到城市了。

巴黎美术学院是从欧洲的宫廷美术学院转化过来的。当时，路易十四建立皇家美术学院就像设置一家御用的织造厂或瓷器厂一样，完全是为国王和显贵服务的。学院建筑师的任务，就是要为他们建造雄伟壮观的、不可一世的、称得上是权力纪念碑的建筑。例如，南北总长达600米的凡尔赛宫，其规模之宏大、气派之雄伟、装饰之华丽可谓世无匹敌。这不仅需要设计与施工的精湛技艺，并需要大量的物质财富才能实现。为了扩建凡尔赛宫，国王曾下令全国民间不得动用任何石材达六年之久。以后，拿破仑在王家美术学院的基础上建立了巴黎美术学院。学院由上为宫廷服务扩大到为资产阶级政府和豪富服务。服务对象的数目是大大地增加了，但创作观、创作意图和方法并没有变。只是建筑风格从单一的古典主义变为多样的复古主义。复古主义中有比较考究与道地的复古、也有简化了的复古，更有粗制滥造的复古。这既取决于业主的意趣、建筑师与施工匠人的技艺水平，也与物质财富条件有关。

随着工业革命迅速发展，各种尝试改革建筑使之适应时代需要与条件的思潮也不断涌现。当时作为社会学术权威的学院派在它们的冲击之下，先是试图镇压，继而回避，结果招架不住退出了历史舞台。巴黎美术学院与原来一切以巴黎美术学院为蓝本的学院派基地也不得不跳出象牙塔，面对现实自觉或不自觉地进行改革。

过去，学院派注重的是绘画、对古建筑的学习与测绘、背诵与研究古建筑形式及其尺寸比例等等。他们眼中只有业主的爱好，业主喜欢什么就设计什么。他们中的权威人士整天同最上层打交道，看不到社会全貌，也意识不到工业革命为建筑要求与条件所带来的变化。而那些企图革新建筑的现代派先驱，如格罗皮乌斯，柯布西埃与奥特（J. J. P. Oud）等当时在社会上并没有什么地位。他们思想框框少，大多从事或接触过工业建筑设计，对工业生产有所了解。另外，他们经历了第一次世界大战后欧洲普遍存在着的严重房荒，于是认识到要采用新技术来大量生产建筑和必须重视建筑的功能质量和经济效益问题。

其实，采用新技术来解决建筑的功能要求在 19 世纪就已有了。也可以说学院派并不是全然不采用技术的。只是由于建筑美学上的偏见，即使采用了也要用旧形式把它隐藏起来。如巴黎的马德兰教堂和巴黎歌剧院的内部均有很好的铁屋架，但形式上的固定观使这些屋架像是见不得人的东西一样，被彻头彻尾地包裹起来。这种观念必然影响到新技术的采用，也就是，旧形式阻碍了新功能与新技术的发展。

因而有格罗皮乌斯，柯布西埃等人领导的“现代运动”（Modern Movement）在冲破学院派的统治中，除了正面阐述新功能、新技术与新的建筑经济观优越性外，还得铲除学院派的建筑美学观并树立一种新的美学观。他们针对学院派以手工业时代王公贵族的雄伟壮观和豪华富丽为美的特点，提倡以工业时代的新技术与新功能为特征的“时代美”、“功能美”、“材料美”、“简单几何形美”、“精确美”、甚至“机器美”等等。柯布西埃的“住宅是居住的机器”可谓上述所有方面的大胆与集中表现。尽管这些美学观及口号有其片面之处，并且后来事实证明带来了一些不良后果。但它们对排除复古主义形式的束缚为新功能、新技术和新的建筑效益观开路，却起了不容抹杀的历史作用。

历史从来不是个人或某些人可以创造的。现代派不是由于 30 年代资本主义世界的经济危机和接踵而至的第二次世界大战，以及战后恢复时期的大建设，也许不会成为战后那么绝对的权威的。只因它本来就是第一次世界大战后的产物，故它对经济萧条与战后康复等非常时期的建设具有特好的适应性。因这原因，一直擅长于设计象征权利与歌颂财富的复古主义，在这样的形势下就肯定会被淘汰的。但自从 50 年代下半叶，当资本主义世界的经济由恢复创伤以至进入繁荣后，现代派就暴露了它的不足与片面性了。它的偏重生产、忽视人情，强调普遍性、忽略个性、重物质、不重精神，以及在创造大型公共建筑形象中缺乏多样性等等，使人越来越不能满足。对于了解历史的人则更若有所失。因为尽管学院派这个名称同复古主义一样，似已为人所不齿，但它满足人的精神要求、注重个性以及在设计大型公共建筑中还是有一套的。而这些都在“现代运动”的革新中被否定了。由此可见，社会不断发展变化，人们的生活与人们对建筑的要求也千变万化，不论什么学派、什么建筑师，只有认真研究社会，不断地补充、充实与改造自己，才能适应社会的需要。

……

杨老的母校，宾夕法尼亚大学的建筑系，原是巴黎美术学院在美国的重要基地。但 90 年来，社会的变化使它也在不断地变化。20 年代杨老在那里读书的时候，他的老师保尔·克瑞（Paul Philippe Cret，也是我国其他几位第一代建筑师梁思成、童寯、陈植、谭垣等的老师）是一位颇负盛名的建筑师与建筑教育家。他在学术上属学院派中的新派，擅长简化古典。他的创作态度严肃，基本功好；所创作的大型公共建筑甚受当时社会的欢迎，有些还运用了钢筋混凝土结构。30 年代，当欧洲的现代派传入美国后，宾州大学也在变化。故第二次世界大战后，它能很快地适应新形势，在教师队伍中吸收了欧洲的现代派新血液，同时积极培养自己的新人才，使学校保持了作为美国名牌建筑大学之一的桂冠。但是最光彩的还是在 50 年代末出了路易斯·康（Louis Kahn）这样一位才华出众的建筑师。康也是克瑞的学生，杨老的同学。他受的是学院派的教育，但长期的工作锻炼、严肃思考使他大器晚成，成为补充与改进现代派的杰出人物之一。

杨老是克瑞的得意门生，毕业后又在克瑞的事务所中深受师承。按学术基础来说，他与康一样同属学院派，基本功扎实、过得硬。我与杨老在学术上没有直接联系，但他学博识广、技艺双全、在教学上的贡献与设计上的才华始终深为我所敬仰。假如我们认真地回顾他自 20 年代至今几十年中的创作道路，会吃惊地发现这俨然像一部我国近 60 年来创作历史的注解。他的作品有今有古或古今结合；有中有西，或中西合璧。虽然人们可以任取其一而冠以这种或那种主义，或凭自己的爱憎而进行褒贬，但这不是历史。杨老和我国其他几位杰出的第一代建筑师一样，其贡献不在于倡导了什么现成的学派，而在于虽处在我国近大半个世纪以来的非常复杂的政治经济变革中，仍坚持了严谨的现实主义探索精神，努力在洋为中用、古为今用中探索自己的道路。在这个艰巨的过程中，他们尽可能地认识社会、适应社会与工作任务对他们的要求，尽心创作，并不断地充实与改进自己，力图在不同的要求与有限的条件下得到较为圆满的解决。这就是他们的贡献。这条道路曾经是崎岖不平的，今后可能会好些，但这些精神将鼓励着后人前进。路易斯·康的学生曾把康的长期探索比作橄榄树说：“前人种树，后人开花”。杨老等第一代建筑师的辛勤探索，会有助于后人的创新。

（本文系 1979 年在安徽屯溪与齐康谈话记录，1985 年 3 月修改、补充，原载于《建筑师》第 42 期，1991 年 9 月）

MOSQUE in CHINA

There are two types of mosque architecture in China : one, brought from the Near East, occurs in the north-western region, including Xinjiang Province, where there are many minorities who are predominantly Muslim ; the other type is based on traditional Chinese architecture adapted to Islamic belief and ritual requirements. This chapter deals with mosques of the latter type, which are spread over a vast area of China in considerable numbers, from cities like Shenyang and Harbin in the north-east to Kunming in the south-west, from Lanzhou and Yinchuan on the upper Yellow River to the coastal cities of Shanghai, Quanzhou and Guangzhou (Canton) . Most of the Muslims are of Hui nationality, one of the largest minority groups in present-day China, with a total population amounting to over 8,500,000 in 1990.

Islam was first introduced to China in the mid-seventh century via the port cities of Guangzhou and Quanzhou on the south-easy coast and later by land from Central Asia. It was the time of Kutayba ibn Muslim el-Bahili's campaign to the East in the early eighth century that the first mosques could have been built in Kashi (Kashgar) and Yecheng (Yurkan) in the Western Region[1]. Four or five centuries were to elapse before a majority among the population

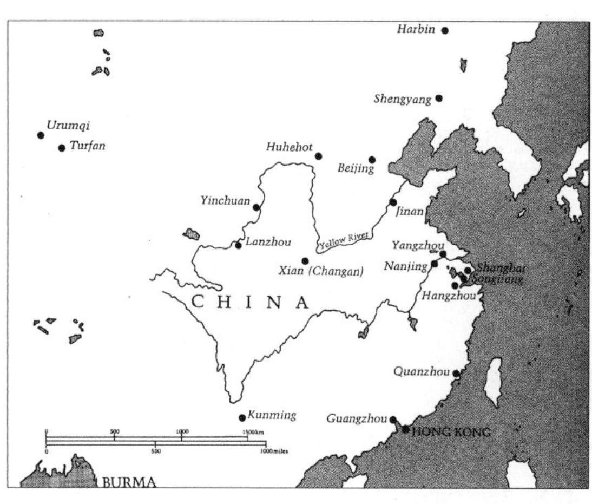

01 Map of China, showing principal sites.

1. Western Region: term used since the Han Dynasty (206 BC-AD 270) to describe the area west of Yumen Guan in present-day Gansu Province and including what is now Xinjiang Province in China and part of Central Asia. For later mosques in Central Asia see Chapter 7.

in Xinjiang Province belonged to the Muslim faith as a result of the gradual process of conversion to Islam.

The mosques of the Chinese type have ingeniously integrated Near Eastern Islamic influences with local architectural traditions, eventually producing a distinctive style for such buildings.

HISTORICAL AND CULTURAL BACKGROUND

The Silk Routes

Two Silk Routes linked the Orient and the Occident, one overland and the other by sea, the latter also being known as the Route of Perfume and Spice. The overland route was first explored by Zheng Qian, an envoy sent by the Han Emperor to the Western Region in 139 BC, and was later frequented and developed by caravans of traders and envoys from Central and Western Asia and even from as far away as the Roman Empire. This route, which started from Chang'an (now Xi'an), was via Urumqi and Kashi, then from Kashi it passed through Samarqand or Balkh (Afghanistan) to Merv (Turkmen), Ctesiphon (Persia) and Palmyra (Syria), and finally reached Antioch (Syria) and Tyre (Lebanon). The sea route began in the west at Siraf on the Persian Gulf; after the first stage to Mascal (Gulf of Oman), it continued around the Indian subcontinent and, after passing the Strait

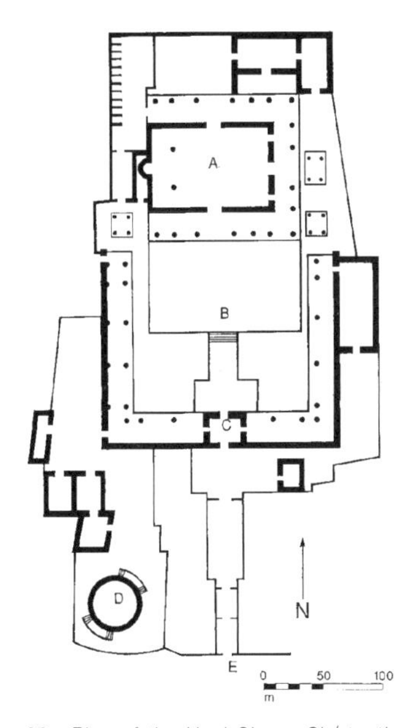

02 Plan of the Huai-Sheng Si (tenth-eleventh century), Guangzhou: (A) prayer-hall; (B) moon platform; (C) moon pavilion; (D) minaret; (E) main entrance.

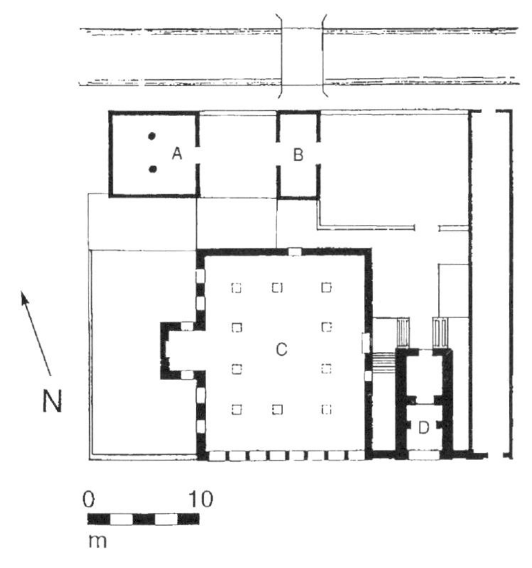

03 Plan of Sheng-You Si, Quanzhou, founded in 1009-10 and partially rebuilt in 1310-11: (A) prayer-hall of Ming-Shan Tang; (B) entrance portal of Ming-Shan Tang; (C) prayer-hall; (D) minaret/entrance portal.

of Malacca, reached the ports of Guangzhou and Quanzhou. The section between China and India resulted from numerous expeditions to holy places by Buddhist pilgrims from China to the Indian Ocean from the seventh century onwards.

04 Huai Sheng Si (tenth-eleventh century) in Guangzhou (Canton), considered the oldest surviving mosque in China, is important as a model for other Chinese-style mosques. A long narrow entrance courtyard leads from the main gateway to the Moon Pavilion.

Once the east-west route overland was established, a succession of traders and envoys, mostly from Persia and Arabia, made their way to China, and some of them even settled down in the Middle Kingdom. It is recorded that, in the period from 651 to 798, there were thirty-seven embassies from Arabia alone. Also there were more than four thousand ***se-mu-ren*** (***colour-eyed people***) [2] residing in Changan, the capital of the Tang Dynasty emperors. These outsiders were permitted to reside in *fan-fangs*[3]. From the end of the seventh century incessant wars were taking place in the Western Region, such as the campaign to the East by Kutayba ibn Muslim el-Bahili and later the war between the Caliphate and the Abbasids, and because the route by land was no longer safe, it was gradually abandoned. The sea route was gaining in importance and, from the ninth century on, coastal cities like Guangzhou, Quanzhou, and later Yangzhou and Hangzhou, became extremely flourishing. In Quanzhou there were streets full of shops dealing in jewelry and spices. By that time tens of thousands of 'colour-eyed people' were living in large *fan-fangs* in these cities. However, during the fifteenth century the coast of China came under serious threat from pirates, and the sea route ceased to be used.

The Muslims in China and their culture

The first Muslims to reach China were Abi Waqqas, a maternal uncle of the Prophet, and three companions. They made the journey by sea in 632, Abi Waqqas coming as an envoy from Medina. After arriving in Guangzhou, he proceeded to Changan, where he was

2. "Colour-eyed people" : a literal translation of the Chinese term used since the Han Dynasty to describe people from Central and Western Asia, also applied to Arabs.

3. *Fan-Fang*: a term used to describe residential quarters occupied by colour-eyed people. ***Fan*** means foreign or foreigner, *fang* a block in a city.

received in audience by the Emperor. It was said that he sought permission to build three mosques, one in Chang'an, one in Jiangning (now Nanjing), and one in Guangzhou. There is no record of whether those mosques were ever built. After Changan, Abi Waqqas settled in Guangzhou, and after his death was buried there with one of his companions. The Tomb of Abi Waqqas can be considered the oldest surviving Muslim building in China. His two other companions lived in Quanzhou, and their tombs as seen there today are the result of later rebuilding.

05 The Bright Moon Pavilion near the entrance to the prayer-hall of the so-called Mosque of the Immortal Crane in Yangzhou, probably founded in 1275.

Starting from the eighth century, when Islam was spreading into West and Central Asia, more and more Muslims travelled to China. The colour-eyed people, including Arabs, in and around Changan may have built mosques and graveyards in their *fan-fangs*, as Muslims living in the coastal cities did. Subsequently the resident Muslim population adapted themselves to Chinese ways, dressing in Chinese style, speaking Chinese and even taking Chinese names, while continuing to observe their own Islamic religious practices.

The spread of Islam in China

Shortly before and during the Yuan Dynasty (1280—1368) China witnessed a real increase in the Muslim population and Islam became one of the country's major religions. When Genghis Khan and Hülegü drove westwards with their cavalry forces (in 1219 and 1258 respectively), there were many Muslims living along the route of the invaders who had to seek refuge either by joining the troops or by escaping into China. Among those who moved eastward, most settled in Xinjiang, and quite a number penetrated as far as Gansu and Ningxia provinces. Under the Mongol Yuan Dynasty, all major cities in China had garrisons composed of soldiers of various races, most of the soldiers being Muslims. They settled down and raised families, so creating new Muslim communities throughout most of the country. In addition people of other races and nationalities were converted to Islam. The original Muslim soldiers came from various sects within Islam. They formed communities, each occupying its own *jiao-fang*[4] with its own mosque. This *jiao-fang* principle still survives in some parts of China today.

---

4. *Jiao-Fang*: a term used to describe communities of Muslims Belonging to various sects. It was derived from *fan-fang*, for since the 'colour-eyed people' had been naturalized, they were no longer foreigners, hence could not be called *fan*, which was replaced by *jiao*, meaning religion.

THE EVOLUTION OF MOSQUE ARCHITECTURE IN THE CHINESE STYLE

Mosque architecture in indigenous style falls into four main periods, as set out below.

The emergent period (seventh—tenth century)

No written record survives of mosques of this period, nor are there any physical remains. However, to judge from the minaret of Huai-Sheng Si in Guangzhou, built in the tenth century, and the remains of the prayer-hall of Sheng-You Si in Quanzhou, built 1009—1010, it appears that the style of earlier mosque architecture could simply have been a direct transference from the Western Region (as in the examples described), or the buildings may have been no more than simple and temporary structure which were not considered worthy of mention in documents or were unlikely to withstand the ravages of time.

06 The Great Mosque, Xian
Founded in 792, and much expanded in later centuries, this is one of the most important Muslim building complexes in China. The present layout, dating from 1392, consists of a series of courtyards and pavilions along an east-west axis.
The minaret, the tallest structure on the site, is a three-storey octagonal pagoda in the third courtyard. The roofs are decorated with traditional dragon figures, with their celestial and supernatural associations.

Attempts at integration (eleventh—fourteenth century)

During this period the focus of interest shifted to the cities on the south and south-east coasts of China. From the mosques that were regarded as the four most important of the Song Dynasty, i.e. the Huai-Sheng Si in Guangzhou, the Sheng-You Si in Quanzhou, the Zheng-Jiao Si in Hangzhou, the Mosque in Yangzhou, as well as from the Mosque in Songjiang also dating from this period, one can see that great efforts were made to integrate functional requirement, cultural expression and building techniques from the Western Region with characteristic local architecture, producing results which would be respected by Muslim and non-Muslim alike. The '***colour-eyed***' Muslims who had been naturalized and who generally had a higher social status had been adapting themselves to Chinese Culture. Mosque building was no exception in their endeavor to fuse the two cultures. The physical manifestation of these efforts can be summarized as follows:

(1) A turning of the axis and a gateway preceding the prayer-hall. In Chinese tradition monumental architecture usually faces south and the main buildings were arranged along a south-north axis with open spaces in between. The mosque architecture of this period shows that in most cases the traditional orientation was adopted, with the front entrance facing south, while the prayer-hall, in order to allow worshippers to face in the direction of Mecca, must have its access from the east, hence a turning of axis was involved. In Huai-Sheng Si and Sheng-You Si this turning of axis seems abrupt. The entrance hall and the prayer-hall both stand independently on their own axis; thus from a Chinese traditional point of view, each of them appears to be separate. However, in the Mosque in Yangzhou or the Mosque in Songjiang, a second portal in placed in front of the prayer-hall; this portal is one of the dominant features of the east-west axis, while blending harmoniously with other elements.

07 The ceiling of one of the pavilions, which has been restored to its former glory, features brightly painted lotus-blossom bosses.

08 The Niu Jie (Ox Street) Mosque in Beijing, built in 1362 and greatly expanded in the fifteenth century, was originally entered through the imposing portal known as the Moon Pavilion. At the centre of the main courtyard is the pagoda minaret (left), from which the call to prayer is still made.

(2) Minaret-Moon Pavilion-Portal

The oldest freestanding minaret is that of Huai-Sheng Si. Its smooth masonry shaft and the treatment of internal stairways, which have no precedent in China, were unquestionably adopted of Chinese pagoda developed, but very few examples are known. In Sheng-You Si there is an iwan-like minaret, the form of which was evidently imported. It is the only example of this type, and it serves a triple purpose: as minaret, as portal, and as a place to observe the moon, hence the name 'Moon Pavilion'. This kind of structure

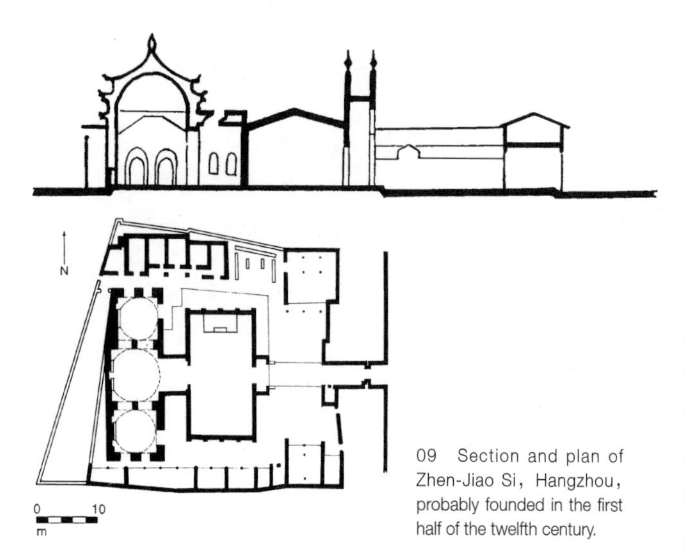

09 Section and plan of Zhen-Jiao Si, Hangzhou, probably founded in the first half of the twelfth century.

combining three functions was popular during this period, sometimes adjacent to the street and used as the main entrance, as in the Mosque of Na-jia Hu, in the Ningxia Hui Autonomous Region, but in most cases preceding the prayer-hall, as for example in the Mosque in Songjiang, Shanghai. The style in this period was not distinctive, but later such minarets were elaborately designed.

(3) Recess for the *mihrab*-mostly a masonry dome crowned by a wooden roof

The nature of the roof over the ***mihrab*** recess in Sheng-You Si is not known, but its square plan and comparison with the recesses of other mosques built in this period suggest that the roof structure was probably a dome. The recesses in Zhen-Jiao Si and the Mosque of Songjiang are masonry domes covered with timber structures. The former has a hexagonal roof, pyramidal in shape, while the latter is a hip and gable roof. This kind of roof over a dome was in part a practical response to the damp climate in this part of China, and in part a strong expression of traditional Chinese architecture, for it is accepted that one of the essential formal characteristics of indigenous Chinese architecture is the roof. In each of the two mosques mentioned above, the roof height above the dome is higher than that over the prayer-hall, thus emphasizing the symbolic importance of the ***mihrab***. Mosques in the north and north-west of China, where the climate is dry, have their domes exposed; they are distinguished not by an emphasis on height but by their form.

KEY EXAMPLES

Huai-Sheng Si (Mosque in Memory of the Holy Prophet), Guangzhou (Canton), Guangdong Province; also known as Guang-ta Si (the Minaret Mosque)

Huai-Sheng Si is generally acknowledged as being the oldest surviving mosque in China. Abi Waqqas, a preacher and maternal uncle of the Prophet, came to China from Medina in 632, during the Tang Dynasty. He settled in Guangzhou, one of the busiest trading ports in south-east Asia, where numerous foreign merchants, mostly Persians and

10 Plan of the Mosque, Songjiang:(A) main entrance; (B) moon pavilion;(C) moon platform;(D) prayer-hall;(E) mihrab chamber.

11 The second portal in the Songjiang Mosque, showing the dramatic double-eaved roof construction.

Arabs from Central and Western Asia came together ; there he is said to have established the mosque of Huai-Sheng Si on the western outskirts of the city, but it is more likely that this building dates from the late Tang Dynasty or early Song period (tenth-eleventh century). Though rebuilt many times, the mosque still occupies the original site. The main entrance faces south, in accordance with Chinese tradition. On passing through the main gate from Guang-ta Road, one enters a long and fairly narrow courtyard leading to another gateway above which there is a plaque inscribed with four Chinese characters, which may be translated as 'Religion that holds in great esteem the teachings brought from the Western Region'.

Close behind the inner gateway stands a two-storied portal called the Moon Pavilion, built in the seventeenth century. The building is elegant and well-proportioned, being crowned with a gabled and hipped roof with double eaves. Its thick walls, sloping slightly outward, give a feeling of sturdiness, while the *dou-gong* (brackets) under the eaves are delicate and decorative. The pavilion opens up to a large courtyard surrounded by colonnades, at the end of which stands the prayer-hall. Thus far the layout is in typical Chinese style, with open and closed spaces planned symmetrically along a central axis running from south to north, with the dominant feature furthest from the entrance. However, due to the requirements of ritual prayer, the axis of the prayer-hall runs transversally from east to west ; the main entrance to the hall faces eastward. The present prayer-hall was rebuilt in reinforced concrete in 1935.

The minaret-dating from the tenth century and the most famous feature of the mosque-is a freestanding structure to the west of the main entrance. It is a brick tower with round

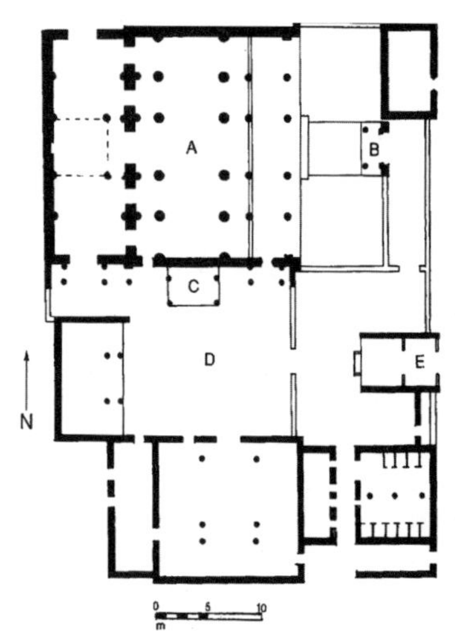

12 Plan of the Mosque, Yangzhou:(A) prayer-hall;(B) second portal;(C) Bright Moon pavilion;(D) inner courtyard;(E) main entrance.

shaft, 36.30 m (119 ft) in height, and surmounted by an elongated pointed dome. Unlike Chinese pagodas, the tower has no external timber cladding around the masonry core. Two brick stairways, running spirally in opposite directions around the inner wall surface, were markedly different from traditional Chinese practice, for a brick stairway in a pagoda was a rare feature until the Song dynasty. There is reason to believe that this idea was brought to China by Muslims. Being the tallest structure in the city until modern times, the minaret, with its metal cock atop, has long been considered the principal landmark of Guangzhou, and also served as a lighthouse for incoming ships, hence the name Guang-ta was bestowed on the mosque.

Sheng-You Si (Mosque of the Holy Friend), Quanzhou, Fujian Province ; also known as Qing Jing Si (Mosque of Purity) and the Al Sahaba Mosque

Sheng-You Si, now partly ruined, is an important survival of early mosques built in Central Asian style in the coastal cities of China. An inscription on the north wall of the portal rebuilt in 1310-11 by Ibn Muhammad al-Quds, from Shiraz. This mosque, like Huai-Sheng Si in Guangzhou, also provides valuable evidence of close links between China and Central Asia.

Unlike most mosques in Chinese cities, Sheng-You Si was located close to the city wall, and a large *fan fang* extended to the south of it. The mosque, which stands on the north side of a main street, Tu Men Jie, has a south-facing portal. Although now in ruins, the building displays a grandness of scale and finely worked stone masonry ; thanks above all to its historical value, it has always been one of the city's important monuments.

The mosque complex consists of three main elements ; the original prayer-hall (built 1009-10) ; the portal (1310-11) ; and another prayer-hall, called Ming Shan Tang (Hall of Brightness and Virtue), built in 1609. For the portal, in the form of an *iwan* with crenellation, local green diabase was used, and this stone is not known in any other existing building in China. The diabase was so well dressed that, after almost seven hundred years, the ashlar masonry is still smooth and closely bonded. The portal, about 11.40m (over 37 ft) in height and 6.60m (nearly 22 ft) in width, served both as a minaret and as a platform for observing the moon. The outer facade has an opening in the shape of a pointed arch, 10m (33 ft) in height and 3.80m (12 ft 6 in) in width, covered by a semi-dome ornamented with eight ribs. The middle section, an arched opening in the same form, but narrower, is 6.70m (22 ft) in height ; it too is covered by a semi-dome, but is ornamented with *muqarnas*. The inner section, much lower and narrower, and square in plan, is covered by a dome on squinches. All the side walls are decorated with blind arches of varying sizes. Thus, when one views the entrance from the street, layers of space are created by the use of graduated pointed arches, gibing the portal a very elegant appearance.

Sheng-You Si differs from other mosques in China in that there is no formal courtyard and planning axis. The entrance to the prayer-hall was placed immediately to the left(west) of the portal. It consists of a stone arch decorated with calligraphic inscription above a rectangular opening which is in Chinese style. The hall, now roofless, is nearly square in plan, with a recess for the *mihrab* at the west end. Only a few column bases and most of the walls, made of fine beige-coloured granite, have survived. The *mihrab* is a well-proportioned arch set into the wall, and is decorated with exquisitely carved calligraphy. There are six other arches of the same kind, but smaller, three on each side of the central *mihrab* recess. The hall, although a ruin, remains very impressive. Several years ago plans were made for the restoration of the hall, but no agreement on the style of the roof could be reached and no works were undertaken.

The prayer-hall known as Ming Shan Tang is built in local Chinese style. It consists of a front yard, a portal, a prayer-hall and a courtyard in between. In one corner of the front yard there is an old well used for ablutions ; this has been renovated recently and is in regular use.

As a result of a stone tablet being wrongly placed, Sheng-You Si has been mistakenly called Qing-Jing Si for over a hundred years and its dating confused ; recent research has established that the inscription on the north wall of the portal is reliable.

Zhen-Jiao Si (Mosque of True Religion), Hangzhou, Zhejiang province ; also known as Feng-Huang Si (Phoenix Mosque)

Zhen-Jiao Si is situated on the west side of Zhong Shan Road, a main street near the city centre. The existing mosque is much smaller than formerly, since the widening of the road in 1929 resulted in the loss of the portal and part of the area in front of the prayer-hall. The mosque has a long history. Although it has been claimed that it was built in the Tang Dynasty, no evidence for this is known. More reliable sources suggest that it was originally built between 1131 and 1149, rebuilt and extended first in 1281 and again 1451-93, renovated in 1670, and partly rebuilt in 1953.

13 Exterior of the prayer-hall, Yangzhou, seen from the first courtyard.

The key architectural features of the mosque are the three large domes and the ***mihrab***. The domes, each of which is covered by a hexagonal roof in Chinese style, stand in line atop a cubical structure at the west end of the site. The middle dome, 8.84m (29ft) in diameter, and the ***mihrab***, which is elaborately decorated with delicately carved calligraphy in Arabic, date from the Northern Song Dynasty ; the other two domes, one 7.20m (23ft 6 in), the other 6.80m (22ft 3in) in diameter, are later additions from the Ming Dynasty.

The original dome was over a hundred years old when it was damaged in the mid-thirteenth century. In 1281, a Muslim preacher named A-la-din (Chinese pronunciation) arrived and settle in Hangzhou. He succeeded in financing repairs and the extension of the mosque. A prayer-hall, built in wood in the Chinese manner, was added, the space under the dome became a recess for the ***mihrab***, and a new portal was built. Although there is no record of how the prayer-hall and the portal looked, the mosque as it existed after the extension in the fifteenth century is known from documents to have been grand in style. The two smaller domes were added, one on each side of the original one, the space below being made into a large lateral hall ; the prayer-hall was enlarged to provide five aisles with colonnades on all sides ; and the portal was rebuilt as an elaborate multi-storied structure serving as a minaret and a platform for observing the moon The magnificent appearance of Zhen-Jiao Si, especially its portal with multiple exquisitely carved and moulded eaves, made it a centre of attraction, giving rise to mosque's alternative name, Feng-huang Si, or Phoenix Mosque.

A new hall was built in front of the domes in 1953 in a style similar to Central Asian mosques. The resulting contrast of architectural styles produces an incongruous effect ; however, each part represents a unique manifestation of its period. The domes with their hipped hexagonal roofs are evidence of a combination of Chinese and Islamic architecture which evolved before the Ming Dynasty. The simplicity of geometric form of the cubical base supporting the domes and daring contrast of black and white are typical of domestic architecture in south-east China. The incorporation of Central Asian style for the recently built hall heralds a new trend in mosque design.

The Mosque, Songjiang, Shanghai

At the time when Shanghai was developing from a small village into a town during the Yuan and Ming dynasties, Songjiang was already a prosperous city in the region, famous for its cotton fabrics. It was boasted that the cloth produced in Songjiang was sufficient 'to clothe the whole world'. Historical records show that, from 1336 on, over thirty 'colour-eyed people' served as officials in various levels in the city government during an eighty-year period. The Muslim population must therefore have been significant in overall numbers.

The Mosque in Songjiang is believed to date from the middle of the fourteenth century. Near the main gateway an inscribed tablet inserted in the late seventeenth century states that a tomb was built here for Da-lu-hua-chi (Chinese pronunciation), a senior government official in the Yuan Dynasty (1280-1368), evidence which lends support to a fourteenth-century date for the original mosque, which was renovated and partly rebuilt c. 1522-66, in the Ming Dynasty ; further renovations were carried out during the eighteenth century and in 1812, but the surviving parts date mostly from the Ming Dynasty.

The most notable features of the mosque are the recess for the *mihrab*, the portal (the second gateway) along the east-west axis, and the part linking the recess and the prayer-hall. The *mihrab*, built in the Yuan Dynasty, is square in plan ; it is surmounted by a dome resting on squinches, and crowned by a gabled and hipped roof with double levels of curved eaves. The roof has ridges running at right angles in the form of a cross, a rare and perhaps the oldest existing example of its type in Chinese architecture. The raising of the roof height gives the structure that houses the *mihrab* a magnificent appearance. The roof of the second portal is in a style similar to that over the *mihrab* recess, but is of late date, having been built in the Ming Dynasty. The portal, smaller in plan than the recess and having more elaborately decorated eaves, is a very attractive feature. The area between the recess and the prayer-hall is covered by a barrel vault, creating a dramatic contrast. The wooden *mihrab* and *minbar* are survivals from the Ming Dynasty, the former being in the same style as that in Zhen-Jiao Si, Hangzhou, but smaller.

The mosque, though not small in size, has a human scale. The entrance gateway resembles that of any large, but modest, residence, and blends comfortably with its surroundings. The use of a plain black-and-white colour-scheme is evidence that the design of the mosque was concerned more with inherent quality than with grandeur in appearance. The use of a dome and vault provide evidence of architectural features probably imported from the Islamic world far to the west.

The Mosque, Yangzhou, Jiangsu Province; also known as Xian-He-Si (Mosque of the Immortal Crane)

By the time of the Song Dynasty (960—1280), Yangzhou was already one of the busiest cities in trade and commerce. This mosque-the oldest and largest in the city-is believed to have been built in 1275 by a Muslim preacher, Pu-ha-din (Chinese pronunciation), whose lineage could be traced back through sixteen generations to the Holy Prophet, it was renovated and rebuilt twice during the Ming Dynasty (1368—1644) and again in the late eighteenth century; the present remains are mostly from the last rebuilding phase. The reason for the alternative name Xian-He-Si is obscure, but the theory most favoured is that the overall city plan of Yangzhou resembled the silhouette of a red-crowned crane in flight. (In Chinese mythology the crane was associated with longevity and immortality.)

Owing to the restricted area of the plot size and inclusion of a school for Muslim children in the building scheme, the plan of the mosque was cleverly divided into three parts, the prayer-hall on the north side, the school on the south side, with the space between them forming two courtyards. The outer, entrance courtyard has a gateway facing east, while the inner one is laid out as a garden, with a small building called the Bright Moon Pavilion standing close to the prayer-hall. The siting of the main entrance in relation to the prayer-hall is rather awkward: on entering the outer courtyard, one has to turn right, then backward, passing through a passage before reaching the second gate of the courtyard facing the prayer-hall. From the second gateway on, the layout follows the formal pattern typical of other mosques, along an east-west axis.

The prayer-hall is an imposing timber structure with live front bays built in traditional Chinese style. Timber structures of this type are always limited in their depth. Here, in order to increase the capacity of the prayer-hall, two structures joined lengthwise accommodate a large internal space under two roofs. The wall separating the two structures is punctuated by five walk-through openings in the form of pointed arches, connecting the inner and outer spaces. Another interesting feature is the recess for the ***mihrab***, which is placed in the central bay of the inner structure of the prayer-hall. The roof over the recess

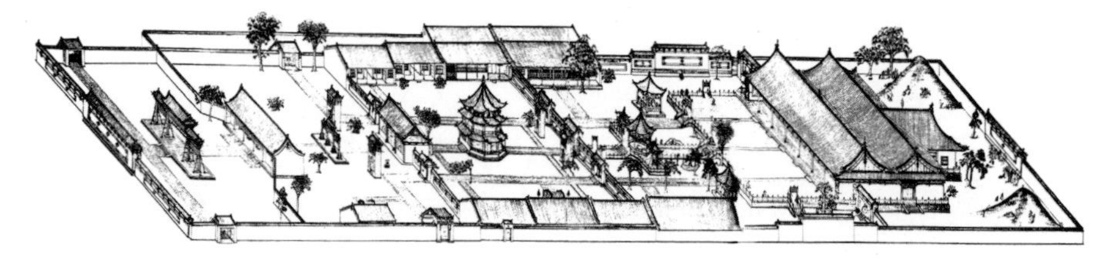

14 The Great Mosque, Xian: drawing from an undated Chinese scroll showing the series of courtyards viewed from the north. The wide prayer-hall is seen on the right.

is higher than that over the rest of the hall. It is an individual tower-like gabled and hipped roof with a clerestory below the eaves. This treatment of the roof ; which improves both the internal lighting and external appearance of the mosque was a device developed after the Ming Dynasty. The *minbar*, an exquisitely carved wooden structure in the form of a hexagonal pavilion resting on a platform, is a rare and valuable relic dating from the Ming Dynasty.

The mature period-in search of mannerism: fourteenth-nineteenth century

Just as architecture generally in China during this period reveals a concern with artifice in design, mosque architecture can be said to be moving towards a pure Chinese style. However, distinctive features are apparent in the prominence of the east-west axis and the relationship of primary and secondary elements within the buildings. The minaret/moon pavilion/portal combined into one ; and a raised roof over the *mihrab* recess are other distinguishing elements.

The use of a masonry dome had become obsolete in most of the mosques built in Chinese style in this period. The construction method used for building domes to span large halls, introduced in mosques like Zhen-Jiao Si in the previous period, had influenced architecture in the Chinese style as a whole, however, and this resulted in a type of construction for monumental architecture called the hall without beam. The characteristic feature of mosques in Chinese style built during this period was, in fact, a consolidation of earlier innovations, which could be summarized as follows :

(1) The main axis is east-west and the prayer-hall is the principal feature of the mosque, as seen in the Great Mosque of Xian and the Mosque on Niu Jie, Beijing.

(2) In order to increase the capacity of the prayer-hall to accommodate a large congregation-a requirement not previously faced in Chinese architecture-two or three halls were built one in front of the other and joined lengthwise to create a single spacious interior. The mosque was the first building type in China in which halls built as separate structures were combined. This was a real innovation in both functional layout and building technology, since it provided a solution to roof drainage.

(3) The use of a tower-like timber structure with pointed Chinese roof and clerestory to admit light to the *mihrab* recess was prevalent. The roof over the recess in the Mosque of Yangzhou was rebuilt in this way. Other examples include those in the Great Mosque in Xian and in the Mosque on Niu Jie. In the later part of this period, more towers of this kind were erected, sometimes with dramatic results, e.g. in the mosques in Huhehot and Jinan. In the former there are four tower-like structures on the roof of the prayer-hall, one on each side of the entrance, one at the centre of the prayer-hall and finally-the highest and biggest-above the recess. In Jinan the prominent hip-roof over the recess stands out as a feature of the city' s skyline. Such features can be compared with mosques in the Western Region having numerous domes varying in height.

(4) The combined minaret/moon tower/portal as a distinguishing feature in this period was mostly of elaborate construction, e.g. in the Great Mosque in Xian and the Mosque on Niu Jie. Also in mosques built before this period, some-as in Zhen-Jiao Si and the Mosque in Songjiang-were rebuilt to include this feature. The former was demolished early in this century, but the latter, which is a very spectacular example, still exists.

(5) Treatment of the ***dou-gong*** (brackets under the eaves) as a decorative element. In Chinese architecture the ***dou-gong*** is both functional and decorative. In many mosques, probably in association with the use of ***muqarnas***, the dou-gong was emphasized both in height and in form, those in the Mosque in Jiuquan being good examples.

(6) The present pointed arch was introduced and subsequently adapted into various forms, and they were used in a decorative manner. Examples can be seen in many mosques, one notable instance being the Mosque in Jinan.

KEY EXAMPLES

The Great Mosque ; *Xian*, *Shaanxi Province* ; *also known as the Mosque on Hua Jue Lane*

The Great Mosque in Xian is the largest and the best preserved early mosque in China. It was built in 1392, early in the Ming Dynasty, then renovated and partly rebuilt successively in 1413, at the end of the fifteenth century, in the middle of the sixteenth century, and a thorough reconditioning took place in the period 1662-1772. An inscribed stone tablet in which it is stated that the mosque was built in 742 has been proved to be a fake.

The site of the mosque measures 245 m (800 ft) long, aligned from east to west, and 47 m (154 ft) in depth. It extends along a quiet street called Hua Jue Lane, only one block distant from the Drum Tower near the city centre. To the north and west of the mosque, ***jiao-fangs*** were concentrated. Hence this is an ideal location for a mosque building.

The layout is typical of Chinese courtyard planning, with four courtyards placed in a series along a central axis. The main entrances, which face south and north on the long side of the site, give access to the first courtyard. Each successive courtyard has its centre of attraction, either a pavilion, a ***pailou***[5], or a screen wall, each of these methodically

5. Pailou: a type of monument in the form of a freestanding gateway.

designed, meticulously executed and strictly planned to complement the surroundings.

The principal feature of the mosque is the prayer-hall, dating from the Ming Dynasty. This is a timber structure with seven front bays preceded by a large granite-paved platform known as the Moon platform. The hall, 33 m (108 ft) in width and 38 m (125 ft) in length, occupies-with the *mihrab*-an overall area of 1,270 sq m (1,420 sq yds); it is in fact made up with two similar structures joined lengthwise. The hall, together with the platform, can accommodate nearly two thousand worshippers. The *mihrab* features an arch in Central Asian style and a canopy above in Chinese style ; the entire *mihrab* is highly decorated with carvings in calligraphy and foliage exquisitely carved in wood. The roof over the recess is higher than that over the rest of the hall ; it is a tower-like timber structure in gabled and hipped form, with a clerestory below the eaves.

Another major building within the complex is the so-called Pavilion for Introspection (Xing Xin Ting) in the third courtyard preceding the prayer-hall. Also dating from the Ming Dynasty, this octagonal pavilion is a spectacular structure consisting of two stories crowned with a triple-eaved pyramidal roof. It served as a minaret in former times.

This mosque is recognized as one of the most magnificent architectural monuments in China. It is at once solemn and dignified, intriguing and spectacular. In addition, the carvings in brick and wood, which are of excellent craftsmanship, are regarded as being the best surviving examples of their period.

The Mosque on Niu Jie, Beijing

Beijing, when it was the capital of the emperors of the Yuan Dynasty (1280-1368), had a large Muslim population. The Mosque on Niu Jie, at the south-east corner of the inner city, still contains two Muslim tombs, dating from 1280 and 1283 respectively. It was in 1427, in the early part of Ming Dynasty, that the mosque was elaborately developed, and at that time it was regarded as the biggest and most important of its kind. The mosque was renovated and partly rebuilt many times, for example in 1442, 1474, 1496, 1613 and in the latter half of the seventeenth century.

All the major elements of the mosque-the portal, the prayer-hall, the minaret and the *madras*-are formally arranged along one axis, following traditional Chinese practice. The main entrance faces west to Niu Jie, while the prayer-hall, in accordance with the direction of worship, requires access from the east, i.e. at the opposite end, hence the layout is somewhat unusual. After passing through the portal or the two doorways, one on either side of the portal, one has to walk around the prayer-hall to reach the main courtyard, then turn back to enter the hall itself.

The entrance portal, called the Moon Pavilion, is a two-storied structure, hexagonal

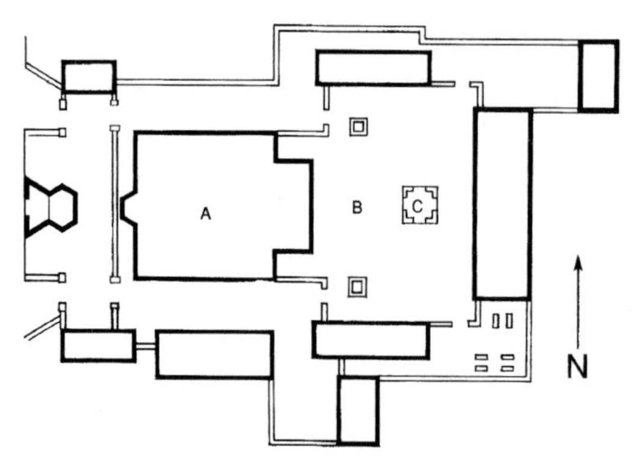

15 Plan of the Mosque on Niu Jie, Beijing:(A) prayer-hall;(B) courtyard;(C) minaret.

in plan and crowned with a double-eaved pyramidal roof covered with yellow-glazed tiles. The colour of the tiles indicated that the Mosque had been honoured by the Emperor. The entrance portal is emphasized by a *pailou* of three bays in front and a screen wall standing opposite it.

The prayer-hall, which measures about 30m (100 ft) in width it slightly more in depth, consists of two adjoining timber structures, each of five front bays. To emphasize its entrance, a portal, which is a smaller structure consisting of three bays, is placed directly in front of the hall. The wooden ***mihrab*** is decorated with delicately carved calligraphy and foliage, and the recess for it is built in the usual manner adopted during the Ming Dynasty, with the roof in the shape of a pyramid, raised to a greater height to allow a clerestory. Since the interior of the hall is rather dark, the clerestory here seems to be more successful than usual, for the light entering from above gives the ***mihrab*** recess a particularly strong visual emphasis.

The main courtyard at the east front of the prayer-hall is on a monumental scale. It has a minaret on its central axis, and two pavilions, one on each side of the axis. Opposite the prayer-hall stands the, *madrasa* at the east end of the courtyard, all designed in accordance with the axis. Together these buildings help to emphasize the importance of the prayer-hall.

The square minaret, a two-storied structure with a gabled and hipped roof, is an echo of the Moon Pavilion but in a varied form. The minaret and the Moon Pavilion are both very impressive, the lower storey being heavy and solid in each case, the upper storey open and light, and both are lavishly decorated with brightly coloured patterns painted on railings, architrave and *dou-gongs*. Together with the raised roof over the ***mihrab***, they give the roof-line of the mosque an undulating and dramatic effect.

Beijing was also the capital of the Ming emperors. The culture of Beijing at that time, after being a capital city for centuries, had unquestionably influenced mosque design. The quest for monumentality, the use of artifice in employing secondary objects to emphasize the primary features and exuberance in decoration are perfectly exemplified in the style of this mosque.

Developments in the twentieth century

From the mid-nineteenth century on, two factors-one political and financial and the other technical-had an important influence on mosque architecture. In the later years of the moribund Qing Dynasty, due to the government's closed-door policy and financial problems, many mosques were in a run-down state. After the revolution led by Sun Yat-sen, which began in October 1911, some minor improvements were made in large cities, such as the prayer-hall in Huai-Sheng Si in Guangzhou, which was rebuilt in reinforced concrete in 1935, but many problems remained.

Since 1949, when the new China was born, the official government policy has been to allow freedom of worship. As a result, mosques began to be renovated in many places, especially in regions with a significant Muslim population. Since China is a developing country, with limited resources, much still remains to be done. The decade of the Cultural Revolution, beginning in the mid-1960s, was disastrous for mosques and it was not until the late 1970s that restoration started. Since then most existing mosques have been repaired and some new ones have been built. In architectural terms these new mosques have tended to move away from traditional Chinese style and to adopt that associated with the Xinjiang Region. With the availability of new building techniques, the construction of domes and tall minarets presents no problems.

（本文原为 ***The Mosque*** 第十二章 China，Thames & Hudson Press，1994）

国际思维中的地域特征与地域特征中的国际化品质
——《时代建筑》杂志20年的思考

《时代建筑》（双月刊）创建于1984年，由同济大学（建筑与城市规划学院）主办，国内外公开发行，至2003年底共出版74期，发行100多万册。《时代建筑》以繁荣建筑创作、增进国内外学术交流为办刊宗旨，以“时代性、前瞻性、批判性”为办刊特征，以国际思维中的地域特征为其编辑定位，旨在创建以当代中国建筑为地域特征的具有国际化品质的杂志。《时代建筑》经历了20年的艰苦创业，跨越了创刊、渐变、突变和深化等各个发展阶段，特别是在2000年改版的基础上，又在2002年实施了全面扩版，并于2003年开始尝试中英文双语出版。值此杂志创刊20周年之际，我们回顾历史、反思过去、正视现实、展望未来，不免也感慨万分。

历史与回顾

1. 创刊阶段（1984—1988年）

《时代建筑》杂志创刊于中国开始改革开放的20世纪80年代初。随着中国现代化建设的进展，建筑业出现了一个前所未有的繁荣、活跃的新局面。国门的打开把西方先进技术与思想不断带入，国外众说纷纭的建筑思潮和流派使当时的建筑学界在东西方建筑文化的冲突中倍感迷惘。[1]当时《世界建筑》、《新建筑》等建筑杂志已相继创刊。同济大学建筑系在80年代初曾出版两期名为《建筑文化》的书刊（编者为安怀起），某种意义上就像是《时代建筑》杂志的雏形。《建筑文化》的出版得到学校和系领导的重视。在此基础上，在时任校长江景波和系主任李德华等领导的积极倡导下，抱着忠实地反映发展现状、提供理论和实践交流的园地、传播古今中外及预测建筑未来的办刊宗旨，《时代建筑》于1984年11月出版了创刊号。《时代建筑》推崇学术平等、鼓励创新、海纳百川的特征在创刊中已充分体现。创刊号内容丰富，从“贝聿铭创作思想与近作”、“创新探索”、“新的技术革命”到“建筑教育”、“住宅研讨”、“室内装修”、“国外建筑”、

1. 同济大学建筑系《时代建筑》编辑部，致读者，时代建筑，1984（1）：第3页。

"方案设计"、"建筑实录" 及 "学生作业" 等 10 个栏目[2]，包含了建筑理论和实践方方面面的 24 篇文章，充分体现了《时代建筑》对探索性建筑创作的关注，以及对学术思想、理论讨论的平等与自由的推崇，同时，鼓励学术见解的多样性[3]。创刊号内页共 80 页，小 16 开黑白印刷，8 版彩页。《时代建筑》第一任主编为罗小未，副主编为王绍周，参与杂志工作的主要编辑成员有来增祥、吴光祖等老师，直接参与工作的还有许多建筑系的其他老师。

《时代建筑》创刊阶段条件异常艰难，面临经费短缺、经验不足、信息资源空白的种种困境，处在摸索、不定期出刊的阶段。在随后的 4 年中，杂志从每年 1 期到每年两期，然后到 1988 年的 3 期，共出刊 9 期，为日后的正常办刊打下了坚实的基础。在这期间，吴克宁、徐洁、支文军陆续加盟专职编辑的行列，形成了稳定的编辑队伍。值得一提的是，1986 年在时任系主任戴复东的推动下，翁致祥等建筑系老师还为《时代建筑》英文版努力过一段时间，但由于各方条件不成熟，最终未能如愿。《时代建筑》从 1986 年起成立了第一届顾问委员会（11 人）和编辑委员会（28 人）。从 1988 年第 3 期（总第 9 期）起，华东建筑设计院与上海市民用建筑设计院成为联合主办单位，为杂志的发展起到了积极的促进作用[4]。

此时的《时代建筑》积极推动建筑界的交流与学术讨论，1985 年 5 月 31 日至 6 月 1 日在同济大学召开了由《时代建筑》主办的"上海市建筑创作实践与理论畅谈会"，时任上海市副市长的倪天增、各大设计院院长总工和一大批中青年建筑工作者交流了建筑创作实践中的经验与理论方面的探索，为促进上海的建筑学术和繁荣创作起到了积极的作用。会议成果部分发表在 1986 年杂志上（总第 3 期）[5]。

2. 渐变改良阶段（1989—1999 年）

经过 4 年的办刊摸索过程，《时代建筑》于 1989 年开始固定出版日期[6]，以每年 4 期的频率正规出版，邮局发行，但每期的容量降为 64 页。1994 年《时代建筑》装帧形式有所改变，出现了书脊。1995 年第一次扩版（从小 16 开本改为国际流行大 16 开本），彩页数量从 4 页到 16 页逐步有所增加。1991 年，《时代建筑》编辑部举办"建筑的文化与技术"优秀论文竞赛，《建筑的文化与技术》论文集一书在 1993 年公开出版。

这一时期的中国建筑业迅猛发展，是建筑创作走向成熟的时期。随着上海浦东的开发，上海的城市建设日新月异，促使上海的建筑创作日趋活跃。《时代建筑》基于上

---

2. 同济大学建筑系，《时代建筑》编辑部，时代建筑，1984（1）：目录。
3.《时代建筑》第一届顾问委员会成员（11 人）：方鉴泉、冯纪忠、陈植、陈从周、吴景祥、汪定曾、金经昌、倪天增、钱学中、黄家骅、谭垣。
4. 第一届编辑委员会（28 人）：王吉螽、王绍周、刘云、刘佐鸿、庄涛声、邢同和、李德华、沈恭、吴庐生、李玫、来增祥、陈翠芬、张乾源、张耀曾、张庭伟、罗小未、金大钧、洪碧荣、顾正、翁致祥、郭小苓、陶德华、章明、黄国新、黄富厢、董鉴泓、蔡镇钰、戴复东。
5. 同济大学建筑系，《时代建筑》编辑部，时代建筑，1988（3）：目录，主办者为：同济大学建筑城规学院、上海市民用建筑设计院、华东建筑设计院。
6. 上海市建筑创作实践与理论畅谈会，同济大学建筑系《时代建筑》编辑部，时代建筑，1986（1）：4-6.

海的发展，1999 年提出了新的办刊方向："重点浦东、立足上海、面向全国、放眼世界"，进一步凸显了上海的地域特征，但也出现了过分强调地区性的局限。

《时代建筑》登载的文章是随着学术界的关注面动态发展的，其内容涉及的层面日趋广泛与深入，开始更为关注建筑创作的深层次问题，诸如中西建筑文化与理论以及创作实践的比较研究等等，其对东西方理念冲突的关注以及对中国传统与现代的冲突的关注已经上升到较为理性的层面，杂志日趋走向建筑批评的层面[7]。

此阶段在编辑方式上的最大变化是组稿方式的变化，1998 年开始，杂志从原来以自由投稿为主的组稿方式向以"主题"优先的组稿方式转变，初次提出了编辑的思想性问题，这促使《时代建筑》有可能进入更为积极与主动的编辑状态。杂志内容也在充实信息量在增加，1999 年已是每期 104 页，其中彩页 16 页[8]。总的来说，虽然那两年的《时代建筑》的办刊宗旨、办刊特征、编辑思想均没有大变，但在局部的内容和形式上正在发生着变化，已处在循序渐进、良性发展的轨道之中。随着《时代建筑》编辑们的思想的逐步成熟、眼界的逐步开阔，《时代建筑》与整体社会发展现状的差异日趋明显，问题已越来越严重，《时代建筑》的改革已迫在眉睫。

编辑部在这个阶段吸收了多家建筑设计院和系担任杂志的联合主办、协办单位，它们为杂志的生成和发展作出了重要贡献。杂志创始人之一的王绍周常务主编，在 1993 年退休后继续在编辑部工作 3 年，直至 1996 年下半年离任，后有支文军接替担任执行主编并主持工作。

3. 突变发展阶段（2000—2001 年）

随着中国建筑业发展的日趋国际化，编辑们的视野在不断拓展，《时代建筑》也在逐步反思本身的局限性：一方面杂志思想性不够、缺乏国际眼光；另一方面杂志特征不明确；此外，杂志形式滞后、彩图和文章分离、印刷质量低劣、编辑技术落后等。

面对众多的问题，经过 1998 与 1999 两年的深思熟虑以及经济和技术条件的可能性，杂志 2000 年改版成为里程碑式的事件[9]，促使杂志向国际化水准迈进了一大步。具体来说，第一，调整杂志的定位，即《时代建筑》不仅仅是同济大学的杂志，也不仅仅是上海的杂志，而应是有世界影响的中国建筑杂志，把杂志的地域特征的内涵从"上海"扩展到"中国"。为此提出了"中国命题、世界眼光"的编辑视角和定位，强调"国际思维中的地域特征"。在新的定位指导下，杂志的主题、组稿内容均有了彻底的改变，强调"时代性"、"前瞻性"、"批判性"的特征。此外，超大、即时的信息量已成为《时代建筑》另一特色。第二，《时代建筑》版式上的彻底改变，全新版面设计、全刊彩色印刷、全新装帧印刷，

---

7. 1989—2001 年《时代建筑》为季刊，出版时期为每季度末月 18 日出版。
8. 1989—1999 年《时代建筑》文章体现了其学术关注的层面的深层次发展，列举如下：
沈朝晖，安藤忠雄建筑精神的源泉——禅宗哲学，时代建筑，1999（1）：92-94.
秦峰、黄夏，"大片"的启示——当代人的大众性与创作，时代建筑，1999（1）：95-99.
徐千里，超越思潮与流派——建筑批评模式的渗透与融合，时代建筑，1998（1）：56-58.
沈福煦，论建筑论文——"建筑理论的理论"之三，时代建筑，1998（1）：58-61.
9. 从 1999 年开始增加"简讯"栏目，报道国内外建筑最新消息。

树立杂志更为国际化的形象。第三，提升编辑技术与硬件设施水准。如在校外建立《时代建筑》工作室，以解决原编辑部空间窄小的问题；配备苹果电脑设备和专业制版技术员，彻底解决编辑技术落后问题；确立行之有效的编辑程序，以确保杂志的编辑质量；更换印刷厂以适应全彩印刷和装帧的要求。第四，开拓性地建立年轻人为主的兼职专栏主持人队伍，充分发挥学校人才济济的优势。同时，这一阶段杂志开始尝试市场化运作，使杂志更加贴近业界市场。

杂志也积极参与建筑学科的建设，为配合“全国高等学校建筑学学科指导委员会”的工作，促进建筑教育的发展，2001 年编辑部组织出版了《当代中国建筑教育》增刊一期。从 2000 年起，《时代建筑》被列入国家科技部“中国科技论文统计源”期刊。从 2001 年起支文军出任第二任主编，徐洁任副主编。

4. 深化成熟阶段（2002 年至今）

《时代建筑》2000 版的推出，迅速提升了杂志的质量，在中国建筑学界产生了积极的影响。然而面对全球化的压力，《时代建筑》如何具有“国际化品质”成为杂志进一步发展需思考的重大问题。在短短的两年后，编辑部又推出了 2002 版杂志，这是在经济全球化倾向冲击下，中国当代建筑杂志所作出的一个应答。如果说 2000 版《时代建筑》的定位是“国际思维中的地域特征”的话，那么，2002 版杂志追求的目标是“地域特征中的国际化品质”。首先，编辑部力邀平面设计师姜庆共先生为 2002 版重新设计了封面、标识及全套版式，并以超宽的版面尺寸印刷，在杂志视觉形象上完全达到国际水准，获得了极大成功；其次，2002 年起《时代建筑》从季刊改为双月刊，缩短了出刊的周期，增强了时效性；第三，杂志主题的选定及内容的策划，充分体现了中国本土的特征，特别是杂志每期有效容量的大幅增加（2002 版平均每期 144 页，是 2000 版的 2.3 倍），为深度报道提供了可能。第四，《时代建筑》从 2003 年起主题文章主要内容采用中英文双语出版，虽然英文还存在诸多问题，但这是走向国际化重要的一步。这时期彭怒博士加盟杂志编辑部，不仅弥补了王绍周、吴克宁退休以后的空缺，也为杂志增添了新鲜血液。

思考与特征

《时代建筑》积累了 20 年的经验，杂志的思想性和特征逐渐显现出来。其实它们一直是我们所思考和追究的东西，贯穿在办刊的方方面面和每时每刻之中。

1. 国际思维中的地域特征

随着中国经济的高速发展，城乡建设日新月异，但中国的建筑发展也存在众多问题，有待建筑界不断反省、总结与提高。《时代建筑》侧重于关注中国地域的问题，每期的主题都以“中国命题”为切入点。同时，我们也注重用世界的眼光来探索中国命题，强调国际思维中的地域特征，以超越自我的视角来剖析自己。

2. 地域特征中的国际化品质

《时代建筑》以“中国建筑”的地域特征为荣，以此为契机走向国际建筑界，目标是创建以中国建筑为特征的具有国际水平的杂志。《时代建筑》的国际化品质体现在四个方面的目标：一是《时代建筑》的内容和学术水准是国际水平的，即每期主题内容既充分体现世界建筑发展动向，又深刻洞察当代中国建筑的本质，它所展示的学术成果应是对世界建筑界的一种重要贡献；二是《时代建筑》的形式、技术和资源是国际水平的。《时代建筑》以高品位的装帧版式、国际化的制作印刷技术、一手的资源和中英文双语文字，保证国内外最精彩的内容以国际化水准的形式和方法在杂志上得以充分表达。《时代建筑》力求成为国际建筑界了解中国建筑的窗口，也是中国建筑走向世界的平台，是连接国内外建筑信息流的通道；三是《时代建筑》的编委会组成和作者是国际化的；四是《时代建筑》的发行力求国际化。

3. 时代性、前瞻性与批判性

在“中国命题、世界眼光”的编辑定位下，杂志每期选定一个主题，以主题优先的原则进行编辑组稿。结合中国建筑发展的总体状况和存在问题，近年来《时代建筑》选定的部分主题有“当代中国实验性建筑”、“当代中国建筑设计事务所”、“建筑再利用”、“中国当代建筑教育”、“新校园建筑”、“北京、上海、广州”、“小城镇规划与建筑”、“个性化居住”、“辉煌与迷狂：北京新建筑”、“从工作室到事务所”、“室内与空间”、“中国大型建筑设计院”等，围绕主题组织发表了一大批高质量的学术论文和优秀作品，以近100页的篇幅在深度、广度和力度上对主题内容进行全面的学术探讨，凸现杂志“时代性”、“前瞻性”、“批判性”的办刊特色。

4. 编辑思想性

编辑人员的思想性很大程度决定着杂志的思想性。编辑们必须了解中国建筑的发展现状和特色，关注学术进步，同时也应敏感于世界建筑发展动态。这样才能赋予杂志思想性，才能使杂志观点鲜明、特征明确，不仅充分反映各阶段建筑发展之现实，而且走在时代前沿，起到前瞻引导性作用。《时代建筑》近年来选定的主题应是编辑思想性最充分的体现。

5. 积极编辑

编辑的思想性需要积极编辑的工作态度。我们改进了以往被动的、以自由投稿编辑成册那种缺乏思想性的编辑模式。主题优先的编辑模式要求编辑围绕“主题”在世界范围内组稿，高瞻远瞩的策划、积极的组稿、不厌其烦的联络以及精益求精的编辑工作，每一过程都需要积极编辑的态度作为保证。当编辑完成组稿并选定作者及其题目后，如何与作者沟通或在收到稿件后如何积极编辑，是编辑思想性又一次的深入体现。只有编辑对该期杂志有宏观的把握，又对该领域每篇专题文章有深刻的认识和恰到好处的判断力，才能做好稿件最后的编校、修改、加工工作。

6. 信息容量

随着刊期、页码数、版面尺寸的增多扩大，近6年来《时代建筑》有效版面容量每年以80%的比例增加，2003年度全年杂志容量已是1989年的5倍，刊载内容相应大幅增加。《时代建筑》也保持以每期14页的超大信息量版块，包含“今日建筑”、“简讯”、“学术动态”、“建筑网址”、“境外杂志导读”、“中外青年建筑师”、“热点书评”、“网上热点”等小栏目，全面反映国内外城市与建筑的信息。

7. 零时差

《时代建筑》在报道国内外最新的发展动态方面，努力做到以最快时间、第一手资料即时刊出。目前《时代建筑》的信息栏目基本已达到这一要求，新作介绍方面正在缩小时差。这需要建立行之有效的信息传递、收集和分析的系统，海外编辑应起到重要的作用。

8. 版式艺术性与读者趣味

版式风格其实也体现了一本杂志的思想性。编辑不一定从事平面设计，但要对版式风格有自己的理念，与平面设计师合作，最完美地体现建筑杂志艺术性的一面；同时如何更多照顾到读者的阅读趣味也是隐含在版式中的一种办刊思想。《时代建筑》继续以简约明快的版式风格、超宽版面尺寸、精美的全彩印刷和精致的装帧等形式美，保持高品位的版式和印刷装帧水准。

9. 编辑队伍

仅靠编辑部几位编辑的力量是办不好杂志的。为此，编辑部借助同济大学乃至上海市丰富人力资源的优势，吸引了一批既有一定的学术水准，又工作负责并乐意为杂志工作的兼职专栏主持人，在一方面解决编辑部人力不足的问题的同时，又起到汇聚大家智慧、扩大杂志对外联系网络的作用。而且，编辑队伍始终是开放性的，不断有新人更替加入。同时，编辑部也培养了一批新生的编辑力量。自从2000年《时代建筑》兼职专栏主持人队伍建立以来，他们的工作卓有成效，为杂志的发展作出了极大的贡献。

10. 国际交流

杂志在某种意义上讲就像建筑信息交流中心。《时代建筑》在促进国际间的学术交流上起到积极作用，接待过众多境外学者、教授、建筑师和媒介朋友，促成他们来上海和同济访问并做报告，如荷兰 Wiel Arets 教授、英国 Peter Cook 教授、日本安藤忠雄教授、瑞士 Mario Botta 教授等。杂志编辑多次应邀访问和考察法国、瑞士、澳大利亚、日本等国，并与德国建筑杂志 *Bauwelt* 和美国建筑杂志 *Architectural Record* 建立了良好的合作关系。

11. 杂志经营

经营好杂志是《时代建筑》稳定发展的基础，市场化、专业化运作是经营好杂志的保障。在此前提下，编辑部近年把杂志广告业务和发行业务委托给专业公司总代理，取得显著成效。编辑部主要依托自身经营，加大杂志印制投入、建立工作室、购置设备、改善工作条件，建立起了良性循环的发展机制。

未来与发展

如何利用好杂志的品牌效应、积极拓展学术事业是我们思考的另一方面的问题。在全球化、新媒体和市场经济的大背景下，我们应以新的视野构筑发展空间。譬如在条件成熟时，《时代建筑》在双月刊的频率上每年可另出 1 ～ 2 期增刊；可设立“时代建筑奖”；可组织“时代建筑系列讲座”；可出版“时代建筑系列丛书”；可组织“时代建筑学术会议和展览”；可建立“时代建筑信息中心”；可建立“时代建筑书店”；可成立“时代建筑读者俱乐部”；可出版“时代建筑光盘版和网络版”；可组建“时代建筑摄影中心”；可建立“时代建筑研究中心”；可出版“时代建筑年鉴”等等。

《时代建筑》作为专业媒体，在我们这个媒体时代大有发展前途。然而，杂志作为传统媒体形式的一种，必将受到新媒体——网络媒体的冲击。在新媒体与旧媒体并存的时代，杂志既要发扬传统平面媒体的优势，又要开拓网络媒体的前景。具体地说，作为平面媒体，杂志应充分发挥深度报道的特点；而网络媒体应侧重可视性、即时性，提倡读者、作者和编者的直接沟通交流和互动。《时代建筑》在办好传统平面媒体的同时，将开始尝试网络媒体——电子版，日后向网络版和综合性网站发展。

附:《时代建筑》大事记

1. 1984 年 11 月,《时代建筑》创刊号出版。内页共 80 页,小 16 开黑白印刷,8 版彩页,定价 0.80 元。主要编辑有王绍周、来增祥、吴光祖,封面由吴长福、周伟忠、宝志方设计。王绍周负责编辑部工作。

2. 1985 年 5 月 31 日至 6 月 1 日在同济大学召开了由《时代建筑》主办的“上海市建筑创作实践与理论畅谈会”。吴克宁、徐洁加盟编辑部。

3. 1986 年起成立了第一届顾问委员会(11 人)和编委会(28 人)。第一任主编罗小未、副主编王绍周，来增祥、张庭伟、金大均为常务编委。支文军加入编辑队伍。

4. 1988 年第 3 期（总第 9 期），华东建筑设计院与上海市民用建筑设计院成为联合主办单位。组成第二届编委会，由罗小未担任主任，洪碧荣和项祖荃为副主任，任家明、来增祥、张皆正、张庭伟、金大均为常务编委。

5. 1989 年,《时代建筑》开始固定出版日期，以每年 4 期的频率正规出版，邮局发行，每期 64 页。

6. 1991 年,《时代建筑》编辑部举办“建筑的文化与技术”优秀论文竞赛。评出二等奖 4 名、三等奖 6 名、鼓励奖 10 名、提名奖 10 名。主要获奖论文在 1992/2 期上发表,《建筑的文化与技术》论文集一书在 1993 年公开出版。冯振荣替代任家明任常务编委。

7. 1992 年《时代建筑》荣获“首届上海市优秀科技期刊”一等奖、“首届全国优秀科技期刊”三等奖。

8. 1994 年，增添同济大学建筑设计研究院和上海市建筑学会为杂志联合主办单位。

9. 1995 年,《时代建筑》第一次扩版（从小 16 开本改为国际流行大 16 开本）。

10. 1996 年,《时代建筑》荣获“第二届上海市优秀科技期刊”一等奖、“第二届全国优秀科技期刊”三等奖。1996/3 期组成第三届编委会，罗小未担任主任，刘云、洪碧荣和项祖荃为副主任，冯振荣、伍江、张皆正、沈福煦为常务编委。王绍周退休离任，支文军担任执行主编并主持工作。

图 1 《时代建筑》杂志封面

图 2 和支文军老师一起讨论稿件

11. 1998 年，杂志从原来以自由投稿为主的组稿方式向以“主题”优先的组稿方式转变。香港大学建筑系参与了一年半的杂志联合主办。

12. 1999 年，2000 版杂志版面设计，是由同济大学工业设计系高年级学生在老师的指导下通过竞赛选出的方案的基础上定稿的。指导老师吴国欣，获奖学生张治、周忆垚、汤懿。在 2002 年，2001/2 期荣获“首届上海市期刊装帧设计评选”封面一等奖、内页二等奖。

13. 2000 年，《时代建筑》2000 版出版，是杂志发展里程碑式的事件，提出了“中国命题、世界眼光”的编辑视角和定位。

14. 2000 年，杂志建立工作室，组成兼职专栏主持人队伍。支文军、徐洁受邀访问法国。

15. 从 2000 年起，《时代建筑》被列入国家科技部“中国科技论文统计源”期刊。

16. 2000 年，《时代建筑》组成第四届编委会，罗小未担任主任，洪碧荣和项祖荃为副主任，伍江、吴志强、茅红年、唐玉恩为常务编委。

17. 2001 年，编辑部组织出版了“当代中国建筑教育”增刊一期。从 2001/3 期起支文军出任第二任主编。

18. 2002 年，《时代建筑》改版，杂志追求的目标是“地域特征中的国际化品质”。编辑部力邀平面设计师姜庆共先生为 2002 版重新设计了封面、标识及全套版式，并以超宽的版面尺寸印刷，在杂志视觉形象上完全达到国际水准，获得了极大成功；

19. 2002 年起《时代建筑》从季刊改为双月刊，缩短了出刊的周期，增强了时效性。彭怒加盟杂志编辑部。支文军受邀出席澳大利亚“国际建筑杂志研讨会”。从 2002/2 期起沈迪、唐玉恩续任编委会副主任，金峻为常务编委。

20. 2003 年起《时代建筑》主题文章主要内容采用中英文双语出版。编辑部组团一行 6 人赴德国考察组稿。

21. 2004 年《时代建筑》每期页码增至 140 页。

（本文原载于《时代建筑》，2004 年第 2 期，第二作者：支文军）

一份被遗忘了的报告——对采用玻璃幕墙要慎用

1979年上海改革开放初期，我接到来自上海市府某办公楼一封关于询问关于采用玻璃幕墙的信件。我随即按要求写了一个报告寄去。几天之后我收到回信得知报告被马上按语后即分送到各有关单位。

18年后，1977年朋友杨永生先生得知此事后向北京的《建筑报》推荐并发表了此事；翌年又将这些文件收入由他主编的《建筑百家言》中。并两次均写上按语。现将此事的来龙去脉再版如下。

事　由

罗小未同志：

在利用侨外资建造旅游旅馆的谈判中，有外商提出采用双层热线反射玻璃幕墙，能使总传热系数U值小于0.06，达到节省空调节约能源的效果（无保温的砖墙U值约等于0.3）。

对于这个问题，有不同的看法。特此函达征求意见，恳望复信谈谈你所了解的情况。

此致

敬礼

上海市侨外资建造旅游旅馆

办公室（公章）

一九七九年八月四日

报　告

上海市侨外资建造旅游旅馆办公室：

您室于 8 月 4 日来信已收到，因正值我校暑假期间，信被耽搁了，至今才回，非常抱歉。

关于所询采用双层反射玻璃幕墙能否使 U 值小于 0.06 以达到节约能源效果的问题，我对这方面没有进行过特殊研究，现只能将我所知及浅见提出，以供参考。

1. 双层反射玻璃幕墙 U 值现在是否可低到 0.06 我不知道。据我所知在 1975 年的资料上，双层玻璃幕墙如其一是反射玻璃，另一为吸热玻璃其 U 值为 0.5 左右，如两者均为反射玻璃其 U 值约为 0.20 左右（一般来说其内层没有必要采用反射玻璃，因反射玻璃的特效在于能够反射附在阳光中的热能）。上述数字为广告数字。

广告数字是从实验室中来的，故好听点只能称之为实验室数字。它与实际使用中所出现的数字常有差距，在玻璃幕墙中其差区之大常有 1.5 ～ 4 倍之别。原因是：

（1）玻璃幕墙的隔热性能主要看三方面：辐射，传导与对流。在谈到反射玻璃时，人们往往只强调它的辐射性能。固然辐射是上面三方面最主要的部分，可占全部热量的 2/3 左右。但是在实际使用中，如幕墙在持久的曝晒下，反射玻璃由于散热较其他玻璃慢。尽管它的反射能力大，但热的累积使它不可避免地成为一个热源。在这个时候，它的传导会随着持续的暴晒世界之长而增加，有时会比普通玻璃 30%，这样它从反射得来的效果就会被淹没不少。

（2）玻璃幕墙在实际使用中常会有结露问题，这就降低了它的隔热性能。

2. 据我所知（也是 1975 年左右的资料）U=0.03 是普通的空心砖墙，如加上现代化的保温层可降低到 0.10 左右，即比当时的双层玻璃幕墙好。在玻璃广告中常以砖墙的 U=0.30 作为比较数字，是想要产生对比中的戏剧性效果。事实上 U=0.30 的空心砖墙在造价上不用说以之同双层玻璃幕墙来比较，即使用单层反射玻璃幕墙来比较也是差距甚大的。两种东西根本不在一个级别上无从比较。要比就应把造价相仿，和在现代化技术程度上相仿的东西来比。

3. 尽管我们翻开杂志来看反射玻璃幕墙在国外好像遍目皆是。其实把其建造数量同相同级别的高级建筑来比较，比重并不大（在美国好像只占 1 /3 左右，但不确切）。双层反射玻璃幕墙则用得更少。原因是价钱昂贵，且有许多技术问题尚未得到解决。

关于价钱不仅看幕墙的出厂单价，还要看他的运输与安装。双层玻璃幕墙由于自重大，不仅前者费用高，后者也高。

4. 关于技术问题经过十多年的实践，越来越暴露出许多问题，有些问题还是最近才发现的。

（1）玻璃幕墙在日晒两淋下而产生的伸缩变形以至扭曲是现今一个大问题。因为由幕墙的变形扭曲而形成的漏气所造成的热损失与由之而引起的空调与能源浪费，现今已证明不知要比由 U 值效能的提高所节约下来的大多少倍。

图 1　汉考克大厦

（2）现今已证明幕墙的扭曲变形主要是由日晒引起的。由于建筑的方位是固定的,这种变形与扭曲年复一年，月复一月，日复一日地总是朝着一个方向发展。其力量之大可以影响结构，以至造成结构上的扭曲，果真如此，不用说漏风漏气现象更为严重，其对结构的影响也不能忽视。

（3）在玻璃幕墙中，玻璃与幕墙的框架在连接上需要特殊设备。因此幕墙不论大小，都是整块整块地预制出厂的。也因如此，幕墙中只要一块玻璃碎了，就要整块幕墙更换。这个问题在双层玻璃幕墙中尤其如此。而玻璃幕墙至今标准化品种很少，一般高级建筑都是定制的（因幕墙建筑的外貌主要由幕墙形成的，人们不喜欢自己的高级建筑与别人的建筑相似）。这就意味着每幢玻璃幕墙建筑在建造好后必需预先贮藏好一定数量的供日后更换用的幕墙。如果这幢建筑形式是特殊的话（有些圆角、棱角……）则还要为不同形式的各种尺寸做好准备。否则以后是很难再得到的。

5. 上述情况在波士顿的 HANCOCK 大楼就充分暴露了。大楼（贝聿铭建筑师事务所设计）原先采用的是双层反射玻璃幕墙。它于 1973 年将要竣工时，幕墙玻璃陆续出现破碎跌落现象。最后经过一次大风总共破了 3000 余块（整幢建筑共为一万余块）。当时曾想过只要把破损了的再换上的就是了，但后来由于各种原因最后是把全幢房屋的一万多块全部披上单层的反射玻璃。这一调换在 73 年用了 700 余万美元。报纸对原来的双层玻璃的评语说得很有趣：“要不是玻璃厂商游说人的坚持，（大楼）本来就不该采用那种自重重的，所谓隔热的东西”。

这种情况并非只出现在波士顿的 HANCOCK 大楼中，芝加哥也有一起，只是情况没有这么厉害就是了。最近香港康乐大厦的幕墙也发现了毛病（用了十多年后），您们可去了解是什么原因。

6. 玻璃幕墙的反射固然是美，但也引起了不少问题。例如由于处于交通繁忙的道路旁或十字路口上的玻璃幕墙对交通情况与红绿灯的反射而引起事故；又如由于幕墙把自己墙面所受到的日照反射到对面的建筑上，增加了别人的空调开支而引起诉讼赔偿等等，都是新问题。

还有一个问题是全玻璃幕墙至今只有美国用得最多，欧洲的先进工业国仍是不多的。这是什么原因，似值得思考一下。看来，采用玻璃幕墙应该慎重。

我的话完了，仅供参考，此致

敬礼

同济大学建筑系
罗小未
8 月 18 日

（本文原载于杨永生主编，《建筑百家言》，中国建筑工业出版社，1998 年 9 月）

《工业设计史》序

在文明史的第一章长河中，人类在近200年里所取得的物质成就是最为惊人的，这些成就在改变人类自身的生存状态和生活方式上的作用又是最为显著的。这种改变伴随了人类一项新型物质创造活动的形成，同时也酝酿了人类20世纪一门崭新学科的诞生，这就是“工业设计”。

工业设计的定义和范围

设计的概念已有很长的历史。它的基本内容是以一定的物质手段创造具有实用价值的物品的计划和构想。可以说，人类的设计活动从其祖先学会制作工具时就开始了，它几乎与人类的生活史同样渊长。工业设计则是指人类在大工业生产方式中实用品的创造活动，它的根本任务是为工业化批量生产的产品的功能、材料、结构、构造、工艺、形态、色彩、表面处理以及装饰等诸因素从技术的、经济的、社会的和文化的各种角度做综合研究、处理和创造，以确定一种能满足人类现代或将来生活需求的物质形式。很显然，作为一门学科，工业设计集中体现了当今新型学科的综合性特征，它是科技、艺术、经济、社会诸因素的有机结合，涉及应用物理、工艺学、材料科学、数学、价值工程学、系统工程学、销售学、生理学、心理学、人体工程学、环境行为学、管理学、环境生态学、美学、社会学以及历史文化研究等多种学科。

工业设计牵涉的范围极其广泛，几乎涉及每一种现代生活的使用工具，渗透到当代物质生活的每一个角落。用著名工业设计师雷蒙德·洛威的一句话来说，工业设计是“从一支口红到一艘轮船”无所不包。非但如此，工业设计还在前所未有的新领域中不断拓展空间，工业设计发展所呈现着的，不仅是传统产品的不断更新，还是众多新概念产品的层出不穷。因此，对于工业设计涉及的范围做严格的限定是困难的，对这几乎包罗万象的活动的分类也是说法不一。大致来讲，对于现代生活中具有一种或多种功能的、并可独立为人使用的、主要由机器制造的产品设计（Product Design）都可纳入工业设计，它包含了对产品的设计条件、产品的形成以及产品所产生的影响和作用的全面研究和控制。就不同的环境和用途而言，工业设计可分为家庭用品、公共服务设施、生产和医疗器械以及科研和军事器械等不同门类；也有一种较普遍的观念，即把工业革命以来的新技术产品归入工业设计的范畴。事实上，要在众多产品类型中作严格区分是不可能的，也是不明智的。现在，以广告、包装和标志等设计为主要内容的视觉传达（Visual Communication）又形成一个相对独立的设计领域，而为各种人工场所建立秩序、倾注活力的环境设计（Environmental Design）也已独立出来。显然，这两个方面是与产品设计密切相关的；视觉传达是介绍、推广产品的辅助设计，起到宣传产品、开发市场的作用，而环境设计则是对形成特定场所的产品产生协调和控制作用。从这一点来说，视觉传达与环境设计也是工业设计的组成部分。

工业设计的历史并不渊长，它是人类跨入工业文明后逐步形成的，近代西方工业革命带来的机械化大生产和劳动分工是导致其产生的根本原因。工业设计成为一门独立学科已是本世纪初的事情了，30年代起，工业设计（Industrial Design）一词首先在美国开始普遍使用，而直到1957年世界工业设计协会联合会的成立，工业设计才真正有了相对公认的定义。不过，就在这短短的两个世纪里，工业设计为人类生活带来的一切事实，已把手工业时代的世界远远抛在了后面。

工业设计的基本内涵

功能、技术与美学构成了人类实用品创造的最基本要素，工业设计的基本要素也就由此构成。然而，工业设计又标志着人类设计活动步入一个新的时期、迈向一个新的高度，因此，它又包含了比以往任何历史时期更丰富的特殊的内涵。

工业设计的物质基础是现代科学技术。工业设计首先是在大工业的基础上成长的，它要求产品用现代化的生产方式，即要符合机械化、批量化、标准化和系统化的生产技术特征。不仅如此，由于科学技术正沿着自身轨道迅猛发展，从瓦特蒸汽机的发明到如今电脑技术的突飞猛进都清楚地表明，现代人类对科学技术的探索热情永无止境，这些不断涌现的成就总是试图对人类自身生存行为产生影响，而工业设计更重要的使命是寻找各种更合理、更巧妙以及更符合人性的方式，使那些新技术真正转变成为人类的生产实践和日常生活服务的物质产品。因此，工业设计是现代社会中连接人与技术的桥梁。

工业设计在为现代人创造更加优质的物质生活，它在使任何一种实用品如何达到更安全、合理和有效的使用功能上所达到的科学和精深的水平是以往不可想象的。更有意义的是，工业设计走出的每一步，又始终与现代人的生活方式产生对话。交通工具的发达对人类生活的冲击是最大的，它几乎完全改变了人们的时空观念和生活方式，譬如汽车的普及使得不少人形成了一种城市工作——郊区居住的日常生活空间。电视机的出现可以说引起了一场家庭生活的革命，即电视机进入家庭后起到了代替传统家庭壁炉的作用而成为聚集家庭成员的新的中心。当80年代初利用微电子技术制造的微型电视机投入使用后，一种新的娱乐方式随之形成了，这与风靡世界的日本新力公司（Sony）

首创的“随身听”（Walkman）一样，像一种类似复杂的玩具，提供了个人娱乐的方式。因此，工业设计既是满足功能需要的过程，而从本质来看，更是一种创造生活方式的过程。

工业设计的每一项实践又无不渗透了美的创造。一件产品技术先进、功能合理却不能包含作为一件优秀设计的所有价值判断。对待实用品，人类从未放弃过超越功利性的艺术追求；工业设计的创造过程更是如此。在近代以来，即使是再先进的发明产品，人们也从未对其刚刚诞生时那种技术所决定的形象表示满意，而寻找再优雅形式的改进设计却始终进行着。不仅如此，工业设计还联系着现代社会广泛群体的一系列价值观念，产品往往成为表征某种生活方式的象征，并包含着联系人们情感的种种含义。80年代初，当英国电话通讯部（British Telecommunication）欲将街头传统的红色电话亭改为一种全新的现代形式时，却引起了一些民众的强烈抗议。他们全然不顾新的设计在使用上更加先进，而只为失去一种久已熟悉且已成为强烈标志的形象感到惋惜。因此，美的创造是至关重要的，并且是复杂的，也是一个时代价值观念的综合表现。而工业设计最突出的特征，就是要在职业者和大众之间、个体和群体之间做出平衡和抉择。

工业设计的存在方式

在机械化生产不断普及以后，制造业从当初原始的、简单的、而且是默默无闻的后台，站到了涉及产品的需求、制造和销售等支配人类生活重要领域的显赫地位，作为劳动分工而产生的工业设计自然成为连接产品需求与制造的中间环节。随着工业规模的不断扩大，市场竞争越来越成为制造业获取经济优势的必然途径，工业设计在其中的作用也因此日益重要起来。可以说，在现代社会中，工业设计是在联系企业利益和市场需求之中建立起了稳固的存在方式。如今的一些著名企业如美国的IBM，日本的SONY，松下等等，都是依据其特有的优质产品树立了世界贸易市场的重要地位，而这其中，工业设计的作用是毫无疑问的。竞争刺激设计的发展，设计又刺激了消费市场，工业设计在此环境中生存，而其真正的意义却是在这过程中不断地为产品与技术、产品与人和产品与社会之间建立起和谐的关系。

工业设计的发展历程

在人类历史的长河中，几乎没有什么可与工业文明所带来的物质文化的进步相比拟，而这些进步的许多方面都是与工业设计联系在一起的。从另一个方面来看，虽然这些进步主要来自率先进入工业文明的发达资本主义国家，但随着人类交流的日益频繁，这些成果越来越成为由更多国家和民族共享的世界财富了。

本书试图通过工业设计的产生和发展历史来展现近代以来人类在物质生活领域所取得的成就。从而认识工业设计在影响现代生活方式的形成中所产生的重要作用，揭示工业设计作为一种当代文化形式的种种特征，并引发出现代人在通过设计以不断改变着

自身生存方式的过程中所应具有的种种思考。

本书所介绍的历史大致是以 19 世纪初叶以来欧洲、美国以及本世纪第二次世界大战以后至今日本的一系列较有影响的工业设计活动为主要线索，详尽阐述了工业设计作为一门独立学科的阐述和发展过程以及与其相关的历史背景和文化特征，重点关注于设计观念的种种演变。整篇历史的描述分为三个主要时期：第一，从 19 世纪中叶至 20 世纪初，是工业设计的萌芽时期；第二，从 20 世纪初至 20 世纪 40 年代，属工业时代的成长期，工业设计无论在理论、实践还是教育上都已初步形成了体系；第三，从 50 年代至今，是工业设计的发展与繁荣期，设计思想领域和设计活动都异常活跃，并形成一种技术与文化紧密结合的多元化的面貌。

（本文原载于《工业设计史》，田园城市文化事业有限公司，1997；第一作者：卢永毅）

和学生伍江（左）、支文军（中）、李涛（右）

和学生刘珽（下左）、梁允翔（上左）、邹晖（上右）、朱平（下右）

和中东学生 Ali Soomro

1993 年和陈植先生（下）

1996 年 3 月在全国政协八次会议中代表民盟中央作大会发言

1998 年获美国建筑师学会荣誉资深会员（Hon. FAIA）的颁奖仪式上。图左为学会学院院长，右为学会主席

1998 年与张钦楠先生（中）获美国建筑师学会荣誉资深会员（Hon. FAIA）的颁奖仪式上

1990 年代参与国际竞赛项目评审时与夏邦杰先生交流

1999 年参加建国 50 周年上海精典建筑评选（从左至右：秦佑国、蔡镇钰、李祖原、罗小未、何镜堂、郑时龄）

罗小未与李德华先生（1999 年）

罗小未与李德华先生（1990 年代）

城市文化与遗产保护

上海建筑风格与上海文化

任何时间与地区的建筑都有它自己的风格。上海建筑也不例外。所谓风格并不等于建筑形式，而是比形式含义更深更广的建筑创作个性、品格与建造特点。建筑作为一种人为产品，是人为了自己的生活、生存和生活理想而创造的环境，它的风格必然渗透着当时、当地的文化特征。建筑形式不过是这种文化特征在建筑领域中外化了的表现。

最近几年我国建筑评论界除了探讨中国的社会主义建筑风格之外，还在探讨各个地方的建筑特征，提出了“京派”、“海派”与“粤派”等等名词，并把它们进行比较[1]。我国地大物博，一个省份比欧洲一个国家的面积还要大，外加各地的历史发展极不平衡，自然条件与风俗习惯也迥然各异。探讨各地的建筑风格，对提高建筑理论修养与繁荣建筑创作是十分有利的。其实我们每天的创作都是在有意无意之中受到某些文化模式的影响或支配。这些模式不仅来自今天，还带有明显的历史烙印；不仅来自个体的行为选择，更主要来自社会集体在文化整合中的价值取向。正是这些选择与取向形成了各时各地的文化差异，而选择与取向自身，一方面既是文化模式的继承，同时又随着当时当地不断变化着的经济、政治、社会交往等等方式而发展变化。因此，认识它们的外在特征，追究其深层根源，破译它们的文化内涵，会使我们的创作在扬长避短、去粗取精中由不自觉而转为自觉。

上海建筑究竟有没有它自己的风格？既然在国画上有以任伯年、吴昌硕等为代表的“海上画派”；在戏曲上有以周信芳、盖叫天为代表的“南派”京剧，还有以机关布景作为特招的“海派”京剧；在文学上既是革命文学如创造社、太阳社、朝花社、左联、文总等的根据地，又是鸳鸯蝴蝶派周瘦鹃、包天笑等的活跃场所，还是进步的“亭子间文学”[2]的摇篮。此外，在政治上，上海既是“冒险家的乐园”，中外巨富纸醉金迷、穷

1. 曾昭奋《建筑评论的思考与期待——兼及“京派”、“广派”、“海派”》，载《建筑师》第17期。
曾昭奋《关于繁荣建筑创作的思考》，载《时代建筑》1989年第2期。

2. 亭子间是上海里弄房屋中一间条件较差的居室，位于两楼层半楼梯的拐弯处，面积较小，一般朝北，下面是厨房，上面是晒台，故冬冷夏热。由于亭子间房租较低，新中国成立前不少穷文人与艺人只能租借亭子间而居。他们在亭子间里写作也写亭子间——他们的写作环境——故称“亭子间文学”。鲁迅在他的作品中也写过亭子间。参考注8。

图1　老上海

奢极欲的“十里洋场”，又是晚清同光改革（洋务运动）和维新运动最见成效的地方（图1）；另一方面，1921年中国共产党在上海诞生，1926年中国第一次工人武装起义开端于此，并且在白色恐怖笼罩我国时，中国共产党中央委员会竟设于上海长达十年之久。在经济上，上海是我国现代化工业的发祥地，是“蚂蚁啃骨头”的“弄堂工厂”发迹之处。现在还有多少人记得今日堂堂的上钢八厂原先是由普陀区几个邻近的钢铁工场组成的，它的厂长室直到五十年代中期还不过是一间处在一幢改装过的弄堂房子内转弯抹角处的阁楼？建筑既然是一种多元的文化现象，上海建筑肯定有自己的风格。

初次到上海的人，无论是对建筑艺术有所研究或平素不关心者，都会被外滩建筑的异国风韵、端庄巍峨所吸引。这里曾是旧上海租界时期帝国主义设在远东的金融中心。建筑样式绝大多数是较为正宗的西方复古主义与折衷主义。其中如所谓新古典主义式的原汇丰银行大楼、华俄道胜银行大楼。具有古典复兴式门廊的上海海关大楼，所谓哥特复兴式的原中国通商银行大楼，既属新古典主义又属折衷主义式的原上海总会大楼，所谓折衷主义式的字林西报大楼和所谓文艺复兴式的原汇中饭店，无一不是地道的常见于西方国家19世纪末20世纪初的官方建筑与大型企业公司建筑中的流行格式。此外，所谓装饰艺术派的沙逊大厦和中西与古今合璧的中国银行大楼，不仅说明了外滩在几十年的建设中不断地反映着当时的西方建筑时尚，也反映了上海租界时期作为东西方文化交汇点的文化特殊性。有趣的是，在离外滩不远的旧城区中却可以看到在风格上可谓不折不扣的建于开埠前的明清建筑。但它们不像“京派”建筑那么庄重严谨，也不像“粤派”建筑那么浮华花俏，而是自由而含蓄、朴实而玲珑。可见即使是传统建筑在不同的地方也会在大同中各具特色的。如果从旧城折回南京路则又是另一个世界，在那里一片现代城市商业中心的繁华景象，各种品类的商店、百货公司、“精品屋”琳琅满目，栉比鳞次。隔着立地的玻璃墙板可以看到里面光辉夺目、色彩斑斓，自动扶梯上熙熙攘攘，上下人群不绝。继而往西，又可以看到位于城市中心的大片绿地——人民公园（旧上海的跑马厅）——和公园对面不愧是30年代高层建筑杰出代表的国际饭店与典型的现代商业摩登式的大光明电影院。这两幢建筑堪称当时世界此类建筑的优秀作品。再向前走则是80年代的现代化商楼：由美国高层建筑设计权威波特曼设计的上海商城，新加坡在国际上知名的文华连锁酒店同上海锦江集团合资的上海锦沧文华酒店和50年代由苏联建筑师设计的带有俄罗斯古典主义风韵的上海展览馆（原称中苏友好大厦），虽然它们在总体上互不呼应、各自为政而不尽人意，但从单体设计上来说还是力求完美、各有千秋的。对建筑文化关心的人可能还会要求参观上海的旧里弄住宅。须知旧上海的石库门里弄却是上海建筑的代表与精华之一。它是我国传统的居住方式与西方城市房地产经营方式结合的产物。无论是建于 19 世纪末与 20 世纪初的旧式里弄或 30 年代与 40 年代发展起来的新式里弄，都反映了旧上海租界称为半殖民地的文化与生活特色。此外，处于中心城西南租界时期高级住宅区中形形色色、大大小小的英国式、西班牙式、德国式、荷兰式、意大利式、法国式、哥特式、现代式、中国式甚至是斯堪的纳维亚式的花园住宅，更是琳琅满目。这些住宅有的是中国建筑师设计的，有的是外国建筑师设计的，全部都由中国工匠施工，却无不惟妙惟肖。无怪上海有“万国建筑博览会”之称。但形成今日上海城市面貌的很大成分除了新中国成立后发展起来的处于中心城城郊的大型工业建筑外便是到处星罗棋布的大量职工住宅。尽管这些住宅的规模、水平与质量不一，但却灵敏地记录了上海解放以来四十余年中各个阶段在城市基本建设中所遇到的现实问题及其对策。这里有成功的经验，也有少数不那么成功甚至是失败的经验，但无论如何它们反映了上海作为全国住宅缺乏的重灾区在解决城市供住问题中所遇到的困难，和在拮据的投资与有限的土地中力求保证与提高生活质量而做出的努力、苦心与相当可观的成绩。

由此可见上海的建筑风格正如有些建筑评论家所指出的那样，既多样也兼容、敏感地反映时宜又认真地结合实际，既讲求实效也富于创造性，并反映了对环境与生活的理解与关心[3]。这些特点正是上海城市面貌的魅力所在。

这些特点从何而来？有人说这由于上海是中西文化交汇点所致。这种说法似乎有理，因为它说明了“上海文化”并非本地文化而是一种复合的多元文化，但是没有说明这种复合早在西方列强入侵之前就有了。即上海作为一个水路发达的沿海城市，早在被辟为商埠前便已综合了来自内地各地的文化。因而我认为还有一种说法，即上海文化是一种边缘文化似乎更道出了它的深层内涵[4]。其层既深其覆盖面就较广，以至可以追溯到资本主义文化入侵之前。

上海在 11 世纪时还是一个无名渔村。假如不是东江在 13 世纪时改道形成了黄浦江[5]，很难说会有什么“上海”。以后随着黄浦江的形成，上海成为联系附近几个“鱼米之乡”的首府——苏州府、松江府、嘉定府和南通府的手工业与商业中心，又是沿长江内地城市同沿海城市交往的必经之地。当时各地“商人云集，海舶辐辏”（图 2）；但尽管如此，上海从来没有做过政治中心。指出这点是要说明作为官方文化代表的儒家文化

3. 见注 2。
4. 盛邦和《论“海派”文化的“边缘文化”特征及其历史作用》。载《断裂与继承》，上海人民出版社出版，1987 年 11 月。
5. 东江原为处于上海南部的一条大江，由太湖东流至淀山湖、柳湖后，向南流经今金山出海。唐宋以后江口污泥阻塞，几经疏凿，仍不畅通。后经过整治，东江一再改道，乃至借道原流经今日上海旧城区的一条称为上海浦的泄水道，向北流入淞江（后改名吴淞江，今称苏州河）逐渐演变成今日的黄浦江。今日的黄浦江水系是明初以后 15 世纪才形成的。

图 2　外滩 20 世纪 30 年代景象

对上海的影响比对其他城市为少，亦即上海处于儒家文化的边缘。所谓边缘，即受其影响而不受其限制。因而上海在接受被儒家文化所轻视的民族商业资本文化和后来的西方资本主义文化中，其抗拒力较其他城市为小。另一方面，当西方列强把上海作为控制中国的经济据点时，上海又处在另外一种文化——东方与西方文化的边缘。这就使上海具有了可以在多种文化的并存与展示中进行比较、选择以及综合的可能性。眼光开阔了，思想也就比较开放了。此外，当一个事物处在两种或两种以上势力的边缘时，就如处在夹缝之中。不同势力的撞击与冲突既可使它由于运时巧遇而左右逢源，同时也可使它由于受到夹击而死路一条。于是观察、比较、选择、综合与应变成为上海人生死浮沉的关键。常说上海人善观气息、精打细算、“门槛精”[6]，无论从好的方面或从坏的方面说可能也就由于此。

这种由边缘与夹缝形成的善于在多元中进行观察、比较、选择、综合与应变的文化与心态特色反映在上海建筑与同建筑有关的方面确实不少。据说中国共产党第一次代表大会的会址所以选在今兴业路、马当路转角处，固然由于房主李汉俊是建党时期的积极分子，也由于其地点处于当时法租界靠近华界的边缘。革命故事中有一则谈到当时法公董局闻讯出动警察来破坏时，与会同志最先撤到屋后的菜地上，继而撤到华界中去。这是因为旧上海的租界有如“国中之国”，如在一方出了事只要跨出边界走到另外一方便暂时没有事了。进步的力量是这样，反动的也是这样。如旧上海的赌场喜欢设在原爱多亚路（今延安东路）的南侧，就是因为这条路是英租界与法租界的分界线，路南属法租界，路北属英租界。把赌场设在南侧一方面钻了法租界平时在治安上比英租界松懈的空子，另外如法警出动搜捕，赌客只要马上穿越马路到对面英租界便可以了。也有些赌场喜设在越界筑路[7]上，原因也在此。“亭子间文学”确是上海的特产。其实“亭子间文学”的作者正如当时的革命与进步文学社团成员一样大多不是上海人，而是为了到大城市寻求出路或躲避内地白色恐怖、企图在上海这个在多种不同势力与文化撞击下的夹缝中求存的人。因此无论亭子间如何冬冷夏热，但在上海这个国际大都市中，各种不同文

6. 上海话，用以形容那些为了自己的利益而精打细算的人和事。

7. 租界当局把租界内的马路向华界伸延，用以扩大租界范围，由于先筑路后建设故称为“越界筑路”。

化的并存与展示，确实使人能身虽处斗室但有“推出窗去——是诗”[8]，是世界之感。“弄堂工厂”与“弄堂公馆”更说明了上海文化对结合实际、讲求实效的选择。“弄堂工厂”大多地处房租较便宜的租界边缘。厂长多为技术工人出身，自己动手还雇了几个学徒帮着做。原料多来自大厂的边角料与下脚货，但经过因材施用、精心设计与认真制作，其产品竟是市民的生活必需，并以小商品特色而在市场中占有一席之地。这里还反映了上海文化的另一个方面：技术，要靠技术吃饭的信念。“弄堂公馆”则更具特色。过去在你争我夺、鱼龙混杂的大上海中，要学会自我保护是十分必要的。有些富翁在为自己建造大公馆时不是堂而皇之把房子建在大街上，而是有意在基地沿马路的地方盖上里弄房屋出租给别人，自己的公馆则建在里弄的里端以避人耳目。这些公馆往往规模不小，布置也很讲究，但在外表样式与材料上却与外面的里弄房屋差不多。这种不求气派、讲究实惠的意识是上海文化所独有的。西方人不会如此，内地的地主乡绅也不会如此。因此要说上海建筑风格是结合实际、讲求实效并不过分。因为正是这样的文化为上海建筑奠定了扎实的风格基础。

至于建筑创作形式上的多样、兼容、适合时宜与富于创造性和对环境与生活的理解和尊重更是上海的特色了。在开埠前的建筑最能说明上海风格的可以说是上海老城区城隍庙旁的湖心亭（图 3）。

湖心亭及它周围的水池是始建于明朝的豫园中之一景。17 世纪中叶园主潘氏后裔衰落，园林荒弃，到 1760 年被当地人集资分割购买。当时出于商业利益，这部分被划在园子之外作为设摊贩与商店之用，湖心亭则以卖茶营利。从此，上海有了一个市民公共活动场所。人们在那里既可买东西、上庙会，又可品茶、聊天。19 世纪初当豫园为好几个同业公所（如豆米公所、布业公所、钱业公所）所分管时，湖心亭成为交换商业情报的中心，人们在此边品茶边谈生意。在风景优美的地方品茶是我国传统之雅，但把一个风景点划为谈生意经的地方却是上海人之俗（图 4）。正是这雅和俗的汇合体现了上海建筑的文化特色。

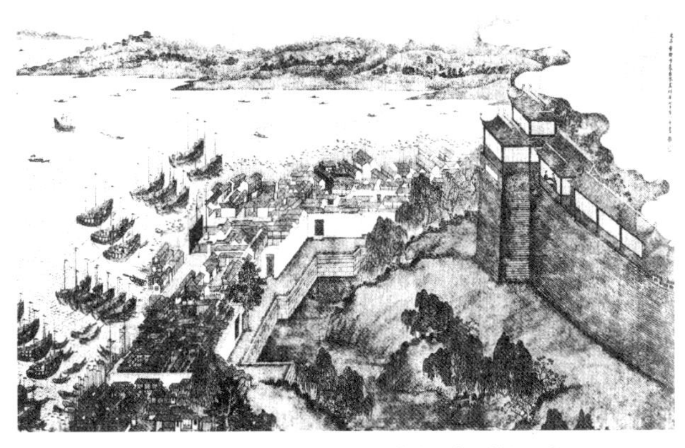

图 3　清康熙年间上海老城厢东门外十六铺黄浦江岸的繁忙景象

湖心亭造型上的潇洒开朗、活泼自由与手法上的朴实无华可谓全国之最

8. 黄宗江 1944 年在“卖艺人家、山城水巷”中说：“后来果就住在亭子间里了，并且命定的离不开它，就是搬家也是从一间亭子间，搬到另一间亭子间。没想到只是楼梯拐弯处的一间小屋，怎么看也不像亭子，夏天——屋子蒸热，冬日——屋子冰凉，不过偶尔也会有亭子的感觉。当你推开窗去，果真遇见了诗的时候”。转摘自 1989 年 4 月 25 日《新民晚报》。

图 4　清末上海足不出户的妇女用望远镜好奇地远眺城市

图 5　老城区城隍庙旁的湖心亭

图 6　原法租界西区某公寓住宅的沿街入口，20 世纪 20 年代

（图 5）。这样的建筑似乎只在如宋画《滕王阁》和《黄鹤楼图》中可以见到，但湖心亭较它们要活泼与朴素得多。它的平面对称近似丁字形，两翼呈多边形，里面空间既分又合，人们既可独占一隅凭窗品茶，又可窥视大厅中的熙熙攘攘和当中的说书人。特别是上面那由六个大小各异的尖锥形和短脊歇山形组成的屋顶，前后参差、高低错落，体态自然更是不凡。有趣的是这个里外呼应、浑然一体的湖心亭并不是一气呵成的，而是由原来一座两层方形亭子历经添建而成。这就不禁使人要问：是什么东西使不同时期的添建能如此和谐？这就是设计与施工匠人对到这里来的市民生活要求的尊重和理解。

19 世纪中叶上海被辟为商埠后逐渐以租界为中心发展成为东方最大的现代化城市。孙中山先生曾称赞上海租界的城市建设、市政管理、文明卫生，认之为城市发展的楷模[9]。外滩与南京路经过一再改建与扩建也成为东方的金融与商业中心。当时外商的金融、商业与企业资本大多把原设在上海的分号提升为他们分管亚洲地区的总行，上海成为一国际性大都会（图 6）。有一位曾于三十年代在上海工作过的日本工程师说，当时他与他的同事从日本东京调到上海来工作时看到上海的繁华景象真是大开眼界，什么香港、新加坡更不在话下。那个时候，凡是现代化城市所含的建筑类型上海一应俱全：银行大楼、办公楼、百货公司、剧

9. 唐振常《〈上海史〉序言》，1989 年 5 月 2 日《文汇报》。

场、电影院、音乐厅、大饭店、旅馆、医院、学校、各级住宅与别墅、高级公寓、各种宗教建筑应有尽有。它们的设计水平与施工质量大都与国际水平看齐，其样式正如上面说过，极其多样并一一反映着该建筑的性质。不少现今已侨居西方国家数十年的老上海在谈到当时的外滩、南京电影院（今上海音乐厅）、大光明电影院、国际饭店、宏恩医院（今华东医院）时还会以它们优越于国外的同类建筑而为荣。

此外，作为上海特产的里弄建筑更是中西文化的兼容。它的发展是同1853年小刀会起义占领了上海县城后大量华人陆续迁入租界分不开的。当时租界人口膨胀、地价飞涨，如外滩土地在19世纪40年代英国人以每亩50千文～80千文购进，但到20世纪30年代时每亩值几十万银元[10]。房地产业成为上海一大工业，建筑的选址、设计、建造以至经营管理均无不与经济学紧密联系。租界在发展，华界也在发展。上海人口从19世纪初县城人口才万余与1865年租界华洋人口将近10万发展到20世纪40年代总共约400万人：面积也从县城的“周围有九里……城濠长1500余”和1846年英租界的138英亩、l899年的5583英亩以及比租界大一倍有余的“越界筑路”扩大到20世纪40年代的114平方公里。

城市的扩大其实就是市政建设与建筑覆盖面的扩大。上海成为全国建筑师云集与施展才能的地方；上海建筑行业工人更是全国之首。当时上海郊区农村的男劳动力大多同时是专业的木匠与水泥匠。他们的高超技艺与精心施工曾使外国建筑师惊讶，认为他们凭图纸施工出来的有些成品比在外国的蓝本还要到家。无怪新中国成立后上海成为向全国输送建筑师与建筑匠人的基地。在50年代与60年代，全国有哪个大城市没有来自上海的建筑师，有哪个大工地听不到上海工人的话音？

新中国建立后美国第七舰队对我国沿海的封锁使上海失去了作为国际都市的优势。接着我国政治与经济重心北移，对沿海都市的“充分利用、合理发展”以及对上海的“鞭打快牛”的政策使上海失去了它的经济优势，从而也就失去了它的建筑优势。上海开始处在另外一种边缘，一种像是被冷落了的角落似的边缘文化状态。对外联系的萎缩使它的伸展余地不大，进行选择与综合的可能性也大大地缩小。但是上海毕竟是上海，它继续在人才萃集、技术优良与习惯于悉心研究的基础上，在新的形势下作出新的尝试：1951年上海在公交一厂的汽车机修车间建造了我国第一座大跨度钢筋混凝土薄壳结构。跨度虽只18米，但为我国发展大跨度结构打响了第一炮。1960年同济大学在建造新礼堂时用土洋结合的施工方法建造了当时远东跨度最大、结构先进的连方网架屋面礼堂兼食堂，跨度40米。1971年上海又建造了我国第一座球接空间网架的文化广场演出大厅，这种结构在当时属国际先进，吸引了全国不少工程师专程到上海来参观。70年代中期上海又建了国内第一条过江隧道。由此可见，上海最近（1991年6月）完成的全长846米、主跨423米、净高46米的“中华牌”的双塔双索面叠合梁斜拉桥型的南浦大桥在技术上的成就不是偶然的。

---

10. 上海通社编:《上海研究资料》第304页，上海书店出版，1984年1月。

在50与60年代期间，上海虽然没有机会在大型公共建筑上显身手，但它的工业建筑，特别是重型工业建筑与住宅建设却经常领先。后者如50年代初的两万户工房、曹杨新村和50年代末60年代初的彭浦工业一区、闵行工业区、张庙一条街和闵行一条街等等，都是认真探索和值得推广的经验，在国内反响很大。

在建筑创作思想上，上海坚持了适合时宜、结合实际、讲求实效、敢于创新的作风，并继续在对环境与生活的尊重与理解上费心。这些特点是上海在它长期的历史进程中经过观察与比较而选择出来的，不会轻易抹掉。可能由于此，上海对50年代在我国流行的复古主义思潮却从来没有认真接受过。回顾一下当时建造的屈指可数的几幢所谓复古主义风格的建筑，如原淮海中学、上海建工医院、上海第二师范学校主楼等等，没有一幢采用了真正的大屋顶，更不用说什么琉璃瓦与雕梁画栋了。有趣的是其中多数为了适应生活活动竟是不对称且体态活泼自由的。此外，上海对民族传统也不像其他城市那样认为只有古典的如故宫、天坛或大庙宇才是传统，而是认为传统应包括民居与地方风格。例如1956年，上海在建造鲁迅纪念馆时因考虑到鲁迅是来自人民的大文豪，鲁迅原籍绍兴，鲁迅的作品常提到绍兴的风土人情，于是在造型上采用了浙江民居中的马头山墙。这种立意今日虽已不足为奇，但当时并不能普遍为人所认识。1959年为了迎接中国共产党八届七中全会在上海召开，上海奋战了仅仅几个月的时间，在锦江饭店园子内建造了锦江小礼堂。锦江小礼堂充分利用了宾馆在设备上的原有设施，这不仅符合当时在时间紧迫上的实际，也符合建造与日后经营管理上的实际。小礼堂功能合理、规模得当，并不有意追求气派，但端庄稳重，给人一种既庄重又亲切之感；它还在环境上做到新旧建筑的相得益彰。凡事要经过比较才能看出其特点，只有把锦江小礼堂同后来各地为党的全会建造的礼堂或建筑群相比才更能看出锦江小礼堂结合实际、朴实无华以及对环境与生活的理解和尊重的特点。关于后面一点另有一件事也说明上海在这方面是有独到之处的。1957年同济大学的教工俱乐部（图7），是一座富于人情味，能适应人们在工作之余进行各种休息、文娱与闲情逸致活动的建筑。在手法上运用了空间的流动性，建筑上下沟通。各主要活动室开向一个内院，院中大院套小院，矮墙流水隔而不断，室内外打成一片，对当时的建筑专业学生与年轻建筑师影响很大。上述实例的规模都很小、标准也不高，却生动地反映了上海在当时的历史实际中既讲求实效又敢于创新的精神。

图7　同济大学教工俱乐部门厅设计透视图

70年代末，我国改革开放方针的提出使上海建筑获得了无限的生机。上海本来就是一个由开放而形成的城市，只有开放才能使上海有所作为、大展宏图。自80年代初起，上海一再在城市规划、城市基础设施、住宅建设、各种类型的工业与民用建筑和建筑科学与技术中取得很大的成绩。80年代下半期更是规模宏大、速度加快、硕果累累。在建筑的设计与施工中，上海多次获得国际上的赞赏与我国国家级的各种荣誉奖。如工业建筑方面的上海宝山钢铁总厂、上海石化总厂、中美施贵宝制药有限公司与工厂和上海耀华皮尔金顿玻璃有限公司的浮法玻璃厂等等。在宾馆与高层办公楼方面，除了外资与同国外或海外合作设计的花园饭店、商城大厦、瑞金大厦、静安希尔顿饭店、新锦江大酒店、贵都大酒店等等之外，多数的还是自行设计、自己施工并尽可能采用国产设备与材料的。其中如既具有时代特色又体现了东西方文化交融的西郊宾馆睦如居、新苑宾馆与园林宾馆等。其中睦如居是一座以旧营房为基础进行改建与扩建，然而其生活标准却异常高级，是接待国宾（英国女皇来上海时便住此）并曾为国宾所赞赏的宾馆。又如庄重巍峨的上海电讯大楼、联谊大厦和潇洒别致的华亭宾馆、龙柏饭店、城市酒店和虹桥宾馆、银河宾馆两座姐妹楼：其中龙柏饭店对原有环境文脉与环境质量的重视曾在80年代初使人耳目一新。这些建筑有的以体量端庄而取胜，有的以形体层次的活泼组合或风格新颖而醒目。尽管它们风采、意韵各异，都共同为上海这个重新踏入国际行列的大都市勾画了一条新的轮廓线，并为上海这个“万国建筑博览会”增添了现代化的色彩。

在文化体育建筑方面更是多样。大型的如上海万人体育馆、上海游泳馆以及为数不少的各区的区体育馆，它不仅设计新颖并在不同方面采用和发展了新技术，得到好评。陶行知纪念馆的本地民居色彩与其园林的因地制宜，不仅使人领会到伟大的人民教育家陶行知的“捧着一颗心来，不带半根草去”的精神，而其在朴素中的玲珑却使人联想到老城区的湖心亭。上海交通大学二部的校园被外地建筑师誉为是“目前这样的标准、这样的类型、这样的造价中最成功的作品”。它们与上海大观园在仿古上的认真与逼真，体现了上海建筑在追求每幢建筑该有它自己的性格中的精心设计与认真施工。

在居住建筑中且不论它在80年代中完成的高达4269万平方米的惊人数量，其设计亦较前大有提高。建筑师在对人民高度负责的心情中，努力在少提高造价下提高住宅的物质与精神生活质量中费尽心机。其中如曲阳新村、沪太新村的新区、嘉定的桃园新村与梅园新村都在全国的评比中名列前茅。它们不仅在规划与单体设计中使住宅区在有限的条件下显得丰富多彩，并且利用边角地建筑了不少儿童园地与绿化小品，体现了上海建筑素有的对环境与生活的尊重和理解的特点。近年来商品房的发展更使住宅设计成为建筑师施展才能的园地。目前各种实验性住宅区正在百花争艳，预告了上海城市住宅设计将会有很大的变化。

在设计思想上，由于上海是一个思想活跃并勇于发表自己的见解的城市，人们对不同的设计，常会持不同的意见。例如对上海铁路新客站的评论：有人认为它的建筑造型与广场气派不够大，同作为上海这个大城市的“大门”不相称；也有人认为它在布局

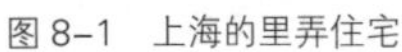

图 8-1　上海的里弄住宅

图 8-2　原石库门里弄住宅一户人家的入口

图 9　松江方塔园何陋轩一景，建于 1987 年

上首先采用了铁路通过式与分散候车的处理，方便了旅客并为其他城市所认可与效法，是可取的；至于广场不够宏伟，这里好几条可以通往各个方向的公共车辆就近在咫尺，这不比要旅客拿着行李在浩大雄伟的广场上走更能体现对旅客的关怀吗？又如对华东电管局大楼造型的出其不意：有人认为它形式杂乱无章而予以否定；也有人认为它的形式正好是它的复杂内容——办公室、调控机房、各种电讯技术设备要求的设施、车库与充分利用有限的基地——的反映，而其所谓杂乱其实是对其周围环境文脉的呼应。再如对松江方塔园的大门也是意见纷纭：有人认为它的现代化钢结构与本地蝴蝶瓦屋面的并列是不伦不类；也有人认为正是它们的齐驱并进说明了现代化与传统是可以平等结合、相得益彰的（图 9）。学术上有争论是好事，不同意见代表了不同的视角，它们往往可以促进建筑师深思与提高。后来，1990 年上海市民在评选“1949—1989 上海十佳建筑”中，上海铁路新客站名列第八，华东电管局大楼名列第九，方塔园虽未被列入“十佳”，但被列为“十佳”入选项目后的第十二。这说明上海市民对建筑风格的承受幅度是很大的。无怪上海建筑形式会比较自由与敢于创新。

回顾过去、审视昨天是“为了上海的明天”。今后上海的建筑风格会是怎样呢？正如前面说过，地区风格的差异既来自个体行为的选择，更主要来自社会集体的文化整合中的价值取向；既来自对过去的继承，又随着当时当地不断变化着的经济、政治、社会交往等等方式而发展变化。上海要在本世纪的最后十年中大展宏图、有所作为，就必须实现“振兴上海、开发浦东、服务全国、面向世界”的战略目标，这是上海人民的心愿。

南浦大桥的“上海标准、上海风格、上海效率、上海精神”[11]已表现了上海人民的努力与信心，现在又有了杨浦大桥和正在建设的徐浦大桥和奉浦大桥。在建筑方面这也是可能的，正如有些建筑评论家在参观了上海的建筑后说：“上海拥有雄厚的综合实力，无论在文化修养上，人才素质上，技术水平上，施工质量上都有雄厚的实力，近十年的起步，已使上海迅速发展，并已开始形成上海特有的面向世界的潜力”[12]。诚然，“建筑风格的形成不是一朝一日的事”[13]，只要上海的建筑界共同努力，“我相信，经过今后十年的精心营造，一批具有时代特色、气势恢宏的崭新建筑，将成为上海的新标志，并和半个多世纪来一直是上海城市象征的外滩建筑群相呼应、相映衬、相媲美，使我们这个国际性城市更富有魅力”[14]。

（本文原载于《建筑学报》，1989年第10期；此文为作者在国外讲学时的系列讲座之一，原为英文。1989年改写为中文，获中国建筑学会“1988—1991年的优秀论文奖”。1996年略经补充与修改后，作为作者主编的《上海建筑指南》的序言刊出。由于上海在20世纪90年代的高速发展，此文显示了成文时候在内容上的时间局限性。）

---

11. 见李鹏1991年11月在南浦大桥落成典礼上讲话。
12. 严星华：《对上海几组新建筑的评论》，载《建筑学报》1991年第8期。
13. 倪天增：同上注。
14. 朱镕基：《<上海建设1986～1990>序》。

Il Bund di Shanghai (The Bund in Shanghai)

Il Bund di Shanghai, il chilometro e mezzo di lungofiume urbanizzato sulla riva ovest dello Huangpu Jiang, è un luogo molto amato dagli abitanti di Shanghai. Uomini e donne anziani ci vengono al mattino presto per praticare il *tai-ji* ; i giovani innamorati vi si incontrano la sera ; i bambini, anche piccoli, vengono la domenica soli o con i genitori "per vedere l'acqua, le barche, i piroscafi che passano" . Di giorno, il Bund non è mai deserto. Essendo proprio nel centro della città, centinaia di migliaia di abitanti lo percorrono di continuo per andare da una parte all'altra della città, oltre alle migliaia di persone che arrivano ogni giorno da varie parti della Cina per affari e non perdono l'occasione di visitare il Bund. "Non trovate che il Bund sia bellissimo? Non credevo che fosse così bello!", è un'osservazione che ho sentito fare spesso da viaggiatori dell'interno della Cina.

Perché è bello il Bund? Una massima di Confucio dice : "I saggi amano l'acqua, i miti amano le montagne", e molti cinesi pensano che l'unione di acqua e montagne formi un bel paesaggio e ispiri buoni sentimenti. Ma qui al Bund c'è soltanto l'acqua. È un'acqua molto bella, larga circa 400 metri, che scorre da sud a nord in un ampio spazio che fonde acqua e cielo in un'unica tonalità morbida e si stempera nel panorama lontano dell'altra riva dello Huangpu Jiang. Ma le montagne non ci sono. Un amico diceva che "gli edifici del Bund hanno assunto il ruolo delle montagne" . Forse ha ragione. Anche se artificiali, gli edifici arricchiscono il luogo di "kan" (alto) e di "yu" (basso) [1] e danno un certo senso di sicurezza- "i monti alle spalle e l'acqua di fronte" -a chi sta in riva al fiume. Così gli edifici lungo il fiume, con la loro giusta scala e la giusta posizione contribuiscono a fare del Bund un luogo speciale.

Questi edifici, costruiti all'inizio del XX secolo in buon granito Jinshan in stile

1. Kan e yu sono le parole usate per denotare la topografia dell'ambiente naturale del Fungshui cinese.

revivalista occidentale ortodosso, sono alti da 20 a 30 metri. Il profilo è interrotto, ogni tanto, da un campanile, una cupola o una torretta, il che aggiunge interesse. Nella forma e nel contenuto sono immagini di banche e uffici costruiti da potenze finanziarie e commerciali molto influenti, all'epoca, nel mondo occidentale. Gli edifici, con la passeggiata lungo il fiume costruita negli anni 50, raccontano la storia di Shanghai: passato, presente e forse anche futuro. Immersi nel ritmo frenetico della vita urbana che brulica attorno al Bund, questi edifici confermano anche che Shanghai era, ed è ancora, una metropoli che non ha confronto con nessun'altra città cinese. Esistono quartieri simili in altre citta, come Hankuo, Tirnjin e Guanzhou, ma nessuno è spazioso, ordinato o animato come il Bund. Perciò il Bund è un luogo unico, un simbolo di Shanghai con una sua speciale identità.

1 Il Bund di Shanghai, con gli edifici lungo il fiu-me Huangpu Jiang.
(The Bund in Shanghai, buildings along and facing the river Huangpu Jiang.)

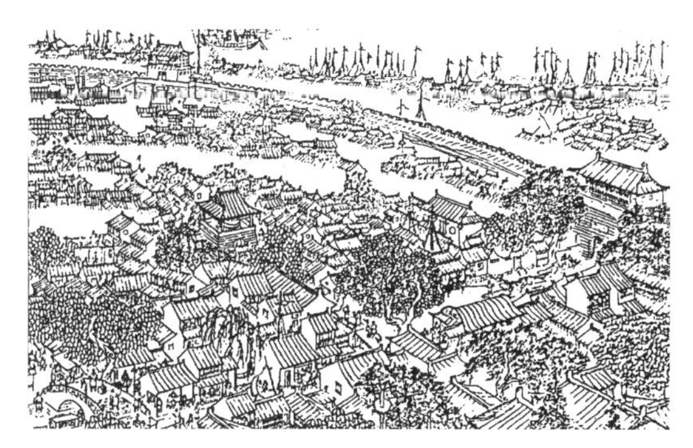

2 Shanghai nel XVI secolo.
(Shanghai, 16th century.)

La storia di Shanghai é inscindibile dalla storia del fiume Huangpu Jiang. Fino all'XI secolo, Shanghai era ancora un anonimo villaggio di pescatori. A quel tempo non c'era lo Huangpu Jiang ma un fiumiciattolo chiamato Shanghai Pu (un affluente del Dong Jiang, un altro fiume più a sud) che scorreva a est di Shanghai, da sud a nord. Nel XIII secolo, il Dong Jiang cambiò corso e utilizzò lo Shanghai Pu come canale di sfogo delle piene. Con l'allargamento dello Shanghai Pu in Jiang (grande fiume) il territorio lungo il fiume diventò una città chiamata Shanghai. Ma Io Huangpu Jiang divenne importante soltanto nel XIV secolo, quando confluì nello Suzhou He a nord di Shanghai e sfocio direttamente nello Chang Jiang (il fiume Yangtze) . Con questa trasformazione geografica Shanghai divenne il punto di raccordo delle quattro Fu (prefetture) più ricche di questa parte della Cina, cioè Suzhou Fu, Songjiang Fu, Jiading Fu e Nantong Fu.

Da allora Shanghai crebbe in fretta, con molte attività artigianali, tessitura e commercio, e divenne molto florida. I giardini privati del XVI secolo all'interno delle mura della città comprendevano già padiglioni costruiti in alto, su colline artificiali, o stanze sopraelevate di forma diversa da cui si godeva la vista lontana dello Huangpu Jiang. Ne sono esempi lo Wang Jiang Ting (padiglione per guardare il fiume) a Yu Yuan e il Kuan Tao Lou (edificio a più piani per guardare le onde) a Nei Yuan.

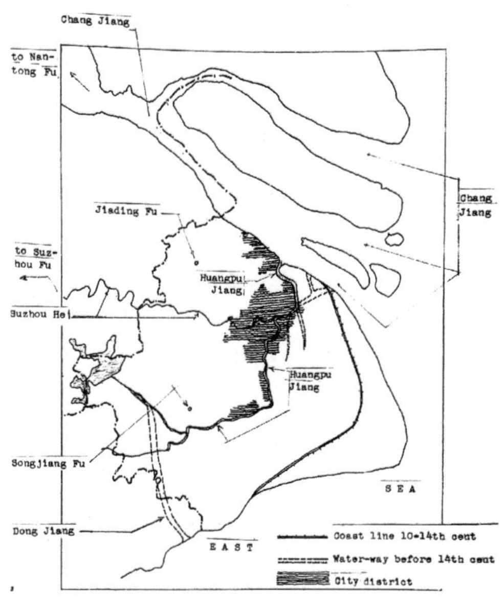

3 La formazione dello Huangpu Jiang ha trasformato Shanghai da villaggio a città.
(It was the forming of the Huangpu Jiang that made Shanghai from a village to a city.)

L'importanza geografica e commerciale di Shanghai suscitò l'interesse dipotenze straniere. Shanghai divenne uno dei primi cinque porti aperti al commercio estero in base all'iniquo Trattato di Nanchino. In seguito, altri trattati relativi a concessioni extraterritoriali per gli stranieri e alla possibilità per i paesi stranieri di avere proprie forze armate, trasformarono Shanghai da porto aperto a città semicoloniale. Vi si insediarono concessioni controllate da vari paesi e perfino la Dogana marittima cadde in mano agli inglesi. Il Bund, primo punto d'approdo delle potenze straniere, divenne il centro di raccolta e distribuzione delle merci dall'interno della Cina attraverso il Suzhou He, lo Huangpu Jiang, e dal Chang Jiang al mare. Qui si insediarono anche i consolati delle potenze straniere. Il Consolato britannico si stabilì sulla riva sud dello Suzhou He dov'era un tempo la fortezza di Shanghai, un punto strategico per controllare il traffico dei due fiumi. Il Consolato russo e il Consolato americano erano sulla riva nord dello Suzhou He, proprio all'incrocio dei due fiumi. Il Consolato tedesco, dopo un primo insediamento, si trasferì presso l'incrocio del Bund con Nanjing Road, una delle molte strade perpendicolari del Bund e la più densa di attività commerciali. Il Consolato francese era vicino al lato sud dell'incrocio del Bund con l'attuale Yenan Road, che un tempo era un torrente, una linea di demarcazione tra l'insediamento internazionale e la concessione francese, e più tardi venne colmato e trasformato nella Avenue Edward VII. Lungo il Bund c'erano anche le sedi di importanti banche e imprese come la Hongkong and Shanghai Banking Corporation, la Banca russo-asiatica di San Pietroburgo, la Banca mercantile indiana, la Jardine Hetheson and Co, la Shell Oil Co ecc.

Naturalmente la costruzione del Bund avvenne gradualmente, con la lenta trasformazione dei capannoni provvisori con struttura in legno e rivestimento in lamiera ondulata degli anni 1840 allo stato attuale. La Hongkong and Shanghai Bank venne ricostruita tre volte,[2] e così pure la Dogana,[3] mentre il palazzo Jardine Hetheson and Co. venne costruito due volte, nel 1847 e nel 1920. Guardando il Bund oggi bisogna ammettere che le norme urbanistiche ed edilizie dell'epoca non erano male. Per esempio, la distanza degli edifici dall'acqua varia da 100 a 200 metri, molto rispetto ad altre città contemporanee come Hankou e Guanzhou. Questo spazio veniva utilizzato peri moli e le operazioni relative, e apparteneva alle ditte dei diversi paesi. Gli edifici, se pure costruiti in periodi diversi, sono abbastanza regolari come altezza, volume, colore e forma. I due parchi, uno all'incrocio dei due fiumi e l'altro vicino al Consolato britannico sulla riva sud dello Suzhou He, sono ben situati. Ma per i cinesi dell'epoca, il Bund era terra straniera: ci andavano solo per lavoro o per affari. Si dice che all'ingresso del parco pubblico all'incrocio dei fiumi ci fosse il cartello: "Vietato l'ingresso ai cinesi e ai cani".

4 Wang Jiang Tin (padiglione per guardare il fiume) a Yu Yuan: un giardino entro le mura urbane.
(Wang Jiang Ting (Pavilion for Gazing into the River) in Yu Yuan, a garden within the city wall.)

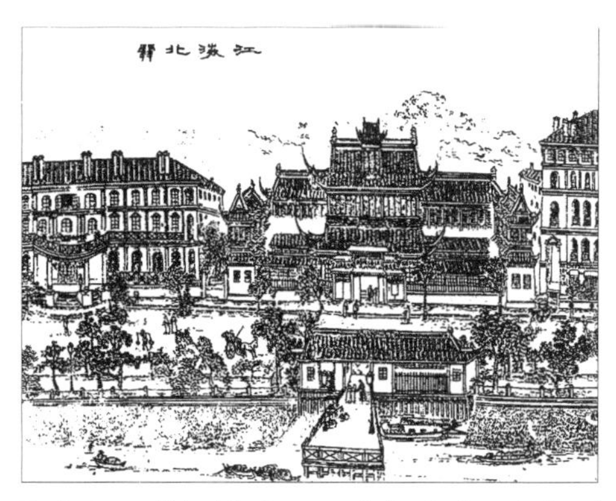

5 Il primo edificio della Dogana nel sito attuale costruito nel 1857 in stile cinese. A sinistra, l'estensione della Hongkong & Shanghai Bank costruita nel 1888 e demolita nel 1921 per far posto alla sede attuale.
(The first building of the Customs House on the present site built in 1857 in Chinese style. On the left was the extended one of the Hongkong & Shanghai Bank in 1888, demolished in 1921 for the building of the existing one.)

Con un passato del genere, non stupisce che per un certo tempo molti vecchi nativi di Shanghai avessero una sorta di riliuto emotivo del Bund. Anche dopo la nascita della nuova Cina, all'inizio il Bund fu osteggiato da molti in quanto testimonianza della

2. Il primo edificio, in stile georgiano era del 1874: venne ampliato nel 1888. L' edificio attuale, del 1921-23, costò 3-4 milioni di "dan" di riso. Ogni "dan" equivale a 160 catties cinesi (500 gr).

3. La prima Dogana, costruita nel 1846 e demolita nel 1853, non era in questo punto. La prima costruita nel sito attuale nel 1857 era in stile cinese con un *pailou* (porta indipendente); la seconda in stile gotico venne costruita nel 1891; quella attuale nel 1927.

6 Il parco pubblico all'incrocio (confluenza) dei due fiumi, il Suzhou He (a destra) e lo Huangpu Jiang (a sinistra) all'inizio del XX secolo.
(The public park at the crossing of the two rivers, the Suzhou He (right) and the Huangpu Jiang (left), in the early 20th century.)

dominazione straniera. Il Bund diventò popolare solo negli anni 50, quando il governo municipale di Shanghai decise di eliminare tutti i moli fuorché quello della Polizia portuale, e di trasformare il tratto centrale in passeggiata con alberi e aiuole. Ora, il Bund é un luogo piacevole dove la gente passeggia, siede, incontra gli amici. E per i giovani e il luogo dove forse hanno visto per la prima Volta una nave, e quindi evoca ricordi gradevoli. Nonostante il passaggio incessante di macchine e persone, la presenza dell'acqua e il senso di spazio creano una sorta di Shangrila in mezzo alla congestione, il rumore, il trambusto del centro.

Ora che in Cina c'è una grande ondata di riforme, si discute molto di cosa fare del Bund. La prima idea è di estendere la passeggiata, che ora è lunga circa 400m, a tutta la lunghezza del Bund. Quanto agli edifici, trent'anni fa c'era chi proponeva di demolirli a causa delle amare associazioni. Per fortuna oggi non se ne parla più : l'opinione della maggioranza è di conservarli preservandone il più possibile l'aspetto attuale. Molti sperano che si costruisca anche sull'altra riva dello Huangpu Jiang, in modo che il fiume diventi il centro commerciale della città, con una vita urbana su entrambe le sponde ; arricchendo anche le visuali dall'acqua alla citta e dalla città all'acqua.

Attualmente il Bund è lungo soltanto 1500 metri e ci sono ancora migliaia di metri di lungofiume da esaminare e studiare.

英文版:

The Bund in Shanghai, that urbanized part of the river front about 1500 metres long on the west bank of the Huangpu Jiang river is a favourite place of the people of Shanghai. Elderly men and women go there to practice tai-ji early in the morning ; young people go there to meet their sweethearts in the evening ; children, even the younger ones, love to go there on Sundays, either by themselves or accompanied by their parents "to see the water, the boats, and the ships that pass by" . Furthermore, the bund is never deserted during the day. Being in the centre of the city, hundreds of thousands of people constantly pass by on their way from one part of the city to another, and there are thousands of visitors every day who come from different parts of China on business and would not miss the chance of having a look of the Bund. Several times I have overheard men from the interior of China saying : "It is lovely isn't it? I never realised it is so lovely."

Why is the Bund lovely? Confucius once said, "The wise ones enjoy the water, the benevolent ones enjoy the mountains", and most Chinese believe that it is the unification of water and mountains that creates good views and inspires good thoughts. But here at the Bund there is only water. It is very pleasant water about 400 metres in width, flowing from south to north, with ample space to integrate the water and the sky into one mellow tone, and it flows into the distant panorama of the other side of the Huangpu Jiang ; but there is no mountain! A friend of mine has suggested : "Maybe the buildings along the Bund have taken the role of mountains" . He might be right. The buildings there, though artificial enrich the place with "kan" (high) and "yu" (low) [4] and suggest a sort of "back to the mountain and face to the water" feeling of security to those standing at the river-edge. So, the buildings along the river with their right scale and right location contribute much to making the Bund a special place.

These buildings, built in the early 20th century, are of fine quality Jinshan granite in the style of grand orthodox Western Revivalism, and are generally of 20 to 30 metres in height. Occasionally the skyline is interrupted by a bell-tower, a cupola or turret, which only render the place more significant. They are images in form and content of the bank and office buildings built by influential financial commercial powers at that time in the Western world. The buildings, together with the promenade along the river-edge in front of them built in the 1950s, tell the story of Shanghai, its past and present, perhaps even its future. Accompanied by the fast tempo of the city life that bustles around the Bund, these buildings also allude to the fact that Shanghai was, and still is, a metropolis to which no other city in China can yet compare. Although there are similar places in other cities such as in Hankou, Tienjin, and Guangzhou, none of them are so spacious, so orderly or so busy as here. Thus, the Bund is a unique place, a symbol of Shanghai with its own unique identity.

The story of Shanghai is inseparable from the story of the Huangpu Jiang river. Shanghai, up to 11th century, was still a nameless fishing village. At that time there was no Huangpu Jiang, but a small river called the Shanghai Pu (a tributary of the Dong Jiang, another river further south) running on the east of where Shanghai is, from south to north. In the 13th century the Dong Jiang changed its course and used the Shanghai Pu as its flood relief channel. As the Shanghai Pu widened into a Jiang (big river) the region along it became a town called Shanghai. But the Huangpu Jiang was not important until

4. Kan and yu are the words used to denote the topography of the natural environment in the Chinese Fungshui.

7，8 Pianta e prospetto del Bund. Gli edihci lungo lo Huangpu vennero eretti tra la fine del XIX secolo e gli anni 30 del XX. 1 Broadway Mansion；2 Astor House；3 consolato russo；lungo lo Suzhou He c'erano i consolati tedesco，americana e giapponese；4 consolato generale britannico；5 Banca dell'Indocina；6 Blue Line Building；7 Jardine Metheson Co.；8 Yokohama Specie Bank；9 Bank of China；10 Sassoon House；11 Mercantile Bank of India；12 "North China Daily News"；13 St. Petersburg Russo-Asiatic Bank；14 dogana；15 Hongkong Shangai Banking Corp.；16 Commercial Bank of China；17 Union Building；18 Shangai Club；19 Shell Club；20 Air France；più a sud c'era la sede del consolato francese.

(Plan and elevation of the Bund. Buildings along the Huangpu were built between the late 19th century and the 1930s. 1 Broadway Mansion；2 Astor House；3 the Russian Consulate；along the Suzhou were the German Consulate，the American Consulate and the Japanese Consulate；4 the House of H.M. Consulate-General；5 Banque de l'Indo-Chine；6 the Blue Line Building；7 Jardine Metheson Co.；8 Yokohama Specie Bank；9 Bank of China；10 Sassoon House；11 Mercantile Bank of India；12 North China Daily News；13 St. Petersburg Russo-Asiatic Bank；14 the Customs House；15 Hongkong Shangai Banking Corp.；16 Commercial Bank of China；17 the Union Building；18 the Shanghai Club；19 the Shell Building；20 Air France；to the south was the site of the French Consulate.)

the 14th century that is，until it joined with Suzhou He (river) to the north of Shanghai and flowed directly into the Chang Jiang (the Yangtze River). The geographical change made Shanghai the link of the four richest Fus (prefectures) in this part of China，namely Suzhou Fu，Songjiang Fu，Jiading Fu，and Nantong Fu. This region in the southeast part

of China was, and still is, known for being the "home of fish and rice. " Then Shanghai grew quickly, active in crafts, home weaving and trade, and became prosperous. It is worth mentioning that the private gardens of the 16th century within the walls of the city already included pavilions built high up on artificial hills, or elevated halls in different forms from which people could enjoy distant views of the Huangpu Jiang. Examples of such places are the Wang Jiang Ting (Pavilion for Gazing into the Jiang) in Yu Yuan, and the Kuan Tao Lou (Storied Building for Watching the Waves) in Nei Yuan.

The geographical and commercial importance of Shanghai attracted the attention of foreign powers. Shanghai became one of the first five Treaty Ports to be opened to foreign countries in the unfair Nanking Treaty of 1842. Late ; more unfair treaties, such as the one permitting extra-territoriality for foreigners and foreign countries to have their own armed forces, changed Shanghai from an open port into a semi-colonial city. Different concessions controlled by different countries were set up, even the Maritime Customs

9 La Banca commerciale di Cina, 1897.
(The Commercial Bank of China, 1897.)

10 Lo Shanghai Club, 1911.
(The Shanghai Club, 1911.)

11 Il "North China Daily News", 1921.
(The North China Daily News, 1921.)

12 La Sassoon House, 1928.
(The Sassoon House, 1928.)

fell into the hands of the British. The Bund, where the foreign powers first landed, became the collecting and distributing centre of goods between the interior of China through the Suzhou He, Huangpu Jiang, and from the Chang Jiang to the sea. It was also where the consulates of foreign powers were situated. The British Consulate took the site on the south bank of the Suzhou He where the Shanghai city fortress used to be, a strategic spot in controlling the traffic of the two rivers. The Russian Consulate and the American Consulate were on the north bank of the Suzhou He, right at the crossing. The German Consulate, after its first location, was later situated near the crossing of the Bund and Nanjing Road which is one of the many perpendicular streets to the Bund, and the busiest in commercial activities. The French Consulate was near the southern side of the crossing of the Bund and the present Yenan Road, which was once a creek, a dividing line between the International Settlement and the French Concession, and was later filled in and had a road built over it, named the Avenue Edward VII. Along the Bund were buildings of leading banks and films such as the Hongkong and Shanghai Banking Corporation, the St. Petersburg Russo-Asiatic Bank, the Mercantile Bank of India, the Jardine Matheson and Co., the Shell Oil Co. and so on.

Of course, the Bund was not built all at one time. It started with some temporary sheds of wooden structure with corrugated iron cladding in the 1840s, and gradually transformed into what it is today. The Hongkong and Shanghai Bank was built and rebuilt three times, [5] as was the Customs House, [6] and the Jardine Matheson building was built twice, in 1847 and 1920. Anyone who visits the Bund now can see that the planning and building codes of that day were not bad. For instance, the distance between buildings and water is about 100 to 200 m, that is, rather spacious in comparison to other cities such as Hankou and Guangzhou of the same time. This open area was used for wharves and the

---

5. The first one in 1874 in Georgian style, later expanded in 1888. The present one in 1921-23, costed 3-4 million dan of rice, each dan equivalent to 160 Chinese catties.

6. The first Customs House, built 1846, demolished 1853, was not there. The first one on the present site built 1857 in Chinese style with a pailou (freestanding gateway); the second in Gothic style, 1891; the present one in 1927.

13 La Hongkong and Shanghai Banking Corporation, 1923.
(The Hongkong and Shanghai Banking corporation, 1923.)

14 Il palazzo della Dogana di Shanghai, 1927.
(The Shanghai Customs House, 1927.)

supporting operations belonged to different firms of different countries. The buildings, though built in several periods, are rather orderly in height mass, color and form. The two parks, one at the crossing of the two rivers and the other near the British Consulate on the south bank of the Suzhou He, are well sited. But to the Chinese at that time, the Bund was like a foreign country. They went there only for work or for business. It was said there was a placard at the entrance to the public park at the crossing saying: "Chinese and Dogs Are Not Allowed".

15 La Banca di Cina, 1936.
(The Bank of China, 1936.)

With a past like that, one can imagine why some old Shanghai natives had for some time sentimentally rejected the Bund. Even after the New China was born, the Bund was for a time criticized as a testimony to foreign invasion by quite a number of people. It was not until the 1950s when the Shanghai Municipal Government decided to move all the wharves out of it, except that of the Harbour Police, and changing the central area of the Bund into a promenade with trees and flower beds, then the Bund became popular. Now the Bund is a pleasant place for people to stroll, to sit around, and to meet friends: and for young people, it is probably where they saw their first ship, and so evokes happy memories. Although there are cars and people passing by incessantly the sense of water and sense of space make a Shangri-la amidst the busy noisy and congested downtown area.

Now China is in a high tide of reformation, and much discussion concerning what is to be done with the Bund has taken place. The first idea is to extend the promenade from the present length of about 400m to the entire length of the Bund. As for the buildings, thirty years ago there were advocates calling for demolition of them because of bitter association. Fortunately there are no longer such pleas, and the majority opinion is to conserve them and to preserve the outlook as much as possible. Other concerted voices are calling for purification of the rivers, to make them clean and clear throughout the year. Many hope that a new development will take place on the other side of the Huangpu Jiang, so that the river can become the commercial centre of the city with city life on both sides ; and in the course of this, an enhancement of views from the water to the city as well as from the city to the water.

The Bund is presently only about fifteen hundred metres long, and there are still tens of thousands of metres of the river side to be considered and studied.

(本文原载于意大利杂志 *Space & Society*, 1991 年第 56 期)

上海建筑纵览

上海解放前的建筑风貌可谓古今中外，千姿百态。它既有宋元的庙宇、明清的城垣与园林，还有开埠后一百年中来自不同国家的外国建筑风格以及在西方文化影响下的中西合璧或有意逆反西方影响的中国传统建筑风格的建筑。上海人常爱把它们称为万国建筑博览会，一般来说这未尝不可。本章所示的图片虽未能反映全貌，但大多指点到了。重要的是这些图片全部是当时的实录，其中不少建筑今已不复存在，其价值之珍贵就不言而喻了。

1842年《南京条约》把上海列为五口通商商埠之一，1843年开埠后没有几年，一个以“租界”为名的新型城区首先从黄浦江与吴淞江交汇处开始。西方列强的商人蜂拥而入，租界成为“国中之国”。这是上海建筑风貌不同于我国其他城市的主要原因之一。

上海开埠后的建筑可以先从外滩说起。外滩曾是西方列强在上海两个租界（公共租界与法租界）中的政治、金融、贸易与商务中心。在建筑上，英国首先把它的领事馆设在当时具有重大战略意义的吴淞江与黄浦江交汇处（今中山东一路33号与其西的友谊商店）。这里原称李家庄，系清廷控制两河交通的炮台所在地。以后美国领事馆、日本领事馆、德国领事馆（已拆除）、俄国领事馆相继在其斜对面更接近两河临界的地方（今海鸥饭店及其左右）建立起来。法国领事馆（已拆除）则建在法租界近洋泾浜与黄浦江交汇处（今金陵东路口）。从英领事馆沿江向西是一系列国际金融机构的建筑，如位于中山东一路（以下均同，略）10—12号的法商汇丰银行大楼，15号的俄法合资华俄道生银行大楼，25号的日商横滨正金银行大楼，29号的法商东方汇理银行大楼等等。中国的第一所银行中国通商银行（6号）和中国银行上海分行也设于此。在贸易与商务办公楼中有1号的英商亚细亚火油公司大楼，4号的英商有利洋行大楼，8号的多国合资大北电报公司大楼，20号的英商沙逊大厦，27号的英商怡和洋行大楼，28号的美商蓝烟囱轮船公司大楼和在中山东二路的法国航空公司大楼等等。此外，还有由英国人所谓代管的江海关的大楼，西人大商贾的高级俱乐部上海总会（2号），和高级旅馆汇中饭店（19号，今和平饭店北楼）等等。由此可见，其规模是相当可观的。

外滩的建筑一般体量较大、用料考究、装饰丰富、施工地道，在建筑规模、空间布局、结构技术与建筑风格上大多反映了当时西方同类建筑的水平。但它们多数并非在开埠后一次建成，而是历经数次扩建与重建才成如今的面貌。例如江海关大楼自从城市以南迁到现在的地址后建过三次；汇丰银行大楼也是三次；怡和洋行至少两次。一次比一次规模大，形式也更考究。

外滩的建筑究竟属于什么风格，这是许多人感兴趣的问题，可能也是它魅力所在的因素之一。总的来说，外滩建筑风格除了少数几座属早期现代式与现代式之外，绝大多数是复古主义、折衷主义的。复古主义、折衷主义是19世纪西方官方与大型公共建筑的流行样式，它们的特点是恢复与运用19世纪以前的建筑词汇、母题与比例进行创作。复古主义主要是起用古代希腊与罗马时期、中世纪罗马风与哥特时期、16—18世纪文艺复兴时期、17—18世纪古典主义时期的词汇与母题；而折衷主义则有意在一座建筑中把不同时期的词汇（甚至是古埃及或东方的）并列在一起。由于复古主义所复的“古”范围很广，因而在识别时除了时期的区别外还经常会冠以什么地方或什么国家的说明。例如文艺复兴可有意大利文艺复兴或其他什么国家的文艺复兴；古典主义也可有法国古典主义或什么国家的古典主义等等。由于复古主义、折衷主义正如现代人用古文来写文章一样，除非有意以假乱真，否则是不会把自己囿于某一朝代的词汇上的，故在识别时常会有意见分歧，但分歧不等于不能识别，一般是先看总的综合效果，再看它的局部与细部。

从本章所载的图片来看，英国领事馆的领事办公楼、早期的怡和洋行办公楼和汇丰银行办公楼、上海英国邮政局、礼查饭店、老沙逊洋行和大北电报大楼等属晚期文艺复兴式。其中前面6座英国人又称之为乔治式，是英国17—18世纪中常用于住宅和一般办公楼中的建筑风格。后两座即老沙逊洋行与大北电报公司属法国晚期文艺复兴式。

另一方面，汇丰银行大楼、华俄道生银行大楼、横滨正金银行大楼、日本领事馆和上海总会等属于新古典主义风格。其中华俄道生银行最典型，其清晰的横三段、纵三段以及中央部分贯通两层的立柱构图，可以追溯到18世纪建于凡尔赛宫内的小特里亚农宫。汇丰银行很典型，不过顶上类似罗马万神殿的缩影使它有点折衷主义。

关于折衷主义，可以从海关大楼、苏联领事馆、旗昌洋行（已拆除）、亚细亚火油公司、有利洋行大楼和德国总会（已拆除）中看到。其中德国总会最典型，它把文艺复兴式的屋身、罗马式的檐部、北欧式的塔楼和荷兰式的山墙有趣地并列在一起。旗昌洋行的风格又称维多利亚式，它有哥特式的尖券、文艺复兴式的半圆形券，还有维多利亚时期住宅中常用的挂在屋身上的生铁花式阳台。关于海关大楼的风格分歧最多，常有人因它的门廊是地道的古希腊式而把它称为希腊复兴式。这是只见局部不见总体之故也。像有利洋行那样的建筑外滩有好几座，总体看来似乎是新古典主义的，但比例失调，转角处又有巴洛克式的塔楼，故更接近折衷主义。

自20年代起，上海在紧追西方风格中又出现了不少早期现代派与现代派风格的建筑。这在西区的多层或高层公寓与花园住宅中比较多见。在外滩可见的是沙逊大厦、中国银行大楼、百老汇大厦和法国航空公司大楼；前两者属早期现代派，最后者属现代派，百老汇大厦介于其中。现在有人把沙逊大厦称为“美国芝加哥式”、中国银行大楼称为“中国式”是不妥的。因为美国芝加哥派是不赞成塔楼的，有塔楼的高层建筑是在此之后在纽约发展起来的。法国航空公司是典型的“现代式”，即完全没有装饰，只有形体、材料质感、色彩的变化与组合。

说那么多的外滩，是因为它是上海建筑风貌中的一只麻雀，由此可见一般； 也因本章图片对外滩的记载，可谓我国书籍中至今为止最全面的了。

在上海能与外滩并论的建筑有不少。如现南京路上四大公司中的先施公司（今市服装公司）、永安公司（今华联商厦）、新新公司（今市食品公司），建于10—20年代，其风格是折衷主义的； 大新公司（今市第一百货商店）建于30年代，其风格介于早期现代派与现代派之间。但环绕跑马厅（今人民广场）的四行储蓄会大楼、国际饭店与大光明大剧院就是现代式了。特别是大光明大剧院，是当时所谓的摩登派，其夸张的由虚与实、水平与垂直线条组成的几何图案，在当时西方也是时髦的。

在上海建筑中值得一提的还有教堂。上海最早的教堂是董家渡天主教堂，属西班牙巴洛克式；最大的天主教教堂是徐家汇天主堂，属比较地道的法国哥特式；最大的基督教教堂是慕尔堂（今沐恩堂），属当时美国仍在流行的所谓学院哥特式。此外还有拜占庭式的犹太教堂（已拆除）以及一座虽不是教堂但形式独特的属印度支提式的日本本愿寺。

上海西区住宅的建筑风貌更是五花八门。如汇丰银行大班住宅（已拆除）是折衷主义的，它在词汇的选择与变形中显得憨拙而诙谐。此外还有多种多样的西班牙式、英国乡村式、荷兰式、哥特式以及不常见的挪威式。现代式的多层与高层公寓、花园住宅也有不少。此外还有为数众多的，不同程度地综合了中西方文化的老式里弄与新式里弄。

20年代末，旧上海特别市政府进行“大上海规划”时，把大上海的市中心放在今江湾五角场的东北。当时为了要在中国自己的领土上弘扬中国自己的文化，特别市市中心大楼采用了中国的宫殿式。其他建筑如市图书馆、博物馆、运动场、体育馆、游泳馆等，也表现了企图使现代功能与技术同民族传统风格结合的探索。这在当时西方文化泛滥的上海曾使人耳目一新并受到鼓舞。

上海的建筑风格是由它的历史与文化特点形成的。由于当时上海的文化属一种所谓边缘文化，即上海不仅在地理上处于东西方碰撞的边缘，在思想上也处于儒家文化与商业文化的边缘，因而它在开埠后不仅有非常地道的西洋文化和各种中西方文化交融与重叠的文化，当然还有上海本地的文化。据说当时上海工人在复制西洋建筑中居然能把西洋风格实施得那么地道，曾使西人大为惊讶。因而在欣赏上海建筑风貌时，不能忽视上海工人的聪明才智。

认识上海的建筑风貌是一门有趣的学问，本书为这门学问提供了珍贵的参考资料。

（本文原载于《上海百年掠影：1840s-1940s》，邓明、上海市历史博物馆著，上海人民美术出版社，1992）

海口“南洋风”骑楼老街形态及其保护性更新

我国自古代便把马来群岛、马来半岛、印度尼西亚或整个东南亚统称为“南洋”。至清代亦有把江、浙、闽、粤沿海地区也称为南洋者。本文的“南洋风”主要是指出现在这些地方的一些混交着欧亚文化特征的城市与建筑风格。

海口老城西北沿海甸溪有一片形式独特、具有欧亚混交文化特征的“南洋风”骑楼商住建筑群组成的老商业街区。这片街区及临街的店屋虽已破旧残败，却形象地记录了海口从一个古老的所城发展成为一个繁荣的沿海商业城市的故事。对于这样一个街区，它在今日海口城市的蓬勃发展与改造中是拆除重建，还是在保护中更新，一直是一个有争议的问题。本报告拟从这个街区的演进，街道及建筑形态等方面，探讨它在今日海口城市文化资源中的地位及其经济价值，主张在保护中求得发展。

本文分为两大部分。前一部分是以当今世界普遍重视历史文物，特别是记录着历史文化的城市与建筑的共识，来审视海口老街的形成与发展特征。探讨它们同我国其他商埠和一些曾受西方国家统治与影响的南洋城市在经历上的异同，以及它反映在建筑上的既具有“南洋风”的普遍性，又具有海口风格的独特性——“海口南洋风”——城市与建筑的形态特征。后一部分建议将“海口南洋风”建筑分布最密集的得胜沙街（图 1）、新华北路、中山路（图 2）、博爱北路，以及长堤路从博爱北路口至得胜沙路口一段辟为旅游步行商业街。

图 1　得胜沙街街景

图 2　中山路街景

鉴于对国内外旅游者来说，城市中的人文景观往往比自然景观更具吸引力，特别是国外旅游者又对寻求景观中的历史性、地方性与时态性的文化差异最感兴趣，为此建议对街区中的“南洋风”城市及建筑形象尽可能地进行保护与修复，并进行相应的更新，使之成为海口市社会效益与经济效益俱佳的一个旅游亮点。

一、老街故事

海口的骑楼老街区原是海口的商业与文化中心。它最活跃的部分并不位于已有数百年历史的海口所城之内，而是在所城之外，这是由海口的地理与历史情势造成的。

海南岛古称琼崖，在公元前 2 世纪即为我国领土。唐起设州，治所在琼山，宋移治所至今海口位置，宋代大文学家苏轼曾谪贬于海口西南的儋州城。宋元时北端形成了琼崖与大陆联系和贸易的最大据点——海口浦。海口浦以地理上说形成于公元 8 世纪之前，由源于岛内中部山区的南渡江北流入海时所挟带的淤泥沿河岸沉积而成，并逐渐向北推进，至清代已与西北众小岛连成一片。从政治、军事上说，这里是大陆官府的官渡（原称白沙津渡口）与兵营驻扎地。明代海南岛划归广东管辖，置琼州府，在海口浦设守御千户所，并于明洪武二十八年（公元 1395 年）建城墙以防倭寇（图 3）。海口所城“周围五百五十五丈（合 1776m)，(墙）高一丈七尺（合 5.4m)，阔一丈五尺（合 4.7 m)，雉堞六百五十有三，窝铺十九，辟四门”。所城形近方形，东门临今大东路、新民东路口，南门临今文明路、博爱南路口，西门临今新华路、新民西路口路，北门临今大兴蹈、博爱北路口（图 4、图 5）。城内有纵贯南北的南门街与北门街（今博爱南、北路），和横穿东西的东门街与西门街（今新民东、西路）。南、北门街（建城前称白沙街）是所城的主干道，出北门可抵官渡，出南门可通达琼州府城的迎龙桥。这里铺宇鳞次，街随店延，海口浦原本就是沿着这条交通要道自北而南发展起来的。过去无论是迎官入巡、祭神节庆、“行符放灯”或商贾云集，无不以此街为中心。在所城南北与东西两条街的十字路口，曾建有取自明清古都惯例的四牌楼，它既是所城中心市场所在，也显示了所城虽小、政治气派却不凡的特点。康熙二十三年（1684 年）清廷解除海禁，次年海口辟为国际贸易通商口岸，建立了“常关总局”（即海关），自此，所城北门外一带日渐活跃。随着海贸的发展，乾隆时这里会馆兴起，商业繁荣，其盛况较之城内有过之而无不及。但这个地区的真正繁华，还是在咸丰八年（1858 年）《天津条约》签订之后，这便使海口成为中

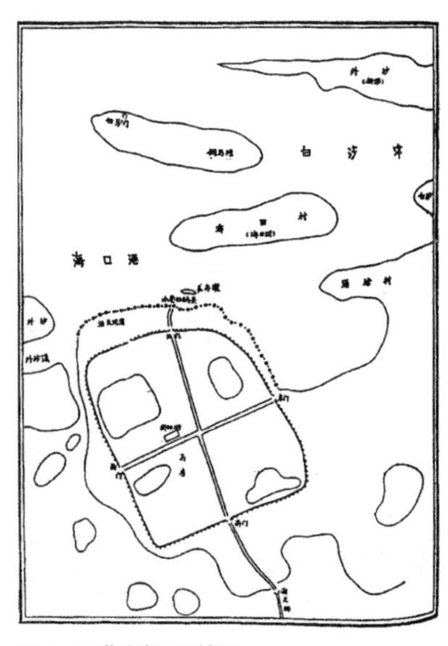

图 3　明洪武海口所城图

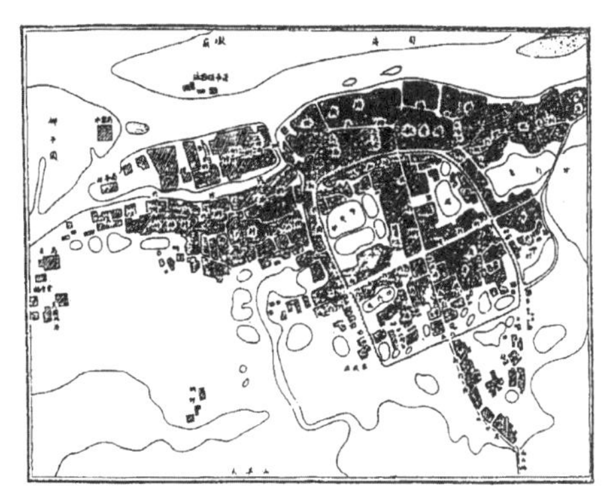

图 4　清代海口所城及街道图

图 5　1924 年城墙拆除后街道图

国沿海十大通商口岸之一。随后英法等国纷纷在海口设领事馆。其中，法国领事馆位于今龙华路北端海甸河岸，英国领事馆位于今滨海大道东端的北面。与此同时洋行、商厦、教堂、医院、学校等等也雨后春笋般建起来了。自此，城外沿海甸溪最繁荣的地段自城墙北面－今中山路迅速向西扩展到得胜沙路一带，欧式建风格与南洋风格也自此介入。同时，城外沿河地带的繁荣大大超过了城内，城外的商业街逐成为海口商业与文化中心。民国十三年（1924 年）城墙拆除，城内外打成一片；两年后，海口设市，这片商业街成了海口作为一个海贸城市的代表。到了 20 世纪 40 年代，海甸溪淤塞日益严重，码头遂西移，老街在繁荣高峰期后也就逐渐地衰退了。

二、欧亚混交的“南洋文化”

海口骑楼老街区浓郁的欧亚混交文化特征之形成，是由于它曾是对外通商口岸，还是由于它曾有为数不少的西方侨民，抑或还有其他什么原因？假如把它的城市与建筑形态与上海或天津的相比，就不仅仅在规模，而且在风格的多样与正宗上，都远远不及后者对西方建筑模仿得那样地道传神。海口现存的两幢比较正宗的西方近代建筑，一座钟塔（建于 1928 年），一座海关大楼（建于 1937 年，图 6），只能说明西方文化曾在此立足，但这并不能代表海口老街的城市与建筑特色。而老街的特色在于由店屋形成的街道和店屋的本身的建筑风格。以街道形态来说，老街的布局同当时另外一些中小型商埠，如福州、厦门、广州、汕头、台南等等差别不大，但在建筑风格上则比它们更为多姿多彩。老街店屋的西式风格，除了与它同时开埠的淡水（今台北西北部）的店屋能与之媲美外，其他商埠均不如他们“洋气”，但以东方格调来说，海口老街却又比淡水更具多样性，因海口老街还表现有非基督教文化的南亚和东南亚建筑的身影。要探讨这些问题的缘由，可能要从老街的居民谈起。

海口的居民缘由以大陆派来属各种籍贯的县衙官兵及其家属，和以闽、桂、粤等沿海地区迁移来的农、渔、商民组成。老街由于地处城外，其原始居民以后一部分为主。早在元朝，在白沙津官渡前的沿溪大街上（今中山路处）便建有反映大陆沿海居民民俗，

图 6　海关大楼

庇护出海渔民的妈祖庙。随着海贸与航运的发展，各种与此相关的诸如钱庄、进出口商号、客栈、仓库与各色零售业纷纷兴起，居民遂以商民为主并夹杂有大量往来于大陆与东南亚沿海城市之间的行船邦客、水手与各种劳工。其中不少后来都定居在了海口老街。据调查，不少居民称其祖籍原在福建某处或原是南洋华侨或有至亲在南洋等等。当时东南亚海运路线经海口的途径为，自曼谷、吉隆坡或新加坡出发，经过西贡、海防以达海口，并由海口向东北转到香港与广州，再由香港至厦门、台湾与日本。而大陆西南地区，如要通过海路与东南沿城市联系也要经过海口，也即从广西省的北海经过海口以达香港、广州与上海。因此这里的居民本身就同大陆的闽、桂、粤沿海地区和东南亚的新加坡、马来西亚、缅甸、越南、爪哇（今印度尼西亚）等地的华人，既有血缘，又有生意为发展，当时活跃于东南亚与大陆沿海海域的人群中。不少是华人行船邦客与水手，正是这些人成为携带与传播“南洋文化”基因的媒介。像老街那样的建筑除了海口之外，海南岛的文昌与广西的北海也有，只是规模与尺度均要小得多。文昌作为一个港口并不重要，但它是著名的侨乡；北海虽是海港，但过去的对外联系是通过海口进行的。由此可见是经济上的贸易带动了文化上的交往，这一规律在海口老街表现得尤为突出。

三、老街店屋形态分析

1.“南洋风”店屋的一般特点

老街的城市形态就如大陆与东南亚沿海都市中的商业街一样，由一排排紧密连接、商住合一、界面连续的店屋组成。它们开向街道，沿着街道的走向而排列，而街道又沿着溪岸线而走向。为了防火，这些排屋各户之间设有封火墙，每十户或十余户便有一个断裂口，一般宽度为 1 ～ 2m，排屋的前街宽约 10 ～ 12m，后弄很窄接近 2m。排屋的形体由于采用了相同高度的地坪，相仿高度的腰线与檐口，故而外观比较统一。

店屋层高一般为 2 ～ 3 层，个别的 4 层。楼层较高，一般为 4m 左右，特别宽敞的约 5m。功能布局为“前店后居”或“下店上居”（图 7），并备有相当面积的仓库；有些店屋除了供自家居住外，还备有用来招待或出租给往来商客与打工仔的小房间。店屋面阔一般约 4 ～ 5m，个别特窄的约 2 ～ 3m，特宽的约 6m。但进深很大，除个别之外，一般约 30 ～ 50m，这种宽深比很大的房屋在闽、粤称之为“毛竹筒”或“竹筒屋”（图 8）。由于深度很大，其间置有两进或三进天井。前屋与后屋相连的廊屋常置在天井一侧，只有开间特大的才在天井周围设列柱回廊，或除了回廊外还在二三层的当中设天桥。

骑楼（图 9）是南洋风店屋最显著的特色。它贯通成排的店屋，界面连续地沿街而立，供人穿行，相当于敞廊式的人行道和条带状街区生活空间。这是华南和东南亚沿海地区避风雨，遮烈日的产物，在新加坡与吉隆坡称之为“五脚基”（即英文的“five foot way”），在台湾称之为“亭仔脚”。它有两种形式，一种是从底层沿街挑出，另一种是底层后退，形成上房屋下通廊的名副其实的“骑楼”。其中以后者居多。宽度为 2.5 ～ 3m。由于它对气候的适应，通道常设有小贩摊或家庭排挡，既方便顾客，又是居民日常休息生活的场所。每天傍晚，居民用凉水驱散了地面的热气后便端着饭碗在骑楼下吃，或坐在那里聊天与乘凉，这是南洋地区生活习俗的一大特色。在调查中，不少老街居民回忆他们小的时候有许多时光就是在骑楼下度过的。

以上是海口老街店屋的部分特点，也是华南与东南亚沿海地区店屋的共同特点，因而可以说是“南洋风”店屋的一般特点。然而各地的店屋还有它们在建筑造型上的风格特色。

2. 老街店屋与“海口南洋风”

老街店屋乍看上去比较“洋”，并混交了多方面的欧亚建筑风格，这可能与现今尚存的建筑大多建于 20—40 年代，即老城墙拆除以后的特殊历史背景有关。

一般认为，新加坡的老街店屋风格按发展先后与风格特征，可分为当地华人式、华人帕拉第奥式和华人巴罗克式，并认为后二者主要是在 1902 年，即新加坡的第二次大建设开始之后形成的。吉隆坡则将其店屋风格分为早期店屋式，过渡式，晚期店屋式和装饰艺术式（Art Deco）。店屋越后建的装饰越丰富，且装饰比较丰富的多建于 1904 年左右及以后，而中国人在这方面的贡献较马来西亚土著为大。在台湾的淡水，老街店

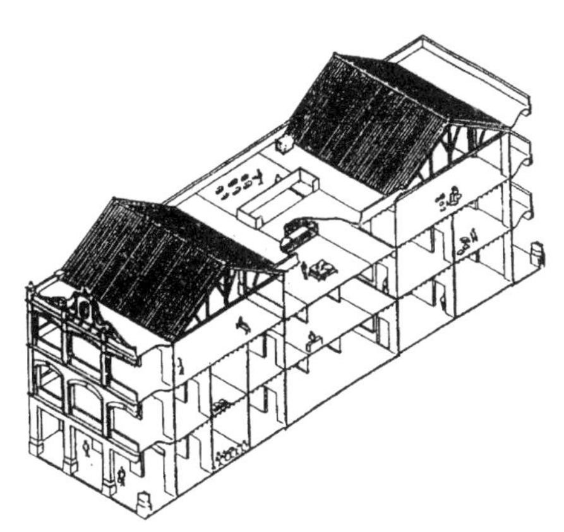

图 7 “前店后居”，“下店上居”的店屋

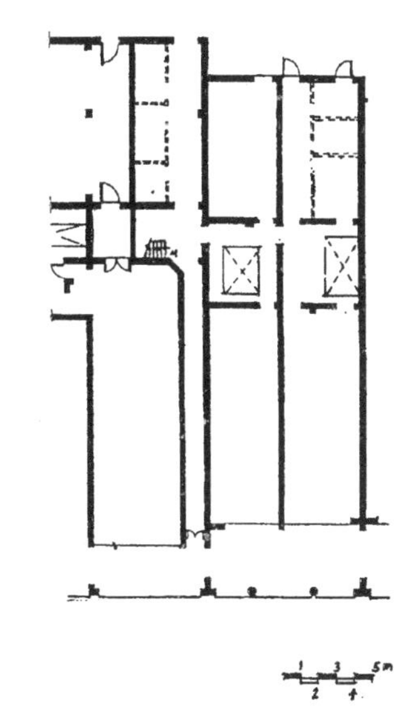

图 8 “毛竹筒”平面店屋及其天井

图 9 连续的骑楼是南洋风店屋的特色

图 10　海口老街的中式传统式

图 11　海口老街的欧亚混交的文艺复兴式

图 12　海口老街的欧亚混交的文艺复兴式

屋分为闽南式、洋楼式、仿巴罗克式和现代主义式，其中不少是从日本统治时期起，大约在 1910 年施行的“市区改正”以后重修的。

相比之下，海口老街的店屋可以分为下列几种形式：

1）中国传统式（图 10）。这种样式现今在老街中已所剩无几。它同新加坡的当地华人式、吉隆坡的早期店屋式和淡水的闽南式可以说是完全一样，可见最初源于大陆闽、粤地区。只是淡水的店屋原有不少为平房，而海口老街的店屋与其他地方一样为比较低矮的两层楼房。店屋底层为骑楼，上面光光的墙上并排开有两个窗户，屋面为挑檐。立面上基本没有什么装饰，即便有也只是一些处于檐口下或窗裙墙上的中国传统式线脚。

2）欧亚混交的文艺复兴式（图 11，图 12）。这种形式同下面要谈到的欧亚混交的巴洛克式与海口南洋式是形成老街特色风格的主要元素。它们在檐口以下的处理基本上一样，区别在于檐口以上的女儿墙。那么，老街欧亚混交的文艺复兴式同南洋其他城市又有何区别呢？它同新加坡的帕拉第奥式、吉隆坡的过渡式与晚期店屋式和淡水的洋楼式比较接近而又有区别。后者主要在于新加坡与吉隆坡喜用挑檐，而海口则多用女儿墙。

老街店屋的底层骑楼既有梁柱式的也有券柱式的，而以梁柱式居多。楼层立面常并排开有三个窗户。窗楣的形状有方形、半圆券形、敞肩形，还有阿拉伯和西方的尖券形。亦有用盲券不开窗的；个别的还采用了印度的支提窗。窗间墙常处理成象壁柱。但柱子样式同新加坡与吉隆坡的不同，即后者常为装饰比较丰富的科林斯式，而海口老街的则是简化与变形了的西洋古典式或夹杂有明显印度、甚或伊斯兰风味的混交式。墙面造型丰富。各层之间有显著的水平方向腰线或像栏杆似的窗群墙。有的店屋在面街的二层与三层处设有同立面等宽的凹阳台，于是其立面为开敞的柱廊；也有些店屋为一个个凸出的小阳台（图 13），其立面则波回起伏。

老街欧亚混交式中一个特色是其檐口上的女儿墙。女儿墙的花式很多，在欧亚混交的文艺复兴式中，女儿墙是一道贯通整个门面的水平向矮墙或矮栏杆，栏杆有直杆型的也有宝瓶型的。在女儿墙的中央部分还常有凸出的装饰，以使门面有一个构图中心。

3）欧亚混交的巴洛克式（图 14，图 15）。这种形式其他部分与上述一样，只是其女儿墙被突出处理成像一片片巴洛克式的山墙。它和淡水的巴洛克式比较相近。老街的巴洛克式女儿墙样式甚为丰富，栋栋没有相同的，充分显示了老街居民的思想豪放与不落俗套。有的比较低平，略如意大利式，在柔和的波形山墙两翼伴以卷涡形图案；也有的像荷兰与比利时的比例狭长的高耸山墙。此外，按曲线形轮廓安置的宝瓶栏杆、中国式如意纹图案等等，装饰甚为丰富，从一个侧面反映了老街居民与南洋地区的历史文化变迁。

4）海口南洋式（图 16）。这是老街欧亚混交式中一种非常独特且有创造性的形式，即在上述二者——文艺复兴式或巴洛克式女儿墙上开有一个个圆形或长圆形的洞口。须知海口一年近一半为大风日，并有 8 次左右的台风，风速最大时达 43m/ 秒。故在女儿墙上开洞口以减少风负荷，这种十分合埋的做法却在海口老街的建筑上形成了一种独特的艺术风格。得胜沙路 69 号（图 17）的立面，既自由又豪放，有着惊人的形态塑造力。它的高达 6m 的巴洛克女儿墙上如果没有减小风压作用的圆形与长圆形洞口是无法留存至今的。故这些洞口也是海口“南洋风”建筑最显著的象征性标识之一。

图 13　连续的凸出小阳台（与书中不同角度的同一栋建筑照片）

3. 老街店屋的结构与装修

建筑的结构形式有砖混、砖木、局部桁架等多种。承重墙多为大尺寸厚砖墙，内隔墙为较薄的砖墙或板墙；地面多为水泥面层，间有地砖或木地板；屋顶采用琼北民居的坡顶与平顶结合方式（图 7）。值得注意的是，坡屋顶的构架方式与闽粤传统（抬梁或穿斗）截然不同，多采用山墙担檩或三角

图 14　欧亚混交的巴洛克式

图 15　欧亚混交的巴洛克式

图 16　海口南洋式四则

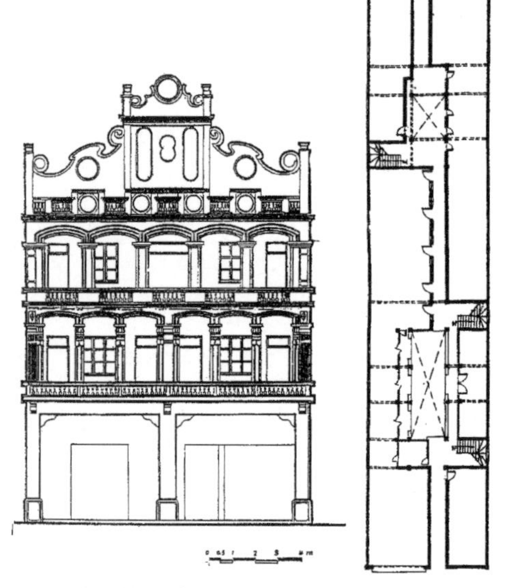

图 17　海口老街最大的南洋风店屋——得胜沙路 69 号

形木桁架的形式，后者明显带有近代木屋架特征。坡顶上的小灰瓦瓦垅均呈单数排列，与闽粤民居瓦顶特征相似。

在装修方面，立面的女儿墙、柱子、拱券等，原以砖砌筑，在粗琢出大致形状后，再以灰泥勾勒出表面线脚。可以说，如果没有精湛的砖雕和灰塑手工技艺，就不会产生如此完整而又细腻的立面效果。在这些表面装饰纹样中，可见几何化的植物花卉及螺旋形图案，有些还带有 20 ～ 30 年代西方盛行的装饰艺术式（Art Deco）的影响。此外绿色的彩瓷装饰与宝瓶栏杆，立面上的灰色粉刷，也是形成街景界面整体特征的重要因素。

四、老街的保护性更新

1. 文脉、特色、资源

海口老商业街的形成与演化，经历了 700 余年，而南洋风街景的形成不过 80 年左右，那么对老街文脉的含义与价值又该如何评估呢？

从城市化和城市文脉的层面来观察，老街是与近现代意义上的海口城市同步发展的，包括了开埠、划路扩街及南洋风几个阶段。而此前的海口，在形态上基本上是闽粤沿海传统城市与街道的分支系，地方特色并不显著。因此对现在的海口人来说，对海口城的记忆，是同“南洋风”街景密切关联的。后者虽属外来文化的移入，但却包含着古老的地方传统，殖民地历史的印记，以及华侨文化的强烈影响。老街在城市化中的特殊性，所处的中心位置，以及作为海口市民生活的重要场所，所有这些都体现着老街文脉的内在价值。可以说，没有“南洋风”老街，就不可能有对海口城市文脉的整体把握。换言之，抛开了老街的文脉，海口城市的性格与特色就会大为减弱，至少从人文景观资源的角度看是如此。

城市特色是城市活动和发展的生命线之一。保护和开发海口商业街这样极富个性的景观资源与时下风行的制造假古董、假文脉和假特色相比，有着质的区别。这里不妨比较一下日本传统城市在60年代所遇到的相似情况。当时的日本城市正处在工商业飞速发展及城市现代化的高峰期，人们基于改善生活条件的欲望，对纯功利的目标趋之若鹜，而对旧城人文景观的保护问题则不屑一顾。对此，少数有先见之明的人士自发组织了保护团体，提出只有保护地方文脉才能达到开发目的的旧城改造思路。这种观念在当时是被当作恋旧保守的情绪来看待的。时至今日，这却被历史证明是颇具现代意识和发展眼光的。经这些保护团体维修和利用的建筑所在地区，如今已在城市的特色与活力方面发挥着巨大的作用，成为旅游观光的胜地。

“街道是人际交往的中心场所”，是“生活之院”（威廉·怀特），是“外部生活之室”（路易斯·康），是“留下记忆的空间”。这些观念在欧美建筑规划界已达成共识，并影响着我国的旧城更新理论与实践。

诚然，随着海口城市更新步伐的加快，旧城风貌中不适应现代城市活动和现代生活方式的部分将被摒弃。但在探索海口新城特色和活力的同时，若能保留作为城市历史见证的老街文脉，对海口城市的未来发展来说，实在是一种有远见卓识的明智之举。除去老街所由生的商业贸易方面及历史文化方面的价值外，将其辟为旅游观光、特色购物和城市历史博物馆三位一体的风貌特色街，也是现实可行的。特别是老街区紧贴在将要更新的，沿长堤路的新建筑群之后，新与旧相映生辉，可形成强烈的历史与现实的时空层次对比，从而增添海口城市的魅力。

此外，从保护的角度来看，由于海口骑楼老街区的保护范围在整个海口旧城改造中所占比例很小，界面比较清晰，因而不会像一些历史文化名城那样，在大范围的保护与发展问题上或举步维艰，或易造成开发性破坏的后果。

老街保护的必要性已在上文中作了充分的阐述。接下来的问题是保护的可行性，即如何进行保护，以及如何将保护意识与市场法则这一对矛盾统一起来，以圆满实现保护性更新的目标？

2. 老街现状分析

从城市化的前景看，老街所在地区将不再是发展中的海口新城的中心，但其所处的地理位置依然显要，如人口集中，近于码头，毗邻海甸等；仍是岛内外人流和货流最重要的集散地之一。

然而，在海口城市高速现代化的背景下，老商业街的现实状况又如何呢？以骑楼老街中最为繁华的得胜沙街为例，其现有南洋风建筑的商业网点分布非常密集。从表1中可看出，商业、服务业等等第三产业占到80%以上，加上临街住户的小商品货摊及家庭排挡等，可以说临街建筑幢幢皆商，街道空间的商业利用率非常之高。但是不容置疑的是，老街的商业网与新建商业区点的经营实力相比，明显呈衰败下降趋势。这

表1 得胜沙街商业现状简表（非南洋风建筑未计入）

商业类型	数量	百分比（%）
商住	13	23.6
服务	7	12.7
文娱	2	3.6
住宅（家庭排档）	11	20
小百货	22	40

是综合的社会因素造成的。首先是商业服务网点设置不合理，设施落后，品种单调重复，品味以低档为主，且缺乏地方特色；其次，由于老街为老城商业重地，东西南北主要交通大多穿行其间，人、车流混杂，特别是博爱路一线，是经海甸入市区的南北交通动脉，因而街道平日拥挤不堪，空气、废水及噪声污染严重，环境质量非常恶劣；再次，临街建筑除少数外，内部大多常年失修，危房累累，卫生条件低下，加之居住人口密度高，容积率却偏低，居住空间狭窄拥挤，等等。在这样的现状条件下，如何制定旧街区的保护性更新策略，的确十分棘手。

无论文化价值观如何重要，无可回避的现实却是，必须在成本——效益的市场法则下讨论老街的保护问题，也就是说，决策者与专家群只能提出保护的原则与策略，并使保护的法律或条例行使社会契约和规范的作用，获得广泛的社会认同。而老街作为社会生活的场所，只有依靠社会和市场的力量，方有可能实现真正意义上的保护性更新。否则，一切只能是“纸上谈兵”。

3. 老街保护性更新的途径

1）业态改造与旅游开发

首先，是在提高老街的环境质量与效益，和保护原有风格和风貌之间寻找平衡点，并且充分发掘其市场潜力。

从老街的地理位置及历史文化方面的优势来看，更新的最佳途径应是转换街道的商业服务功能，从以对内服务为主的小商品市场向以对外服务为主的旅游购物中心过渡。主要内容包括：

将老街的保护性更新，纳入旧城改造的总体规划框架，并做出旅游观光专项规划。如设立兼有服务、导游与宣传作用的旅客服务中心和各种提高旅游服务质量的设施；对现有商业网点进行增、转、并等，使经营品种及网点设置得到较大规模的调整和系列化；利用旧有临街建筑开设一批小规模的、有海口特色的土特产商店、假日酒店及地方风味餐饮业等。

利用合适的临街“南洋风”建筑，改建成几座城市历史博物馆、土特产艺术与工艺展览馆和画廊等；并可考虑将海口传统的街道仪式化习俗（如庙会、节庆等）作为观光项目纳入规划之中。

总之，老街以旅游观光为主的功能转变，有着深厚的市场潜力，既给老街经营带来可观的利润，又可使国际及国内的文化交流在民间层次上得以开展，从而恢复和发展老街的活力，以达到保护性更新的最终目标。

2）居住改造与权益平衡

在分级保护的原则下，对大量临街建筑立面以内的部分进行较彻底的保护性更新。这种更新必须在政府政策法规、专家参与指导、发展商与居住者权益诉求之间形成某种妥协和平衡。具体方法如后文所述。

3）道路改造与交通梳理

首先老街保护性更新的目标之一，应是理顺商业步行街与机动车交通的关系，目前穿越老街区的城市干道交通应在道路规划中作适当调整，重新梳理人流和车流关系。其次是改善街道的卫生条件，增加服务设施，通过铺地、小品等设置来丰富街景，保持原有道路的线型、尺度和南洋风建筑的界面连续性。总之，应尽量完整保留老街的形态风貌。

4）老街保护性改造的投入方式

在政府出台的保护性措施（诉诸法律或条例）得到落实的前提下，由发展商与房产所有者协商解决保护性更新中遇到的拆迁条件、更新方式、经营内容以及双方的责、权、利问题。政府方面应严格执行保护性更新中的奖罚条例，并对保持原有风貌的临街建筑实行减免税的价值补偿。在翻修改建中实行借贷和资助的优惠政策。此外，保护性更新的资金来源尚可以多渠道、多方式进行筹集，其运行机制可参考日本方面的经验（见表 2：资金筹措体制表）

表 2　　日本历史文化城镇的保护及资金筹措体制（引自参考文献 10）

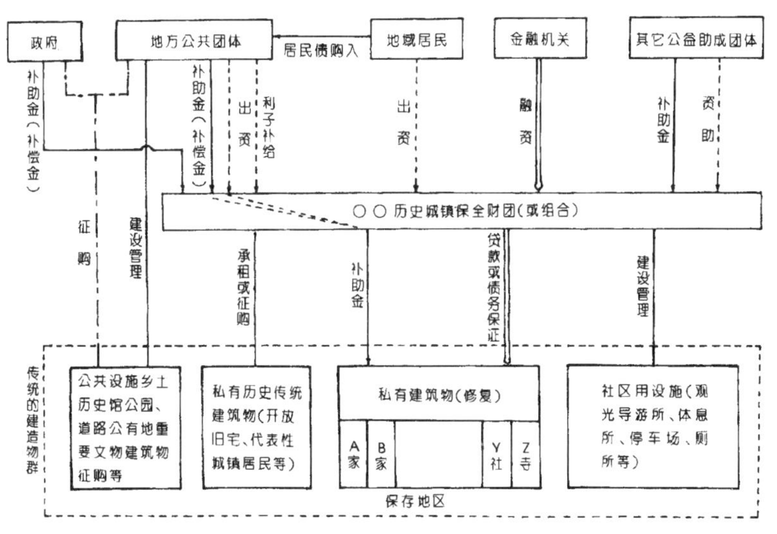

4. 建筑与街景的保护措施

1）临街建筑的分类保护

一类：约占临街建筑的 5%～10%。兼具较高建筑艺术特征及历史文化价值，或与海口历史人物、事件有关者，可申请报批为省级或市级重点文物保护单位。

二类：约占临街建筑的10%～15%。造型较突出，现状完好，并具有一定历史文化价值者，可辟作商业旅游之用。

三类：约占临街建筑的60%～65%。立面具一般历史特征，能在维持南洋风景街界面的连续性上起作用，但内部空间与结构质量不佳，需改建或翻建者。少数损坏严重的立面，可能需要重建，但在改建与重建中必须注意其形象不仅不能削弱街景的风格，而且要利用此机会来加强其原有的性格特征。

2）分类保护的措施

其一，对于一类保护建筑，应参照国家文物保护法予以保护性维修，内外皆保持原有风格式样。其用途及所有权归属应慎重确定，使之不致在市场交易中改变性质。

其二、对于二类保护建筑，外立面比照文物保护法予以保护性维修，内部可按使用性质进行更新，适当保留原有内部空间在布局上的一些特色。这种部分复原保护的方法，可参照比利时保护一些建于17世纪的老商业广场（Grande Plaoe）建筑的经验。

其三、对于三类保护建筑，主要采用外观保护的方法。既关照到街景建筑的整体风格，又可使立面后的建筑空间按不动产市场价格投资，必要时可按原空间类型翻建。常见的方法是，加固骑楼立面，使之与后面翻建结构有机连接。

5. 保护性规划设计要点

为了使老街保护范围内的新建部分不致影响街景风貌，有必要对规划设计内容加以控制，即对肌理、高度、尺度、材质、标识、形态以及街景小品等提出设计要点。

其一，临街立面后新建或改建的建筑，层数一般不超过三层，高度宜在旧立面高度以内。但退后立面8m以上的建筑，在层数、高度、容积率及造型上可适当放宽，以不影响旧街景观的视线走廊及原有天际轮廓线为宜。

其二，必须改建的临街建筑，其立面应按南洋立面的主要特征进行设计，尺度比例与形态装饰应与周围街景相协调。如单院式，店面一侧为甬道，以内院与后部新建部分相连。再如传统中庭式布局，亦可借用来形成共享空间，将商住、办公等不同功能的空间组织在一起。

其三，凡已建成且与老街风貌相悖的临街建筑（现约占5%～10%），在有条件时，应参照临街改建原则对其进行立面整饬。

其四，在街景形象保护的同时，可考虑在规划设计中增加一些有助于衬托和强化历史与环境气氛特点的小品建筑，如可在原海口所城十字街口（即博爱南、北路和新民东、西路路口）恢复历史上的四牌楼景点；又如可在南临海甸溪和长堤路一侧的老街路口设立与南洋风建筑相协调的门洞，以增加空间的层次、领域感与情趣。

其五，老街入口处及结点处，应尽量留出绿地和小广场，除街口停车场外，可添加有海南地方特色及南洋风特点的雕塑、水池、休息座及咖啡座、茶座等，使街道的流动感及滞留感交织在一起。

其六，临街立面在整修时，应采用原有材料和色泽，对损缺的装饰纹样宜按原状复原。对于临街建筑上的商业广告、招牌等标志物，应特别加以控制。参照美国的经验，在建筑上安装的标志物，不得突出墙面 30cm，不得向外倾斜，不得超出其附着建筑的高度。若建筑立面基线长度为 30cm 则标志物最大面积不得超过 0.2m^2。另，其位置不得高于以下限制：

A. 地面以上 6m；

B. 二层窗台底部；

C. 建筑檐口线；

最后，老街保护性规划设计从整体上应按城市设计的步骤、方法和技巧进行，并特别关照到“南洋风”骑楼老街特色的真实完整性。

结　语

本文是在 1992 年由同济大学罗小未教授负责、常青博士参与研究并由海口市城市设计事务所资助的研究项目：“海口旧城中心商业街文脉及保护性改造对策研究”的基础上提出的。研究工作组曾对海口南洋风老商业街进行现场调查、全景录像、摄影与测绘，和对老居民、老华侨进行采访与调查，取得大量一手资料。由于时间紧迫，研究的深度尚有限，错误之处在所难免，诚望读者评点匡正。

在研究过程中，曾蒙张为诚、王伯伟等城市设计专家协助分析、论证以及海口市规划局暨海口城市设计事务所有关负责同志的密切配合；此外，同济大学建筑城规学院建英 89 班学生：鲁斌、顾文斌、孙延风、李颖、黄嵘、张伟、殷明、郑鸣、夏小刚等九位，在比较艰苦的工作与生活条件下参加并完成了老街的调查、测绘工作。本文收录于（加）韦湘民、罗小未主编《椰风海韵－热带滨海城市设计》一书，中国建筑工业出版社，1994。此次重刊除个别文字、标题修订外，基本保留了论文原貌。

主要参考文献

1.《海口文史资料》，政协海口市委文史资料委员会编。

2. 明·正德，《琼台志》。

3. 清·光绪，《琼州府志》。

4. 冯仁鸿：海口市陆地形成及街道沿革史，《海口文史资料》第一辑。

5. 新加坡协调委员会：《古色新采——新加坡传统建筑新貌》，新加坡协调委员会出版，1984。

6. Ismawl Bin Hj. Zen：“The Evolution and Morphology of Kuala Lumpur：A case for the Conservation of A colonial Urban Form”，*Edinburg Architecture Research*，vo1.19，1992.

7. 庄永明：《台北老街》，时报文化出版企业有限公司，1991。

8. 王建国：《现代城市设计理论和方法》，东南大学出版社，1991。

9.（美）Wayne Attoe：“城市历史保护规划”，王凤武译，《国外城市规划》，1991.1-2 期。

10. 日本观光资源保护财团：《历史文化城镇保护》，路秉杰译，中国建筑工业出版社，1991。

《城市规划》、《国外城市规划》、《城市规划汇刊》、《城市问题》等杂志。

（本文原载于《椰风海韵》（加）韦湘民，罗小未 主编，中国建筑工业出版社，1994；本文第二作者：常青）

上海弄堂·上海人·上海文化

“薏米杏仁莲心粥！”

“玫瑰白糖伦教糕！”

“虾肉馄饨面！”

“五香茶叶蛋！”

这是鲁迅先生在《弄堂生意古今谈》中怀念20年代他初到上海时闸北一带弄内外叫卖零食的声音。他认为那些口号既漂亮又具艺术性,使人“一听到就有馋涎欲滴之慨”。

“弄堂”是上海人对里弄的俗称，“里弄房子”就是弄堂建筑。在弄堂里除了有叫卖零食点心之外，还有叫卖青菜、豆腐、瓜果、鸡蛋的，时而还有活鸡活鸭；每隔几天还有把服务送上门的修理棕棚、补皮鞋与弹棉花胎之类。他们各行业有各自的呼唤声调，使人一听便知道是什么行业的人来了。此外，还有算命的、化缘的；晚上，当夜深人静时还有声调凄凉的卖炒白果与卖长锭的,更有使人毛骨悚然的为家中病孩招魂的长嚎声。由于弄堂房子家家户户紧挨着，共同分享屋前屋后的弄堂，平时出入照面时常会打个招呼或寒暄几句。一有叫卖声，抱有共同兴趣的主妇就会应声而出，于是对货色评头论足、讨价还价、交流观点之声不绝。更有借此机会交头接耳，交换东家或西家最新信息，把本来要买东西的原意也忘掉了。它的优点是这里的生活富于邻里感，邻居相互帮助。亲如一家，特别是所谓上海人其实多为外来人，“远亲不如近邻”在这里最能体现。缺点是，“对于靠笔墨为生的人们，却有一点害处，假如你还没有练到‘心如古井’，就可以被闹得整天整夜写不出什么东西来”（鲁迅，同上文）。此外，在大型的弄堂里，居民鱼龙混杂、人各有志，接近了就难免会生是非，一不小心就会惹出各种各样的弄堂风波来。人们常说上海人善于处世、门槛精，可能从小就处在这个微妙的小社会

罗小未教授主编的上海弄堂

里，接受这个小社会关于人际关系的教育有关。

弄堂与弄堂房子是上海开埠后的土产。起初英国人只许中国人在租界工作，不同意居住。后来发现要发挥上海可能成为都市的潜力，仅仅靠那些为数不多的外侨（1865年在法租界的外侨为460人，英租界可能多一些）是不行的。那时恰逢太平天国运动进入江南（1853年），大量富有与中产阶级的中国难民要求移入，于是租界当局顺水推舟，公开向中国居民开放。为了便于管理，便在指定的地块上兴建大批集体住宅。房子为立帖式结构，像兵营一样联立成行，并于行列组成网络，对内交通自如，对外只有总弄才能达到马路，弄口设铁门，可以随时关闭。没有想到，这种原本始于方便管理、统一建造的集体住宅很快便发展成为综合有东西方居住特色的上海弄堂，并在随后的几十年中成为上海经济活动中最活跃与规模最大的房地产业的中坚。大规模建造的弄堂房子不仅租界有，华界亦有。至于它们的类型与各类型的特色，这里就不赘述了。但从解放前上海418.94万的居民来看，除少数的外侨与中国富人（约占5%）住的花园住宅，与100余万贫民住在城市边沿用草、竹、芦苇搭成的棚屋之外，绝大多数居民，包括中国与外侨的白领阶层皆住在各式弄堂中，总面积达两千余万平方米。无怪只要居高临下，尽目所及是一片片栉比鳞次、此起彼伏、像波浪似的各式弄堂的屋面。

建筑是社会生活的镜子，居住建筑尤其这样。在上海能住上弄堂的，至少也得是有固定收入者，否则无法交付每月到期必须缴纳的房租与房捐（或称巡捕捐、绿衣捐）。在旧上海，不交房租就要逐出，这是天经地义的事。

既然社会是分层次的，弄堂也有高、中、低之分。不同级别的弄堂房子在质量上虽有差别，但更重要的是地段。一般来说，位于闸北、南市的较差，虹口稍微好些，静安寺路（南京西路）与霞飞路（今淮海路）一带最好。故上海有"上只角"、"下只角"之称谓，"上只角"指城市西区的高级住宅区，两"角"的房租可以差三四倍甚至十倍以上。南京路中心地段的弄堂在早期时曾因其商业价值而兴旺，它们是上海最早的"商住楼"。当时无论是广邦或宁邦的"字号"（进出口行）均集中于此。这些房子常为"三上三下"或"五上五下"，开间较大，前店后屋或下店上屋，前面的天井可作临时货栈之用，后面还有可供职工居住的"后楼"。30年代，随着进出口业体制的更新与新型办公楼的兴建，这些弄堂逐渐沦为居住条件较差之列。

弄堂级别还反映在弄堂里的生活与文化中。"倘若走进住家的弄堂里去，就看见便溺器、吃食担，苍蝇成群的在飞，孩子成队的在闹，有剧烈的捣乱，有发达的骂言，真是一个乱哄哄的小世界。"（《上海的儿童》）这无疑是鲁迅先生对低级弄堂的写照。在这样的弄堂里，居民为了减轻房租负担干脆想通过房子来赚钱，总是把多余的房间分租出去，自己当起"二房东"来。也有真实性把房子横七竖八地划分为小间，上面还要搭上阁楼，出租给外地到上海来谋生或逃难的人。因而这里人口密度高、成分杂、居住条件恶劣，是非多。讽刺剧《七十二家房客》就出于此。另外，邻里感特强的弄堂可能属于中级或中低级。这里也有"二房东"和"三房客"，但房东对房客是有所选择的。有趣的是，当时许多为了逃避内地白色恐怖而躲到上海来的进步文人大多落脚在此类弄堂中的亭

里弄

子间，于是出现了我国近代文学史中的一个小派别“亭子间文学”。“亭子间文学”并非描写亭子间，而是这些住在朝北的、看不到阳光的、冬冷夏热的亭子间中的文人，在苛刻的生活条件下写出来的现实主义进步文学。今天当人们怀念邻里感时，常常会把上海的弄堂同邻里感捆在一起，其实并不尽然。看来越是高级的弄堂，其人际关系也就越是淡漠。在那些沉静而优雅的高级弄堂里，除了有三五个男孩在那里玩耍外，很少有人在此停步。偶尔有三两个人聚在一起低声谈话则大多为某家的“娘姨”(保姆)或“大师傅”(厨师)。假如哪一扇门忽然开了在迎宾或送客，甚至有些不寻常的活动时，人们也只是装成漫不经心地遥望着，不会去围观。

有些大型的，拥有数百户甚至成千户的弄堂，俨然就像一个城中之城。里面有杂货店、小吃店、理发店、老虎灶、裁缝店、甚至还有工厂。上海的“弄堂工厂”是上海工业与文化的一大特色。这些厂大多为技术工人出身，带着几个徒弟，运用大厂扔下来的边角料或下脚货，经过因材施用，精心设计，认真制作，竟造出许多人们生活的必需品，并在小商品市场中占着重要席位。解放后的上钢八厂便是以几个“弄堂工厂”为基础发展起来的。

上海弄堂还有一个特产，就是“弄堂公馆”。过去在鱼龙混杂、尔虞我诈的旧上海中，人们必须会一套自我保护的方法，“弄堂公馆”就是其一。当时，有些富人在为自己建造大公馆时，不是堂而皇而之把公馆建在大街上，而是先在基地沿马路一带建一个弄堂，用以出租；自己的公馆则建在弄堂末端，隐蔽起来。这些公馆规模不小，内部考究，但在外形上却同周围的弄堂房子差不多。这说明上海人在住房问题上是同西方人与内地富绅不同的。

弄堂是上海的特产，是属于上海人的。它记载了上海的故事，反映了上海人的文化、生活方式与心态。上海有各式弄堂房子，每种是上海作为一个整体的一个部分。阅读上海弄堂，就如阅读上海与上海人的社会历史。

目前，尽管上海近几年的住宅建设年达1000余万平方米，但尚有45%左右的人住在旧社会遗留下来的弄堂中。当今，在上海正在进行着的大规模的城市改造中，有些质量较佳的弄堂将予以保留或在保留中进行改造，有些危房简屋或居住条件恶劣的将予拆除改造。在此大发展与大变化的时刻，讨论一下上海弄堂同上海人与上海文化的关系是很有意思的。

（本文原载于《上海弄堂》，罗小未、伍江 著，上海人民美术出版社，1997）

《上海百年建筑史：1840—1949》第一版序

伍江先生的《上海百年建筑史：1840—1949》终于出版了。这是在他的博士论文的基础上经过补充、修改后完成的。作为作者的博士生导师，我为本书的出版感到由衷的高兴。

上海是一个极为独特的城市，在中国近代化的过程中扮演了一个非常重要的角色。国内外许多学者把上海看作是研究近代中国的一把“钥匙”。因为它构成了中国近代城市与建筑发展史中最为重要也最为精彩的一个组成部分，可以说，没有上海，中国近代建筑便不会那么丰富多彩。正因如此，对上海近代城市与建筑的研究越来越成为国内外学者所关注的焦点。近年来，有关上海近代建筑的论文与专著也越来越多，这些出版物对促进上海近代建筑的研究起到了很好的推动作用。但根据我所知，在国内已出版的专著中，虽有较强的资料性，但真正能称之为“史”的，迄今尚未有见。

本书最大的特点在于试图对整个上海近代城市与建筑的发展轮廓作一个整体的描述。上海的城市建设活动被展现为一幅完整的、各部分相互关联的历史画卷。当我们阅读本书时，上海近代建筑不再是一个个孤零零的实例，而是一部被一条时间主线串联起来的历史故事。

本书的另一个特点是对建筑物背后的社会、经济、文化、技术背景的分析，因此，建筑不仅仅是一座座历史建筑，而是物化了的社会，建筑史从而成为社会发展史的一个重要组成部分。唯有如此看待建筑，我们才能够正确理解建筑中的文化、艺术、经济和技术。

在中国，建筑师在建筑中所起的作用往往不被人们所重视，本书则对建筑师的活动给予了足够的关注。书中对建筑师生平的描述，对一些鲜为人知的历史事实的追踪都大大增加了本书的可读性与参考性。建筑是人在一定的需要与条件下的创造。书中对建筑师的地位和建筑师设计思想的分析也有助于我们正确认识建筑师在建筑中所起的作用。

值得一提的是，作者除了认真搜集已有的资料之外，还花了大量精力去做史料的搜寻、查找与考证工作，并对此表现出极高的热情与极大的耐心。凡是现存的建筑实物作者几乎全都走遍；许多过去一直被误解的史实被订正过来。如此踏实的工作使得书中史料的错误率降到了一个比较低的水平，这对于我们进行建筑史研究的人来说是非常值得推崇的。

正如作者在后记所说，本书凝聚了他差不多十年的心血。但是，上海近代建筑研究领域非常浩瀚，要做的事还有很多很多，希望这本书的出版能对这一研究领域起积极的推动作用。同时作为作者的导师，我希望他能继续研究，继续进步，不断提出新的研究成果。

1996 年 12 月

（本文原载于《上海百年建筑史：1840-1949》，伍江 著，同济大学出版社，1997）

《上海百年建筑史：1840—1949》第二版序

《上海百年建筑史：1840—1949》完成于15年以前，正式出版至今也已经12年了。一本学术著作出版了十多年却仍然深受读者欢迎，在专业研究领域仍具有难以动摇的地位，这已足以说明这本书的学术价值。事隔12年，我仍然乐意再次提笔作序。

过去的这15年是上海历史上发展最快、变化最大的15年。15年来，随着上海经济、社会和城市建设的巨大进步，上海的发展在国际上受到从未有过的广泛关注。上海城市史和建筑史的研究领域成果不断，和十多年前的状况已不可同日而语。

然而，我们越是看到新的成果层出不穷，就越是看到这本看似并非恢宏巨著的书之价值。事实上，我们很难找到其后有关上海建筑史的著作中没有引注到《上海百年建筑史：1840—1949》。我们很难想象如果没有本书作者当年所做的艰苦而又深入的考证和研究，其后的许多研究将从何入手。即使时至今日，书中的很多成果仍是该领域继续深入研究的基础。

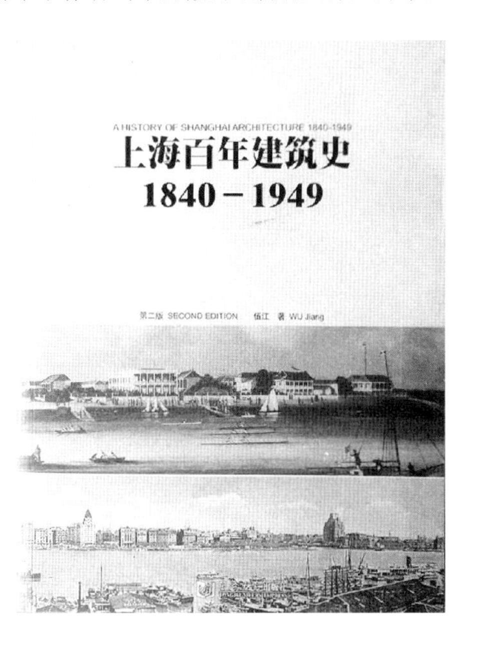

这本书自从出版后便一直深受读者欢迎，也一直为该研究领域的学者所称赞。虽经重印仍不能满足需要，书店里早在数年前就已告罄。今天这本著作得以不做删减地再版，增加了图片，并经过重新装帧设计，不仅满足了更多读者需求，也大大提高了书的制作质量与品位。

正如我在本书初版的序言中所说，上海在中国近代化的过程中扮演了一个非常重要的角色，被国内外许多学者看作是研究近代中国的一把钥匙。今天看来，上海这个特大城市发展和演变的过程，不仅是中国近代化的缩影，也是中国改革开放以来中国现代化建设的缩影。从这个意义上说，上海可能也正是理解当代中国的一把钥匙。

作为一个世界级的特大城市和21世纪潜在的国际化大都市，上海面临着当代世界城市所面临的所有问题。能否成功地解决这些问题，成功地走出一条中国特色的现代化国际大都市建设之路，全世界都在拭目以待。同时，面对城市化和现代化这个当今中国发展的重要主题，上海的发展也预示着中国城市化和现代化的发展方向。上海的一举一动，正成为全世界关注的焦点。

作者从十多年前初出茅庐的年轻学者，今天已成长为在上海城市规划与建设管理岗位上的重要一员。他对今天岗位的胜任，不能不说与他多年来对上海的深入研究有着必然的联系。在他的直接领导与推动下，上海完成了具有国际先进理念的历史文化风貌区保护规划。我确信，正是因为他对上海这座城市的深入了解与理解，才使他在今天的领导和决策岗位上扮演着如此重要的角色。

我衷心地希望作者能带着对上海这座城市的热爱和理解，在城市规划建设的管理工作中不断地进行研究与思考，不断地推出学术成果并将其融入管理工作实践中去，为上海的发展做出更大的贡献。

2008年8月

（本文原载于《上海百年建筑史：1840-1949》，伍江 著，同济大学出版社，2008）

《上海近代建筑风格》序

随着社会进步与文化水平的提高，越来越多的人在关心物质文明与精神文明建设的同时，对城市建设与建筑发展给予极大的关注。人们重新审视城市的生活环境，并在分析它的现状、回忆它的过去中，憧憬着未来的城市生活品质。在展望美好的将来中，人们越来越认识到在建设新的城市文化中必须保留城市原有的文化精髓；只有这样，城市才能真正成为人们美好的物质与精神生活环境。

城市的历史建筑是先人在漫长的历史长河中创造的。它记录着城市从无到有，久经沧桑，种种成败、荣枯、顺逆与甘苦的故事。它是城市历史的写真，又是一个城市所以区别于其他城市个性、特点与精神的物化体现。人们认识城市的历史建筑犹如认识一个人的家史与身世一样，可以唤起人们对城市过去各个时期的社会、经济、文化、不同阶级与阶层的生活方式等等特点与规律的回忆与理解。这不仅可以加强城市市民的凝聚力、促进他们奋发图强的决心和信心，同时对国内外一切关心城市与建筑发展的人来说，也是一个加强相互理解与交流的有力媒介。况且建筑是一种正面的艺术，人们在创造建筑的过程中总是竭力把自己认为更美好、更理想的生活憧憬熔铸于其中，因而不少建筑还具有较高的人文与历史价值。为此，城市的历史建筑不仅为城市所有，还是世界人民所共有的宝贵财富。目前不少历史学家、社会学家、人文科学家热衷于对城市历史与历史建筑的研究，同时还把研究与保护历史建筑看作为城市文明的标志之一。

上海是一个十分独特的城市。它从古时的一个渔村到13世纪发展成为商贾云集的贸易重地；1843年开埠后又在几十年中演变为当时远东最大的国际型城市；解

放以后它稳步地向着作为全国的重要工业城市而前进；改革开放后又以惊人的速度全面发展，目前正向着作为国际经济、金融、贸易中心之一的转变而迈进。现在上海尚留下一些能说明它的历史特点与发展规律的建筑，其中以它的近代建筑（1840 年—1949 年）最为丰富与最具特色。由于上海是我国最早进入现代的经济模式、生活方式与最早发展现代工业的城市，其建筑业的兴盛与多彩是我国其他城市所无法比拟的。此外，它的八方聚会与华洋杂处又使它在建筑文化上具有独特的多元品格，无怪不少国内外学者都把研究上海近代建筑作为了解上海、了解中国与研究建筑文化的契机。

郑时龄先生这本《上海近代建筑风格》是迄今我看到的研究该课题的最完整与全面的书。须知建筑风格是社会文化模式的体现，是由社会集体在文化整合过程中的价值取向所决定的。上海近代建筑风格既多样又宽容，既表现时尚又重实际，既讲究符号又有深入的技术底蕴，既有上海作为中国的一个城市的地方文化特色，又有外来文化的直接体现，更有外来经验经过地域化后的结晶。作者在大量考证的基础上探讨了这些风格的成因，并提出了不少有助于认识风格及其发展规律的独到见解。同时作者对大量风格例证的分析，也有利于扩大读者视野，供建筑创作参考。此书资料丰富，论述详尽并附有大量珍贵的历史照片，是一本很有价值的学术著作与参考书。我相信它必将得到学术界与社会各界的欢迎。

1999 年 4 月 4 日

（本文原载于《上海近代建筑风格》，郑时龄 著，上海教育出版社，1999）

上海新天地广场开发性保护成果解读

上海新天地广场是目前上海最吸引人与留得住人的一个文化休闲好去处。吸引人的是它那独特的上海老式石库门弄堂的海派文化风韵；留得住人的是它那内容丰富、风味独特、品位高雅、格调时尚的中外餐厅、茶坊、咖啡座、艺术展廊与专卖店；而两者是相辅相成的。在广场“南里”还有一个露天广场（时尚广场），经常有西人乐队在那里演奏像摇滚乐之类的当代音乐，聚集了大量中外老少的观赏者。现在上海有许多文化性的休闲场所，而新天地广场的特点是既能吸引本地人也能吸引外国人。人们在这里既能与友人相会，也能自出自进地各得其所。无疑地，新天地广场作为上海旧城改造中的一种模式是成功的。它的规划与设计已引起了许多专业人士，包括我，对它的注意与关心。

图 1 《上海新天地——旧区改造的建筑历史、人文历史与开发模式的研究》封面

背　景

新天地广场（图 2）位于上海市中心区淮海中路的南面。它东临黄陂南路，南临自忠路，西临马当路，北临太仓路。当中一条兴业路把广场分为“南里”与“北里”两个部分。它在太仓路上的主入口离淮海中路最繁荣的地区和地铁出入口只有 170 余米。这里还要指出它在地段上的一个得天独厚的优势，这就是上海最重要的革命历史文物保护单位——中国共产党第一次代表大会的会址——就在这里的兴业路上。所有国内与国际

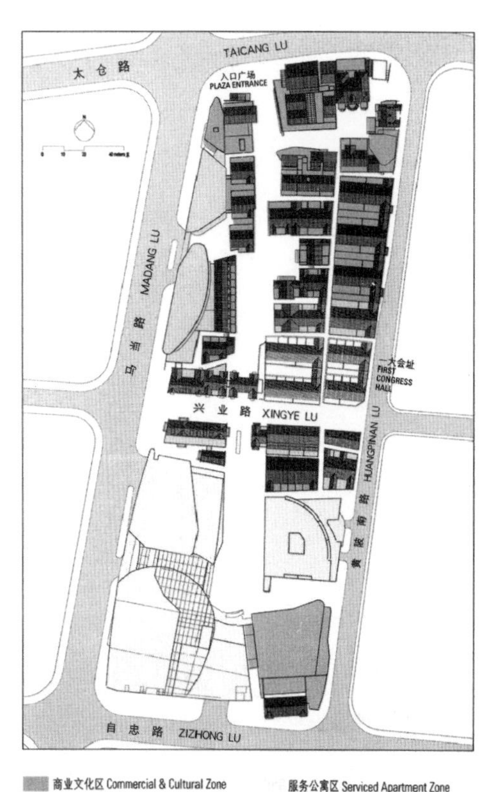

图 2　新天地广场总体布局示意图

上到一大会址参观的人免不了还会到新天地广场去看看。

由于有一大会址，广场所在地的两个地块被划入上海市中心城区 12 个“历史文化风貌区”之一的“思南路革命史迹历史文化风貌区”中[1]。所谓历史、文化风貌区首先是因为区内存在着已被登录为必须予以保护的国家级或市级历史文物保护单位或具有历史艺术和科学价值的优秀历史建筑和环境风貌的保护单位。为了使这些保护单位在旧城改造后不至于被陷入或淹没在与之极不调和的环境中，因而在它们周围划定一个风貌保护范围，以便对其建筑与环境风貌（包括街道、绿化、水系等空间格局与景观特征）也要进行保护；并对风貌保护区提出了两个保护层次：核心保护范围和建设控制范围。核心保护不用说就是对原已登录为保护单位的建筑与环境特征要按规定要求进行保护，后者是在新建、扩建、改建中，应该在高度、体量、尺度比例、结构、色彩上有所控制，使之能与历史文化风貌相协调。在兴业路历史文化风貌区中，一大会址当然是该区的核心保护对象，其它建筑则可以按建设控制范围规定进行改造。但现在新天地广场不仅把沿兴业路紧贴着与面对着一大会址的建筑风貌忠实地保护下来，并且把广场“北里”大片破旧的老式石库门里弄的旧时风貌也保护了下来。它不仅使人走在黄陂南路与兴业路上时完全可以领略到八十年前一大会址的环境风貌；并且艺术地再现了旧时石库门里弄建筑文化的精华。因而，从历史文化风貌保护来说，新天地广场是十分到位的。

新天地广场在风貌保护上的成功是与该项目的开发商——香港瑞安集团对这个地块的开发理念分不开的。1997 年，经过多方面的分析与研究，瑞安集团提出了一个改

1. 1991 年上海历史文化名城保护规划中几个“上海中心城历史文化风貌区”是：外滩优秀历史文化风貌区；南京路近代商业文化风貌保护区；豫园旧城厢风貌保护区；思南路革命历史文化风貌保护区；茂名路优秀历史建筑风貌保护区；龙华烈士陵园与寺庙风貌保护区；虹桥路花园住宅风貌保护区；静安、长宁、徐家汇花园住宅风貌保护区；山阴路近代居住建筑风貌保护区；江湾三十年代都市计划风貌保护区。

造这一地区的理念：保留石库门建筑原有的贴近人情与中西合璧的人文与文化特色，改变原先的居住功能，赋与它新的商业经营价值，把百年的石库门旧城区改造成一片新天地！翌年，集团的董事长罗康瑞先生在上海市市长国际企业家咨询会上发言说：上海必须创造优良的生活环境，以吸收、培养及留住最优秀的国内外人才……一个国际金融及商业中心，应该在市中心建设各种活动场所让本地及外籍专业人士有一个聚会场所……。以上为新天地广场作出了明确的功能和风格上的定位。这些理念得到了市和区有关方面的支持，于是开始了长达三年的把理念变为实践的反复实验、创造与磨合的过程。

通道、边缘、区域、节点

整个保护、改造与开发是一个严峻的挑战。以新天地广场“北里”为例，在这个面积不到2公顷的土地上原先建有十五个纵横交错的里弄，密布着约3万平米的危房旧屋（图3）。其中最早的建于1911年，最迟的建于1933年。它们大多互不相通，有的有能直达马路的弄堂口，有的则要借道其它里弄才能进去。因此在规划上首先要读懂它们之间的脉络关系，要在密密麻麻的旧屋中“掏空”出一些能供群众活动与呼吸的空间；在“掏空”的同时还要注意把一切能为广场增色的，具有石库门里弄文化特征的建筑与部件保留下来加以利用。这样才能使之获得活泼地再生的生命力。

Kevin Lynch曾说：组成城市意象的元素是通道、边缘、区域、节点与标志物。但它们不是各自独立地存在，而是相互重叠与引申的。因而好的城市形式既来自对意象元素的设计；也来自对它们之间的关系、对意象转换和对意象质量的设计[2]。由于没有和设计人交谈过，我们不妨以Lynch的话来启发我们对新天地广场的认识与评价。

广场“北里”的南北主弄（通道）可谓广场中最起主导作用的部分。人们从太仓路进入广场时（一个区域的开始，也是一个节点），

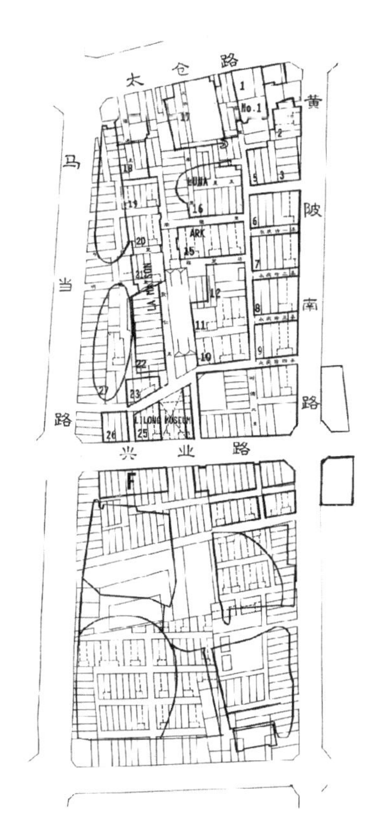

图3　新天地广场总体布局与原来地块上的旧建筑的关系

2. 由于建筑的专业词语翻译不统一，现将Kevin Lynch的*The Image of the City*与本文有关的词语列下：The City Image and Its Elements: Path; Edges; Districts; Nodes; Land-Marks。……Good City Form: Element Interrelations; the Shifting Image; Image Quality

图 4　图左方为“北里”太仓路入口，右方为新天地广场在太仓路与马当路转角上的一幢狭长的多层建筑。建筑上方有新天地广场的标识。

图 5　La Maison（法国乐美颂餐厅）下面原敦和里一连 9 个朝东的石库门

图 6　在主弄的中段，即 ARK 前面，通道被拓宽成为一个小广场

首先映入眼帘的是弄堂口左右两旁的 Starbuck（星巴克咖啡店）和上海东魅会所的石库门与东面墙脚一座并不怎么显眼的用黑色大理石与玻璃建造而成的现代风格的瀑布水池（图 4）。它们先入为主地告诉大家：这是一条旧式里弄但具有今天的现代生活内容。这条主弄不仅是广场的主干道，更重要的是它是广场的主要观光路线，人们漫步其中可以尽情地领悟广场所独有的文化意象、氛围与景色。主弄两旁的墙壁（边缘）是原来这个地块上的石库门房子中比较有特色的青砖与红砖相间的清水砖墙。在延绵的砖墙中不时可以见到保留下来的弄堂口或石库门。其中 Le Club（法国酒吧会所）下面具有明显西洋风格的原明德里的弄堂口和作为 ARK（日本亚科音乐厅）主楼的那幢原是十分典型的两厢一厅的三层楼住宅和 La Maison（法国乐美颂歌舞餐厅）下面原敦和里的一连 9 个朝东的石库门（图 5），最具吸引力也最能勾起人们的怀旧情绪。须知，石库门房子中东西向是很少的，现能把它们发掘出来、保留下来作为南北主弄的重要题材，可见设计人[3]在调研中的细心与设计的匠心。但新天地广场毕竟是一个现代生活的休闲场所，因此原来石库门的黑漆木门在这里被换成玻璃门扇。人们可以从门外看见里面的现代化陈设和活动情景。此外，由于主弄是从原来的旧屋“掏空”出来的，它不象石库门弄堂那么笔直，而是有宽有狭，这正好为一簇簇的露天餐座或茶座提供了好地方。在主弄的中段，即 ARK 的前面，通道被拓宽成为一个小广场（另一个节点）（图 6）。这里正好集中了好几个餐厅、专卖店、艺术展廊，如琉璃工场、逸飞之家等等的出入口。人们可以自由自

3. 新天地广场的设计人有美国的 S.O.M.、美国建筑师伍德（Benjamin Wood）、新加坡的日建设计、上海瑞安地产有限公司和同济大学。其中 Ben Wood 在规划与设计概念中起主导作用，他是 70 年代末美国波士顿把一个废弃了的码头改为休闲性购物街——Fanuil Market——的规划与设计人之一。

在地在此驻足与回旋。在交通上，原来里弄排屋之间的小巷全部被保留下来了，成为南北主弄的支弄，由此可以深入到广场的每个角落。主弄地面铺砌的主要是花岗石，而支弄地面则全部铺以从旧房子拆下来的青砖。从主弄走入狭窄深邃的支弄时，特别感到旧式里弄朴实无华中存在着的浪漫情调。主弄在接近兴业路时是一段上面覆盖了玻璃拱顶的廊（又一个节点）。廊的两侧是商店与进入石库门展览馆的入口；廊的南北两端各有两个拱门，一方面说明了“北里”这个区域的即将结束，同时预告了“南里”（又一个区域）的开始。

标志物

至于Lynch提出的五个元素中的一个元素——标志物——的问题，“北里”由于力求全面与逼真地保护石库门里弄的风貌，没有什么统领全局或气势惊人的标志性建筑。虽然它们各有特色，各具其可识别性并各有自己的吸引力，但并不争奇斗艳或争做主角，而是像星星那样闪烁在广场之中。广场就是通过它们的存在、特征和特点来讲述往事，带来回忆、怀旧并引起联想。当人们漫步其中，可以不慌不忙、心平气和地观赏这个，发现那个，真正达到了休闲的目的。

Luna餐厅（地中海路娜餐厅，图7）部分采用了现代风格和玻璃幕墙，但其尺度与色彩，特别是在新与旧的交接上十分注意它们之间的和平共处；虽有特点，但谈不上是什么标志物。餐厅的北墙因夹弄拓宽而拆掉了，这里必然产生过新墙该采用什么形式的问题。显然设计人认为新建的该是新的，旧的就是旧的，于是建了这片朴素而大方的玻璃幕墙。其效果，由于新的是新的，正好衬托出那些旧的是真的，而在这里真的比新的还要有价值。这片墙在设计中还显示了在新旧结合中的另一问题，即尺度在这里看起来要比其它因素更为重要。换句话说，如果这片新墙又高又大，那么即使在材料上、在样式上尽量仿旧，甚至采用了旧的符号，它们还是不能象现在那样和谐共处的。Luna餐厅还有一个处理手法也是值得提起的，它把原来包含到内部的弄堂——昌星里的一部分——成为餐厅的一个部分—内院餐厅。内院餐厅的一面墙是一排石库门，弄堂上面按了玻璃棚，在这里用餐，其环境气氛特好。

图7 Luna餐厅前的露天餐座与它北面的上海东魅会所平台上的餐座遥遥相望

Ark音乐餐厅由福芝坊北面的一排四户，共八个开间的住宅组成。它的外墙是旧的，里面因要有贯通三层的演出大厅而偷梁换柱，外面则不露声色。里面原来是一非常热闹、非常火红、专门演出最新潮的原创性音乐的餐厅。为首的那幢三层三开间的住宅，使人一看便会想到房子原来的主人可能是比较富有的，因为它和隔壁与周围的只是一开间或两开间的住宅不同；再看它上面的装饰，如窗裙上的几何形图案，朝南有比较宽敞的阳台和石库门门楣上的装饰与线脚比较简约与坚挺等等，显然已受到现代派建筑的影响。由此可见设计人或主人的口味在二十年代属比较新潮的。

图 8　敦和里前面的旧屋拆除后暴露出来的一连九幢石库门住宅的原貌

La Maison 把敦和里的面貌几乎完全保护下来了（图 8）。当中是一连九个标准的单开间住宅，两端的开间较宽，朝外的山墙正好做餐厅的主入口。由于内部功能要求，天井上面加建了玻璃棚，屋顶虽保留了原来的荷兰式，看上去似乎与以前无甚差别，但屋身事实上已加高了约 1 米。其内部的大刀阔斧则较 Ark 尤甚。La Maison 的底层是 Ven-ice 冰淇淋店（图 9），门前一排白色庇阴伞下的露天餐座，经常吸引了许多来品尝它的意大利特色冰淇淋的顾客。La Maison 向北面明德里延伸的 Le Club 会所，外貌基本不变。它下面两个具有明显西洋风格的弄堂口经常吸引许多摄影镜头；但其内部极其简洁、柔和与时尚的设计与装修不仅为人提供了一个舒适，乐于安座与富有想象力的空间，还引起了上海不少室内设计师的兴趣。

图 9　La Maison 底层的 Ven-Ice 冰淇淋店

躲在幽静的支弄上的 T8 餐厅，其雅静、精致而略带有禅味的装修也极其引人入胜（图 10）。最近开张的琉璃工房还设了一个专门使用琉璃餐具的餐厅，这可能也是一个开创吧。

图 10　躲在支弄里而十分优雅的 T8 餐厅

在所有的建筑中真是里里外外都保护下来的是“新天地北里一号楼”（图 11）。它位于 Luna 餐厅东北角，近太仓路黄陂南路转角处，对外交通方便，对内则由于离南北主弄有一段距离而不易被发现。这是一栋十分出色，相当考究的，过去上海人称之为“中国式洋房”的红砖住宅。人们可能会奇怪，怎么在这个石库门房子的丛林中会有这么一栋“洋房”！其实这种情况过去在上海并不鲜见。由于当时上海的治安情况较差，有些有钱人为了不想露富、不想张扬，常喜欢把自己的大宅隐蔽在一般的民宅之中。这幢住宅原来的房主是一经营纸笔文具的商人。房子三开间、三层楼，上面还有一个假四楼。布局完全对称，为了强调中轴线，位于坡屋顶的中央处有一“老虎窗”[4]，尺度和格局比例与一般的里弄房屋同。不同的是前面没有天井，两厢一厅直临门前的小巷，天井则处在正厅的后面，像传统四合院那样把房屋分为前后两进。建筑装饰是西式的，十分丰富与精致。这幢建筑曾黯然地被淹没在周围的破房旧屋中达数十年之久，这次在细致的侦察中才把它重新发掘出来。由于它无论在设计与营造方面质量都比较好，开发商决定除了必要的结构加固外，按原样把它修复，装修则做得比以前还要精致与考究，使之成为一幢高品位的社交活动场所。现在它是瑞安公司的私人会所，这里经常举行画展与艺术展，又常被作为高层次的会议场所，影视歌界曾多次在此举行记者招待会，APEC 会议期间国际领导人参观新天地广场时也到此休息，连这次“歌王”帕瓦洛蒂到上海演出，他的朋友带他去逛新天地时请他在这里吃了一顿地道的意大利家乡菜，并在这里举行了一个非正式的记者招待会。

图 11　新天地“北里”1 号楼——“中国式洋房”

除了建筑之外，那些精心保护下来的中西文化合璧与精工细琢的弄堂口与石库门，它们虽也说不上是标志物却是海派文化的有力代表，时不时会吸引行人驻足观赏。我就不知多少次亲耳听到人们的赞叹，其中：“阿拉姆妈本来就住在弄堂里，我哪能没有发现它是嘎（那么）漂亮的！”最有代表性。这就是怀旧。所谓怀旧就是从旧的事物中重新发现它的美。上海的石库门里弄在今日许多年轻人的思想上是破旧、拥挤、恶劣居住条件的集中表现。今天他们居然初步领略到了里弄建筑文化的价值，从而诱发了他们对上海文化的兴趣。有趣的是西方人也能从中发现他们的传统。也许这就是新天地广场能够吸引中外人士的招数之一。

图 12　原昌星里的弄堂口，现被用作为进入 Luna 餐厅楼上的 Vidal Sasoon Academy（沙宣美发研修中心）的大门。Luna 餐厅玻璃幕墙东端的处理很有特色

4.“老虎窗”源于老上海对英语“roof window”的谐音。

此外，有些在规划、设计上的别出心裁也为广场增色不少。如 La Maison 所在的敦仁里虽拆掉了，却留下来一个弄堂口；东北面的昌星里虽被包含到 Luna 餐厅里却也留下了一个弄堂口作为楼上的美发研修中心的入口大门。它们就既像雕塑又像画框那样点缀着环境。还有那些漂亮的阳台，特别是靠近南入口边上一条狭窄支弄上面几个争先恐后地向外出挑的阳台。人们一方面欣赏它们在造型上的海派特色，同时可以联想到当时的主妇居然可以各自站在自家的阳台上与邻居交头接耳！

在这里，的确可以领会到新天地广场的一句标识语。这就是：昨天、明天，相会在今天。

意象转换

广场“南里”沿兴业路虽然认真地保留了原兴业路上的旧式里弄场景，出色地完成了历史文化风貌保护区所要求的保护任务。但是往里一看，广场南端几幢又高（约 20 米）、又大、乳白色的纯现代风格的商业与娱乐性建筑确实有点使人吃惊（图 13），于是心中不免嘀咕着这样做是否好、是否明智的问题。

图 13　新天地广场鸟瞰图。广场东面是新开的人工湖；湖北是高层办公楼，湖南是高层公寓

有一天我缓缓地走在马当路上，看到广场西面隔着马当路的那个地块已拆平待建。我突然想起了 Lynch 关于城市意象转换的论述。Lynch 说，城市意象会因观察者的视角、视野与时间上的不同而转换，并举例说，高速干道对驾驶员来说是一条“通道”，但对旁边的行人来说是一片不可逾越的“边缘”。好的城市形式应考虑到对意象转换的设计。于是我想现在“南里”的那几幢现代建筑从广场内部看是有些不协调但如把视野扩大到从城市马路上看就会不同了。目前新天地广场因地处市中心区，其北面已建了许多二、三十层或三、四十层的高楼，紧贴广场的马当路以西的地块将来无疑也会是高楼。再说，在一个现代的城市中，对历史风貌的保护不可能是无止境地延伸的，它必定会有一个与现代的现实相遇的地方。与其将来兵临城下，不如自己先在可能的范围内主动解决。因而“南里”这些高约 20 米的现代风格的商业与娱乐性建筑将会是广场内部的旧式里弄风貌与广场对面成百米高的现代高楼的一个过渡，为城市街道两旁建筑形象的骤然变化形成一个比较协调的景象。毕竟人们对城市的认识还是通过街道——在城市意象中起主导作用的意象元素——来获得的。

再换一个角度看，“南里”的时尚广场在演出摇滚乐的时候确实需要这么一个体量较大与现代化的背景。那时台前聚集了许多自来自去的观众，两旁的彩色大伞就如欧美国家节日广场里的一样下面卖着饮料、热狗、棉花糖、花生爆谷与煎蛋饼等零食。如果说广场“北里”安静、文雅与高消费，那么“南里”却是热闹、随意与比较大众化的。

为此，在规划与设计中要考虑意象转换。对自己的设计对象不是静止地只从某一个角度或盯着某些方面看，而是扩大视野，甚至要跳出自己的基地范围，从外面倒过来看；并要考虑人们在不同时间中的各种活动对意象的不同要求等等，这是十分重要的。

保护、改造、开发

新天地广场在建筑的修缮与改造方面，曾面临与经历了很大的压力与困难。本来要在石库门房子中塞进去现代的休闲生活内容就够困难的了。何况这些房子大多破旧不堪，没有卫生设备，上下水道陈旧不足，基础与地板均已腐烂，只要稍微一动便有散架的可能。结果是费了很大的心机，做了很多试验，付出了昂贵的代价才得以完成。特别是像 Ark 和 La Maison 那些兼有演出的餐厅，内部需要宽敞与能承受大荷载的空间和供舞台演出用的机电设施。因而建筑除了外墙之外，里面的基础、上下水道到屋顶全部需要重新建造。而外墙有些部分已经酥松，只好对之进行修补与加固并对之注射一种进口的防湿药水（图 14），才得以保存下来。为了确保其在保护与改造上的可能性，开发商事先在永庆坊做了一个样板房（后一度作为新天地的展示厅，图 15），不仅要为这样的保护与改造在技术上作一次试验，并要探讨社会对于这种保护与开发模式的反应。在此期间，设计师与施工单位[5]同业主密切配合，建了不如意就拆，拆了之后又再建；结果效果良好，这才大规模地开展起来。

图 14　广场中很多建筑只保留了外墙，这是 Ark 的外墙在修理中

图 15　试验性的样板房——新天地展示厅

5. 上海美达建筑装潢工程有限公司。

事实上这里几乎所有的旧屋均要经过大兴土木与脱胎换骨才能更新使用，因而其成本（动迁、修缮、更新、改造）每平方米高达二万余元。现在有人批评说，既然保护了里弄的风貌就应重新作为居住之用。其实只要看看这个高成本便可知道这是不可能的；再者，这里的房屋本来就未被列为保护对象，既可拆掉重建还可以改变用途。

新天地广场只保护了建筑的一层皮，算不算是历史建筑保护？这是目前有些人士喜欢提出的问题。我想，要讨论这个问题可能先要从城市为何要保护它的历史人文意象谈起。须知一个美丽和富有生命力的城市必然是一个有个性、有可识别性、有内涵、有底蕴的城市。人们看到它今日的生气盎然必然会对它过去的身世与经历，特别是那可歌可泣的历史感兴趣。对它的过去了解越多，感情也就越深，并能从他的过去来意想它今天与明天发展的可能性。而建筑是所有的历史人文意象中最能诉说城市历史的媒介。此外，随着科技与人们生活关系的越来越密切，城市面貌正在日益趋同。要使城市具有自己的特点、个性与可识别性，最直接、最经得起考验与最有效的方法莫如保护一些能说明城市历史的建筑与环境。为此，我们不仅要致力于今日的建设，还要保留一些历史遗产。目前上海除了要保护历史文物建筑之外还要保护历史文化风貌区与优秀历史建筑的意义就在于此。然而，社会在发展，作为人们生活载体的城市也必然在发展与变化。历史建筑是过去的人为了当时的生活活动与生活理想而建的，它们与今日的现实生活、生活方式与生活意义必然存在差距。于是在旧城改建中出现了历史建筑保护同城市改造与开发的矛盾。从保护的意义来看，保得越多与越接近原来面目越好；但从改造与开发来看，保护不仅要投入可能比新建还要多的资金，而其实用价值却较小，甚至谈不上什么开发，于是不少人认为不如推倒重来。这种矛盾不但影响了保护也影响了旧城的改造与更新。约两年前上海市副市长韩正先生提出了旧城改建可有拆、改、留并举的方向；市规划局对历史文化风貌区的保护提出了可以分为核心保护范围与建设控制范围两个层次，以及最近把优秀历史建筑的保护要求从过去借用文物保护法的四类改为五类，并提出要实现有效保护与合理利用的统一和给以一定的政策措施等等。它们不同程度地反映了要把保护、改造与开发在可能范围内结合起来，使之既利于保护也利于改造与开发。

现在回到只保护一层皮算不算是保护的问题。过去我们的确是有要保护便必须原封不动地保护，否则不算是保护的比较简单化的看法。假如参考国内外经验来看，不同的保护对象可以有不同的保护要求。现上海对优秀历史建筑的保护要求分为五类。第一类比较严格，要求对建筑原有的立面、结构体系、平面布局和内部装饰不得改变；以下续类宽松一些，到第五类只要求建筑在保持具有历史信息特征的部件下，允许对其他部分作改动。而新天地广场的旧建筑原来就没有保护要求，现多数的建筑却成功与有效地传递了上海石库门里弄文化的信息。为此，它虽然只保存了建筑外墙，事实上已做到保护的效果。

也有人说，新天地广场虽保护了旧式里弄的文化精华，但它并不是为了保护而保护的，它不过是要利用保护来为它的开发增值与抬高身份。这个说法好象不中听，却击中了长期困扰着我们关于保护与开发终归是矛盾的问题实质。我们时常痛心地看到很多旧房子，比二级旧里还要好得多的旧房子被推倒重建，原因据说是它们阻碍了开发。这就是因为没有找到保护与开发的结合点。而新天地却找到了。找到后不是只顾眼前利益马马虎虎地去干，而是认认真真地、热情地把保护做到家。当这些保护下来的地地道道的里弄建筑文化果真发挥其魅力，为广场的开发带来贡献的时候，我们又何乐不为呢？目前新天地广场由于在保护上投入太多，在管理与护理上的开支较大，尚未赢利。但人气很足，前景很好。到去年十一月为止，“北里”的23家店铺已全部租出，“南里”则有许多人登记等着。这可以说是保护与开发结合的成功实例。

诚然，不是所有的建筑都可以这样做的。要做到保护与开发双赢并不是一件易事，牵涉的因素甚多。但它却告诉我们，不论是建筑师或投资开发者，在做保护建筑时不妨在思想上多一根开发的弦，同样地在做开发时遇到旧建筑，不妨多一根保护的弦。假如我们在保护与开发之间加上两个层次，即是保护性开发还是开发性保护的话，那么就会做得好些。新天地广场把自己定位为开发性保护，结果成为开发性保护中相得益彰的成功实例。

2002年1月

（本文原载于《上海新天地——旧区改造的建筑历史、人文历史与开发模式研究》，主编罗小未，著者沙永杰、钱宗灏、张晓春、林维航，东南大学出版社，2002年）

《上海老虹口北部：昨天·今天·明天》前言

《上海老虹口北部：昨天·今天·明天》是在“老虹口北部的保护、更新与发展规划研究”报告的基础上汇编而成的。“老虹口北部”的区位与今日虹口区四川北路的北段基本相当，由于该地区在历史上具有不同于上海其他地区的经历，又因上海市中心城区已划定的Ⅱ处历史文化风貌区之一——山阴路历史文化风貌区——就在本地区内，再有，本地区具有不少已被列入建筑保护名册的文物建筑与历史优秀建筑；为了更好地体现这个地区的历史性，从事规划研究的课题组把这个地区成为老虹口北部。

2001年7月台湾沈祖海建筑文教基金会的负责人沈祖海先生看到上海正在蓬勃发展的旧城改建工作，回想起自己五十多年前在上海读大学时的毕业设计就是旧城改造，不禁思绪万千。于是开始了由沈祖海发起并联合了上海市虹口区规划管理局共同委托同济大学建筑城规学院李德华、罗小未两位教授主持当时虹口区政府正在着意更新、发展的四川北路北段的规划研究工作。并责成课题研究组要提出一个既具前瞻性、又具可操作性，并可为其他旧区改造所参考的规划思路、工作方法与规划设计方案。

近十年来，上海进入大规模的城市开发与更新时期。四川北路已成为与南京东路、淮海路齐名的沪上三大著名商业街之一。在新的商业圈不断崛起之际，四川北路正面临着日益强大的更新、发展要求和压力。虹口区政府及一些相关单位也为四川北路的振兴做了大量的调查与研究工作，制定了中长期的功能发展规划：确定新的四川北路的功能定位为坚持商业、文化、旅游、体育、休闲相结合，要从单纯的购物发展为综合消费，由沿街式转为组团式开发，并将商业开发和旧区改造结合起来。功能发展规划还将3.7

公里长的四川北路分为南、中和北三段，南段以苏州河北岸为中心，中段围绕大型公共绿地和俞泾浦展开，而北段则基本上与本次规划的老虹口北部范围重合。为此，老虹口北部的规划研究是在上述方针与要求的指导下，以振兴与提升这个很有历史文化意义的老地区的城市生活与经济价值，并以促进周边地区以至整个四川北路进一步发展为目标。

旧城改建不同于其他的规划设计工作，其最大的特点是当更新与发展目标明确后，必须以对该地区的历史与现状作扎实的调查来开路。

老虹口北部果真是上海一个不寻常的地区。它曾是帝国主义列强蓄意争夺的战略宝地。1902 年公共租界当局把北四川路从今武进路一口气“越界”筑至江湾与宝山一带，为的是要以此地区作为它阴谋最终取得吴淞口乃至长江广大岸线的跳板。当时它跳过了今四川北路中段，重点发展多伦路、溧阳路、黄渡路以至山阴路一带，使之成为面向外侨与高级职员的住宅区，其用心可谓良苦。上世纪三十年代初，当大量日本侨民集中虹口区时，日本军国主义以同样的野心居然在本地区设立了“日本海军陆战队司令部”，并以此作为它后来霸占整个虹口区达二十年之久的大本营。诚然，今日这个地区的这种战略意义已不存在，但由这样的历史遗留下来或派生出来的历史人文现象至今犹存。此外，正是当时中外多方政治力量的明暗对抗，使上世纪二十与三十年代诸多的进步文化名人，如鲁迅、霍秋白等得以在这些势力的夹缝中进行活动。如果说上海作为我国历史文化名城之一的特点是拥有丰富的近代革命史迹、名人踪迹和拥有不少反映了中外经济与文化交流的商业与产业旧址、并保存了许多优秀的近代建筑和特色鲜明的花园住宅和里弄住宅的话，老虹口区北部除了在商业与产业旧址上比较残缺之外，其他方面的遗产均是异常丰富的。此外这里有些地段还具有美好的绿化和街景特色。无怪上海已划定的全市Ⅱ个历史文化风貌区之一就在本区。

城市要有个性，城区也要有自己的个性。最好、最有价值与最现成的个性便是该地区与生俱来的历史文化特色。因为这些特色既非他人所给予，也非他人可以取走或拷贝的。因而在规划中如何充分利用与发挥这些个性与特色的潜力，如何协调旧城改造和历史风貌区保护之间的关系，如何在保护本地区历史文脉的基础上推动老城区的功能升级，以适应现在和未来城市发展的需要和实现历史保护和未来发展需要之间的平衡等等，成为本规划研究能否成功的关键，也是目前政府与学术界亟待研究解决的问题。

目前上海市已经在协调旧城改造和历史保护关系方面进行了一些有意义的探索。如长宁区新华路花园住宅区保护、卢湾区太平桥地区改造和卢湾区思南路花园住宅区保护与整治规划等，成绩相当喜人。但这些地块大多规模较小，只有数公顷，功能也相对单一。老虹口北部地区用地约 83.6 公顷，规模大，功能综合，其中还有一个面积不小的历史文化风貌保护区。为了要把这个地区改造与发展成为一个真正充满活力的“坚持商业、文化、旅游、体育、休闲相结合，以单纯的购物发展为综合消费，由沿街式转为组团式开发，并将商业开发和旧区改造结合起来”的地区，是个很有意义的探索。为了使规划结构清晰、功能定位准确，课题组在调整好本地区与地区外界的关系后，提出了“分类保护、分片控制、分区开发”的原则。即：在工作方法上按总的规划目标结合历史与现状的调查，将整个地区按功能定位，开发强度与各种控制因素分为若干地块，每个地块又分为若干分片，仔细地做好各地块与各分片的保护、保留、更新与开发的规划与设计。

在课题组将近一年的工作期间，先后在2001年12月和2002年5月分别进行了中期成果和终期成果的汇报与评审。沈祖海先生会同上海市城市规划管理局、上海市房屋土地资源管理局、上海市文物管理局、虹口区人民政府与同济大学的专家、领导十余人认真听取了课题组的汇报并审阅了成果报告后，普遍对该研究工作给予了较高的评价。与会专家、领导认为："老虹口北部的保护、更新与发展规划研究"通过深入细致的调查、分析与研究而完成的成果对该地区把发展、风貌保护与城市更新有机结合的方式、途径，进行了有意义的探索，为该地区的保护与发展提供了既有前瞻性又有一定可操作性的思路与决策依据，对于上海的旧城改建工作也有重要的参考价值。会议还认为，研究报告提出的规划结构清晰，功能定位准确，"分类保护、分片控制、分区发展"的原则具有普遍意义。对于山阴路历史文化保护范围的调整，多伦路名人文化街的继续发展与更新，多伦路地块、公园前地块与海伦西路地块的发展与更新规划以及新建议的保护与保留的历史建筑也得到了会议的认同。会议认为，研究成果达到了预期的研究目标与要求，在理论与实践上具有一定的创新意义与实用价值。会议还对该研究集合了政府、民间力量与高校合作进行的方式表示赞赏，认为这在解决上海城市发展中某些问题的研究途径上作了很好的尝试。课题组对这样的评价感到欣慰，认为不如把这个研究成果向社会汇报，如果真能为上海的旧区改建工作提供只砖片瓦则是我们的心愿。

在这里，我首先要感谢课题组和一直在关心我们研究工作的沈先生和各位领导与专家。课题组以极大的工作热忱完成的研究报告是这本书的基础。而沈先生和各位领导、专家的热情指导与认真要求则使课题组能面对核心问题直到顺利完成任务。此外，我们还要感谢帮助完成本书的研究生周磊、栾峰、钱宗灏与侯斌超等。事先我们没有想到，原来要把一篇科研报告转变为面向不熟悉情况的广大读者的公开出版物还需要做如此多的工作。这里特别应该提起的是周磊，他不知放弃了多少休息和加了多少班才使这本书得以如期完成。

（本文原载于《上海老虹口北部：昨天·今天·明天》，罗小未 主编，李德华、郑正、周俭 编著，同济大学出版社，2003年）

《建筑遗产的生存策略：保护与利用设计实验》序

12年前，常青先生初到同济，我请他为研究生开一门名为“建筑人类学”的新课。藉着当时很有限的西方相关材料，常青先生开始了他在这方面的教学与研究，并一直坚持至今。所谓“建筑人类学”，其实就是以文化人类学的观点和方法来研究建筑学中的问题，特别是探讨思维方式、生活习俗与建筑空间的关系。10年来，喜见他和他所指导的研究生撰写了不少这方面的专题论文，在国内开辟了一个有特色的研究领域。

近几年来，随着对城乡风土建筑遗产的关注，他又将研究的重点转向了对其保护与利用方面，完成了一系列称之为“保护性设计实验”的研究项目。这些研究针对城乡改造中建筑遗产受到严重破坏的现实，提出了保护和利用的目标和对策，并以保护性设计手段促其实现。如在“文渊坊”实验中，通过对无锡几座历史建筑在不得已情况下的易地集锦式保护，营造出体现历史场景感的城市人文环境；“梅溪”实验则以珠海历史名人陈芳的故居及周边环境为对象，通过对不同时期遗留物的分析，提出了新的保护观念，即：客观地看待历史事件、人物及其背景赋予建筑的意义，辩证地处理保护中的“原真性”（authenticity）问题。又如由我担任顾问的上海外滩原英国领事馆地段保护与更新项目，强调保护与发展并重，在传统风俗和当代时尚的考察分析中把握都市生活的动向和需求，完成历史地段场景化的、具有现代生活内容的保护性设计。

常青先生在长期的学术研究和设计实践中，表现出一种执着、坚韧的毅力，勇于推陈出新，善于借鉴欧美相关领域的理论和经验，并结合国情和案例的具体条件，综合地

处理和解决棘手的建筑实践难题。尽管这些实验有的还只是前期研究，也就是说还未跨越“实验室”阶段，有的还有待在长期的使用中接受检验，但在理念、方法和思路上却是独到的，因而我认为本书对当今建筑遗产的保护事业有着重要的参考价值。

是为序。

2002 年 5 月于上海寓所

（本文原载于《建筑遗产的生存策略：保护与利用设计实验》，常青 著，同济大学出版社 2003）

《摩登上海的象征：沙逊大厦建筑实录与研究》序

如果说外滩是老上海最经典的都市风景线，那么，处在“十里洋场”南京路路口上的沙逊大厦（今和平饭店北楼），就是这条风景线上最经典的地标建筑之一。

建于上世纪20年代末的沙逊大厦，确实是一座卓尔不群的历史建筑。与当时左邻右舍的其他建筑相比，虽然保留了新古典主义的横三段式构图、连拱廊、简化了的装饰母题，和折衷了的新哥特式金字塔顶，但就整体而言，其简洁的轮廓与竖向划分的线条和洗练的Art Deco式细部装饰，明显地已从新古典主义风格向现代建筑风格过渡了，可以说是上海第一座开创新风的“现代建筑”。

确实，沙逊大厦在功能、结构、设备和美学上都走在时代的前列。整体现浇的钢筋混凝土结构和局部钢结构、钢和玻璃的八角形大厅、奥迪斯电梯、底层一纵三横贯穿全局的通廊、多国风格的高级客房，以及当时法国正在流行的拉利克玻璃艺术等等，与其时国际同类时尚建筑相比不仅毫不逊色，更有华丽大方、精致宜人的独特之处，堪称20世纪西方文化移入上海过程中一处建筑精品。

沙逊大厦自上海解放后即作为上海最重要的饭店之一——和平饭店而沿用至今。其间曾经多次整修，也做过一些改动，从保护优秀历史建筑的角度来说，有所破坏，但不算很严重。

2007年，饭店为了迎接大厦80周年，并从保护上海优秀历史建筑文化的大局出发，提出了要恢复大厦原来风貌的意愿，为配合修缮，特请同济大学常青教授负责对大厦进行全面的测绘。

和平饭店

和平饭店细部

同济大学建筑系数十年来一直担负着研究上海历史建筑的任务。过去的测绘大多为适应科研需要或学生学习之用。像和平饭店这样的建筑就有好几位教师做过比较像样的测绘。但这次是为了全面的修缮与复原，不仅要对整幢建筑的里里外外、整体与局部以至墙面与门窗上的装饰图案进行测绘，并要落实到可以按此施工的明细尺寸上。常青教授带领了两位青年教师和28位包括本科生、硕士与博士研究生的工作班子，以最大的热情、认真负责的精神和一丝不苟的工作态度进行详测。凡遇到过去使用和修缮中的不当改动之处，便谨慎地通过历史档案查对、现场勘察及刮剥以求其真，然后进行复原设计。经过数月的艰辛工作，出色地完成任务。更为可喜的是学生普遍反映这次工作不仅对自己是一次很好的锻炼，还学到了很多书本上与课堂上没有学到的专业知识。

本书以这次的测绘为基础，结合新的材料和观点，对沙逊大厦的由来、变迁和所属风格进行了较为深入的研究，具有较高的学术水平、鉴赏意义和研究借鉴价值。锦绣文章出版社将这本书作为重点图书出版，我认为是颇具文化眼光的，将为上海近代建筑史的研究作出显著的贡献。

2009年冬日于上海

（本文原载于《摩登上海的象征：沙逊大厦建筑实录与研究》，常青 著，上海锦绣文章出版社，2011）

《中国城市的新天地：瑞安天地项目城市设计理念研究》序

上海新天地的知名度很高，但许多人可能并不知道新天地只是瑞安房地产公司（本书中简称瑞安）开发的上海太平桥地区改造与更新项目的第一期，其用地只占太平桥地区重建范围的6%。新天地落成至今已近10年，其后续开发正在逐步实施，太平桥地区发生了根本变化，1996年制订的重建规划所表达的理念已基本呈现，但还需要一段时间才能完成整个区域的改造与重建。经过十几年的实践摸索，瑞安在大型城市开发项目中形成了其独特的“太平桥模式”，并以不同方式应用于国内六个城市中的一系列称为“天地”的项目中，包括上海的创智天地和瑞虹新城、杭州西湖天地、重庆天地、武汉天地、大连天地和佛山岭南天地。瑞安的天地项目与普通房地产开发有很大不同——大多是具有综合功能的大型社区，兼有工作、居住、休闲和娱乐等综合内容，为特定文化和职业背景的人群提供一处城市生活场所；注重对历史文化与自然资源的充分利用，并以此提升项目的文化价值、环境价值与商业价值，使保护、发展和商业价值达成一致；充分发挥城市设计的作用，以此提升整体品质等等。此外，天地项目建设周期较长，在项目尚在建设的时候便把建成后的培育、经营与运作纳入开发中，确实做到了长远考虑。因此，瑞安天地项目的意义不仅体现在以上海新天地为代表的旧区改造中，也体现在我国当代绝大多数城市面临的改造、更新和扩展模式等普遍性问题上。沙永杰老师的这本《中国城市的新天地：瑞安天地项目城市设计理念研究》从学术和专业角度对天地项目的城市设计理念进行深入分析，寻求对中国当代城市化进程有积极意义的启示。

本书对瑞安天地项目的研究有四个值得特别注意的方面：

第一，有关瑞安天地项目的媒体报道已很多，但客观深入的案例分析却很少。这本书由于得到瑞安的大力支持，资料全面翔实。同时，作者对项目和所在城市做了多方面调研，对每个项目的介绍与分析都包含其所在城市的发展背景、项目定位与城市实际需求、整体城市设计构思、具体设计特色和实施特点等综合内容，这对读者真正理解天地项目的设计理念至关重要。

第二，作者从项目与城市的关系，项目自身的构成和项目与城市的可持续发展三个方面分析归纳了瑞安天地项目的城市设计理念，并理清了这三方面之间的内在关系。其中对“可持续发展”的分析揭示了天地项目成功的根本原因，以此引发读者对当下城市化进程中的一些问题进行更深刻的反思。本书所谓的“城市设计”是一个广义的概念。作者在此强调影响城市现实与未来的各方面因素需要纵向和横向，表里结合的“高度整合”。

第三，项目的城市设计模式和项目建成后的经营与运作相结合也是本书的一个重要内容。虽然在设计理论研究中通常不涉及这方面的问题，但多数规划与设计人员已经意识到良好的设计与建造成果不一定会在现实生活中发挥其预期的作用。只是由于专业的分工使他们无能为力而已。而瑞安天地项目则在开始时就把项目建成后的经营与运作纳入整个工作计划中，使之不时与设计和建造密切联系，并保证设计理念的贯穿始终。

第四，这些项目从立意、策划、理念到艺术和技术性处理，都体现出国际视野、国外经验与中国实际、国内实践的结合。而且，沙永杰老师是把瑞安天地项目放在当代中国城市化的大背景之下进行研究，其示范与可供参考的作用就更具体与直接。作者希望天地项目能够为绝大多数城市正在进行的旧城改造和新城扩展提供新思路，从中启发出适宜各自情况的新模式，使更多的大型城市开发项目走向可持续发展的未来。瑞安天地项目这些已经看得见，而且比较成功的经验对我们研究和探索中国城市改造更新和发展模式具有极其重要的意义。

因此，这本书的研究范畴不是房地产，而是与城市决策、城市规划管理、规划设计专业领域和房地产等各方面都有密切关系的城市改造更新问题。这是作者研究中国城市和相关城市设计问题的一个很好的开始，今后需要研究的内容还有很多，我希望他继续努力，在理论研究和实践领域不断取得新成果。

2010 年 8 月 22 日

（本文原载于《中国城市的新天地——瑞安天地项目城市设计理念研究》，沙永杰 著者，中国建筑工业出版社，2010）

城市精神谈话录——一个建筑人类学的视角

（以下“罗”指罗小未，“常”指常青，“卢”指卢永毅）

常：城市精神话题不大好谈，容易搞得既大又空。不过我们结合建筑与城市问题来谈，或许会有些意思。提到“城市精神”这个词，在西方人家也有相似说法的，比如“场所精神”、“城市记忆”、“城市身份认同”一类。现在上海提出要培育城市精神，反过来讲就是上海城市精神刚刚在萌芽。

罗：对我们来讲，什么叫城市精神，谈城市精神，应该是比较具体的。

常：城市精神我觉得是心灵深层的，人在一种环境里被影响熏陶，下意识地反映出来的心理、行为，又反过来影响环境。这个与整座城市的气质和性格特征（character）密切相关。上海的城市特征与其他城市一直有较大反差，这个特征不只是形式、形象的问题，不只与物质形态的硬环境有关，同时也涉及制度形态和观念形态的软环境，一直深入到人的心灵。讲城市精神，如果搞一些口号，背一些条条，那是作用不大的。我觉得上海特有的城市精神过去就有，一些优良的东西，后来和着旧上海的污泥浊水也一起“泼”掉了。所以除了培育，还有个继承、提升的问题。最近新加坡建筑师威廉·林来，他的讲座主题就是“Have you been shanghaied？”问我们的研究生有没有被“上海化”。

罗：这就是有没有被上海给地方化了呀。因为他最喜欢讲“localization”和“globalization”。他的“glocalized”就包含了这两方面。提这个问题说明他承认上海既有自己的地方性，也有广泛的国际性。

常：“glocalization”即所谓“全球化中的地方化”。我在《文汇报》上讲上海有一个特有的文化基因，我那里讲到一个理性的问题。在全国的城市里面，上海的传统文化是最理性的，原因就在于它有这样一个文化基因，而且是从中西文化长期的碰撞和融合中逐渐产生的。

卢：受马克思·韦伯影响，你认为新教文化和近代上海的发展模式有关。我觉得难理解，请再解释一下。

常：马克思·韦伯是德裔美国人，他在《新教伦理与资本主义精神》里也讲到中国的儒家文化。看了这本书就知道了西方资本主义怎么走向现代。新教伦理解放了人的精神，促成了社会的进步和物质的繁荣。它的实质是："有益则取，无益则忌，得之有道，合理消费。" 按照韦伯的观点，资本主义是一个躯壳，它里面的灵魂就是新教伦理，深刻地影响着世俗生活的方方面面，与宗教本身反倒没有直接关系。处在儒家文化的边缘，过去上海人那种特有的做事认真敬业、精巧细致，交往守则诚信，公共和私有界限清楚，追求时尚变化而又精打细算，讲究高质、名牌、"卖相" 等等，既可以在韦伯的书中找到根源，也可以在精制精明、勤奋坚韧的江南和岭南等地移民文化中看到些许关联。因而上海集体无意识深处的一些特点，是中外合流、五方杂处的结果。讨论上海昔日的城市精神，就无法回避这一问题。上海过去有过受外强欺压的屈辱历史，但上海从来不是孟买、香港那样曾被完全殖民化的城市。上海人的主体意识从未丢掉过。就拿建筑来说，对洋人在租界造的那些房子，上海人从鄙夷、好奇，到欣赏、模仿，再到提炼、融合，很快把外来的东西本地化了。这种从被动接受到主动选择、利用的过程，也就是上海昔日城市精神的基本特征所在。

罗：我一直认为上海文化主要是外来文化的综合，这种综合早在开埠前便已存在，因为上海早在西方人进入前便已是中国内地向沿海移民最活跃与最集中的地方。因而上海的文化主要是移民文化。开埠后，上海文化又在各个地方文化的综合中加上了西方的影响，于是又形成了中西合璧的特色。由于上海是一个移民城市，从各地城乡来的移民到了相当繁华的上海，背井离乡，就想好好地干，希望在这里能成家立业。为了生存，要在上海找一个立足之地，就得很勤奋。要苦干，要努力，于是靠自己奋斗、敬业成为当时上海市民的普遍特点，这就是上海市民表现出来的理性。他在很恶劣的条件下吸取各种各样对他有利的因素。上海以前有很多很多的小作坊，专门用工厂的边角料来生产那些小东西，用自己的努力和智慧来生产小商品。这种精神并不普遍存在于那些从外国留学回来的人，或是和教会有关系的人，而是相当多的存在于善于精打细算的小市民中，而这些精神是符合当时上海资本主义的发展的。

常：生存环境不同，文化就两样了。但有精神支撑的文化生命力特强，比如犹太人，本来是中东的一个民族，散居世界各地，后来很多人外形都变了，欧美一些犹太人已经变得金发碧眼的，但是犹太文化的基因却没有变。只不过在环境险恶的生存竞争中还要头脑灵活，对外界条件做出快速应变，这一点也可以从犹太人在经济上的强势看出来。上海往昔的都市文化特征与此也有几分类似。

罗：一种精神其实就是人们做人的一种选择。所谓一个人的精神，就是这个人如何去做人，做什么人。假如是某一家人或者某一团队的精神，就是这些人对前途的选择与价值取向。最基本的还是如何能够生存，生活得比较好。为什么犹太人这么行呢？美国有这么多犹太学者，尽管他们是美国籍，在美国长大，但多多少少还是受排挤的，他就一定要斗争。我就觉得人太舒服了以后，斗争的能力就减弱了。精神是一种生存理想的趋向和选择，是你要做什么人及如何做人。现在很多上海的年轻人就没有外地来的大学生能吃苦。我是广东人，二三十年代广东人在上海是很进取的，还有宁波人。后来竞争环境没有了，这些精神就都没有了。首先是生存，然后是怎样合乎理想地生存。这里不仅是物质上的，还有精神上的。

图 1　新世纪初的外滩源

常：上海现在和过去比是发生了翻天覆地的变化，但是也丢掉了一些好东西。比如优质原创的精品意识和谨慎细致的敬业精神，比过去是退化多了。捣浆糊、搞噱头这些上海文化中负面的东西倒是并不少见。再就是上海过去的那种勤俭风气，现在也不突出了。市场经济鼓励消费，但要反对大手大脚，随意花钱；提倡进取，但要鄙视贪得无厌，为富不仁。

罗：过去上海人敬业、艰苦奋斗，上海人会很巧妙地用废品、边角料创造小的生活用品。这种在工业不是很发达的时候有优势，但是工业发展程度很高以后，就没有用了。所以现在的上海人失去这种特点是和客观条件改变分不开的。还有值得提起的一点就是现在条件好了，吃苦耐劳、精打细算这种优点我们都一点点消失了，而大手大脚、浪费却成为我们很大的缺点。

常：我在二十年前看《光荣与梦想》，当时很新鲜，现在看看，我们这里到处都是书中描写的美国现象。消费文化越来越接近。上海自己特有的城市精神在哪里？最近报刊上提了“兼收并蓄、追求卓越。”

罗：“兼收并蓄”就是我一直说的上海的“兼容性”，它能够在保留自己特点中兼容人家的东西。比如以前一个里弄中住了很多来自不同地方的人，但在文化上都是可以兼容的。至于“追求卓越”，首先要问什么是卓越？什么东西促使他追求所谓的卓越？每个人的选择都有他的价值取向，上海的人都在追求卓越吗？不一定的。

常：讲到这里还有城市和建筑的形象问题，现在不少地方都是跑出去看一圈，哪里有最时兴、最时髦的东西，甚至不管古也罢，今也罢，只要是“高级”的洋玩意，就盯住要搬过来，以为这就是追求“卓越”。这种出自暴发户心态的追求，不会去探究看中的东西好在哪里，合不合我们的情况，反正把外观搬过来再说。

罗：我们现在最缺乏的就是大家要面向世界，和世界其他地方一起竞争。我们要追求卓越，第一要知道什么是卓越。第二要知道为什么要追求。第三是如何追求。

常：我看国外包括建筑上那些先进的东西，比方说他们那种很生态的想法，包括怎样节约能源，保护资源，从行为方式变化来探求新的空间塑造和技术表现力等等，这才是实质性的卓越，我们对这些东西好像学到的不多，还是注重外表形式为主。只觉得那个好，那个新颖，却不深究为什么好，新在哪里。卓越的含义要好好推敲，它的实质是什么，并不是那种时髦浮华的东西。如果把建筑上的卓越理解为外表最时兴、最靓丽，急着就要抄过来，既不理性更缺智慧。你看无论是东京、新加坡，还是伦敦、纽约、多伦多，除了极少量标志性建筑和标新立异的“另类”，绝大多数重要的城市建筑都体现了简洁和效率，哪里有像我们这样到处歇斯底里地变化外表、奢侈作怪，不惜把无数金钱堆在表面上，追求所谓“标志性”的。从一些方面看，欧洲好像比美国节约，我们则比美国还要浪费。

罗：还以浪费为荣。上海本来就有一些好的东西，这些好的东西要把它保留下去。还有你说的提升，确实时代不同，要注意这个时代的特点。总的来说，上海精神应该是精英精神加上大众精神的一种价值取向。

卢：上海有明显的特别之处，应该来自它曾作为近代中国最早的现代工商业大城市的历史。它与传统的集权社会或者信仰共同体社会都不一样，它是一个靠自己的努力去创建生活、获得财富的地方，几乎每个人都会在精打细算中获得生存方式，但这里面是包含着一种契约精神的。

常：你说上海的城市精神是一种契约精神？

卢：是的，看起来精明，其实有契约精神的。所以来过上海的外地人，常常流传这样的话，就是上海人做事比较规范。

常：这就是理性精神呀。

卢：契约背后是制度，这些都会融入城市精神之中的。在我看来，在对于制度建设的观念与实践上，上海比其他城市要走在前。

罗：通过劳动来改变自己的生活状况的观念，也是上海最早，但是为什么这在上海能够发展起来呢，我认为主要是封建统治在上海较弱，儒家文化并不强盛之故，因而资本主义在上海就容易被接受。人们觉得通过劳动就可以致富。要找上海的好东西，理性是一个方面。

常：理性反映了一种精神实质，事情还是一件一件的，都反映了里面的合理性。

罗：讲究合理，是和封建精神对抗的。

常：所以像罗先生说的，今天上海的城市精神要定位的话，就要把眼光放到世界上，看和人家的差距在哪里。

罗：不能只看着要把上海建成什么样，还要看上海在世界上的定位。要考虑我们到国际上如何生存、到国际上怎么竞争。

常：我们现在和国际上比较发达的地方比，差距不仅仅在物质上，也许我们过多地把眼光放在物质层面上，就从建筑来看，有人觉得我们上海的建筑是国际一流的，但这只是物质层面的，表面的东西。

罗：我看在物质上，我们也不能说是国际一流，只能说国内一流。

常：在物质上感觉距离小了，有人说看了纽约以后，觉得上海比它还好，因为纽约的高楼和市容市貌大都是旧的，上海的大厦和大街又新又气派。这种误解很可悲，以为我们建了那么多摩天大楼就能和人家比了。不能看到表面堆砌的东西就觉得不得了，拿泛光灯一照，以为这就是一流国际级大都市了。物质层面引起的自豪感或可理解，但成就背后的负面效果甚至潜藏危机却是无法回避的。首先要在观念和制度层面上认识社会经济、文化协调发展的极端重要性，而都市风貌是一个显著的表征。好在这个问题已引起了上层的注意，现在上下都在强调科学发展观，这说明城市化、现代化中的“现代性”问题已经在反思之中了。

卢：不过的确有差距。上海到现在还在讲“七不”规范，一个国际化大都市还在强调这样的规范，这对城市精神层面来说，真的太低。这种“规范”在一些发达国家，早已渗透在人们的日常生活之中。

常：先要靠制度层面上的各种建设，而制度创新更加重要。现在上海市提出要以最严格的制度确保历史遗产的生存，开发要为保护让路，这对上海历史文化资源的保护与再生来说是一个“福音”。不过保护的底线是什么，还是要澄清的。现在一说保护就提“新天地”，前提都没搞清楚。

图 2　上海“大世界”历史照片。来源：http：news.idoican.com.cn xmwb html 2010-1121

罗：“新天地”那里的石库门不是登录保护的建筑，是可以拆的，就算是拆掉了，也不违法。然而把它拆光和像现在这样，哪个好呢？当然还是现在这样好。当时开会讨论时，很多人反对，我是少数几个说让他们试试看吧的与会者。样板房出来以后，虽然只留一个壳子，但毕竟经过了精心设计，保住外观，更新内部，好看而受用，这样的做法也没什么不好。

常：新天地在士绅化商业开发（gentrification）和旧街区保留改建设计方面（renovation）无疑都是非常成功的。但从社会层面上看，我接触的不少西方学者、城市管理者都不喜欢“新天地”的业态氛围，因为缺少都市吧街的多阶层性和普适性，主要是洋人、游客和高薪白领在那里高消费，根本不是媒体说的“小资情调”那回事。

卢：我认为事实上“新天地”是有历史性作用的，它至少把人们对里弄是破败的这种固有印象完全转变了。在这个实践作品之前，几乎没有人明确描绘过这种历史再生的前景，好像里弄只能衰落下去。现在这样的改造，使现在的空间充满活力，也彻底改变了这个地区的品质。这种例子在欧洲很多，但在中国，你非得做一个，才能说服人。

常：再一个例子是外滩建筑风景线和其中的装饰艺术风格（Art-Deco）。就“Art-Deco”本身来说，最经典的确实在美国。帝国州大厦，克莱斯勒大厦等等，多得很，质量都很高，上海 20—30 年代同一风格的高层建筑充其量是纽约缩小的片段。但把新古典主义建筑和现代风格的 Art-Deco 建筑交织成滨江景观带，的确是外滩独有的特色。

罗：在殖民地里，印度的规模也很大，如加尔各答，孟买。外滩的每个建筑都没有加尔各答的大，但好在连成了一条街。我觉得老外滩的艺术价值一个是因为它是成群的，我以前听人家说上海的外滩像利物浦，我去的时候就特别留心，发现利物浦沿河建筑没有像外滩那样连绵，形成了一条完整的风景线。再就是外滩风景线不是直线，而是一条得天独厚的弧形曲线，使人同时可以看到建筑的很多立面。

图3　罗小未先生担任顾问的外滩20号和平饭店北楼修缮工程竣工后内景

常：外滩的曲线是两江口的泥沙冲积造成的吧。外滩单座建筑像Art Deco风格的国际饭店和上海大厦，的确很典雅，虽然都是方块块向上收分，但怎么看也不腻烦。特别是上海大厦，位置选得好，在外滩尽端，隔水相望，简洁又不失雍容。这些70年前的摩登建筑气息对上海城市认同的作用很大，与周围那些粗俗乖张的当代商业巨构相比，要大气贵气得多。这是不是反过来可以说，文丘里所欢呼的俗文化在我们这里也已大行其道了。看来粗俗的东西自有其存在的道理，而且恐怕历来如此。

卢：近代上海留给我们的、最独特的城市遗产，就是这个城市在社会文化生活中包容丰富性和多样性的潜力。“大世界”就是其中最具代表性的一种类型。

罗：“大世界”最要紧就是那个小小的塔，尽管那个塔不是最好的、地道的或者经典的，但它是人们所熟悉的，是“大世界”这个群众性娱乐场所的象征。“大世界”的另一个特点就是中间有个大院子，旁边是很多剧场，这种布局完全是一个民众性的娱乐场。你买票进去以后，就到了那个露天的剧场，一般演出有杂技啊、京剧啊，这里不用再买票就可以看了。然后走上去有一条环绕着露天剧场的廊子，旁边是一个个小剧场。这种布局虽然不是上海唯一的，但不是到处都有。作为民众性的娱乐场所，这种布局极有创意，我不敢说是世界少有，至少我觉得中国少有，可惜我没有做过调查。我到武汉还有济南的“大世界”去过，都不是这样的。

常：就是说它是当时的市井文化场所，还是有历史纪念价值的。单单“大世界”三个字，就是一笔巨大的无形资产。

卢：就想到巴黎的蒙玛特尔高地，来往都是“下里巴人”，但大家知道这里孕育了多位艺术家。

罗：现在大家都在讲红磨坊、红磨坊，本来是下里巴人待的地方呀。

常：也有不少落魄的文人和艺术家在那里出没。

罗：是啊，“大世界”也是下里巴人的地方，下里巴人也是有好坏的。旧社会里我们不去“大世界”，因为那里有流氓出入。但是一般市民都觉得那里热闹。

常：可能不少人会说它在建筑上有些蹩脚。

罗：对，这就是当时社会的市井文化。你看它这个塔就造得很不地道，市井文化呀，便宜，造出来大家却喜欢。你可能看不起它，可能有人说这有什么好。因为它不像外滩那种英国人的美国人的银行大楼就觉得它不好，因为它是一般市民的娱乐场所就觉得它不好，这里面有没有偏见？历史建筑要有故事，只要知道这里原来是群众性的娱乐场所，就会原谅它的蹩脚，并从中了解不同层面的上海。

常：因为建筑遗产一个是历史价值，一个是特色价值，它两个都沾到了，是大众娱乐的代表啰？就像当今的“嘉年华”？蹩脚不蹩脚要看你怎样看，而且对于保护对象而言，这并不是价值评判的关键所在。

罗：是的。如果一定要开发的话，也要在它旁边，别的可以拆掉，但“大世界”从进门到露天院子要留着。

保持下来可以不把它当作主要入口，可以把它做配角，做边门，就是要把它留下来。

常：还是一个保护性改造的问题，同时也说明城市精神在物质和精神层面上都需要继承、培育和提升的，这也是反思都市现代性的一个重要方面。

（本谈话录是2006年罗小未教授与常青教授和卢永毅教授就城市精神话题进行的一次座谈内容整理而成。谈话反映了建筑界对城市精神的重要载体－建筑遗产和历史空间意义的一些典型看法。原载于《浦江纵横》，2014年11期）

2003 年原建筑历史教研室教师聚会（前排从左至右：路秉杰夫人黄琳、罗小未、伍江女儿伍雨禾；后排从左至右：吴光祖、支文军、路秉杰、常青、伍江、李德华、卢永毅、伍江夫人陈云琪、鲁晨海、郑时龄）

2005 年学生们为罗小未先生庆祝 80 岁生日

2005 年参加东南大学举办的第一届世界建筑史教学研究大会，会上获全国建筑学学科专业指导委员会颁发的“建筑历史与理论及建筑教育杰出贡献”荣誉证书（从左至右：董卫、吴焕加、罗小未、刘先觉、仲德崑）

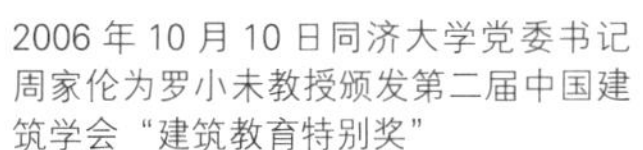

2006 年 10 月 10 日同济大学党委书记周家伦为罗小未教授颁发第二届中国建筑学会“建筑教育特别奖”

2007 年 11 月在同济大学召开第二届世界建筑史教学研究大会，举办“罗小未教授从事建筑史教学回顾展”（从左至右：杨贵庆、常青、钱锋、伍江、罗小未、李德华、支文军、卢永毅、吴志强）

2009 年和李德华先生庆祝“钻石婚”

2010 年和原建筑历史教研室教师们一起庆祝 85 岁生日（前排从左至右：吴光祖、李德华、罗小未、路秉杰；后排从左至右：鲁晨海、支文军、郑时龄、伍江、卢永毅、常青、常青夫人华耘）

2010 年庆祝 85 岁生日

2014 年 5 月参加“李德华教授城市规划建筑教育思想研讨会”（后排从左至右：王林、李振宇、常青、卢永毅、栾峰、伍江、张兵、吴志强、支文军、杨贵庆、金云峰、刘奇志）

2015 年 9 月 10 日，和同济建筑系建筑历史理论方向教师们共度教师节（前排从左至右：钱锋、吴光祖、郑时龄、李德华、路秉杰夫人黄琳、罗小未、吴光祖夫人徐少华、路秉杰；后排从左至右：伍江、卢永毅、常青、鲁晨海）

2012 年 5 月参加“黄作燊纪念文集”首发式暨黄作燊建筑教学思想研讨会
（前排从左至右：赵汉光、唐云祥、董鉴泓、王吉螽、李德华、罗小未、戴复东、吴庐生、王季卿；后排从左至右：彭震伟、吴长福、陈晓仲、卢永毅、彭怒、郑时龄、沙永杰、贾瑞云、黄海芹、李定毅、张为诚、王爱珠、张岫云、常青、梁友松、陈锡山、吴志强、伍江、朱亚新、章明、童勤华、吕典雅、倪文庆、吴光祖、陈金寿、刘佐鸿、李翔宁、钱锋）

2014年5月参加“李德华教授城市规划建筑教育思想研讨会”

圣约翰大学的回忆

圣约翰大学最年轻的一个系——建筑工程系

圣约翰大学的建筑工程系成立于1942年，到1952年院系调整前的10年中，共培养了30余名本科毕业生。1952年秋全系约10名教帅与100余名在读学生随着约大的工程学院调整到同济大学，参加到同济大学新建立的建筑系中。

1948年毕业照

早在约大建筑工程系成立前，圣约翰大学的施肇曾工程学院（Sze School of Engineering）院长杨宽麟教授便早已有要在工程学院中设立建筑学专业之意。直到1942年，曾受国际现代建筑先驱者建筑大师格罗披厄斯教授（Walter Gropius，1883—1969）亲传的黄作燊先生从美国哈佛大学设计研究生院（Graduate School of Design，Harvard University）学成归国，两人志趣相投，这个愿望才得以实现。当时上海正处于日军占领下的孤岛时期，办学条件十分苛刻，在上述两位先生的积极努力下，建筑工程系总算艰辛地创办起来，并由黄作燊任系主任。

1952年圣约翰建筑系师生在自己设计的旗杆前（下左一黄作燊；中排左一罗小未；后排右一李德华）

约大建筑工程系是上海第一个设在正式大学中的建筑系。在此之前，只有上海美专设有一些关于建筑风格方面的课程，并不是正式的专业。约大当时

黄作燊，鲍立克（Richard Paulick）

这个系命名为建筑工程系，可能就是要突出建筑既是艺术又是工程技术的特点。由于条件关系，建筑工程系的课堂最初就挤在位于科学馆底层工程学院的土木系中。学生上设计课时用的图板则放在楼梯间里一个有扁平格子的大橱里，每人一格，每格可以上锁，上下课时要搬进搬出。系的教务行政工作亦由土木系的办公室兼管。好在建筑系第一期的学生只有五名，由于成立之前没有做宣传，也没有对外招生，学生都是从校内其他专业转过来，其中有四人就转自土木系。圣约翰大学的学分制使当时及后来那些既修建筑又修土木的学生得到了双学位。以后学生逐渐增加，至 1944 年增至 20 余名（当时第一届学生已经毕业），建筑系搬到斐蔚堂二楼，才开始有比较像样的教室与设备。但教务行政工作始终挂在土木系中。好在建筑系中有一个好传统，那就是师生爱系如家，无论系里的日常事务或开学时的注册、期终的成绩登记等，都由青年教师兼管；如要搬动或者布置些什么，学生都会热情参加。

在师资方面，整个系在成立之初只有一位专职教授，这便是系主任黄作燊。他主讲建筑原理、建筑理论、指导建筑设计并兼教美术课。翌年聘到了德国人鲍立克（Richard Paulick）（图 2）任教，教授城市规划与室内设计。鲍立克曾就读于德国德累斯顿工程高等学院，是格罗披厄斯在德国德绍时的设计事务所骨干，参加了包豪斯（Bauhaus, Dessau）的建校工作。据说他到约大是格罗披厄斯向杨宽麟介绍的。与鲍立克几乎同时就任的还有画家程及与匈牙利籍建筑师海吉克（Hajek）。程及后来到美国留学与定居，获得美国国家艺术院终身院士的荣誉称号。海吉克教西方建筑史，当时没有教材，他每次上课就在黑板上把建筑史的主要实例或部件画出来，往往在两个小时的课时中把黑板画得满满的。在园林方面有我国著名的园林专家程世抚。

程先生除了讲园林设计外，还讲许多关于树木与种树方面内容。1945 年抗日战争胜利后，又有英籍建筑师白兰特（A. J. Brandt）来教建筑构造。白兰特是黄作燊在英国伦敦建筑协会建筑学院（A. A. School of Architecture, London）的同学，他的父亲是当时上海一大地产商泰利洋行的老板，可能从小便与房屋构造打交道，上课时不用看稿便把构造详图画在黑板上。与此相近的时候，建筑系还把早期的毕业生李德华、王吉螽、翁致祥等留校当助教。可能由于经费，也可能由于可以认同的专职教师不容易找，约大建筑系从一开始便建立了一种特殊的，后来证明是十分有益的师资制度，这便是结合系里不同的教学环节，经常请一些有理论修养或实践经验丰富的学者、建筑师来做报告、参加评图，短期或较长期地指导设计或讲学。

常被邀请的有 Nelson Sun、Chester Moy、王大闳、郑观宣、Eric Cumine、陆谦受与城市规划方面的陈占祥、钟耀华等等，其中王、郑、陈、钟是黄作燊在英国与美国留学时的同学与好友。他们性格开朗，爱好中国京剧，对西方音乐与绘画，特别是现代艺术有较高的修养。他们的为人素质与文化修养对学生影响很大。1949 年新中国成立后，外籍教师纷纷离沪，师资队伍有了很大的改变。一方面是早期留校的助教已成长为系里的教学骨干；同时还吸收了几位刚从国外学成归来的青年教师，如陈业勋、欧天恒、王雪勤、李滢等。王雪勤在出国留学前是中央大学建筑系的毕业生，除了建筑外还绘得一手好画。李滢原是约大建筑系第一届毕业生，后到哈佛大学设计研究生院师从格罗披厄斯，又在另一位大师阿尔托（Alvar Aalto，1898—1976）门下研究建筑设计；任教后在教学中发挥了很大作用。与此同时，还聘到了从比利时归来并获比利时皇家大奖的画家周方白来教美术，以及自学建筑历史文献成才的陈从周教中国建筑史。此外，毕业后在校外工作了数年的白德懋、罗小未、王轸福也回校参加教学，于是形成了一套完整与固定的中国人自己的师资队伍。除了后来少数人（如白德懋、李滢）工作有变动外，1952 年都随着约大建筑系调整到了同济大学。

由于杨宽麟与黄作燊认为建筑学应文科与工科并重，故在教学计划中安排了相当学时的数、理、化、中国文学、英国文学、画法几何、工程制图、材料力学、结构力学、工程结构、机械工程等等，并规定学生必须选修一门经济学课，鼓励学生多选一些人文科学方面的课。关于文科与理科的课，学生可以到校内文、理学院专为外系学生开设的课程中选修；工科的课则直接参加到土木系的班级中。他们还主张把学生“放出去”，例如暑假时把学生介绍到需要建筑学知识的地方去，做几天或几个星期的工作。1945 年抗战胜利后江南造船厂的修复规划与后来厂房的扩建设计与施工，和当时著名的进步剧团“苦干剧团”的演出基地（辣斐剧场）的改建及演出时的舞美设计、布景搭建等等，便有约大建筑系的学生参加。此后英国人业余戏剧社（Amateur Dramatic Club）的舞美设计也是全由约大建筑系的年轻教师担任。比较正式的“放出去”，是 1946—1948 年派出一队高年级学生每星期两个半天到上海市都市计划委员会去参加“大上海都市计划”的工作。此外，派一些低年级学生到市都市计划委员会去帮做模型（当时没有专门的模型公司）或到某些单位去帮几天忙是常有的事。学院与系里的领导认为学生接触社会，通过业余

教师评图（左一白兰特、左二钟耀华、左三郑观宣、左四黄作燊、右一王大闳）

工作而认识的人与学到的知识是学校无法给予的。学生对这些安排很感兴趣，虽然大多没有报酬，但乐于参加。

约大建筑工程系的建筑观点是一个值得认真回顾的问题。建筑由于兼有文科的性质，免不了会有学派之争。约大建筑工程系在当时我国建筑学术界以学院派为主导的情况下，被认为是现代派，属于另类。其实，这是很自然的，只要看它成立之初的两位发起人便可想而知了，杨宽麟是一位思想开放的结构工程师，黄作燊来自当时处于国际现代建筑运动漩涡中心、富于叛逆性的伦敦 A. A. 建筑学院和美国哈佛大学设计研究生院。同时由他们请来的一批志同道合的教师也起着推波助澜的作用。在建筑美学上，约大建筑系不同于当时学院派的艺术至上观，而是推崇现代大师格罗披厄斯所说的“建筑的美在于简洁与适用”，并特别强调与生活密切相连的“适用”。在建筑教育上，他们引用英国建筑评论家杰克逊（Thomas Jackson）的话：“建筑学不在于美化房屋，正好相反，应在于美好地建造”，并指出建筑技术与材料在美好地建造中的作用。在对待祖国的建筑遗产中，他们一方面盛赞北京故宫在反映帝王体制与帝王威严上的艺术成就，同时十分欣赏那些优雅而谦虚的文人住宅与简朴、纯真的民居。他们认为这是中国长期的建筑文化积淀，即把建造提升到像“诗”似的成果。黄作燊多次带着学生去感受故宫与天坛空间艺术的“迫人气势”与江南民居因地制宜、就地取材的艺术成就。在上课时还喜欢用幻灯片和教学生自己做模型来加强学生对建筑的感受。这在 20 世纪 40 年代我国的建筑教育上可以说是先行的。

他们的主张与做法明显地带有现代建筑派的烙印，但在理论上他们并不承认自己所追求的就是现代建筑。他们认为所谓“现代建筑”（Modern Architecture）已经成为历史上某个阶段的建筑标志，是静止的，应该追求的是能随着时代发展、动态的、“当代的”（Contemporary）新建筑。这个观点在 1951 年学校在交谊厅举行的建筑系教学成绩展览会的前言中明确申明。这就是“新建筑是永远进步的建筑，他跟着客观条件而演变，表现着历史的进展，是不容许停留在历史阶段中的建筑。”为此，在教学方法上，约大建筑系反对形式主义与因循守旧的抄袭，提倡设计“创意”（originality）。所谓“创意”并非凭空而来，而是对客观要求与条件认真调查研究、广泛观察、广泛参考，做出判断后，再自己制定设计任务书、设计方针与经过构想而进行的设计。教师要实行的是启发式教育，不是给答案，而是引而不发，充分发掘与发挥学生的无限潜力。高年级的题目常是假题真做，有真正的业主、明确的基地与明确的要求。这些业主实际上是教师中乐于为教育事业助兴的朋友，他们亲自到学校来交代任务，为学生的参观访问、调查研究创造条件，参加指定任务书与跟踪设计过程中的讨论。设计完毕后在学校举行一次可向业主、同行与公众汇报的既有图纸又有模型的展览会。其中 1944 年为在约大医学院任教的王逸慧医生（Aoms Wang）设计的私人妇产科医院，1948 年在上海市都市计划委员会鼓励下的南市区改建规划和 1951 年的教学成绩综合展览会（当时在读学生已有近百人）就特别成功。

在圣约翰大学建筑工程系攻读过的学生，无论是哪一届都对当时的学校生活有着无限的回忆。年轻、精神饱满兼极有“创意”的教师（特别是系主任黄作燊）与朝气蓬勃的学生相互无间地使学校生活丰富多彩。无怪院系调整至今已越半个世纪，不论是国内、国外，只要有建筑系同学的地方就会有经常聚会的约大建筑系同学会。首先，当年到黄作燊先生家里看书曾是学生生活中一件最重要与最感兴趣的活动。当时在教学中最感缺匮的是图书参考资料。在黄先生的安排下，学生形成了每星期五晚饭后到黄先生家里去看书的习惯。黄家有顶大立地覆盖着两个墙面的书。据说黄作燊在回国时极力劝阻家人少带东西，而自己却把很多书带回来了。这些书都是最新出版的建筑学书籍，成为学生精神食粮的源泉。其次，课余的体育活动是建筑系一大特色，每天上午第二节与第三节课之间的课间长休息常是教师带头到室外去打排球；下午下课后则到运动场去打垒球，会打的打，不会打的也会在旁边助兴。这种风气使建筑系师生在全校运动会中总是名列前茅。

1948 年上海南市规划汇报展（背影：鲍立克）

建筑系教师参加校教师球队（后排左四：李德华；右三：王吉螽；右一黄作燊）

最不能忘怀的是上海解放后的几次大活动，它们使师生之间、同学之间建立了情同手足的友谊。第一件当推“系服”。建筑系的师生本来在衣着上便喜欢有些特色。这些特色不在于样式时髦或材料考究（须知约大当时被视为贵族学校），而是比较休闲与潇洒。上海解放初期，有几位师生出于接近群众之心，共同发起并设计了一件受到全系师生欢迎的，用当时称“毛蓝布”的土布制成的上装，这件上装看上去有点像中山装，但口袋、纽扣与剪裁均经过精心设计，使之在功能上能更适合经常弯着腰在图板上画图的特点。由于它的价钱便宜、穿着方便，看上去既普通，又个性突显，大家都喜欢，很快便成为约大建筑系的“系服”。这件“系服”在院校调整后还一度在同济大学建筑系广为流传。

新中国成立后，对新中国未来的美好希望使约大建筑系的师生经常处于热血沸腾的欢庆浪潮之中。凡是市里或学校发起的活动，建筑系的师生总是精神饱满地全力以赴。在全市的抗美援朝大游行中，约大建筑系别出心裁地组织了一个大鼓队，全队约四十五

约大和之江两教会大学联欢中演出“纸公鸡”后

罗小未和李德华先生在家中

人，穿着“系服”，每三人一组，每组一个大鼓，游行时队伍整齐、鼓声震天，吸引了路上许多人的注目，表达了坚决抗美援朝的心声。此外，建筑系在演“活报剧”中也有独到之处，并从“活报剧”发展到演正式的戏剧。最成功与最难忘的是配合推动参军与声援抗美援朝而演出的活报京剧《投军别校》（借用京剧《投军别窑》之名）与《纸公鸡》（借用京剧《铁公鸡》之名）。前者鼓励学生参加抗美援朝，后者讽刺美国是一只纸老虎。全剧采用京剧的形式演出，生旦净末丑俱全，配以西皮、二黄唱腔，由平素喜欢京剧的师生重新填词。出场有龙套、起霸、亮相、唱定场诗、报名、唱做念打，全部京剧程式。台上场面亦由师生们现学现奏，居然长槌、纽丝、急急风，像模像样地敲打起来。这两出京剧在学校进行公演，获得极好的效果。后来《纸公鸡》还在圣约翰与之江两个教会大学在杭州举行的联欢会中代表圣约翰大学演出，获得好评（图 7）。是什么使存在只有十年的约大建筑系具有那么大的魅力与凝聚力呢？除了有睿智的领导、具有教育热情与人格魅力的教师、鲜明的学术观点与有效的教学方法之外，便是联结与发挥师生智慧的课外活动。建筑系无论是办一个展会、组织一次游行或策划一次演出，都是师生共同磋商的结果。每次系里有活动时，全系就像一个大工场，热闹非凡。

1952年10月，院系调整后，约大建筑工程系的在校师生带着对未来的美好憧憬欣然离开校园，奔赴各自新的工作与学习岗位。

（本文原载于《上海圣约翰大学（1879—1952）》，徐以骅 著，上海人民出版社 2009。第二作者：李德华。罗小未、李德华：1947届、1945届圣约翰大学建筑工程系毕业生，后曾在该系任教，现为同济大学建筑与城市规划学院教授。）

怀念黄作燊

黄作燊（1915—1975）是同济建筑系的前身之一——圣约翰大学建筑系的创始人，他是我国的第二代归国建筑师，曾直接师从现代建筑大师格罗皮乌斯。20 世纪 30 年代中期，他从当时处于现代建筑运动中心之一的英国 A. A. 建筑学院（A. A. School of Architecture，London），追随格罗皮乌斯到美国哈佛大学，接受了全面的现代建筑教育。回国后，他将包豪斯式的现代建筑教育方法引入中国，在圣约翰大学建筑系开始了全新的现代建筑教育尝试，成为现代建筑思想和教育方法的重要传播者。

黄作燊先生不仅教学方法独特，其非凡的气质和特有的人格魅力使他对学生始终有一种神奇的吸引力。可惜的是，虽然他有着杰出的才华和满腔的热情，但社会的动荡却总是使他没有充分发挥的机会。尽管如此，他仍然积极乐观，尽其所能为他所热爱的建筑事业贡献了毕生精力。

一、热爱艺术，志在建筑

黄作燊先生祖籍广东番禺，1915 年出生于天津。黄家上几代都是清贫的书香人家。他父亲黄颂颁曾在广东黄埔的“水师学堂”学习，后只身来到天津，经过自身的努力成为英商开办的亚细亚石油公司的经理。从此，家中经济状况逐渐变好，至黄作燊出生时，黄家已经比较富裕。

图 1　黄作燊十岁左右在天津

黄作燊是 5 个孩子中最小的一个，从小就十分聪明伶俐，深得父亲的喜爱。黄颂颁和朋友交往活动时常常将他带在身边，并经常带他到戏园去听戏。由于黄家原来的书香气息和社会地位，交往的多是一些颇有文化修养的社会名流，有着共同的对戏曲、书画、古董的嗜好，跟在父亲身边的黄作燊从小就受到中国传统艺术潜移默化的熏陶，由此培养了他对艺术的极大兴趣（图 1）。

当时黄家住在天津租界中。那时，不少中国知识分子已深受西方思想的影响，认为欧美是先进文明的表现，要想国富民强，就必须学习欧美的先进科学技术。因此，黄作燊不仅自5岁起就一直在一家天主教开办的法国学堂学习，而且一到进入中学年龄，父亲就打算送他出国。当时的黄作燊只有14岁，因为他的哥哥，后来成为我国著名戏剧家的黄佐临已在英国留学，于是父亲决定送他去英国读书。可是，究竟学什么专业呢？

当父亲问到他时，他第一感觉是要学习艺术。自小受到艺术熏陶的他对于绘画与艺术十分感兴趣。而他父亲受实业救国思想的影响，认为一个人必须有一门实际本领、专门技能，才能对国家有用，并使自己的生活有保障。当父亲将想法告诉他时，他觉得也有道理。可是如何使自己的爱好和一门技能相协调呢？

这时黄作燊想起了早年的一件事。那时他们家在造一所新屋，出于好奇，他常常跑去看，怎知一看就是老半天，看到建筑工人用一些砖木居然能够堆砌出如此动人的形象，而且还能够让人在里面生活和活动，他觉得十分奇妙。“建筑岂不是两者兼顾的一门学问吗？”这个想法，使他心中顿时一片明朗。于是，他毅然下了决心，要去西方学习建筑。

二、志存高远，心系祖国

黄作燊先在剑桥的一所学校学习，然后到伦敦的A. A.建筑学院读了5年。A. A.建筑师协会（Architectural Association）原是一些意欲改进英国建筑的比较年轻的建筑师脱离了英国皇家建筑师学会（RIBA）而组织起来的。A. A.建筑学院是由这个协会主办的一所学校，在教学上当时被认为是比较前卫的。在这里，黄作燊对现代建筑及当时已开始略有名声的一些年轻的现代派建筑师，如B. Lubetkin，E. M. Fry，F. R. S. Yorke等感到了很大的兴趣（图2，图3）。特别是格罗皮乌斯1934年因包豪斯被纳粹政府查封而到英国，更大大地吸引了他。

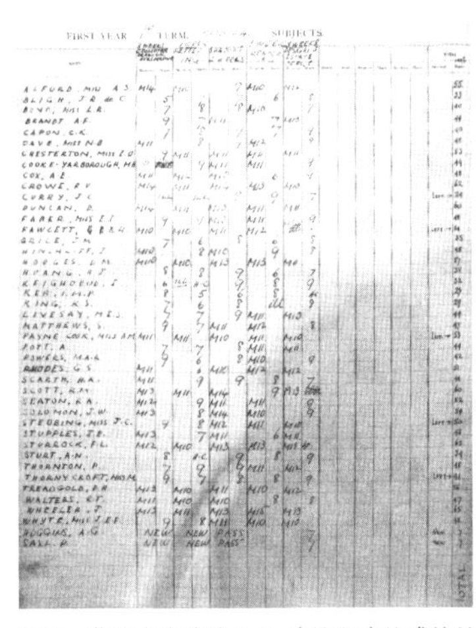
FIRST YEAR TERM SUBJECTS

ALFORD, MISS A.S.
BLIGH, J.R. de C.
BOYD, MISS L.R.
BRANDT, A.F.
CAPON, C.K.
DAVE, MISS N.B.
CHESTERTON, MISS E.O.
COOKE-YARBOROUGH
COX, A.E.
CROWE, R.V.
CURRY, J.C.
DUNCAN, D.
FABER, MISS E.I.
FAWCETT
GRICE, J.M.
HODGES, D.M.
HUANG, A.J.
KEIGHOBUD, S.
KER, I.M.P.
KING, K.S.
LIVESAY
MATTHEWS, S.
PAYNE COOK, MISS A.M.
POTT, A.
POWERS, M.A.
RHODES, G.S.
SCARTH, M.A.
SCOTT, R.M.
SEATON, R.A.
SOLOMON, J.W.
STEBBING, MISS J.C.
STUPPLES, J.B.
STURROCK, F.L.
STUART, A.N.
THORNTON, P.
THORNYCROFT, MISS
TREADGOLD, R.H.
WALTERS, R.T.
WHEELER, J.
WHYTE, MISS J.E.F.
HUGGINS, A.G.

图2　黄作燊在伦敦A.A.建筑学院的成绩单

图3　黄作燊在伦敦A.A.建筑学院时参加板球比赛

格罗皮乌斯强烈的理想主义和英雄主义气质极富人格魅力，他在演讲建筑时的精练和深思更使学生入迷，使他成为学生崇拜的偶像。格罗皮乌斯的“建筑的美在于简洁和适用”一言，给了黄作燊很大的启发。因此，1937 年格罗皮乌斯受美国哈佛研究生院聘请前往执教建筑学专业后，黄作燊亦随之而往哈佛，并以优异的成绩被研究生院录取，实现了他成为格罗皮乌斯门徒的梦想。

师从格罗皮乌斯的这段时间，奠定了黄作燊的建筑思想和学术基础。格罗皮乌斯教学思想中对于建筑材料和形式关系的探索，和建筑师要面向大众的主张成为黄先生建筑思想最深层的根源。

与此同时，黄作燊也全方位地接触到了活跃于现代建筑运动中的其他主要人物，如勒·柯布西埃、密斯·凡德罗、阿尔瓦·阿尔托等，并承认他们对自己的深刻影响。对于柯布西埃在作品中所显示出的独特而强烈的造型能力，黄作燊十分欣赏。因此，他学生时期的设计作业就很像柯布西埃的作品，但在形体上稍微“软”一些；他回国后的早期作品——中国银行宿舍，也明显地体现出柯布西埃在 20 世纪 30 年代时的作品特点。黄作燊对阿尔瓦·阿尔托也十分欣赏。阿尔瓦·阿尔托为 1938 年纽约世界博览会设计的芬兰馆让他感触很深，他认为这是建筑材料与形式密切结合的一个成功范例。另外，他和 M.Breuer 也是好朋友，并认为 Breuer 是一个天才（图 4，图 5）。

虽然他很欣赏柯布西埃，但是，他受格罗皮乌斯的影响更深。这从他后来教学中特别注重建筑形式和建造与材料的关系中可以看出。20 世纪 30 年代末他去欧洲旅行时，特别到法国巴黎访问了勒·柯布西埃（图 6）。当时他只有 24 岁，两人用法语交谈得十分投机，柯布西埃带他参观了自己的事务所，并流露出想留他实习的意思。但他认为格罗皮乌斯的建筑创作思想“更加合理一些”；同时，格罗皮乌斯的人格魅力也深深地吸引着他，使他决心要成为一个像格罗皮乌斯那样的人。

黄作燊虽长期身处国外，但时刻都惦念着他的祖国。就在即将毕业的时候，他阅读了“A Red Star Over China”（《西行漫记》）一书，美国记者埃德加·斯诺（Edgar Snow）

图 4　假期在奥地利打冰球

图 5　假期游历意大利

图 6　黄作燊在巴黎与勒・柯布西埃合影

图 7　年轻的黄作燊夫妇

以富有激情的笔调对延安解放区所作的描绘，使时刻心系祖国的黄作燊热血沸腾，他看到了中国希望的曙光，于是坚定了回来报效祖国的决心。他推辞了好几家美国公司的聘请，不久就与正就读于波士顿艺术学院尚未毕业的未婚妻程玖（图 7）双双归国。他想将他所学到的最新建筑理念引入祖国，使国人过上健康和舒适的生活，更想使祖国早日摆脱落后的面貌。他当时的心情可以从他在上世纪 40 年代中期写的一篇名为《中国建筑》[1] 的英文讲稿中看出。讲稿在讲话的开始便引用了英国艺术家、思想家、建筑师 W. R. Lethaby 教授的一段名言："有两种技艺改变了地球，这就是农业与建筑"。[2] 黄先生对这句话的重视不仅说明了他对此话的认同，也说明了他看到了建筑师肩负的重任。接着黄先生在盛赞了北京故宫在反映帝王体制，帝王威严的艺术成就和明代程羽文在《清闲供》中对一座简朴的文人住宅的优雅描述后说，"无论是故宫或这座谦虚的住宅都是中国长期建筑文化的积淀，即把建造提升到象'诗'似的成果，这些成果包含有知识分子的贡献"。黄先生说，过去建筑师只为少数的特权阶级服务，在当今的民主社会中，建筑师应面向社会，为广大的公众服务，应以新的建筑理念、建筑技术来提高他们的生活。[3] 须知，当时西方现代建筑派中确实有一批乌托邦式的理想主义者认为建筑师可以通过建筑来改革社会，格罗皮乌斯和勒·柯布西埃都曾是这个理念的积极宣传者。看来黄先生也是这样。因而他的毅然回国是带着严肃的使命感回来的。

三、孤岛火种，初显其芒

1942 年，黄作燊踌躇满志地回到中国。他接受了上海圣约翰大学杨宽麟教授的邀请，在圣约翰大学内创立建筑系并开始了全新的尝试。

---

1. 讲稿原名"*Chinese Architecture*"。从讲稿的开头是"女士们、先生们，"和黄先生把自己称为一位开业建筑师以及把北京称为北平等等看，该讲话是在黄先生回国后、解放前对外国人士做的。
2. 该话引自 Lethaby 的名著 *Form in Civilization*（1922 年初版，后数次再版）。原文中用"two arts"，我认为在这里把"arts"翻译为"技艺"较为妥当。
3. 关于这方面，黄先生在他另外一篇讲稿——*The Training of An Architect*（建筑师的培养）中有更为详细的说明。

起初，建筑教员只有黄先生一个人，学生也只有5个，都是从其他系中转来的，于是凡土木系有关的建筑学课程就到土木系上，而建筑学方面的课，从建筑理论、建筑设计以至素描写生全都由黄先生一个人承担。以后，黄先生陆续请了几位专职教师，分授不同的课程。例如请曾就读于德国德累斯顿工程高等学院、格罗皮乌斯在德国德绍时的设计事务所骨干、解放后到东德建筑科学院担任院长的 Richard Paulik 教城市规划和室内设计；请后成为美国国家艺术学院终身院士的程及教绘画，请他在美国时的同学 A.J.Brandt 教构造，请匈牙利建筑师 Hajek 教西洋建筑史等等。另外他还请过很多老师来兼课或短期教学。如请园林专家程世抚教园林设计，请 Eric Cumine 和陆谦受来讲学和评图，还请过王大闳、郑观宣、陈占祥、Nelson 孙、Chester Moy 等来指导设计。黄先生认为对于学生来说能够接触到很多不同的老师是一件好事，这使他们知道在学术上可以有不同的见解和方法，从而建立自己的观点。随着教师的齐备，学生的增多，建筑系的教学逐渐上了轨道。

在建筑系发展的同时，黄先生也以他别具一格的教学方式和独特的魅力深深吸引了每个学生。

黄先生在教学中经常引用英国建筑评论家 Thomas Jackson 所说的“建筑学不在于美化房屋，正好相反，应在于美好地建造。”[4] 黄先生说，如果建筑师的任务只是美化已建好的房屋，他可以按艺术家的要求来培养；但要美好地建造，那么他所受的教育应是建筑美学与建筑技术的综合。为此建筑学生必须认真了解他们的服务对象对建筑的要求，这是设计的源头，并以尊重和精通技术作为表达美好地建造的工具。在教学方法上黄作燊先生主张启发式的教育。他认为引而不发可以更好地发掘与发挥学生的潜力。这形成了圣约翰大学建筑教育不同于其他学校的特点。

例如黄先生认为掌握尺度对建筑师来说是十分重要的，他在某届学生的第一节课中，让学生将纸条裁成不同的标准长度、1英尺长、3英尺长等等，然后由学生在墙上每隔一英尺贴上一条，以此培养学生的尺度感。学生们觉得这样的课十分有趣，从来没有见过，因此留下了非常深刻的印象。

他出设计题目的方式也十分特别。当时不少学校的设计任务书对内容规定得很具体，如将需要房间的数量和面积都详细说明。而黄先生却不是这样。圣约翰建筑系首届毕业生李德华回忆说:“我们当时学生只有5个人，他给每个学生发一张打印好的A4纸，纸上用散文般的优美流畅的英文描述了关于这个设计题目的背景与要求。学生拿到这个题目后，需要自己去思考或作调查，提出这里面应有什么功能，需要安排什么内容。”

例如早期有一个题目——周末住宅（weekend house，就现在来讲，是真正意义上的别墅），黄先生把有关背景条件告诉学生，例如在别墅中生活是怎样的，它和平常住宅中的生活有何不同等。人们只在周末才去别墅居住，这个设计该如何解决不住人的

---

4. 见黄先生的“The Training of An Architect”。原语为“Architecture does not consist in beautifying buildings, on the contrary it should consist in building beautifully。”（Sir T. G. Jackson, *Reason in Architecture*, 1906）

五六天的问题，例如安全问题就尤为重要。对于这些问题，他都没有直接说出来，而是启发学生自己去发现和提出。

到后期，他有时甚至在题目布置后不加任何说明，完全放手让学生自己思考，自己提出设计要求和制定任务书。圣约翰建筑系毕业生王吉螽回忆说："我的第一个设计是一个农村河边的诊疗所。当时，他在黑板上写完题目就走了。我因为刚从土木系转过来，第一次上他的课，有些莫名其妙，到底怎么做呀？想问老师，可是，老师怎么走了呢？向其他同学打听后才知道，老师帽子仍在讲台上说明老师还在，他离开不过是想让学生自己独立思考这个题目应该如何做。这件事我至今记忆犹新。"

除了建筑设计课以外，受包豪斯教学思想影响的黄先生还为低年级学生开设了建筑初步课，在这一课程中他也同样用启发的方式让学生掌握关于材料和形式的关系。

圣约翰建筑系毕业生罗小未回忆说："我们班的第一个设计题目就两个字'pattern & texture'，黄先生要求我们在一张A3图纸上表现这两个字。我们一开始很不理解，问老师什么是pattern，什么是texture，作业到底要做些什么？黄先生说：'什么东西都有pattern，衣服、围巾都有'；至于texture，他说：'你摸摸你的衣服，它就有texture'。这个设计我是和华亦增一块儿做的。我们各自在一张图纸上画了8个方块，上面4个是pattern，下面4个是texture。华亦增做的一个texture是将一种像人参那样的中药切成圆片片，并把这些断面上带有裂痕的圆片一个一个贴在上面；我做的一个texture是把粉和胶水和在一起，厚厚地涂在方块上，并把它们绕成卷涡形。我们交作业时，黄先生也不直接说好坏和对错，他看着看着，就指着作业对我们说：'你看，这里不是既有pattern，也有texture吗？'这时，我们才恍然大悟，真正理解pattern和texture是无所不在，并且不可分割的。他就是采用这样启发方式让我们自己悟出道理。"

黄先生特别注重培养学生在设计中的创造性，反对因循守旧和抄袭。为达到这个目的，他尽量用当时国内还没有的建筑类型作为设计题目。他曾经出过一个托儿所的作业。当时上海还没有一栋完全为托儿所设计建造的房屋，学生无法模仿现实的建筑案例，也不能从现成作品中取得设计经验。因此托儿所应该是怎样的，学生只能通过自己调查、领会、构想和分析来得出结论。通过这样的方式，黄先生试图培养学生对于设计必须从问题源头出发的理念与方法。沈祖海仍记得当时他为了明确设计任务而到处走访的情景。黄先生对于那些在现实中已有的建筑类型，也要求学生从实际使用出发。例如设计一个电影院，他让学生从电影院的放映、观众的购票、入场观看电影的要求进行设计，不允许他们不知所以然地照搬。他也布置过一个教堂的设计作业，上海常见的教堂都是哥特复兴或是其他复古样式的，但他要求教堂面貌是全新的。为了做好这个设计，学生们一方面走访牧师，并到不同的教堂去体验做礼拜的滋味，了解教堂活动的各种内容和要求，另一方面又绞尽脑汁地尝试用新材料、新结构和新形式来表现教堂的宗教气氛。

黄先生强调从问题的源头着手，目的是要培养学生的"创造性"。李德华回忆说："现在我们说起建筑创作时常用"creation"一词，但黄先生喜欢用"originality"（'原创性'）。

可能他认为‘原创性’这个词更符合他关于设计创造性的概念。

指导学生作业只动口、不动手，也是他教学中的一大特色。他总是问很多问题，这里为什么这样，那里为什么那样，学生常被他问得心怦怦跳。如果设计是在哪里抄来的，就会被问得无法回答。黄先生最反对形式主义和抄袭，因此，在布置题目时从不指定参考对象，而是要学生广泛地看，广泛地参考，自己总结，自己发挥。他认为老师指定了范围就会束缚学生的思路。当然，他鼓励学生看书、看杂志，研究好的案例，有时在上课时他会带来一大箱书[5]或最新的杂志给学生看。但认为学生最终的作品必须是自己思考的结果。

黄先生在教学中很早就开始了“假题真做”的训练。因为黄先生认为存在于建筑师与业主（或使用者）之间的是一种供与求的关系。建筑师只有同业主不断磋商、相互促进，才会做出好的设计[6]。圣约翰建筑系第一届学生的毕业设计题是医院，黄先生找来了一个真正的业主，Amos 王，此人是一个妇产科医生，是当时著名妇产科医生孙克基的好朋友。他想改建自己的医院，在原址上重新造一座新的，于是黄先生就将此作为题目让毕业班的学生来做。

黄先生请了王医生给学生作讲座，告诉他们医院设计的要求。学生们以为这是一个真实的项目，设计激情非常高。学生们先去医院了解情况，向医生、护士、产妇作调查，并每个人在医院中各个岗位上实习半天，回来后交流汇总成报告。他们在充分了解医院的各种活动与运行方式的情况下，自己提出设计要点，进行设计。

设计完成后召开了一个汇报展览会。学生们将设计成果向医院与医生汇报，吸引了很多师生前来观看，学院院长也来了，十分轰动。最后，业主请学生们吃了一顿饭，还买了很多绘图仪器送给他们，大家都非常高兴。

黄先生在教学中十分重视动手能力，强调模型制作以及在制作过程中注意建筑营造的工艺和形式的关系。

他布置的各个设计作业，无论是周末别墅、河边诊疗所，都要学生做模型。当时在学习中做模型还是一件十分稀有的事，做好后便展出供大家评论。而黄先生要求的展出方式更是别具一格。罗小未回忆说：“在医院设计的汇报展览会上，他要学生用绳子把模型吊到人的视线高度进行展出。他说放在桌上的模型是鸟瞰的，不是平常见到的视角，只有把模型放到与平常视点相应的高度才能体会到建筑建成后的效果。”

为了训练学生理解工艺和形式之间的关系，黄先生接受了当时（20 世纪 40 年代后期）刚从哈佛回来的李滢的建议，开设了陶艺制作课。制陶的工具由李滢和李德华一同设计。木质，上面是一个支盘，下面用脚踩踏板来带动上面的支盘转动。学生通过亲手操作，体会到了制作过程和形式之间的关系。他们回忆说“我脑子里想着一个形，然后动手去做，或者做得出，或者做不出，这种感受非常好。”

同样，学习构造，黄先生也要求学生自己动手。例如让他们亲自砌砖，看着砖墙

5. 当时黄先生每日上班用的“公事包”是一只手提的藤编箱。

6. 见“The Training of An Architect”。

如何垒起来，如何稳定，唤起他们对于构造的感觉。同时，他在建筑设计制作模型过程中也融入了构造实践的思想，因为一做模型，学生就要考虑简单的构造问题，梁和柱如何交接，屋架怎么放上去等等。因此，教学训练是一个有机的整体。

黄先生具有强烈的平民意识，他认为今日的建筑师应重新把自己定位在与社会的关系上……把自己视为一个改革者；他们的任务就是要为社会大众的栖居提供环境，要运用各种可能的新技术来为大众提供较大的空间、良好的光线与必要的设施，要正视他们的生活方式并运用各种建筑美学的手段来满足他们对美的需求。[7]这种提法在今天看来是理所当然的，但是在当时的背景下，是非常不容易的。20 世纪 40 年代后期，他曾经带着学生去参观普陀区的贫民窟，那里是上海居住条件最差的地方，居民十分恶劣的居住条件让每一个参观的学生都不禁动容。学生们第一次看到了一半在室内，一半在室外的“肥皂箱”——因为房间太挤，睡觉时躺不下，就在墙上开个洞把脚伸出去，脚上套上一个肥皂箱以遮风避雨。黄先生让学生们深切感到为劳苦大众改善住房质量的迫切性，并以此作为自己的使命。

黄先生不仅教学方法独特，其非凡的气质风度和特有的人格魅力，更深深地吸引了每一个学生。李德华回忆说：“第一次上课时就觉得这个老师十分特别，不仅是他的外表，他整个人与其他老师都不一样，气度非凡，非常独特。以后接触时间越长，就越感觉到这个人所具有的独特的人格魅力。”

黄先生的衣着是当时（20 世纪 40 年代初）的学生从来没有见到过的，至今仍深刻地印在他们的脑海里。他上装的质地一般都很粗，即那种被称为“homespun”（手工纺织呢）的料子做的。他常喜欢穿一件长度及膝的中短大衣。大衣的一面是咖啡色灯芯绒，另一面是土黄色防雨布，可以正反两面穿，口袋上有拉链，还可以上锁，这使学生们感觉十分新奇。他的裤子总是灯芯绒的，他说他喜欢这种粗粗的质地，并说，灯芯绒的好处在于虽然每日穿，但感觉线条一直是挺的，不需要熨烫。服装颜色他通常喜欢浅咖啡色、巧克力色等褐色系列，另外还喜欢土黄色。他的帽子是 tyrolian 的（奥地利阿尔卑斯山一带常见的帽子），雨伞是英国的，采用当时尚是少见的尼龙料，卷起来后就像一根手杖。他常拎一只藤编的箱包，式样简单，容量特别大，能够装进很多大开本的建筑原版杂志。他特别喜欢这些自然的材料和色系。

黄先生独特的气质深深地吸引了每一个学生，他几乎成为学生们的偶像，有些学生甚至开始学习他的穿着。在商店里买不到，他们就照他衣服的样子自己制作。为了避免模仿，便在制作过程中加入了自己的创新，如改变颜色、部分构件的式样和位置等等。

这种要使自己的衣着不求考究、不落俗套，而且要有功能依据和自己特点的风气在建筑系颇为流传。1949 年全国解放后，黄先生提出要创造一套能接近群众的衣服。用什么布料做呢？黄先生别出心裁地提出用中国的土布，也就是当时的“毛蓝布”。什么样式呢？黄先生又和几个青年教师与学生你一笔，我一划地设计出来了。结果是一件

7. 见“The Training of An Architect”。

有点像中山装那样的“毛蓝布”上装。因为考虑到画图方便，衣服前面的纽扣做了暗钮，而最上面一粒则是明钮，并以明钮的不同颜色来区分各个年级。衣服下面两旁开叉，既方便行动，又特别方便弯腰画图。在衣服上方有口袋，可以放画笔，而一般上装有口袋的地方这里都没有。这样，衣服的形式、功能和材料结合得非常好。很快，这件衣服成了统一的系服，大家从此不再在衣服上比高低，同时系服也使得建筑系学生们在统一中求特殊的要求得到满足。这件衣服由于价钱便宜，穿着方便，看上去既普通又特殊，大家都很喜欢。甚至后来到了同济建筑系，其他学生也纷纷效仿，几乎成为同济建筑系的系服。连当时任同济建筑系总支书记的董鉴泓也穿上了一件。

黄先生的人格魅力更主要地体现在他睿智的谈吐、平易近人的态度、渊博的知识、淡泊名利的高雅气质以及旺盛的激情和活力上。他不善辞令，待人以诚，特别是对于学生更是关心，常给人一种言在不言中之感。

抗战时的“孤岛”和境外完全没有联系，圣约翰虽有建筑系，但图书资料十分稀少，现代建筑资料更是奇缺，学生学习都是靠黄先生自己的书籍。上课时，他常用他那只藤编的箱包装来一叠叠原版杂志给学生看。此外，每周定好一个晚上，学生还可以到黄先生家里去看书。黄先生从来没有老师的架子，大家年龄相差本来就不大，与其说是师生，彼此倒更像是朋友。罗小未回忆说：“他的书籍很多，随便我们看，假如他哪天要出去，也仍然让我们继续看下去，他说我们只要在离开的时候帮他把门关上就可以了。”

平日经常的接触，使他无时无刻不在潜移默化地影响每一个学生。他不仅在上课时教给学生知识，而且随时随地会和学生就各种内容进行交流和讲解，使学生得到启发。他的话一般来说并不多，语言也比较简短扼要，然而，他十分机敏与幽默，常常能一句话使人豁然开朗或逗得大家哄堂大笑。这种幽默有时是很犀利的，因为他善于用敏锐的目光洞察事物。他虽然为人随和，但是对虚伪和矫饰十分反感，与学生走上街头时，常常当面揭穿复古建筑上的虚假装饰。渐渐地，学生们在他的带领下进入了一个全新的建筑世界，这里的建筑与学生们常见的建筑全然不同，他让学生们发现：“噢，原来建筑比我们原来看到的和想象的要多得多。”

在观点上，黄先生毋庸置疑是现代建筑运动的拥护者，积极传播现代建筑的精神和思想。“但是，”圣约翰毕业生樊书培回忆说，“他非常不愿意用‘modern’这个词，这也许是给当时社会上的‘摩登’两个字用滥了；他尤其听不得把‘modern style’这类词加在真正的现代建筑上。所以他经常告诫我们在创作上宁可用‘contemporary’而不用‘modern’。他认为‘contemporary’代表着一种随时代不断前进的精神，真正的现代建筑事实上是一种精神、一种追求，而不是世俗所认为的是一种摩登的形式或一种流派。可以说他把‘modern’理解成静止的，而把‘contemporary’理解成动态的。”可以感到，黄先生这番话的用意是要学生不要以为紧跟那些已被公认为现代建筑的范例就算是创作了。现代建筑的创作应是与当前的时代共进与不断创新的。无怪樊书培毕业后和王吉螽等几个同学一度共同所办的设计公司就取名为“Contemporary”。

黄先生十分重视建筑功能，他在讲建筑概论第一课时，就首先在黑板上写下勒·柯布西埃的那句名言“House is a machine for living in!”，并大写了”FUNCTION”这个词。但同时，他对功能的诠释还有所深化。樊书培回忆说，“他认为注重功能是建筑设计的一个根本出发点，而不是归结；是原则，而不是手法。一般人理解功能往往是物质的，或人的具体活动需要，但他认为，从深层讲功能应包括精神，也可以称之为‘精神功能’”。须知，建筑功能包括物质功能与精神功能的提法，正式见之于书刊是20世纪50年代的事。而黄先生在20世纪40年代讲解功能时便已经提出了。可见，他虽是格罗皮乌斯的门生，但他还在独立思考。当他在讲述建筑设计要领时，往往不仅讲到“实用”，更讲到“意境”、“气派”、“神韵”。一次，罗小未问他什么是“精神功能”时，他反问：“哥特教堂内的空间有多少是取决于人们在内的具体活动要求的？”

除建筑外，黄先生对其他艺术也十分精通，尤其是现代艺术。这也对学生们产生了重要的影响。李德华回忆说：“他在讲课时，往往会离开建筑，进入其他艺术领域。他讲得最多的也就是他最喜欢的，如马蒂斯、毕加索、Ozenfant等等。当时在国内的艺术界也是以学院派为主的，我对现代艺术的接触，完全是通过他。在音乐方面，我原有的音乐知识仅仅是从巴洛克到浪漫主义，而以后的如德彪西、肖斯塔科维奇、勋勃格（Arnold Schönberg）这些人，便是黄先生带给我的。肖斯塔科维奇、德彪西当时还有可能听到，但是马勒、勋勃格则是根本没有条件听到的。”可见，在艺术方面，他帮学生们开辟了新的世界。

通过对多种艺术的介绍，他也熏陶和培养学生对事物好坏和美丑的辨别能力，但这标准他从来没有直接告诉学生，而是通过日常的交流与影响，让他们形成并保持自己鉴别、选择的能力。事实上，他对一些艺术领域的好坏区别也不是绝对的，但有一个领域非常明确，就是现代主义和学院派之间的区别，这条线他划得最清楚。

此外，他对中国传统艺术也很精通。他欢喜中国画，认为中国画中的“气韵”和建筑中的“空间”概念是相通的。另外由于小时候受家庭的影响，他对传统戏剧尤其喜爱。他和学生在山东做设计项目时，几乎每天晚上一起去看戏，有京剧、评剧、河北梆子等。他常用中国戏剧以抽象的动作、简洁的道具便能表现出具体而复杂的内容类比建筑上的“少就是多”和时间/空间的概念。他借用舞台，启发学生关于想象力的作用。他说戏剧中台上有很多工作人员一会儿出来倒茶，一会儿拿酒壶，来来去去；演员演出时也会接过工作人员递上的毛巾擦脸，或是接过水杯喝水，但这并不影响观众对剧情的理解和欣赏。他解释说这是因为演员穿着戏服，而台上穿着便服的工作人员便在观众的头脑中被忽略了，虽有而无，这便是想象力的作用，并说建筑中也存在着这种作用。

对于中国传统建筑，他虽然不像一些专门研究中国建筑的人那样，能够叫得出很多拗口的建筑构件名称，但他对中国建筑空间的理解非常深刻。王吉螽回忆说：“有一次他和我一同去北京天坛，上天坛有一条很长的坡道，我们走在高高的丹陛桥上时，两旁的柏林树梢好像在向下沉，人好像在‘升天’，他十分赞赏这样的空间感觉与空间序列。后来他在‘华沙英雄纪念碑’的设计中也使用了这种手法。再例如午门，四面高高的封闭空间，给人以强烈的威压感，令人马上会想起‘午门斩首’。他久久地站在那里，认真研究和领会这些。”樊书培也说：“黄先生和我一到北京没多久，他就拉我来到故宫，要我站在午门的中轴线上，好好体验一下帝都的气势磅礴的中轴线和帝皇宫殿群体的“气派”，并把它比作是建筑群体在向人‘approach’（迫近）的气势，他称之为‘中国气势’。可以说，他对中国传统建筑的深刻理解，更多在于建筑空间对人的“精神功能”方面。

在为人上，黄先生十分淡泊名利，很超脱，从不为世俗之事而与人相争，因为他觉得这样做不值得。但在精神上，他有他的严格标准，有很高的理想和抱负，因而他是一个名副其实的精神贵族。这里并非指那些凌驾于平民之上的贵族，而是指在思想和文化上的贵族，是一种与世俗相对的精神境界。他对那些追求世俗的东西很反感，常批判一些只管装饰门面而毫无内容的设计，称之为“暴发户”式的设计。

同时，黄先生又是一个十分活跃而热情的人，充满了活力和朝气。他有着很强的发动力，每到课间长休息，下课铃一响他就马上捧着球走出教室。学生们受他的影响也纷纷走上操场，使体育运动在建筑系蔚然成风。他还常常带领学生组织和参加各种活动，解放初期一度是圣约翰大学的工会主席。

在新中国成立之后，对新中国的美好期望和憧憬使黄先生更加热血沸腾，他马上带领学生融入欢庆的大潮之中。除了上文提及的制作系服外，还积极组织了建筑系参加抗美援朝大游行。当时建筑系的游行队伍约四五十人，每三人一组，每组一个大鼓，鼓声震天，队伍整齐，吸引了路上许多人的注目。他还针对抗美援朝活动，带领学生们排练戏剧进行宣传。

第一次演的戏是“投军别校”。该戏借用京戏“投军别窑”之名，讲的是在抗美援朝运动中，有的学生踊跃参加，有的学生怕离开家；有的家长支持，也有的家长拉后腿等等。本来他们想演一个“活报剧”，但当时的“活报剧”已经很多，于是黄先生提出要自排自演一出京剧。

在排戏的过程中，黄先生很会出主意，并发动了一帮人来演，甚至其他系的学生也被发动起来了。学生们吹拉弹唱，样样齐全，自己编唱词，自己谱曲。他们给每个角色设计的形象也很别出心裁。剧中一个落后学生是当时社会上叫作“小阿飞”的，他的扮相很有意思：头发梳成向前飘出的“飞机式”，脸上画了一道横白杠，一道竖白杠，好像一架飞机，两只眼睛上画了两道竖白杠便是“发动机”，令人忍俊不已。翁致祥记得这些主意主要是黄先生的。这出戏后来在学校进行了公演，获得了极好的反响。

演了这出戏后，大家都很有劲，又动脑筋再演，排了一出“纸公鸡”。“纸公鸡”借用京剧“铁公鸡”之名，讲的是美国是一只“纸老虎”。戏中人物很多，有当时的日本首相吉田，还有美国的麦克·阿瑟将军和国务卿杜勒斯。吉田是一个小花脸，小丑的角色，麦克·阿瑟是一个大花脸，背上插着靠旗，可是却穿着美式军服，十分滑稽。麦克·阿瑟的表演和京剧一样，有 4 个美国兵先出来后他“叫板”，“叫板”之后再出来，出来以后有“定场诗”，自报姓名，有“起霸”，这一套全用京剧形式。而吉田出场时唱着“数来宝”，引得大家哄堂大笑。这出戏十分热闹，后来他们在杭州的圣约翰大学和之江大学的联欢会上还表演了这个节目。

不少人以为圣约翰大学的学生对政治不感兴趣，事实上黄先生通过这种方式让学生对新中国充满了热情，同时也充分表达了自己内心的喜悦。为响应党的号召，黄先生的妻子程玖女士还去了东北参加抗美援朝运动，可以说他们对共产党有着发自内心的拥护和情感，因为他们觉得解放是中国的一个新生。

黄先生带着理想和希望回到中国，在圣约翰大学进行最初的尝试，满怀热情地为实现他的“大同”理想而努力。中国的解放让他对明天充满了希望，对于拥有深刻平民思想的他来说，共产党是工农的代表，是平民利益的维护者，而他的建筑正是要为广大平民服务的。他认为经过长期动荡后重新平静的社会，一定会让他有施展才华，为之奋斗的机会。他认为他的理想即将实现，因此满怀期待地憧憬着美好的未来。

四、凌云壮志，无以为酬

1952 年，在全国范围内进行了院系调整。在院系调整之前，首先在各高校进行了思想改造运动。黄先生在运动中表现得非常积极，他觉得资产阶级确实有着很多不良的习性，作为前资产阶级家庭中的一员，他非常希望能够荡涤掉自身所无法避免的烙印，他想真正地融入大众，成为无产阶级中的一员，他更想真正实现他“大同世界”的理想。

1952 年夏天，圣约翰大学建筑系正式并入同济大学建筑系，同时并入的还有之江大学建筑系和同济大学部分土木系等。新成立的建筑系由黄先生任副系主任，正系主任暂缺。从此，黄先生就一直担任副系主任的职务。

进入新环境的黄先生，仍然一如既往地保持他的热情。他的感召力仍然很强，在圣约翰时，他经常带头进行体育锻炼和其他各种活动，到了同济之后，他也把这股风气带了进来。董鉴泓回忆说：“黄先生常带头去打垒球，我们原来都不会打垒球，都是他带动我们一起学，也带动了系内师生进行其他各种体育运动。在这样的风气下，学校运动会中建筑系的表现最突出，参加的人数也最多，1953、1954 年，连续两年是全校总分第一，当时所创的记录，在后来很长时间里都没有人打破。”运动会上，建筑系的学生都穿着毛蓝布的衣服（毛蓝布系服进了同济后就在建筑系学生中传开了）喊加油，成为一道独特的风景线。黄先生也亲自参加比赛，在教工短跑比赛中，黄先生个子虽不高，但跑得特别快，连续几届都是第一名（图 8）。

图 8　黄作燊在百米短跑比赛中

虽然黄先生仍然保持他

的满腔热情和希望，力求培养出更多的建筑师来改变中国的面貌，但是接二连三的政治冲击无情地压制了他的热情与愿望，打碎了他的梦想。

20 世纪 50 年代初，首先是黄先生的教学方法受到了冲击。同济建筑系在开始时尚沿用圣约翰时的设计出题方式，内容比较宽泛。但是让学生自己去调查分析并提出设计任务书的做法，使有些学生感到困难和无从下手。当时又正值向苏联学习，苏联在教学内容与方法上规定得比较具体与狭隘的做法也对我国建筑教学产生影响。于是那些感到困难的学生跑到校部去抱怨说为何同济的课程设计任务书不像其他学校建筑系的任务书那么认真细致。为此学校对建筑系进行了批评，并把批评提高到这是否对工农学生缺乏感情的高度上。这个指责使黄先生的教学热情受到了初次然而是沉重的打击。从此，任务书出得非常具体，多少房间，每个房间多大面积、各有什么条件等都写得清清楚楚。这种做法发展到后来使设计几乎成了在基地中拼块块。这样对于学生来说，虽然设计难度降低了，但是黄先生要培养学生独立分析和创造的想法却大打折扣。

不仅如此，由于受苏联影响，高等教育部还参照清华大学的教学计划对全国建筑院系的教学计划进行了统一。从此同济建筑教学走上了以不同建筑类型为分类的渐进训练道路，教学也不再以培养学生的创造性为中心，而是以培养学生能够掌握几种建筑类型的常用设计方法为重点，认为这样可以使学校能及时培养出大批标准型的工程人员，满足社会大量建设的需求。培养计划变得机械而单一，以前一些很好的教学方法，如做模型等，也被取消。虽然系内仍不乏一些极富创造性的教师，但是各种无形压力使他们根本无法充分发挥。

在要求一切都要统一的思想指导下，创造性的培养被认为是不重要的，而且一不小心还会被冠以“标新立异”的帽子。建筑系的系服就被批判为“标新立异”,并遭禁止。李德华、王吉螽等教师设计建成的、颇能反映黄先生创作思想的同济工会俱乐部，也因所谓资产阶级情调以及局部抽象装饰图案而被批判。《建筑学报》刊登了这座建筑并加以批判性的编者按，幸而没有引起批判浪潮。相反，却引起不少外地学生的兴趣。后来华东工业建筑设计院的总建筑师蔡镇钰说：“那时我们在南京工学院高年级的建筑学生还特地跑到上海来看这里的‘空间流动’哩。”

与此同时,社会意识形态逐渐影响建筑设计领域。黄先生所强调的建筑功能合理性、空间流动感，反对无谓装饰和虚假气势等，同我国当时推崇的苏联建筑的“社会主义内容、民族形式”和把中国明、清宫殿式建筑作为我国的“民族形式”是格格不入的。于是黄先生的学术思想又遭受冷遇、压制，甚至批判。

1957 年,黄先生与系中其他一些师生历经数个不眠之夜设计完成国庆献礼工程——上海三千人大剧院，虽然该方案内部复杂的功能要求被解决得十分完美，但其简洁的现代风格造型却遭到了热衷于“民族形式”的有关领导的批判；还受到学校领导质问，为什么我校的方案不能入选，为什么我们就做不出“民族形式”？

在我国新中国成立后参加的第一个国际竞赛——“波兰华沙英雄纪念碑”设计竞赛中，黄先生与其他几位教师共同设计的方案虽然得了奖，但他们却因事先没有将方案送去中国建筑学会审查而受批。在另一次竞赛——“古巴吉隆滩胜利纪念碑”设计竞赛中，因为学校的领导对于他们所做的具有现代建筑空间特征（其实是受了天坛丹陛桥影响）的参赛方案看不懂，不同意将方案送出去，使他们的方案始终与评比无缘。他们设计的工会俱乐部更因为入口处的一个泥刀图案标志，被看作是资产阶级抽象艺术的作品而受到抨击。以上一切都因这些作品不同于一般的建筑，至于创新的思想，于是被认为是资产阶级的、洋的而被否定。并且每次批判都要暗示这是黄先生的标新立异、名利思想与崇洋思想的暴露。对此黄先生感到十分茫然与无奈。

一次又一次的打击使黄先生心里充满了矛盾，人也逐渐变得沉默了。他的内心十分复杂。他是真心拥护共产党、拥护新中国，真心愿意改造自己，并希望自己能为社会服务。早年在圣约翰时大鼓队游行、统一系服和排演戏剧，都是他在用自己的方式迎接与歌颂解放，显示他对共产党和对新中国的热情。但在这时，他所做的一切都被认为是资产阶级的“标新立异”，这大大挫伤了他的热情。但是，他毕竟有着一颗无法改变的中国心，也想真正扎根于祖国这片土地，因此，尽管现实是坎坷的，他一直在拼命自我检查、改造自己，让自己更加勤于工作和无私奉献，并在人格方面更加完善。在专业方面，他从来没有停止过对中国传统建筑空间手法的探索，他想创造出中国自己的、现代的建筑语言，他很想实现这个理想，但是无情的现实总是使他碰壁和受挫。他有很多话想说而没法说，只能默默埋在心里，因此他时而表现得欲言又止，本来话就不多的他逐渐更加沉默寡言。他不再是那个时而会提出别出心裁意见的黄作燊，更不会主动地去发动与组织活动，他似乎失去了对事物的敏捷感觉、幽默感和善于提出批评性妙语的机智。不过尽管如此，他还能保持比较乐观的态度，只要是在工作，他总能保持热情，积极投入。

最近在回忆黄先生的座谈中，他在20世纪40年代与50年代后期的两批学生所描述的黄先生在人格上完全不像同一个人。前一批学生以丰富而生动的事例满怀柔情地回忆他的非凡气质、人格魅力与对待事物的积极与机智；后一批学生则比较抽象地说：“他是一位好老师……亲切的长者……对学生很关心。”但是，一旦谈到专业，一个活生生的大家所共识的黄先生又展现在眼前了。他同济时期的同事童勤华与刘仲至今仍能清晰地回忆起黄先生是如何用京剧来诠释建筑空间的；而当余敏飞谈到她参加由黄先生领导的“古巴吉隆滩纪念碑”竞赛方案时说：“当时我做的是会议厅，由于纪念碑选址在海边，黄先生对我说：‘会议厅要浮于水面，屋顶与墙体脱开……建筑设计就应该是艺术与技术的统一，不要过多装饰，要忠于材料……将屋顶架空，如一片浮云，既能避雨遮阳；又能适应古巴气候炎热的特点，使空气流通、洋溢。’”可见，黄先生的建筑思想一直没有改变。

1966年，给全国人民带来巨大灾难的“文化大革命”爆发了，教学工作完全中断，很多教师被打成“走资派”、“反革命”，遭受批判和残酷斗争。和其他很多教师一样，黄先生在这段岁月中饱受摧残。由于他出生于资产阶级家庭，早期又留学海外，有不少社会关系，因而被扣上了“里通外国”的罪名，这一罪名使他们夫妇俩受到了百般的折磨。黄师母程玖先生（上海第一医学院的英语教师，由于学院的教学需要还兼教拉丁文）

图 9　黄作燊在生命最后一年中

也被关到了同济进行隔离审查。有人说她是“走进来，抬出去”的，因为到她被释放时，她已病得不能自己走路了。

当经过最疯狂和充满恐惧的隔离审查后，黄先生已经白发苍苍，并患上了晚期高血压症，他的血压一直持续在 180/130，医生对此也束守无策。尽管如此，他还必须顶着烈日在上海泰山耐火材料厂进行劳动改造，使他原本已不佳的健康状况更加雪上加霜。

1970 年起，局势稍微缓和，医生诊断黄先生的高血压属于危险状态，给他开了长病假，黄先生便在家照顾重病的妻子。虽然只能靠 50% 的薪水勉强度日，但他一直保持乐观，从无怨言，而且还能自得其乐，常去福州路外文书店看西方的建筑参考资料。当 1974 年学校让他翻译英国人李约瑟编写的《中国科学技术史》一书中的土木建筑史时，他极端振奋，常常昼夜不眠，忙于写作，他将此看作是可以效劳国家与社会的机会。他对工作的热情始终没有减弱过。

1975 年 6 月 15 日，离他 60 岁生日只差一个多月，黄先生突然脑溢血发作，溘然长逝，甚至还没有等到“文革”结束的那一天。一些教师前来探望，谈起往事，当说到当初同济教师百米赛跑时，有人不禁一语双关地叹息道：“他总是跑第一个。”

黄先生是带着莫大的遗憾离去的，当年他同格罗皮乌斯和 Marcel Breuer 告别时，一心想把他的所学带回祖国，实现他的社会理想。但是，早期的战事以及后来的政治动荡，使他一直无法实现自己的愿望。所以当他在生命最后几年中看到外文杂志上当年哈佛校友与好友贝聿铭的作品时非常感慨。

但是，黄先生也将欣慰，他的思想将一直流传下去，因为他培养了很多爱国的并具有现代建筑思想的学生，他们会将他的思想继续传播。他所未完成的愿望，最终将在他的这些“桃李”，以及“桃李”的“桃李”的手中实现。

（本文原载于《建筑百家回忆录续编》，杨永生 著，知识产权出版社，中国水利水电出版社，2003。第二作者：钱锋。本文照片与文中提及的两篇英文讲稿由黄作燊之子黄植提供。）

1952 年秋圣约翰大学建筑系部分师生告别校园时在他们共同设计的旗杆前合影
前排：黄作燊（左一）、王吉螽（左三）
中排：罗小未（左一）
后排：王轸福（左一）、陈业勋（左二）、翁致祥（右三）、周方白（右二）、李德华（右一）

在 1940 年代

罗小未和李德华先生结婚照（1949 年）

罗小未和李德华先生早年合影

与一双儿女（1950 年代）

与赵汉光（上左）、朱亚新（中右）、曾蕙心（上右）及儿子在家中

附录

教学、学术与社会活动大事记

1925 年 9 月 10 日出生于上海，籍贯广东番禺

1948 年毕业照

1948（私立）上海圣约翰大学工学院建筑系毕业，获学士学位

圣约翰建筑系师生在自己设计的旗杆前

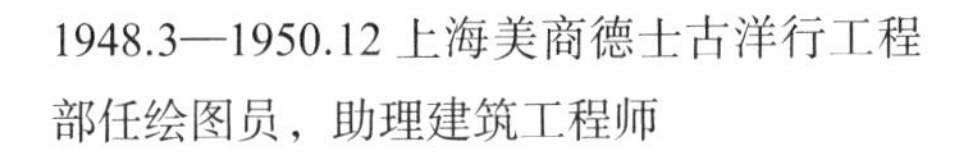

1948.3—1950.12 上海美商德士古洋行工程部任绘图员，助理建筑工程师

1950 年代中期与冯纪忠、吴景祥、谭垣在一起

1951—1952 圣约翰大学工学院建筑系助教。

1952 年院系调整，随建筑系师生并入同济大学建筑系。历任上海同济大学建筑系助教、讲师、副教授、教授（1980 年起）

1955 年编写《西洋建筑史概论》由同济大学出版

1955 年与学生参观新建成的中苏友好大厦

1956 年在教师中组织英语学习，采用牛津丛书 *Modern Architecture* 作为教材，在帮助教师提高英语能力的同时，介绍现代建筑思想

1957 年编写《西洋建筑史与现代西方建筑史》由同济大学出版社出版

1965 年和建筑系教师在杭州带学生毕业设计时，参观兴安江水库

1959 年参加由建设部部长刘秀峰在上海召开的建筑艺术创作座谈会，会前作讲座，介绍西方现代建筑思想

1966 年“文化大革命”开始后被批斗、隔离。回到学校后被分配做文远楼和教研室的清洁和后勤工作，利用这个机会在教研室阅读了大量西方建筑杂志

1978 年在哈尔滨工业大学讲学

1978 年文革结束后曾在国内其他高校讲学

1978—1996 中国建筑学会第四、五、六、七、八届理事会理事

1979 年参加《辞海》(1979 年版)编辑工作，该书于 1986 年获(1979—1985)上海市哲学社会科学特等奖

1980 在《建筑师》杂志第 2—5 期上连续发表“格罗披乌斯与‘包豪斯’”“勒柯布西耶”“密斯凡德罗”“莱特”，后 1991 年将四篇文章合编成《现代建筑奠基人》一书，由中国建筑工业出版社出版

1980.9—1981.2 美国华盛顿大学客座副教授

1981.2—1981.7 美国马萨诸赛工学院(MIT)建筑系访问学者

1981 年起，曾 20 余次应邀赴香港(6 次)、台湾、泰国、塞内加尔、日本、新加坡(2 次)印度(2 次)、法国、英国、美国(6 次)、澳大利亚(2 次)、阿根廷、意大利、西班牙等地参加国际学术会议，并为会议特邀报告人。

1981 年起，作为建筑学著名四教授之一，在国内各大院校巡回演讲。

1982 年主编与参著建筑学教科书《外国近现代建筑史》，由中国建筑工业出版社出版

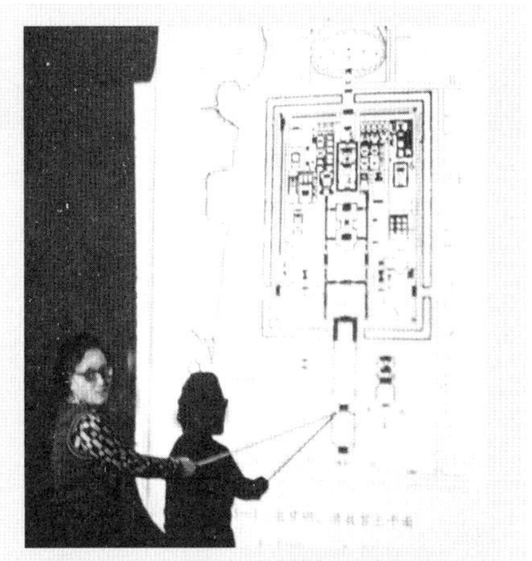

1980 年 11 月在美国华盛顿大学作讲座

1982 年夏在北京

1980 年代早期参加中国建筑学会会议

1985 年牛年迎新会上与学生们(伍江、支文军、鲁晨海、钱锋等)

1986 年同济大学建筑与城市规划学院成立

1986 年建筑与城市规划学院成立时与金经昌先生在一起

1987 年参加校庆 70 周年活动

1987 年校庆活动中给学生作讲座

1982 年在《世界建筑》第 6 期和《建筑学报》第 10 期上分别发表文章《西方五、六十年代的建筑思潮》、《谈西方现代建筑师的分代与建筑分代》

1983 年在《建筑学报》第 5 期上发表文章“运用符号分析学，‘阅读’非洲当代的城市”；获全国“三八”红旗手，以及 1982 年度上海市“三八红旗手”

1984 年参著 *Oxford Companion to Garden*，由英国牛津 Clarendon 出版社出版

1984 年在之前出版两期《建筑文化》杂志基础上创办《时代建筑》杂志，于第 1 期发表文章“贝聿铭建筑理论初探”。1984—2001 年任杂志主编

1984—1996 上海市科学技术协会第三届、第四届、第五届常委

1985—1990 年华侨大学建筑系名誉系主任

1985—1992 年国务院学位评定委员会第二届学科评议组成员，国家教委学位委员会第二届学科评议组成员，

1985 年在《世界建筑》第 1 期发表文章“现代派、后现代派与当前的一种设计倾向”

1986 年由国务院学位委员会评为首批博士生导师

1986 年任《世界建筑导报》杂志顾问；天津科技出版社《建筑丛书》顾问；意大利 *Space & Society* 国际建筑杂志顾问

1988 年出访悉尼大学

1986 年与蔡琬英合作编写《外国建筑历史图说（古代—十八世纪）》由同济大学出版社出版，1990 年获华东地区大学出版社首届优秀图书一等奖。

1986.11—1987.2 美国弗吉尼亚大学客座教授

1986 年在《时代建筑》第 2 期发表文章“中国的空间概念”（第一作者），该文章英文版于 1986 年发表于意大利杂志 *Space & Society*

与学生魏菲（右）等在华侨大学

1986 年获上海市“巾帼奖”

1987—1996 上海市建筑学会第七、第八届理事会理事长

1987—1992 中国科学技术史学会第一届理事会理事，上海科学技术史学会第一届理事会副理事长

1987 年起国际建筑协会（UIA）建筑评论委员会（CICA）委员

1988—今《时代建筑》杂志编委会主任

1988.6—1988.8 澳大利亚悉尼大学客座教授

与学生伍江、支文军、李涛

1889.2—1889.5 英国伦敦建筑学院（A.A.）、伯明翰工学院、约客大学、达勒姆大学讲学

1989 年在《建筑学报》第 8 期发表文章“建筑评论”；在该刊第 10 期上发表文章“上海建筑风格与上海文化”，文章后来获中国建筑学会 1988—1991 优秀论文奖

1990.2—1990.6 美国哈佛大学与麻省理工学院（MIT）客座研究员

1991 年论文“社会变革与建筑创作的变革”发表于《建筑师》杂志第 42 期

1992 年编写《1840s—1940s 上海百年掠影》中第四章“建筑纵览”，该书由上海人民美术出版社出版

1991 年文章“The Bund in Shanghai”发表于意大利杂志 *Space & Society* 第 56 期

1991 年至今获国务院颁发政府特殊津贴待遇

1992 年参与深圳“世界之窗欧洲区”设计

1994—今同济大学建筑设计研究院顾问

1994 年著作《海口南洋风格建筑形态及其保护性改造》由中国建筑工业出版社；编写 *The Mosque* 中第十二章“Mosque in China”，由英国 Thames & Hudson 出版社出版

1995 年与陈植先生合影

1996 年在全国政协八次会议中代表民盟中央作大会发言

1998 年由美国建筑师学会授予荣誉资深会员

1999 年参加建国 50 周年上海精典建筑评选

1995—2000 中国建筑学会《20 世纪世界建筑精品集锦》副主编。该书有英、中文两个版本，各十大卷

1999 年在北京参加 UIA 大会

1995 年获 1994 年度上海市“三八”红旗手

1996 年至今为上海市建筑学会名誉理事长

1996 年被评为中国建筑学会先进工作者；在第八届全国政协作大会上发言

uia

An honourable mention

is awarded to

the authors of World Architecture – A Critical Mosaic

(P.R. of China)

The Jury

2002 担任副主编的《20 世纪世界建筑精品集锦》丛书获国际建协（UIA）嘉奖

1996 年主编与参著的《上海建筑指南》由上海人民美术出版社出版

1990 年代“Chinese Garden design — The Unlimited in the Limited”学术报告，载入意大利、威尼斯第二届园林国际会议会刊

1996 年参加香港国际房屋会议，宣讲论文“House for the Millions”，载入大会会刊

2003 年出访柏林

1996 年著作《现代建筑奠基人》获第三届全国优秀建筑科技图书部级奖二等奖

1997 年主编的《上海弄堂》由上海人民美术出版社出版

1998—美国建筑师学会授予荣誉资深会员（Hon. FAIA, USA）

2004 年参加《时代建筑》杂志工作研讨

1999—中国《辞海》编辑委员会委员，分科主编

带领学生作历史建筑调研

2005 年参加东南大学举办的第一届世界建筑史教学研究大会

2005 年 80 周岁庆祝活动

2006 年获第二届中国建筑学会颁发“建筑教育特别奖”

1999—2002 参与“上海新天地”旧区改造、旧建筑保护与开发模式研究

1999 年在参加在北京举办的 UIA 大会

2000—2003 担任“外滩三号”、“外滩九号”历史优秀建筑保护与开发研究”项目顾问

2002 担任副主编的《20 世纪世界建筑精品集锦》丛书获国际建协（UIA）嘉奖

2002 年著作《上海新天地：旧区改造的建筑历史、人文历史与开发模式的研究》，由东南大学出版社出版

2002—2003 年担任“上海老虹口区北部的保护、更新与发展研究”项目负责人

2002—2004 年担任“‘上海外滩源’旧区改造、旧建筑保护与开发模式研究”项目顾问

2003 年获国家教育部科技进步二等奖。主编著作《上海老虹口区北部的昨天今天明天》由同济大学出版社出版

2003—2004 年担任“上海市南利大楼整改设计”项目设计顾问

2004 年主编《外国近现代建筑史》（第二版）由中国建筑工业出版社

2005 年参加东南大学举办的第一届世界建筑史教学研究大会

2005 年获全国建筑学学科专业指导委员会颁发“建筑历史与理论及建筑教育杰出贡献”荣誉证书

2005 年 80 周岁庆祝活动，众多学生们前来参加，欢聚一堂

2006 年获第二届中国建筑学会颁发“建筑教育特别奖”

2006 年获上海市优秀工程勘察设计二等奖，全国优秀工程勘察设计三等奖

2007 年 11 月在同济召开的第二届世界建筑史教学研究大会中，举办“罗小未教授从事建筑史教学回顾展”

2010 年和原历史理论教研室老师们一起庆祝 85 周岁生日

2012 年 5 月年参加“黄作燊纪念文集”首发式暨黄作燊建筑教学思想研讨会

2014 年 5 月参加“李德华教授城市规划建筑教育思想研讨会”

2015 年 9 月 10 日和同济建筑系建筑历史理论方向教师们共度教师节

2007 年 11 月“罗小未教授从事建筑史教学回顾展”

2010 年庆祝 85 周岁生日

2012 年参加“黄作燊纪念文集”首发式暨黄作燊建筑教学思想研讨会

2014 年 5 月参加“李德华教授城市规划建筑教育思想研讨会”

2015 年 9 月 10 日和同济建筑系建筑历史理论方向教师们共度教师节

著作和论文

著作：

1. 《西洋建筑史概论》，同济大学出版社，1955.
2. 《西洋建筑史与现代西方建筑史》，同济大学出版社，1957.
3. 《外国近现代建筑史》（主编与参著），中国建筑工业出版社，1982.
4. 《外国建筑历史图说》（主编与参著），同济大学出版社，1982.
5. *Oxford Companion to Garden*（参著），英国 The Clarendon Press, Oxford，1984.
6. 《外国近现代建筑史》（第二版）（主编，）中国建筑工业出版社，2004.
7. 《现代建筑奠基人》，中国建筑工业出版社，1991；1993 年台湾出版社重版
8. 《1840s ～ 1940s 上海百年掠影》中第四章“建筑纵览”，上海人民美术出版社，1992.
9. “海口南洋风格建筑形态及其保护性改造”（第一作者），中国建筑工业出版社，1994.
10. *The Mosque* 中第十二章“Mosque in China”，英国 Thames & Hudson Press, 1994.
11. 《上海建筑指南》（主编与参著），上海人民美术出版社，1996.
12. 《上海弄堂》（第一主编），上海人民美术出版社，1997.
13. 《工业设计史》（第二作者），田园城市文化事业有限公司，1997.
14. 中国建筑学会《20 世纪世界建筑精品集锦》副主编，中国建筑工业出版社，1999.
15. 《上海新天地：旧区改造的建筑历史、人文历史与开发模式的研究》，东南大学出版社，2002.
16. 《上海老虹口区北部：昨天 · 今天 · 明天》（主编），同济大学出版社，2003.

论文：

1. “格罗披乌斯与包豪斯”，《建筑师》1979 年总第 2 期 .
2. “勒 · 柯布西耶”，《建筑师》1980 年总第 3 期 .
3. “密斯 · 凡 · 德 · 罗”，《建筑师》1980 年总第 4 期 .

4. “赖特”,《建筑师》1981 年总第 5 期 .
5. “西方五、六十年代的建筑思潮”,《世界建筑》1982 年第 6 期 .
6. “当代建筑的所谓后现代主义”,《世界建筑》1983 年第 2 期 .
7. “运用符号分析学阅读非洲当代城市”,《建筑学报》1983 年第 5 期 .
8. “贝聿铭建筑理论初探”,《时代建筑》1984 年第 1 期 .
9. “现代派、后现代派与当前的一种设计倾向”,《世界建筑》1985 年第 1 期 .
10. “建筑要面向世界”,《世界建筑导报》1985 年第 1 期 .
11. “建筑创作中的中观——立意”,《建筑学报》1985 年第 7 期 .
12. “中国的空间概念”(合著,第一作者),《时代建筑》1986 年第 2 期 .
13. “The Bund of Shanghai, it’s Value in Sense of Space and Social life” ,1986 年日本大阪国际学术会议(学术报告,载于大会会刊).
14. 意大利 Space and Society——国际建筑杂志第 34 期“中国特辑”,客座主编 .
15. “The Chinese Conception of Space”(合著,第一作者),1986, 意大利 *Space and Society* 国际建筑杂志第 34 期 .
16. “Modernization through Re-discovering the Value of Cultural Inheritance”, 1987, 香港“文化传统与现代化”国际学术研讨会(学术报告,载于大会会刊).
17. “Contemporary Architecture in China”, 1988, 澳大利亚皇家建筑师学会国际学术会议(学术报告,载于大会会刊); 1989, 英国伦敦建筑学院(AA).
18. “Housing Design in Shanghai”, 印度建筑师学会国际学术会议(学术报告,载于大会会刊); 1989, 英国皇家建筑师协会(RIBA), 英国伦敦建筑学院(AA); 1990, 美国哈佛大学 .
19. “中国古代宇宙观与建筑美”, 1990, 第三次中国(海峡两岸)建筑学术交流会 .
20. “中国回族与维吾尔清真寺比较及清真寺与佛教比较”, 1990, 美国哈佛大学“伊斯兰思想及其文化表现”国际学术会议 .
21. “Historical Monuments in Chinese Architecture”(学术报告),1980,美国华盛顿大学; 1988, 澳大利亚悉尼大学; 1989, 英国达勒姆大学; 1996, 香港大学 .
22. “The Pearls That Shine Beyond Their Age — The Forbidden City and the Temple of Heaven in Beijing”(学术报告), 1980, 美国华盛顿大学;1988, 澳大利亚悉尼大学; 1990, 美国马萨诸塞工学院(MIT).
23. “Traditional House in China”(学术报告), 1983, 澳大利亚国立大学; 1987, 新加坡国立大学;1988, 澳大利亚悉尼大学;1989, 英国约克大学;1990, 美国哈佛大学 .
24. “Chinese Garden Design — The Unlimited in the Limited”(学术报告)。1981, 美国马萨诸塞工学院(MIT), 美国哈佛大学植物园; 1983, 澳大利亚国立大学; 1988, 澳大利亚悉尼大学; 1989, 英国约克大学; 英国诺威奇皇家建筑师学会; 1990, 美国哈佛大学, 美国波士顿市园艺学会;1995, 意大利威尼斯第二届园林国际会议(载于大会会刊).

25. “Water-Village in the Taihu District”（学术报告），1988，澳大利亚悉尼大学.
26. “Architecture in Shanghai, 1840s—1940s”（学术报告）。1989，澳大利亚悉尼大学；1990，美国马萨诸塞工学院（MIT）.
27. “建筑评论”，《建筑学报》1989.8.
28. “Rediscovering the Aesthetic Significance of Chinese Architecture by looking Deep into Its Philosophical Context”（学术报告）。1988，澳大利亚悉尼大学；1989，英国约克大学，英国诺丁汉大学，英国伯明翰工学院；1990，美国马萨诸塞工学院（MIT）.
29. “上海建筑风格与上海文化”，《建筑学报》1989（10）.
30. “Mosque in China”（学术报告）。1990，美国哈佛大学，美国马萨诸塞工学院（MIT）
31. “The Bund in Shanghai”，1991，意大利，《Space and Society》国际杂志第56期，即“外滩的水空间及其社会意义”.
32. “House for the Millions”香港国际房屋会议，1996（大会发言，载于大会会刊）.
33. “精品！精品？精品。”，1998年，《现状与出路》，天津科学技术出版社.
34. “Modernization of Local Tradition is Ever Vital”，1998，*Contemporary Vernacular — Conceptions+Perception*，AA Asia Monograph，新加坡.
35. “上海弄堂与弄堂房子”，1999年2、3月刊，台湾《建筑》杂志.
36. “Die Lilong-House von Shanghai”，1999，6月刊，*Stadt Bauwelt*，德国.
37. “怀念黄作燊”，（第一作者），《建筑百家回忆录续编》，知识产权出版社，中国水利水电出版社，2003.

指导研究生论文（1978—2007年）

姓名	入学—毕业时间	学历	论文题目
吴海遥	1978—1981 年	硕士	《外国近现代建筑技术的发展》
李　涛	1982—1985 年	硕士	《当代建筑中非现代主义化和后现代主义》
伍　江	1983—1986 年	硕士	《从上海外滩看建筑的关联性与可识别性》
	1988—1994 年	博士	《上海百年建筑史（1840s—1940s）》
支文军	1983—1986 年	硕士	《当代西方现代建筑的地位与作用》
魏　菲	1985—1988 年	硕士	《当代西方建筑形成的人文倾向》
倪　群	1986—1989 年	硕士	《上海教堂建筑研究》
张　晨	1986—1989 年	硕士	《建筑理论的发展》
卢永毅	1987—1990 年	博士	《世界工业设计史》
孙立公	1988—1991 年	硕士	《上海外商投资项目建筑设计问题》
郑时龄	1991—1994 年	博士	《建筑理性论——建筑的价值体系与符号体系》
朱　平	1991—1994 年	硕士	《外国建筑师论建筑》
梁允翔	1991—1994 年	硕士	《建筑中理性与情感的统一》
邹　晖	1991—1996 年	博士	《比较建筑学——作为批判 / 建构双重策略的建筑话语》
刘　珽	1991—1999 年	博士	《西方室内设计史（1800 年之前）》
毛坚韧	1993—1996 年	硕士	《建筑中的技术》
王　媛	1993—1996 年	硕士	《建筑之思：写在《外国著名建筑师论建筑》之后》
傅丹林	1993—1998 年	博士	《建筑评价论——建筑批评与价值问题研究》
欧文雄	1994—1998 年	博士	《台南市日据时期历史性建筑保存及再利用计划》
彭　怒	1994—1999 年	博士	《多元化时代的建筑设计思潮》
王国元	1996—1999 年	博士	《二十世纪美国住房发展兼论经济改革开放后上海的住房发展》
钱宗灏	2001—2005 年	博士	《20 世纪早期的装饰艺术派》
周　磊	2001—2007 年	博士	《西方现代集合住宅的产生与发展》
李　将	2002—2007 年	博士	《城市历史遗产保护的文化变迁与价值冲突》
孙彦青	2002—2007 年	博士	《绿色城市设计及其地域主义维度》
吕品秀	2002—2007 年	博士	《现代西方审美意识与室内设计风格研究》

建筑创作与实践

1992	深圳“世界之窗欧洲区”设计（建成）	设计顾问与参加设计
1992	绍兴“财会培训中心大楼”设计（建成）	设计顾问与参加设计
1993	西安“丝绸之路景观公园”项目可行性研究与总体规划	设计顾问
1993—1994	北海“中山公园”改建工程	工程负责人
	1. 总体规划	
	2.“夜巴黎娱乐中心”方案设计（建成）	
	3.“皇朝大饭店”方案设计	
	4.“威廉宫商办楼”方案设计	
1994	上海石泉金融大厦设计（建成）	工程负责人
1994	上海申花大楼设计	设计顾问
1994	上海同济大学机电厂改建工程（建成）	设计顾问
1995—1996	上海金山西门子开关厂	建筑设计人
1995—1996	上海科学会堂二号楼加层（建成）	建筑设计人
1997—1999	上海人保大厦设计（建成）	设计顾问
1999—2002	“上海新天地”旧区改造、旧建筑保护与开发模式研究	项目顾问
2000	上海市委统战部综合楼设计	设计顾问
2002—2003	上海老虹口区北部的保护、更新与发展研究	项目负责人
2000—2003	“外滩三号”历史优秀建筑保护与开发研究	顾问
2002—2004	“上海外滩源”旧区改造、旧建筑保护与开发模式研究	顾问
2003—2004	上海市南利大楼整改设计	设计顾问

鸣谢

经过一年多的准备工作，《罗小未文集》终于编辑完成。在即将付梓之际，我们衷心感谢所有曾经对这项工作给予支持的人们。

首先感谢郑时龄院士、伍江教授、常青教授、支文军教授、钱宗灏教授和沙永杰教授，感谢他们将跟随罗先生学习与工作成果的一手资料汇集于此，为文集的内容组织提供了极其重要的帮助。感谢郑时龄院士为文集撰写的精彩前言，浓缩的叙述和深情的表达将文集中的片段得以串联，让字里行间的历史感得以提升。

感谢罗先生的女儿李以蕻女士，因为有了她的细心整理和热心帮助，文集中罗先生生活与工作的历史照片才能如此丰富地展现。

感谢路秉杰、吴光祖、贾瑞云老师，他们为罗先生历史照片中的人物识别提供了重要的信息。感谢学院图书馆提供相关资料。

感谢周鸣浩博士和桂薇林同学，因为他们的努力寻觅，文集中一篇多年前发表于意大利杂志上的文章终能顺利获得，收入其中。

感谢博士研究生束林、袁园以及硕士研究生吴丽嘉、马玉良、马兴波、张宇轩、陈文博、徐翔洲、朴乃嘉、江玥树正是他们的积极工作，文集的文字录入和书稿校对才能步步跟进，保证了文集出版工作的进展节奏。

感谢高博老师与邓晴，是他们的精心设计和反复推敲，赋予了文集以庄重典雅的装帧设计。

特别感谢同济大学出版社支文军社长的大力支持，感谢责任编辑江岱女士的悉心工作，正是通过他们的推动和努力，文集出版的计划才能最终得以实现。

最后，《罗小未文集》在今年编辑完成，也是对罗先生 90 寿辰的一次隆重敬贺，而作为“同济建筑规划大家”系列丛书之一，这本文集的出版也是梳理同济建筑思想、承续同济学术传统的一个新起点。前辈们的学识和成就，多元与开放，培育了学术的沃土，滋养了后辈们的思想成长和开拓创新。这样的实践过程及其所获成绩，在建筑与城市规划学院院长李振宇教授为文集撰写的长篇序言中已经为我们丰富地呈现了出来。

编者

2015 年 10 月 8 日于同济大学